21世纪应用型本科院校规划教材

数控加工编程与操作项目化教程

主　编　唐友亮　刘　萍
副主编　朱东峰　陈　莹
　　　　张金花　袁　梦

扫码加入读者圈，轻松解决重难点

南京大学出版社

内容提要

本书采用项目教学的方式组织内容，详细介绍了零件的数控车削、铣削加工工艺设计、程序编制和数控仿真加工操作等内容。全书共分为 4 篇 18 个项目，每个项目内容以 FANUC 数控系统为主线编写。在拓展模块中，简要介绍了 SIEMENS 数控系统相关指令。

本书可作为本科院校和高职院校机械类专业数控技术相关课程教材，也可作为广大工程技术人员学习数控加工编程与操作的教材。

图书在版编目(CIP)数据

数控加工编程与操作项目化教程 / 唐友亮，刘萍主编. — 南京 ：南京大学出版社，2020.7

ISBN 978 - 7 - 305 - 23232 - 9

Ⅰ. ①数… Ⅱ. ①唐… ②刘… Ⅲ. ①数控机床—程序设计—高等学校—教材②数控机床—操作—高等学校—教材 Ⅳ. ①TG659

中国版本图书馆 CIP 数据核字(2020)第 070296 号

出版发行 南京大学出版社
社　　址 南京市汉口路 22 号　　邮编 210093
出 版 人 金鑫荣

书　　名 数控加工编程与操作项目化教程
主　　编 唐友亮　刘　萍
责任编辑 吴　华　　编辑热线 025 - 83596997

☞ 扫一扫教师可免费获取教学资源

照　　排 南京开卷文化传媒有限公司
印　　刷 南京人文印务有限公司
开　　本 787×1 092　1/16　印张 20.75　字数 505 千
版　　次 2020 年 7 月第 1 版　2020 年 7 月第 1 次印刷
ISBN 978 - 7 - 305 - 23232 - 9
定　　价 56.00 元

网　　址：http://www.njupco.com
官方微博：http://weibo.com/njupco
微信服务号：njuyuexue
销售咨询热线：(025)83594756

前言 | Foreword

本书是为适应应用技术型高等学校培养目标要求和满足机械类专业国家教学质量标准,结合作者近年的教学实践和指导学生参加技能竞赛的经验编写而成的。

本书以零件的数控加工项目为单元、以 FANUC 数控系统指令为主线进行编写。全书共分为 4 篇 18 个项目,主要介绍了数控车削与铣削加工工艺、数控车削加工编程、数控铣削加工编程和数控仿真加工软件操作。

本书数控加工项目的选取具有典型性和全面性,内容安排符合学生认知规律,重点突出,注重学生分析和解决问题能力的培养。在本书的知识拓展环节,介绍了 SIEMENS 802D 数控系统指令,提高了本书的适应性,拓展了学生知识面,有利于满足读者的多样性需求。

本书编者均多年从事数控加工编程课程的教学工作,具有丰富的教学实践经验。本书在编写时主要突出以下三个特点:

第一,针对性强。本书主要针对应用技术型本科、高职高专学生的数控编程加工应用技能能力培养编写。

第二,符合认知规律。本书内容安排设计具有层次性,由浅入深,符合学生学习认知规律。

第三,内容全面。本书内容包含典型车削与铣削类零件的加工编程和数控加工仿真软件操作。通过本书的学习,可以掌握常见数控车铣零件的加工编程,同时为数控车铣床操作提供坚实的基础。

本书可作为本科院校和高职院校机械类专业数控技术相关课程教材,也可作为广大工程技术人员学习数控加工编程与操作的学习教材。

本书由唐友亮和刘萍任主编,朱东峰、陈莹、张金花和袁梦任副主编。宿迁学院唐友亮编写第一篇、第二篇(项目 2、5)、第四篇(项目 1),宿迁学院刘萍编写第二篇(项目 1、

8)、第三篇(项目3、4),淮海技师学院朱东峰编写第二篇(项目6、7)、第三篇(项目5、6),宿迁学院陈莹编写第二篇(项目4)、第四篇(项目2),宿迁学院张金花编写第二篇(项目3、4),宿迁学院袁梦编写第三篇(项目1、2)。全书由唐友亮统稿和定稿。

本书在编写过程中参考了很多同仁的同类书籍,在此表示感谢。由于编者的水平所限,难免有疏漏和不足之处,敬请批评指正。

编　者

2020年2月

目录 | Contents

第一篇　数控机床与编程基础

第二篇　数控车削编程与加工仿真

第三篇 数控铣削加工编程与仿真

第四篇 数控编程加工仿真软件操作

第一篇

数控机床与编程基础

项目 1

数控机床的认知

教学要求

能力目标	知识要点
掌握数控机床的基本概念知识	数控机床的组成
掌握数控机床的工作原理及种类	数控机床的工作原理及分类

1.1　项目要求

请指出图 1.1 数控车床的主要组成和各个部分的主要功能，并分析它与普通车床的区别。

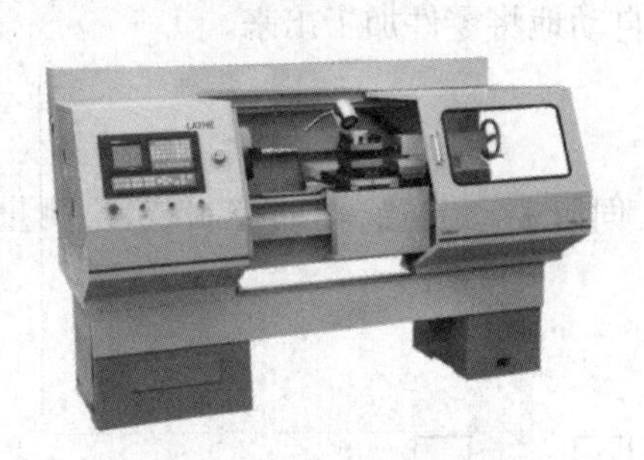

(a) 数控车床

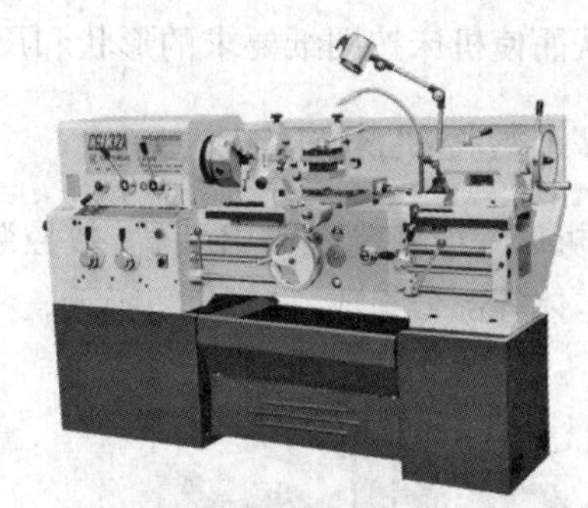

(b) 普通车床

图 1.1　数控车床与普通车床

1.2　项目分析

(1) 数控车床的组成与功能：需要了解数控车床的结构组成和工作原理。

(2) 数控车床与普通车床的区别：在了解数控车床组成和工作原理的基础上，列出数控车床与普通车床的主要区别。

1.3 项目相关知识

1.3.1 数控技术的相关概念

一、数字控制与数控技术

数字控制(Numerical Control ,简称 NC),简称数控。它是一种借助数字化信息(数字、字符或其他符号)对某一工作过程(如加工、测量、装配等)进行编程控制的自动化方法。通常采用专门的计算机(或单片机)让机器设备按照生产厂家或使用者编写的程序来进行工作。

数控技术(Numerical Control Technology)是采用数字控制的方法对某一工作过程实现自动控制的技术。

二、数控系统与数控机床

数控系统(Numerical Control System)是实现数字控制的装置,它是将数字控制技术利用物理实体体现,由硬件和软件两部分组成。

数控机床(Numerical Control Machine Tools)是采用数字控制技术对工件的加工过程进行自动控制的一类机床。数控机床是数控技术在生产中应用最为典型的例子,它是由数控系统和机床本体组成的。利用数控机床加工时,首先将机械加工过程中的各种控制信息(刀具、切削用量、主轴转速、加工轨迹等)用相应的代码数字化,然后将数字化的信息输入数控装置(数控系统的核心部分),经运算处理后再由数控装置发出各种控制信号来控制机床的动作,从而使机床按图纸要求的形状和尺寸,自动地将零件加工出来。

1.3.2 数控机床的组成

数控机床一般由输入输出装置、数控装置、伺服驱动装置、辅助控制装置、测量反馈装置、机床本体等部分组成,如图 1.2 所示。

(a) 数控机床实物图

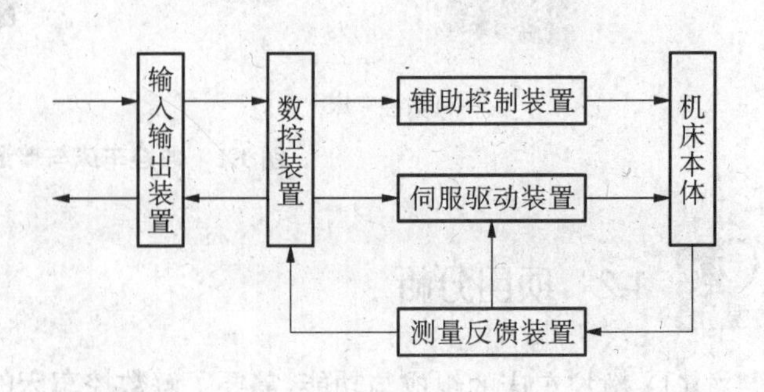

(b) 数控机床组成原理图

图 1.2 数控机床的组成

一、输入输出装置

输入输出装置的作用是实现零件程序和控制数据的输入、显示、存储、打印等。输入是指将程序及加工信息传递给计算机。在数控机床产生的初期，输入装置为穿孔纸带，现已淘汰，目前，广泛使用的输入装置有键盘、磁盘、移动 U 盘等。输出指输出内部工作参数（如机床正常、理想工作状态下的原始参数，故障诊断参数等）。常见的输出装置有显示器、打印机等。

二、数控装置

数控装置是数控系统的核心，数控机床的各项控制任务均由数控装置完成。数控装置一般由专用计算机或通用计算机、输入输出接口、可编程控制器和相应的系统软件组成。数控装置的作用是接收输入信息，并对输入信息进行译码、数值运算、逻辑处理，并将处理结果传送到辅助控制装置和伺服驱动装置控制机床各运动部件的运动。

三、伺服驱动装置

伺服驱动装置包括伺服驱动电路和伺服电机，其作用是接收数控装置发出的位移、速度指令，经过调解、转换、放大后，驱动伺服电机（直流、交流伺服电机，功率步进电机等）带动机床执行部件运动。数控机床的伺服驱动系统与一般机床的伺服驱动系统有本质上的差别，它能根据指令信号精确地控制执行部件的运动速度与位置。

四、辅助控制装置

数控辅助装置主要由 PLC 和强电控制回路构成。辅助控制装置的主要作用是接收数控装置输出的开关量信号，经过必要的编译、逻辑判别运算，再经功率放大后驱动相应的执行元件，带动机床的机械、液压、气动等辅助装置完成指令规定的开关量动作。辅助控制的内容主要包括主轴的变速、换向和启停；刀具的选择和交换；工件和机床部件的松开、夹紧；冷却、润滑装置的启动与停止；分度工作台转位分度；检测开关状态等开关辅助动作。

五、测量反馈装置

测量反馈装置由测量部件（传感器）和测量电路组成。测量反馈装置的作用是检测机床移动部件位移和速度，并反馈至数控装置和伺服驱动装置，数控装置将反馈回来的实际位移量值与设定值进行比较，控制驱动装置按照指令设定值运动，从而构成（半）闭环控制系统。

六、机床本体

机床本体是数控机床的主体，与传统机床相似，包括机床的主运动部件（主轴）、进给运动部件（工作台、拖板）、基础部件（底座、立柱、滑鞍、导轨）、润滑系统、冷却装置、换刀装置、排屑装置、防护装置等，但为了满足数控机床的要求和充分发挥数控机床的特点，数控机床在整体布局、外观造型、传动系统、刀具系统的结构以及操作机构等方面都已发生了很大的变化。

1.3.3 数控机床的工作过程

在数控机床上加工零件时，一般按照如下的步骤进行，如图1.3所示：

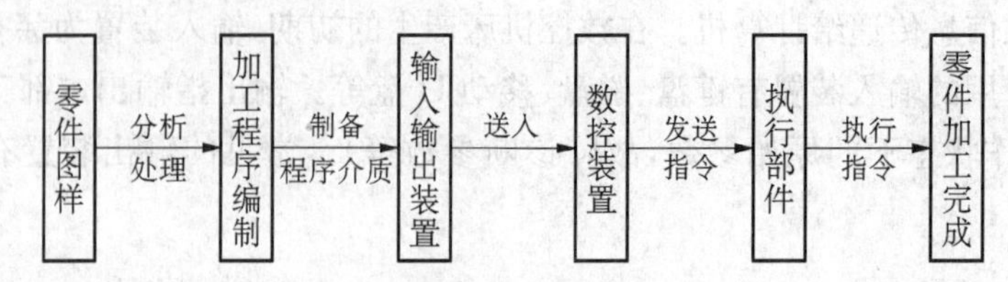

图1.3 数控机床的工作过程

(1) 首先对零件加工图样进行工艺性分析，主要包括审查尺寸标注是否正确、合理，零件轮廓的完整性、结构的合理性，确定定位基准、加工方案、工艺参数等。

(2) 选用合适的数控机床，用规定的程序代码和格式规则编写零件加工程序单，或用自动编程软件进行CAD/CAM工作，直接生成零件的加工程序文件。

(3) 将加工程序的内容以代码形式完整记录在程序介质上。由手工编写的程序，可以通过数控机床的操作面板输入程序；由编程软件生成的程序，可以通过计算机的串行通信接口直接传输到数控装置。现代数控机床大都配有程序存储卡接口，编制好的程序也可以通过存储卡拷贝到数控装置内。

(4) 数控装置读入程序，并对其进行译码、几何数据和工艺数据处理、插补计算等操作，然后根据处理结果，以脉冲信号形式向伺服系统发出相应的控制指令。

(5) 伺服系统接到控制指令后，立即驱动执行部件按照指令的要求进行运动，从而自动完成相应零件的加工。

1.3.4 数控机床分类

数控机床规格、品种繁多，其分类方法较多，一般可根据其工艺方法、运动方式、控制原理和功能水平，从不同角度进行分类。

一、按加工工艺分类

1. 金属切削类数控机床

(1) 普通数控机床

普通数控机床是指加工用途、加工工艺相对单一的数控机床。与传统的车、铣、钻、磨、齿轮加工相对应，普通数控机床可以分为数控车床、数控铣床、数控钻床、数控磨床、数控镗床、数控齿轮加工机床等。尽管这些数控机床在加工工艺方法上存在差别，具体的控制方式也各不一样，但机床的动作和运动都是在数字化信息的控制下进行的，与传统机床相比，具有较好的精度保持性、较高的生产率和自动化程度。

(2) 加工中心

加工中心是带有刀库和自动换刀装置的一种高度自动化的多功能数控机床。第一台加工中心是1959年由美国克耐·杜列克公司首次成功开发的。它在数控卧式镗铣床的基础上增加了自动换刀装置，从而实现了工件一次装夹后即可进行铣削、钻削、镗削、铰削和攻丝等多种工序的集中加工，可以有效地避免由于工件多次安装造成的定位误差，特别适合箱体类零件的加工。加工中心减少了机床的台数和占地面积，缩短了辅助时间，进一步提高了零件的加工质量、自动化程度和生产效率。

加工中心按其加工工序分为镗铣加工中心、车削加工中心和万能加工中心，按控制轴数可分为三轴、四轴和五轴加工中心。

2. 金属成型类数控机床

常见的金属成型类数控机床有数控压力机、数控剪板机和数控折弯机、数控组合冲床等。

3. 特种加工类数控机床

除了金属切削加工数控机床和金属成型类数控机床以外，数控技术也大量用于数控电火花线切割机床、数控电火花成型机床、数控等离子弧切割机床、数控火焰切割机床、数控激光加工机床以及专用组合数控机床等。

二、按运动轨迹控制方式分类

按运动轨迹控制方式，数控机床可分为点位控制数控机床、直线控制数控机床和轮廓控制数控机床。

1. 点位控制数控机床

点位控制数控机床的特点是机床的移动部件只能实现从一个位置点到另一个位置点的精确移动，而在移动、定位的过程中，不进行任何切削运动，且对运动轨迹没有要求。如图1.4所示，在数控钻床上加工孔3时，只需要精确控制孔3中心的位置即可，至于走a路径还是b路径，并没有要求。为了减小机床移动和定位时间，一般是先快速移动接近定位终点坐标，然后低速准确移动到达定位终点坐标，这样不仅定位时间短，而且定位精度高。

常见的点位控制数控机床主要有数控钻床、数控坐标镗床、数控冲床、数控点焊机、数控弯管机等。

2. 直线控制数控机床

直线控制数控机床的特点是机床的移动部件能以适当的进给速度实现平行于坐标轴的直线运动和切削加工运动，进给速度根据切削条件可在一定范围内调节。在数控机床发展早期，简易两坐标轴数控车床可用于加工台阶轴，简易的三坐标轴数控铣床可用于平面的铣削加工。现代组合机床采用数控进给伺服系统，驱动动力头带着多轴箱轴向进给进行钻镗加工，它也可以算作一种直线控制的数控机床。直线控制数控机床缺点是只能做单坐标切削运动，因此，不能加工复杂轮廓。目前仅仅具有直线控制功能的数控机床已不多见。

3. 轮廓控制数控机床

轮廓控制数控机床又称连续控制数控机床、多坐标联动数控机床，其特点是能够同时对两个或两个以上的坐标轴进行协调运动，使刀具相对于工件按程序规定的轨迹和速度运动，在运动过程中实现连续切削加工。由此可见，轮廓控制数控机床不仅能控制机床运动部件的起点与终点坐标位置，而且能控制整个加工过程每一点的速度和位移量，即可以控制其运动轨迹，从而可以加工出轮廓形状比较复杂的零件，如图1.5所示。实现两轴及以上联动加工是这类数控机床的本质特征。此类数控机床用于加工曲线和曲面等形状复杂的零件。

数控车床、数控铣床、加工中心等现代的数控机床基本上都是这种类型。若根据其联动轴数，轮廓控制数控机床还可细分为：两轴联动数控机床、三轴联动数控机床、四轴联动数控机床、五轴联动数控机床。

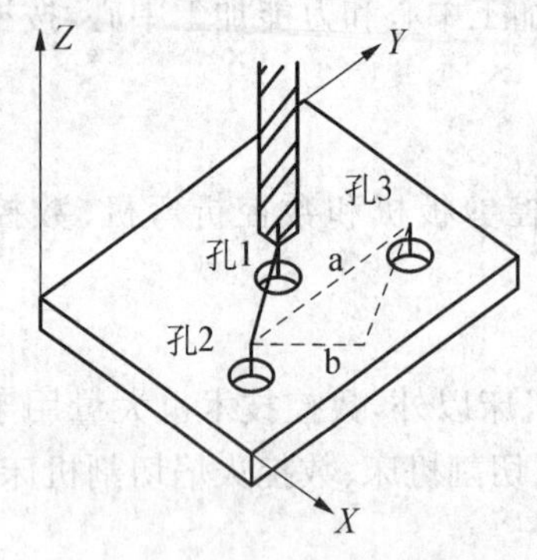

图 1.4 点位控制数控机床

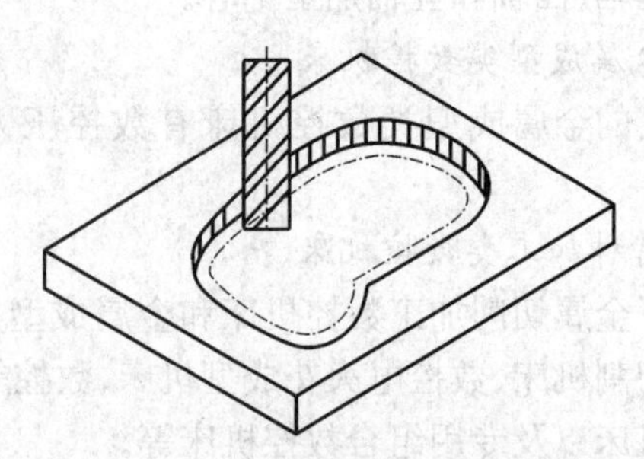

图 1.5 轮廓控制数控机床

三、按进给伺服系统的控制原理分类

按进给伺服系统控制原理不同，数控机床可分为开环控制数控机床、半闭环控制数控机床和全闭环控制数控机床。

1. 开环控制数控机床

开环数控机床是指没有位置反馈装置的数控机床，一般以功率步进电机作为伺服驱动元件，其信号流是单向的，如图 1.6 所示。

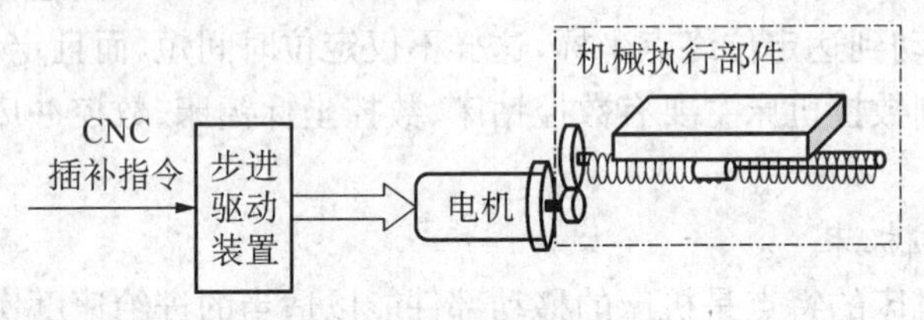

图 1.6 开环控制数控机床

开环控制数控机床的特点：

(1) 开环控制数控机床无位置反馈装置，所以结构简单、工作稳定、调试方便、维修简单、价格低廉。

(2) 开环控制数控机床无位置反馈装置，机床加工精度主要取决于伺服驱动电机和机械传动机构的性能和精度，如步进电机步距误差，齿轮副、丝杠螺母副的传动误差，都会影响机床工作台的运动精度，并最终影响零件的加工精度，因此，加工精度不高。

(3) 开环控制数控机床主要适用于负载较轻且变化不大的场合。

2. 半闭环控制数控机床

半闭环数控机床采用半闭环伺服系统，系统的位置采样点是从伺服电机或丝杠的端部引出，通过检测伺服电机或者丝杠的转角，从而间接检测移动部件的位移，并与输入的指令值进行比较，用差值控制运动部件向减小误差的方向运动，如图 1.7 所示。

半闭环数控机床的特点：

(1) 半闭环环路内不包括或只包括少量机械传动环节，因此，可获得稳定的控制性能，

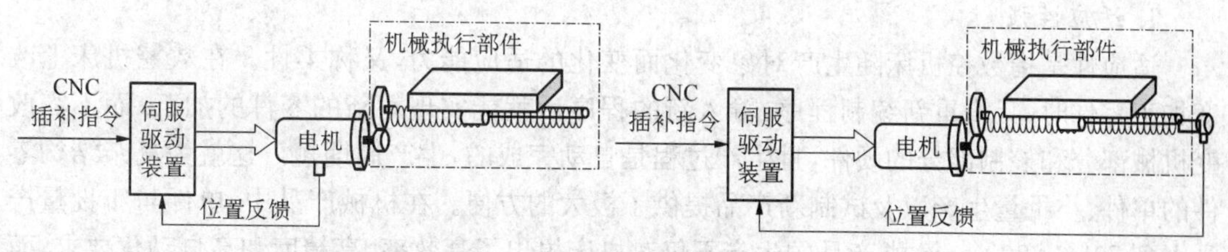

图 1.7　半闭环控制数控机床

其系统的稳定性较好。

(2) 半闭环系统能够消除电动机或丝杠的转角误差,因此,其加工精度较开环好,但比全闭环差。

(3) 半闭环系统难以消除由于丝杠的螺距误差和齿轮间隙引起的运动误差,但可对这类误差进行补偿,因此,加工精度进一步提高。

(4) 半闭环伺服系统设计方便,传动系统简单、结构紧凑、性价比较高且调试方便,因此,在现代 CNC 机床中得到了广泛应用。

3. 全闭环控制数控机床

全闭环数控机床采用闭环伺服控制,其位置反馈信号的采样点从工作台直接引出,可直接对最终运动部件的实际位置进行检测,利用工作台的实际位置与指令位置差值进行控制,使运动部件严格按实际需要的位移量运动,因此,能获得更高的加工精度,如图 1.8 所示。

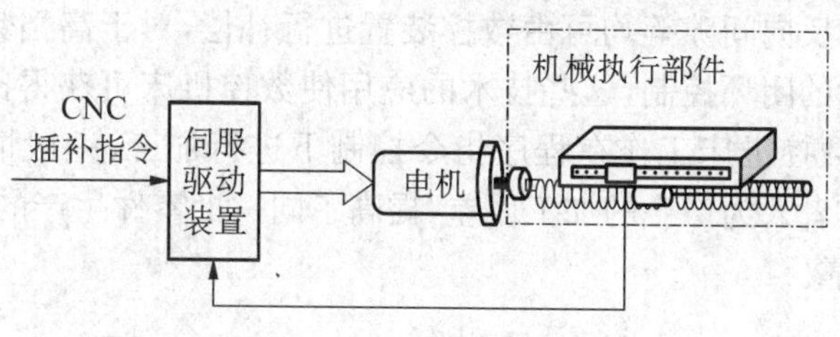

图 1.8　全闭环控制数控机床

全闭环控制数控机床的特点:

(1) 从理论上讲,全闭环控制可以消除整个驱动和传动环节的误差、间隙和磨损对加工精度的影响,即机床加工精度只取决于检测装置的精度,而与传动链误差等因素无关,但实际对传动链和机床结构仍有严格要求。

(2) 由于全闭环控制环内的许多机械传动环节的摩擦特性、刚性和间隙都是非线性的,很容易造成系统的不稳定,使得全闭环系统的设计、安装和调试都相当困难。因此,全闭环系统主要用于精度要求很高的镗铣床、超精车床、超精磨床以及较大型的数控机床等。

1.3.5　数控机床的特点及适用范围

一、数控机床的特点

数控机床的出现较好地解决了复杂、精密、小批量、多品种的零件加工问题,代表了现代机床控制技术的发展方向,是一种典型的机电一体化产品。与普通机床相比,数控机床具有以下明显的特点:

1. 适应性强

适应性是指数控机床随生产对象变化而变化的适应能力，又称柔性。在数控机床上改变加工零件时，只需重新编制程序，输入新的程序后就能实现对新的零件的加工，而不需改变机械部分和控制部分的硬件，且生产过程是自动完成的，生产周期短。这就为复杂结构零件的单件、小批量生产以及试制新产品提供了极大的方便。在机械产品中，单件与小批量产品占到70%～80%。这类产品的生产不仅对机床提出了高效率、高精度和高自动化要求，而且还要求机床应具有较强的适应产品变化的能力。适应性强是数控机床最突出的优点，也是数控机床得以生产和迅速发展的主要原因。在数控机床的基础上，可以组成具有更高柔性的自动化制造系统——FMS。

2. 适于加工形状复杂的零件

对于形状复杂的工件，如直升机的螺旋桨、汽轮机叶片等，其轮廓为形状复杂的空间曲面，其加工在普通机床上难以实现或无法实现，而数控机床则可实现几乎是任意轨迹的运动和加工任何形状的空间曲面，可以完成普通机床难以完成或根本不能加工的复杂零件的加工，因此，在宇航、造船、模具等加工工业中得到广泛应用。

3. 加工精度高、质量稳定可靠

数控机床加工的精度高，这与数控机床机械机构部分的制造精度和各种补偿措施有着很大的关系。在设计与制造数控机床时，采取了很多措施使数控机床的机械部件达到了很高的精度和刚度，使数控机床工作台的脉冲当量普遍达到了0.01～0.000 1 mm，而丝杠螺距误差与进给传动链的反向间隙等均可由数控装置进行补偿，对于高档数控机床则可采用光栅尺进行工作台移动的闭环控制，这些技术的应用使数控机床可获得比本身精度更高的加工精度。另一方面，数控机床工作在程序指令控制下进行加工，一般情况下不需要人工干预，因此，消除了操作者人为产生的加工误差，提高了同一批零件生产的一致性，产品合格率高，加工质量稳定可靠。

4. 生产效率高

生产效率是衡量设备机械加工性能的主要参数之一。零件的加工效率主要取决于切削加工时间和辅助加工时间。一般来讲，影响数控机床的生产效率的因素主要有以下几个方面：

(1) 切削用量的选择。数控机床主传动系统一般采用无级变速方式，其转速变化范围比普通机床大；其次，其进给量选取范围也比较大，并且均可以在其变化范围内任意选择，因此，数控机床每一道工序都可选用最合理的切削速度和进给速度。此外，由于数控机床结构刚性好，因此，可以选取较大的切削深度（背吃刀量）进行强力切削，从而提高了数控机床的切削效率。

(2) 空行程运动速度。数控机床加工过程中，移动部件的空行程速度一般采用机床最大快移速度，其速度一般在15 m/min以上，在高速加工数控机床上的快进速度甚至可以达到200 m/min左右，因此，其空行程运动速度远远大于普通机床，从而可以获得较高的加工效率。

(3) 工件装夹及换刀时间。在数控机床加工，当更换被加工零件时，几乎不需要重新调整机床，节省了零件安装调整时间，工件装夹时间短，且刀具可自动更换，自动换刀最快可以在0.9秒完成，辅助时间与一般机床相比大为减少。

(4) 检验时间。数控机床加工质量稳定，当批量加工零件时，一般只做首件检验和工序间关键尺寸的抽样检验，因此，节省了停机检验时间。在加工中心机床上加工时，一台机床实现了多道工序的连续加工，生产效率的提高更为显著。

由上述内容可以看出，数控机床生产率很高，一般为普通机床的3～5倍，对于某些复杂零件的加工，生产效率可以提高十几倍甚至几十倍。

5. 劳动强度低

数控机床自动化程度高，其加工的全部过程都是在数控系统的控制下完成的，不像传统加工时那样烦琐，操作者在数控机床工作时，只需要监视设备的运行状态，所以大大减小了劳动强度，改善了劳动条件。

6. 良好的经济效益

数控机床虽然设备昂贵，加工时分摊到每个零件上的设备折旧费较高，但在单件、小批量生产的情况下，使用数控机床加工可节省划线工时，减少调整、加工和检验时间，节省直接生产费用。数控机床加工零件一般不需制作专用夹具，节省了工艺装备费用。数控机床加工精度稳定，减少了废品率，使生产成本进一步下降。此外，数控机床可实现一机多用，节约厂房面积和建厂投资。因此，使用数控机床可获得良好的经济效益。

7. 有利于生产管理的现代化

数控机床使用数字信息与标准代码处理、传递信息，特别是在数控机床上使用计算机控制，易于与计算机辅助设计系统、生产管理系统连接，形成CAD/CAM一体化系统，有利于生产管理的现代化。

二、数控机床适用的范围

数控机床是一种可编程的通用加工设备，但是因设备投资费用较高，还不能用数控机床完全替代其他类型的设备，因此，数控机床的选用有其一定的适用范围。图1.9可粗略地表示数控机床的适用范围。从图1.9可看出，通用机床多适用于零件结构不太复杂、生产批量较小的场合；专用机床适用于生产批量很大的零件；数控机床对于形状复杂的零件尽管批量小，也同样适用。随着数控机床的普及，数控机床的适用范围也愈来愈广，对一些形状不太复杂而重复工作量很大的零件，如印制电路板的钻孔加工等，由于数控机床生产率高，也已大量使用。

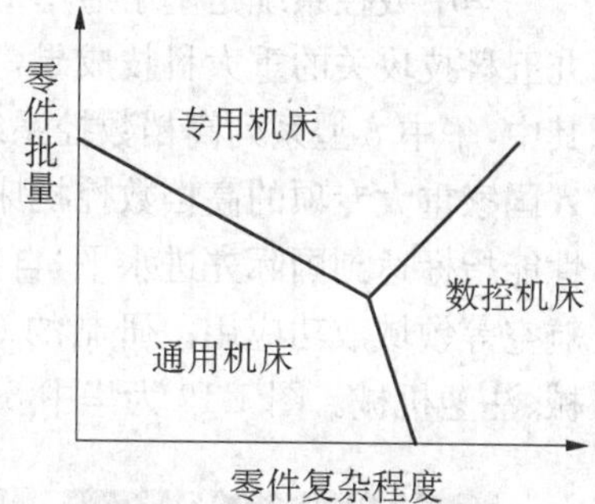

图1.9　数控机床的适用范围

1.3.6　数控机床的产生和发展

1947年，美国帕森斯公司(PARSONS)接受美国空军的委托，开始研制直升机螺旋桨叶片轮廓检验用样板的加工设备。由于轮廓检验样板的形状复杂，精度要求高，一般加工设备难以适应，首次提出了采用数字脉冲控制机床的设想。数控机床是一种装有程序控制系统(数控系统)的自动化机床。该系统能够逻辑地处理具有使用号码或其他符号编码指令(刀具移动轨迹信息)规定的程序。具体地讲，把数字化了的刀具移动轨迹的信息输入到数控装置，经过译码、运算，从而实现控制刀具与工件的相对运动，加工出所需要的零件的机床，即为数控机床。

1952年，Parsons公司和麻省理工学院(MIT)合作研制了世界上第一台数控铣床，加工直升机螺旋桨叶片轮廓的检查样板。1955 年,在 Parsons 专利的基础上,第一台工业用数控机床由美国 Bendix 公司生产出来。

从 1952 年至今,数控系统经历了两个阶段(NC 和 CNC 阶段)和六代的发展。

第一代:1952—1959 年　采用电子管元件构成的专用数控装置,体积大,功耗大。

第二代:1959—1964 年　采用晶体管电路的数控装置,广泛采用印刷电路板。

第三代:1965—1970 年　采用小、中规模集成电路的数控装置,体积小,功耗低,可靠性有了提高。

第四代:1970—1974 年　采用大规模集成电路的小型通用计算机取代专用计算机。

第五代:1974—1990 年　微处理器应用于数控系统,不仅使得其价格进一步降低,体积进一步缩小,而且实现了真正意义上的机电一体化。

第六代:1990 年—现在　进入基于 PC(个人计算机)的时代。

1.3.7　常见数控系统介绍

数控系统是数控机床的核心,它的性能在很大程度上决定了数控机床的品质。目前,在我国应用较广泛的数控系统主要有华中数控系统、西门子数控系统、FANUC 数控系统等。

一、华中数控系统

华中数控系统是基于通用 PC 的数控装置,是武汉华中数控股份有限公司在国家八五、九五科技攻关的重大科技成果,具有自主知识产权,形成了高、中、低三个档次的系列产品。其中,华中 8 型系列高档数控系统达到了国外高档数控系统的最高水平,已有数百台套与列入国家重大专项的高档数控机床配套应用;具有自主知识产权的伺服驱动和主轴驱动装置性能指标达到国际先进水平,自主研制的 5 轴联动高档数控系统已有数百台在汽车、能源、航空等领域成功应用。研制的 60 多种专用数控系统,应用于纺织机械、木工机械、玻璃机械、注塑机械。图 1.10 为华中 8 型全数字总线式高档数控系统 HNC - 818AM 数控装置。

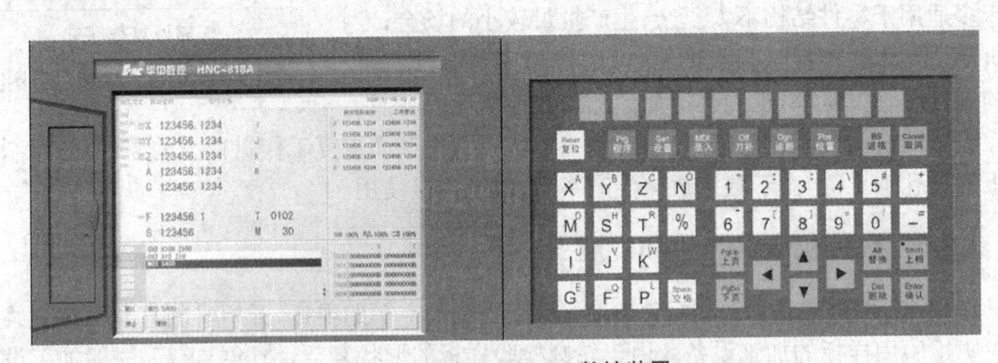

图 1.10　HNC - 818AM 数控装置

华中数控系统具有开放性好、结构紧凑、集成度高、可靠性好、性能价格比高、操作维护方便的特点。

二、SIEMENS 数控系统

SIEMENS 数控系统是西门子集团旗下的产品。目前广泛使用的主要有 802、810、840

等几种类型。

SIEMENS公司的数控装置采用模块化结构设计，经济性好，在一种标准硬件上，配置多种软件，使它具有多种工艺类型，满足各种机床的需要，并成为系列产品。随着微电子技术的发展，越来越多地采用大规模集成电路(LSI)、表面安装器件(SMC)及应用先进加工工艺，所以新的系统结构更为紧凑，性能更强，价格更低。采用SIMATICS系列可编程控制器或集成式可编程控制器，用SYEP编程语言，具有丰富的人机对话功能，可以显示多种语言。图1.11为西门子各系统的定位描述。

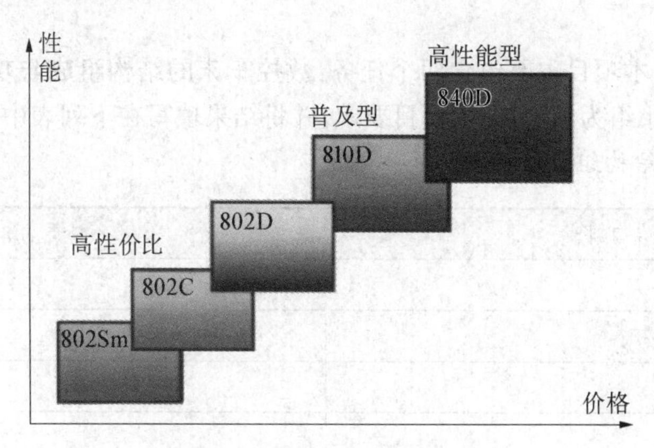

图1.11　西门子各系统的定位

三、FANUC数控系统

FANUC公司是日本生产数控系统的著名厂家，该公司自60年代生产数控系统以来，已经开发出40多种的系列产品。FANUC数控系统进入中国市场较早，目前有多种型号的产品在使用，如FANUC0、FANUC16、FANUC18、FANUC21等，在这些型号中，应用最为广泛的是FANUC0系列。图1.12为FANUC0i/Mate系统显示屏和输入键盘。

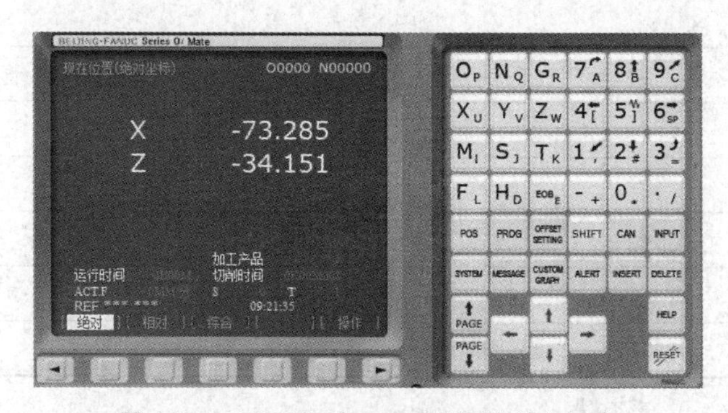

图1.12　FANUC0i/Mate显示屏和输入键盘

FANUC系统在设计中大量采用模块化结构。这种结构易于拆装、各个控制板高度集成，使可靠性有很大提高，而且便于维修、更换。FANUC系统设计了比较健全的自我保护电路。PMC信号和PMC功能指令极为丰富，便于工具机厂商编制PMC控制程序，而且增加了编程的灵活性。系统提供串行RS232C接口、以太网接口，能够完成PC和机床之间的数据传输。FANUC系统性能稳定，操作界面友好，系统各系列总体结构非常类似，具有基本统一的操作界面。FANUC系统可以在较为宽泛的环境中使用，对于电压、温度等外界条件的要求不是特别高，适应性很强。因此，FANUC系统拥有广泛的客户群体。

除上述数控系统外，国内常见的数控系统还有GSK（广州数控）、HEIDENHAIN（德国海德汉）、KND（北京凯恩帝）、FAGOR（西班牙发哥）、MITSUBISHI（日本三菱）和MAZAK（日本马扎克）等。

1.4 项目实施

根据项目分析，本项目主要包含两个任务：数控车床的结构组成与功能、数控车床与普通车床的区别。以小组为单位，完成项目要求，并将结果填写在下列表中。

1. 数控车床的结构组成与功能

结构组成	主要功能
…	…

2. 数控车床与普通车床的区别

序号	主要区别
1	
2	
3	
4	
5	
6	
…	…

思考与练习题

1. 数控机床由哪几部分组成？简述其工作过程。
2. 简述数控机床的分类。
3. 数控机床的适用范围有哪些？

4. 简述开环伺服系统、闭环伺服系统和半闭环伺服系统的区别。

5. 图 1.13 为某一数控系统电气系统连接示意图，试说明各部分的作用。

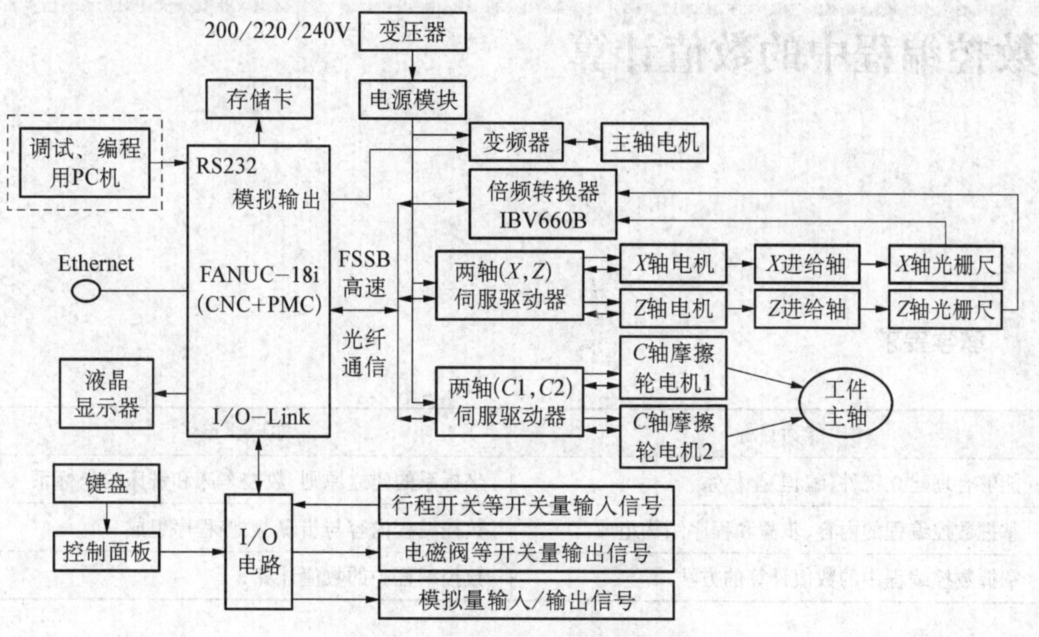

图 1.13　数控系统电气系统连接图

项目 2 数控编程中的数值计算

教学要求

能力目标	知识要点
能够合理建立工件(编程)坐标系	坐标系的建立原则、数控车床和铣床的坐标系
掌握数控编程的内容、步骤和程序结构组成	数控编程内容与步骤、数控程序组成
掌握数控编程中的数值计算的方法	数控编程中的数值计算

2.1 项目要求

完成如图 2.1 所示的轴零件精加工数控编程时所需点的坐标计算。

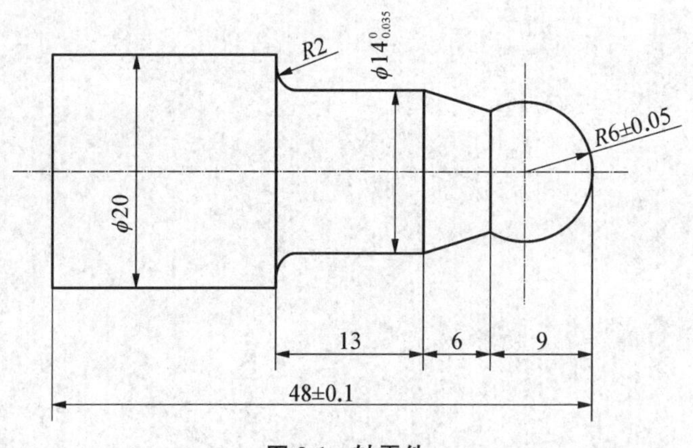

图 2.1 轴零件

2.2 项目分析

(1) 任务分析:该零件为轴类零件,加工时采用数控车床加工。编程时,需要确定刀具运动轨迹,计算各个基点的坐标值。

(2) 完成本项目所需知识点主要有:数控编程的概念、机床坐标系的确定和数控编程中的数值计算方法。

2.3　项目相关知识

2.3.1　数控编程的概念及方法

一、数控编程的概念

数控加工是指在数控机床上进行零件加工的一种工艺方法。原来在普通机床加工时，操作者按工艺文件规定的过程加工零件；在自动机床上加工零件时，通常利用凸轮、靠模、机床自动地按凸轮或靠模规定的“程序”加工零件；在数控机床上加工零件时，根据零件的加工图纸把待加工的零件的全部工艺过程、工艺参数、位移数据和方向以及操作步骤等以数字化信息的形式记录在控制介质上，用控制介质上的信息来控制机床的运动，从而实现零件的全部加工过程。

通常将从零件图纸到制作成控制介质的全部过程称为数控加工程序的编制，简称数控编程。

二、数控编程方法

数控编程方法可以分为手工编程和自动编程。

1. 手工编程

手工编程是指零件数控加工程序编制的各个步骤，即从零件图纸的分析、工艺的决策、加工路线的确定和工艺参数的选择、刀位轨迹坐标数据的计算、零件的数控加工程序单的编写直至程序的检验，均由人工来完成。对于点位加工或几何形状不太复杂的轮廓加工，由于几何计算较简单，程序段不多，采用手工编程即可实现。如简单阶梯轴的车削加工，一般不需要复杂的坐标计算，往往可以由技术人员根据工序图纸数据，直接编写数控加工程序。但对轮廓形状不是由简单的直线、圆弧组成的复杂零件，特别是空间复杂曲面零件，数值计算相当繁琐，工作量大，且容易出错，采用手工编程是难以完成的，这时就采用自动编程的方法来进行编程。

2. 自动编程

自动编程也称计算机辅助编程，是借助计算机和相应的软件来完成数控程序的编制的全部或者部分工作。自动编程大大减轻了编程人员的劳动强度，能解决手工编程无法解决的复杂零件的编程难题，且工件表面形状愈复杂，工艺过程愈繁琐，自动编程优势越明显。

2.3.2　数控编程的内容及步骤

数控编程的内容主要包括有：确定加工工艺、数值计算、编写零件的加工程序、制作控制介质、程序校验和首件试切削等。

数控编程的步骤如图 2.2 所示：

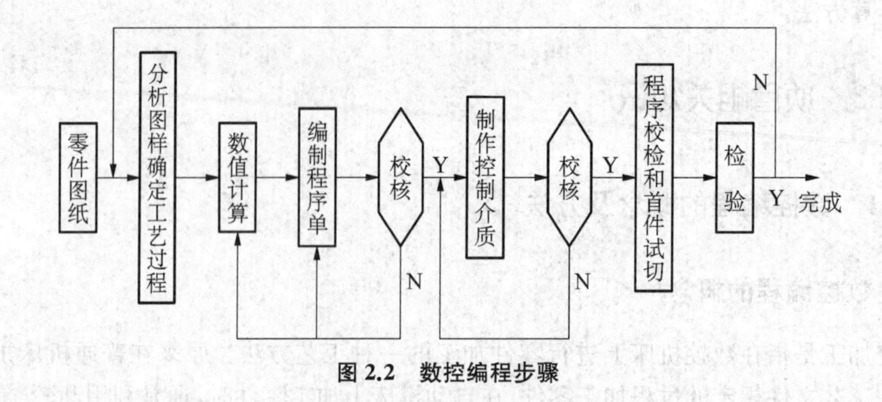

图 2.2　数控编程步骤

一、确定工艺过程

确定数控加工工艺过程时，编程人员首先要对零件图样进行分析，明确加工的内容及要求，选择加工方案，确定加工顺序、走刀路线，选择合适的数控机床，选择或设计夹具，选择刀具，确定合理的切削用量和编程坐标系等。在这个过程中除要求考虑通用的一般工艺原则外，还要求能考虑充分发挥数控机床的指令功能和效能。

二、数值计算

按照已确定的加工路线和允许的零件加工误差，计算出需要输入数控装置的数据称为数值计算。数值计算的主要内容是在规定的编程坐标系中计算零件轮廓和刀具运动轨迹的坐标值。对直线要计算起点、终点坐标；对圆弧要计算起点、终点、圆心坐标、半径值；对于不具有刀具半径补偿功能的机床还要计算刀具中心运动轨迹坐标；在采用若干直线段逼近要加工的非圆曲线（比如在不具备抛物线加工功能的机床上加工抛物线）时，需要用小直线段或圆弧段逼近，还要按精度要求计算出其交点（节点）坐标值。对于自由曲线、曲面及组合曲面的数学处理更为复杂，需利用计算机进行辅助设计计算。

三、编写零件加工程序单

根据由加工路线计算出的刀具运动轨迹的坐标值和已确定的切削用量以及相关的辅助动作，依据机床所用数控系统规定的指令代码和程序段格式，逐段编写零件的加工程序清单。需要指出的是机床数控系统不一样，程序的循环指令和程序格式也不一样，只有了解数控机床的性能、程序指令的前提下，才能编写出正确的程序。此外还应填写有关的工艺文件，如数控加工工序卡片、数控刀具卡片、数控刀具明细表等。对于形状复杂（如空间自由曲线、曲面）或者工序很长、计算烦琐的零件可采用计算机辅助数控编程。

四、制作控制介质

将程序单的内容记录在控制介质上。目前常用的控制介质有 CF 卡、移动硬盘等，也可以直接将程序通过键盘输入到数控装置的程序存储器中。将生成的加工程序单检验后制作成控制介质，以方便程序的传输和存档。

五、程序校验及首件试切削

通过数控机床的模拟功能、空运行或借助仿真软件进行校验，检验程序运动轨迹是否正确。程序校验不能检查被加工零件的加工精度是否满足加工要求，不能检查因编程计算不准确或刀具调整不当造成的加工误差。如果需要检查被加工零件的加工精度和表面粗糙度，则必须进行首件试切削。通过首件试切削可以检验加工工艺及有关切削参数是否合理，加工精度能否满足零件图样要求。对加工中存在的问题，要分析问题产生的原因并采取措施加以纠正。

2.3.3　数控机床坐标轴和运动方向的确定

数控机床的种类不同，运动形式也不同，在有些方向上是刀具相对于静止的工件在运动，在有些方向上是工作台带动工件相对于静止的刀具运动，为了使编程人员在不知道刀具与工件之间相对运动的情况下，方便编程，并能使编出来的程序在同类数控机床中具有通用性，国际上先后制定了数控机床坐标轴和运动方向的命名标准。目前我国采用 NF ISO 841—2004《数控机床坐标和运动方向的命名》标准。下面介绍该标准中的一些规定。

一、标准坐标系的规定

标准坐标系采用右手直角笛卡儿坐标系，如图 2.3(a)所示，右手的拇指、食指和中指分别代表 X、Y、Z 三根直角坐标轴的方向，三指的指向为坐标轴的正方向；旋转方向按右手螺旋法则规定，如图 2.3(b)所示，四指顺着轴的旋转方向，拇指与坐标轴同方向为轴的正旋转，反之为轴的反旋转；图中 A、B、C 分别代表围绕 X、Y、Z 三根坐标轴的旋转方向，如图2.3(c) 所示。

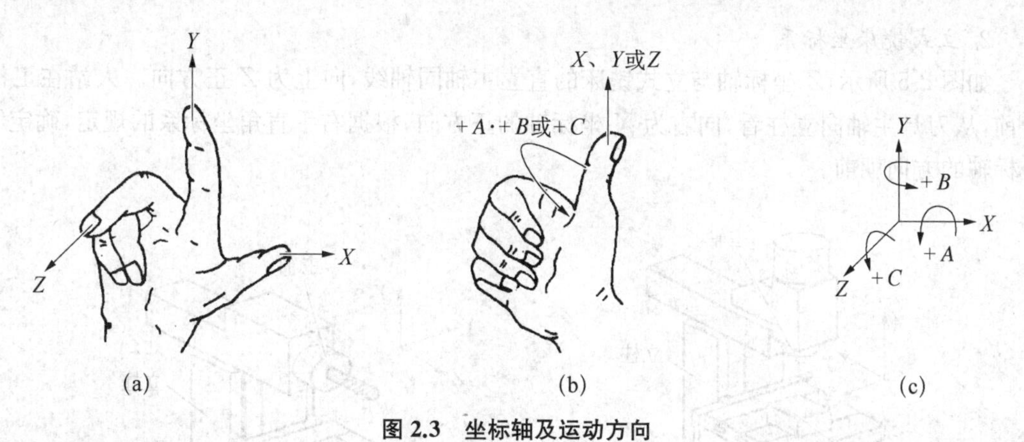

图 2.3　坐标轴及运动方向

二、机床坐标轴的确定方法

在确定机床坐标轴时，一般先确定 Z 轴，然后确定 X 轴和 Y 轴，最后确定其他轴。NF ISO 841—2004 标准中规定，确定机床坐标系的方向时一律假定刀具运动，工件静止，且定义刀具移动时，增大工件和刀具之间距离的方向为坐标轴的正方向。Z 轴由传递切削动力的主轴决定，因此，Z 轴与主轴轴线平行。X 轴平行于工件的装夹平面，一般取水平位置，根据右手直角坐标系的规定，确定了 X 和 Z 坐标轴的方向，自然能确定 Y 轴的方向。

1. 数控车床坐标系

根据标准规定,Z 坐标轴与数控车床的主轴同轴线,向右为 Z 正方向(刀具向右运动增大了刀具与工件之间的距离)。X 轴一般在水平面内,且垂直于 Z 轴,并平行于工件的装夹平面。由于数控车床的刀架有两种形式:前置刀架和后置刀架,因此,X 坐标轴正方向有所不同,如图 2.4 所示。

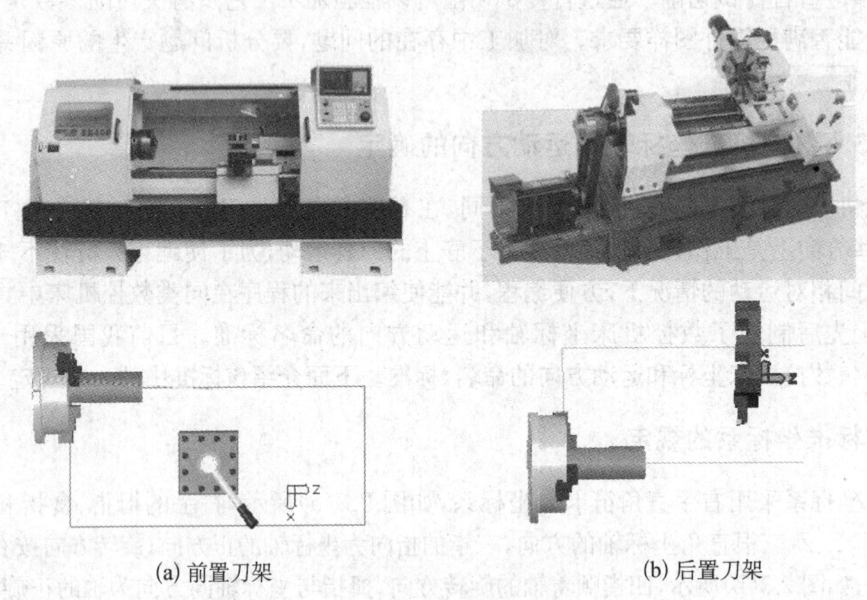

(a) 前置刀架　　(b) 后置刀架

图 2.4　刀架类型示意图

2. 立式铣床坐标系

如图 2.5 所示,Z 坐标轴与立式铣床的直立主轴同轴线,向上为 Z 正方向。人站在工作台前,从刀具主轴向立柱看,向右为 X 坐标轴的正方向,根据右手直角坐标系的规定,确定 Y 坐标轴的方向朝前。

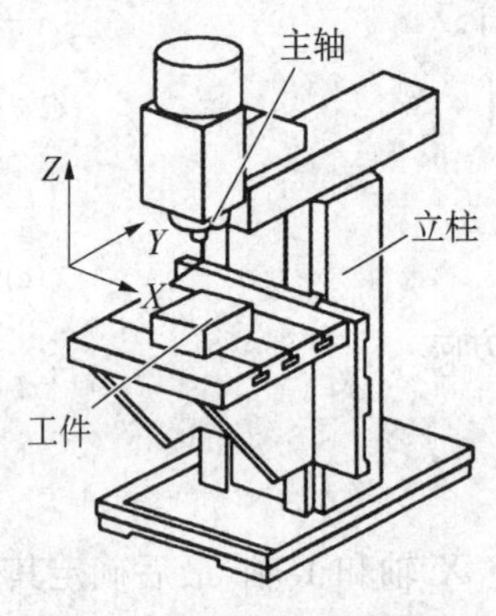

图 2.5　立式数控铣床坐标系

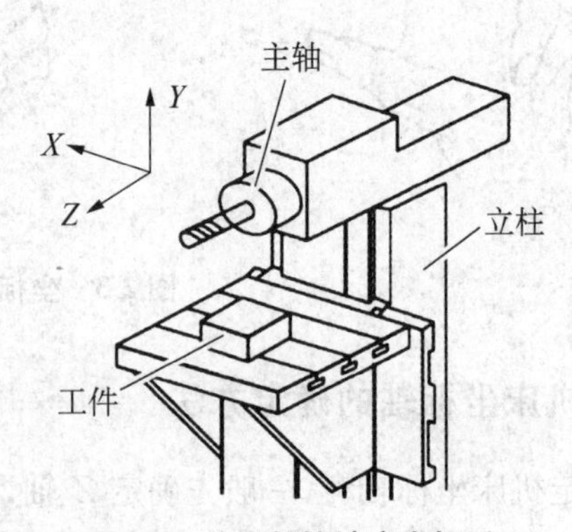

图 2.6　卧式数控铣床坐标系

3. 卧式铣床坐标系

如图 2.6 所示,Z 坐标轴与卧式铣床的水平主轴同轴线。从主轴(或刀具)的后端向工件看(即从机床背面向工件看)，向右为 X 坐标轴的正方向，根据右手直角坐标系的规定确定 Y 坐标轴的方向朝上。

对于数控磨床，坐标系的确立规则同数控车床；对于数控镗床，坐标系的确立规则同数控铣床。

三、附加坐标

当数控机床的直线运动多于三个坐标轴时，则用 U、V、W 分别表示平行于 X、Y、Z 轴的第二组直线运动坐标轴。

四、机床坐标系与编程坐标系

机床坐标系是机床上固有的坐标系，并设有固定的坐标原点，其坐标和运动方向视机床的种类和结构而定。机床原点也叫机械原点($X=0$,$Y=0$,$Z=0$)，是固有的点，不能随便改变，机床出厂已设定好。不同数控机床其机床原点设置的位置不同。比如有的数控车床上机床零点设在主轴安装卡盘的端面主轴中心轴线的交点处，有的设置在右前方的位置上。数控铣床上机床原点一般设在 X、Y、Z 三个直线坐标轴正方向的极限位置上。

许多数控机床都设定了机床参考点，这个点到机床原点的距离在机床出厂时就已经能准确确定，在使用时可以通过“回参考点”的方式来确认。有的机床参考点与机床原点重合，有的也不重合。机床参考点是生产厂家在机床上借助于行程开关设定的物理位置，与机床原点的相对位置是固定的，是相对于机床原点设定的参数值，由生产厂家测量并输入数控系统，操作者是不能改变的。一般开机后的第一步就是各坐标轴回参考点，否则就不能进行其他操作，也有个别机床厂家对回参考点不做要求，即不回参考点，也允许进行其他操作。机床参考点位置在每个轴上都是通过减速行程开关粗定位，然后由编码器零位电脉冲精定位的。当到达参考点时，显示器就显示参考点在机床坐标系中的坐标值，并出现回参考点标记，表明机床坐标系已经建立，可以使用机床坐标系了。

编程坐标系也称工件坐标系，是编程人员编程使用的，由编程人员以工件图样上的某一点为原点建立的坐标系，这一点称为编程原点(工件原点)，编程坐标系的各坐标轴与机床坐标系相应的坐标轴平行。编程坐标系的零点，可在程序中设置。根据编程的需要，一个零件的加工程序中可一次或多次设定、改变工件原点。在加工中，因工件的装夹位置相对机床是固定的，所以工件坐标系在机床坐标系中的位置也就确定了。编程坐标系的原点一般建在设计基准或工艺基准上，尽量满足编程简单、尺寸换算少、引起的加工误差小等条件。

编程坐标系是编程人员为了简化编程而采用的坐标系，而机床控制的是机床坐标系，因此，在加工时还需要将编程坐标系下的坐标值转化成机床坐标系的坐标值。一般通过对刀操作来建立机床坐标系与编程坐标系之间的联系。

五、起刀点、对刀点、刀位点和换刀点

起刀点是数控加工中刀具相对于工件运动的起点，是零件程序加工的起始点。起刀点一般选择在靠近工件表面的某点。

刀位点是程序编制中用于表示刀具特征的点，也是对刀和加工时的刀具基准点。不同类型的刀具，刀位点也不同。如图 2.7 所示，外圆车刀、螺纹刀、尖头刀、镗刀的刀位点是刀

尖;钻头的刀位点是钻尖;立铣刀、端铣刀和面铣刀的刀位点是刀头底面中心;球头铣刀的底部顶点或球心是刀位点;割刀有左右两个刀位点(对刀参考的刀位点不同,编程的坐标相差一个刀宽)。

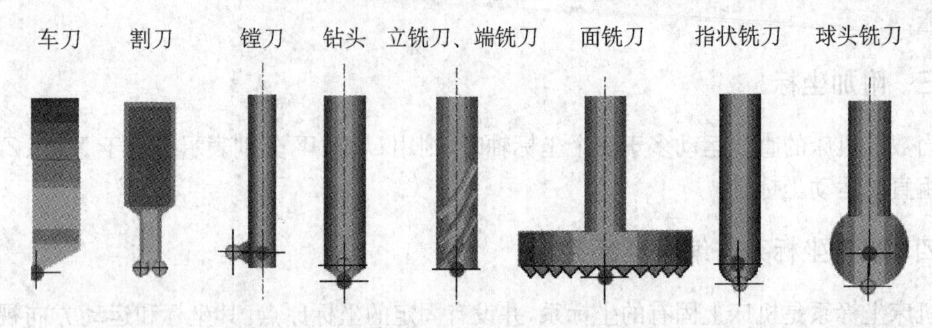

图 2.7　刀具刀位点

对刀点是对刀时所采用的基准点。我们把设定工件坐标系原点的过程称“对刀”或建立工件坐标系,对刀的目的就是确定工件原点在机床坐标系中的位置,即通过对刀来建立工件坐标系与机床坐标系的关系。

换刀点是指刀具转位更换时所在的位置,要保证足够的安全距离,使得换刀时不会与工件或夹具相撞。

六、绝对坐标与增量坐标

绝对坐标是指点的坐标值相对于编程原点而言的,而点的增量坐标是相对于前一加工点坐标而言的。一个程序段中用的坐标值可以是绝对的,也可以是增量的,甚至可以是混合的(绝对和增量的都有)。编程时,一定要根据图纸上的给定尺寸的方法,以方便编程、简化计算为前提,采用合适的坐标方式编程。不同数控系统和机床类型,绝对编程和增量编程的指令也不一样(如 FANUC 系统的铣床、加工中心绝对坐标编程采用 G90,增量坐标编程采用 G91;FANUC 系统车床绝对坐标编程直接用 *X*、*Z* 坐标,而相对坐标编程用 *U*、*W* 坐标),因此,编写程序前一定要阅读相应机床的操作说明。

2.3.4　数控加工程序段格式

一、零件加工程序的结构

一个完整的零件加工程序是由若干个程序段组成,每个程序段是由代码字(或称指令字)组成,每个代码字又是由地址符和地址符后带符号的数字组成。一般来讲,一个完整的数控加工程序包含程序名、程序主体和程序结束标志三个部分。

程序名是区别不同程序的一个标识,不同数控系统,对程序名的命名都有自己的规则,编程需要仔细阅读操作说明书。FANUC 系统规定以字符 O 开头,后加数字构成,如 O0020、O030 等,而华中数控系统采用符号“%”及其后 4 位十进制数表示程序名。

程序主体规定了零件加工的具体过程和数控机床要完成的全部动作,是整个程序的核心。

程序结束标志是一个程序结束的标志。程序结束是以程序结束指令 M02、M30、M99

(子程序结束)或 RET(子程序结束)作为程序结束的标志,用来结束零件加工程序或者返回主程序。

例如,某零件的加工程序如下:

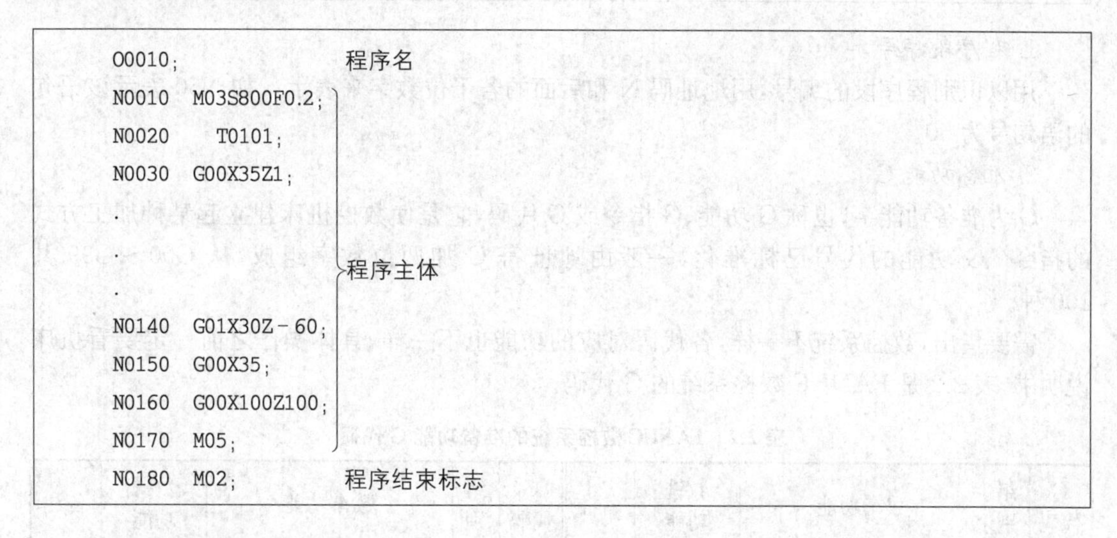

```
O0010;                    程序名
N0010  M03S800F0.2;  ┐
N0020    T0101;      │
N0030  G00X35Z1;     │
.                    │
.                    ├程序主体
.                    │
N0140  G01X30Z-60;   │
N0150  G00X35;       │
N0160  G00X100Z100;  │
N0170  M05;          ┘
N0180  M02;               程序结束标志
```

二、主程序和子程序

数控加工程序总体结构上可分为主程序和子程序。子程序是单独抽出来按一定的格式编写,可被主程序调用的连续的程序段。主程序和子程序必须在一个程序文件中,合理地使用子程序,可简化编程。

三、程序段格式

程序段格式是指一个程序段中字、字符和数据的书写规则。目前国内外广泛采用字-地址可变程序段格式。

所谓字-地址可变程序段格式是指在一个程序段内数据字的数目以及字的长度(位数)都是可以变化的格式。不需要的字以及与上一程序段相同的续效字可以不写。这种编程格式简单、直观、易检查和修改,所以应用广泛。

字-地址可变程序段格式如表 2.1 所示,书写时一般按表 2.1 所示的顺序从左往右进行书写,对其中不用的功能应省略。

表 2.1　程序段书写顺序格式

1	2	3	4	5	6	7	8	9	10	11
N-	G-	X- U- P- A- D-	Y- V- Q- B- E-	Z- W- R- C-	I-J-K- R-	F-	S-	T-	M-	LF 或 CR 或;
程序段序号	准备功能	坐标字				进给功能	主轴功能	刀具功能	辅助功能	程序段结束符号

例如一个按字-地址可变程序段格式书写的程序段：

```
N50 G01 X15 Z-26 F100 S500 T01 M03;
```

1. 程序段序号

用以识别程序段的编号，用地址码 N 和后面的若干位数字来表示。如 N50 表示该语句的语句号为 50。

2. 准备功能 G

G 为准备功能字，也称 G 功能、G 指令或 G 代码，它是使数控机床建立起某种加工方式的指令。G 功能的代号已标准化，一般由地址符 G 加两位数字组成，从 G00～G99 共 100 种。

需要指出，数控系统不一样，各代码对应的功能也不一样，具体操作之前一定要看机床说明书，表 2.2 是 FANUC 数控系统的 G 代码。

表 2.2　FANUC 数控系统的准备功能 G 代码

G代码	组别	数车功能	数铣功能	备注	G代码	组别	数车功能	数铣功能	备注
G00	01	快速定位	相同	模态	G32	01	螺纹切削	×	模态
G01		直线插补	相同	模态	G36	00	X 向自动刀具补偿	×	非模
G02		顺时针圆弧插补	相同	模态	G37		Z 向自动刀具补偿	×	非模
G03		逆时针圆弧插补	相同	模态	G40	07	半径补偿取消	相同	模态
G04	00	暂停	相同	非模	G41		刀具半径左刀补	相同	模态
G10		数据设置	相同	非模	G42		刀具半径右刀补	相同	模态
G11		数据设置取消	相同	非模	G43	01	×	长度正补偿	模态
G17	16	XY 平面	相同	模态					
G18		ZX 平面	相同	模态	G44		×	长度负补偿	模态
G19		YZ 平面	相同	模态					
G20	06	英制(in)	相同	模态	G49			取消长度补偿	模态
G21		米制(mm)	相同	模态					
G22	09	行程检查功能打开	相同	模态	G50	00	工件坐标系原点设置	×	非模
G23		行程检查功能关闭	相同	模态	G52		局部坐标系设置	相同	非模
G25	08	主轴速度波动检查关闭	相同	模态	G53		机床坐标系设置	相同	非模
G26		主轴速度波动检查打开	相同	非模	G54	14	第一工件坐标系设置	相同	模态
G27	00	参考点返回检查	相同	非模	G55		第二工件坐标系设置	相同	模态
G28		参考点返回	相同	非模	G56		第三工件坐标系设置	相同	模态
G30		第二参考点返回	×	非模	G57		第四工件坐标系设置	相同	模态
G31		跳步功能	相同	非模	G58		第五工件坐标系设置	相同	模态

续　表

G代码	组别	数车功能	数铣功能	备注
G59	14	第六工件坐标系设置	相同	模态
G65	00	宏程序调用	相同	非模
G66	12	宏程序模态调用	相同	模态
G67		宏程序模态调用取消	相同	模态
G68	04	双刀架镜像打开	×	模态
G69		双刀架镜像打开	×	模态
G70	00	精车循环	×	非模
G71		外圆、内孔粗车循环	×	非模
G72		端面粗车循环	×	非模
G73		复合式成形车削循环	高速深孔钻循环	非模
G74		端面啄式钻孔循环	左旋攻螺纹循环	非模
G75		外内径啄式钻孔循环	精镗循环	非模
G76		螺纹车削多次循环	×	非模
G80	10	钻孔固定循环取消	相同	模态
G81		×	钻孔循环	模态
G82		×	钻孔循环	模态
G83		端面钻孔循环	×	模态
G84		端面攻螺纹循环	攻螺纹循环	模态

G代码	组别	数车功能	数铣功能	备注
G85		×	镗孔循环	模态
G86		端面镗孔循环	镗孔循环	模态
G87		侧面钻孔循环	背镗循环	模态
G88		侧面攻螺纹循环	×	模态
G89		侧面镗孔循环	镗孔循环	模态
G90	01	外内车削循环	绝对坐标编程	模态
G91		×	增量坐标编程	模态
G92		单次螺纹车削循环	工件坐标原点设计	模态
G94		端面车削循环	×	模态
G96	02	恒表面速度设置	×	模态
G97		恒表面速度设置取消	×	模态
G98	05	每分钟进给	返回初始点	模态
G99		每转进给	返回R点	模态
G107		圆柱插补	×	模态
G112		极坐标插补	×	模态
G113		极坐标插补取消	×	模态
G250		多棱柱车削取消	×	模态
G251		多棱柱车削	×	模态

注：
① 当机床电源打开或按复位键时，标有　　的G代码被激活，即缺省状态。
② 由于电源打开或复位，使系统被初始化，已指定的G20或G21代码保持有效。
③ 由于电源打开使系统被初始化，G22代码被激活；由于复位使机床被初始化时，已指定的G22或G23代码保持有效。
④ 数控车床A系列的G代码用于钻孔固定循环时，刀具返回钻孔初始平面。
⑤ 表中“×”符号表示该G代码不适合这种机床。
⑥ 00组的G指令为非模态，其他组的均为模态，标有非模字样的即为非模态。

G代码可分为模态代码（续效代码）和非模态代码（非续效代码）两种。按属性进行分类，属性相同的分在同一组。模态代码一经使用一直有效，直到被同组的代码替代为止。同一组的模态代码属性相同，不能在同一程序段中出现，否则只有最后的代码有效；非同组的模态代码可以在同一程序段里面出现。非模态代码，只在该代码出现的程序段中有效。G代码通常位于程序段中的尺寸字之前。

3. 坐标字

数控编程在加工时,通过数控指令代码实现对机床的运动与加工进行控制,其移动量和移动方向主要用坐标字加数字来体现,表示移动到的目标点的位置和方向,常见的有 X、Y、Z、I、J、K、R、A、B、C 等,字符后面的数字有正负之分。R 后的正负表示优劣弧,其余坐标字后的"+"表示坐标正方向,"-"表示坐标负方向。

4. 辅助功能 M

M 辅助功能代码,是指令机床做一些辅助动作的代码,主要用作机床加工的工艺性指令,可控制机床的开、关功能(辅助动作)。其特点是靠继电器的通、断或 PLC 输入输出点的通断实现过程控制。如:主轴的旋转、切削液的开关、换刀、主轴的夹紧与松开等等。ISO 标准中 M00~M99 共 100 种,不同的数控系统 M 代码含义也不一样,表 2.3 是 FANUC 数控系统的 M 代码。

表 2.3 FANUC 数控系统的辅助功能 M 代码

M 代码	数车功能	数铣功能	备注	M 代码	数车功能	数铣功能	备注
M00	程序停止	相同	非模态	M39	右中心架松开	×	模态
M01	程序选择停止	相同	非模态	M50	棒料送料器夹紧并送进	×	模态
M02	程序结束	相同	非模态	M51	棒料送料器松开并退回	×	模态
M03	主轴顺时针旋转	相同	模态	M52	自动门打开	相同	模态
M04	主轴逆时针旋转	相同	模态	M53	自动门关闭	相同	模态
M05	主轴停止	相同	模态	M58	左中心架夹紧	×	模态
M06	×	换刀	非模态	M59	左中心架松开	×	模态
M08	切削液打开	相同	模态	M68	液压卡盘夹紧	×	模态
M09	切削液关闭	相同	模态	M69	液压卡盘松开	×	模态
M10	接料器前进	×	模态	M74	错误检测功能打开	相同	模态
M11	接料器退回	×	模态	M75	错误检测功能关闭	相同	模态
M13	1 号压缩空气吹管打开	×	模态	M78	尾座套筒送进	×	模态
M14	2 号压缩空气吹管打开	×	模态	M79	尾座套筒送进	×	模态
M15	压缩空气吹管关闭	×	模态	M80	机内对刀仪送进	×	模态
M17	刀夹正转	×	模态	M81	机内对刀仪退回	×	模态
M18	刀夹反转	×	模态	M88	主轴低压夹紧	×	模态
M19	主轴定向	×	模态	M89	主轴高压夹紧	×	模态
M20	自动上料器工作	×	模态	M90	主轴松开	×	模态
M30	程序结束并返回	相同	非模态	M98	子程序调用	相同	模态
M31	旁路互锁	相同	非模态	M99	子程序调用返回	相同	模态
M38	右中心架夹紧	×	模态				

备注:"×"符号表示该 M 代码不合适这种机床。

M功能代码也可分为模态和非模态，按逻辑功能分组，把M代码可分成四组，如M03、M04、M05为同一组。不同组的M代码，在同一程序段中可以同时出现。由于M代表控制机床的辅助动作，通常与程序段中的运动指令一起配合使用。

(1) 程序控制指令M00、M02和M30

程序暂停指令M00　当CNC执行到M00指令时，将暂停执行当前程序以方便操作者进行刀具和工件的尺寸测量、工件调头、手动变速等操作。暂停时，机床的主轴进给及冷却液停止而全部现存的模态信息保持不变，欲继续执行后续程序，只要重按操作面板上的循环启动键即可。M00为非模态指令。

程序结束指令M02　M02编在主程序的最后一个程序段中，当CNC执行到M02指令时，机床的主轴、进给、冷却液等全部停止，表示加工程序已经结束。使用M02的程序结束后，若要重新执行该程序就得重新调用该程序。

程序结束指令M30　M30和M02功能基本相同，不过M30指令还兼有控制返回到零件程序头的作用。使用M30的程序结束后，若要重新执行该程序，只需再次按操作面板上的循环启动键即可。

(2) 主轴控制指令M03、M04和M05

M03启动主轴以程序中编制的主轴速度顺时针旋转，M04启动主轴以程序中编制的主轴速度逆时针方向旋转，M05使主轴停止旋转。

(3) 冷却液开关指令M07、M08和M09

M07和M08指令表示打开冷却液，M09指令表示关闭冷却液。

(4) 进给功能字F

F指令用于指定进给速度，是续效指令。F的单位与所用数控系统和场合有关。

在FUNUC0iT系统(数控车)中，若已执行了G98指令，则F指令后跟的数字表示进给速度为mm/min；若已执行了G99指令，则F指令后跟的数字表示进给速度为mm/r。当F指令用在螺纹加工指令中时，F指令后跟的数值表示螺纹的导程的大小，与G98 、G99的使用无关。

在FUNUC0iM系统(数控铣床)中，若已执行了G94指令，则F指令后跟的数字表示进给速度为mm/min；若已执行了G95指令，则F指令后跟的数字表示进给速度为mm/r。

小提示

在操作面板上有一个进给倍率旋钮(倍率开关)可以调整F的大小，通常在0～120%范围内，如果把刻度调整在100%时，便按程序所设定的速度进给，否则应该用F值乘以旋钮选择的倍率，但对螺纹加工中的F指令无效。倍率开关通常在试切削时使用，目的是选取最佳的进给速度。

(5) 转速功能字S

数控机床可以实现无级调速，轴转速功能字S用来指定主轴的转速，一般单位是r/min，是续效指令(模态代码)。

通常主轴转速大小也可以通过操作面板上的主轴倍率旋钮在50%～120%之间进行调整。编程时总是假定倍率开关在100%。

(6) 刀具功能字 T

刀具功能字用于指令加工中所有刀具号及自动补偿编组号的地址字，地址字规定为T，自动补偿内容主要指刀具的刀位偏差或刀具长度补偿及刀具半径补偿。机床系统不同，表示方法也不同。

地址符T后面的数字通常有2位或4位。

FUNUC0iT系统使用T后跟四位数字刀具功能，其使用格式为：

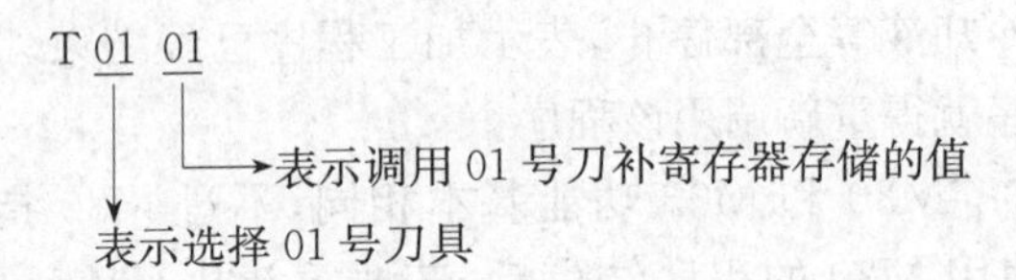

刀补号中存储了编程坐标系与机床坐标系的关联信息，必须正确调用。比如刀补号可以在规定的范围内任意使用，如使用01号刀调用02号寄存器T0102，但是一旦1号刀占用了2号刀补，别的刀具就不能使用2号刀补寄存器，否则数据会被覆盖掉。一般来讲，为避免出错，使用的刀具号和刀补号最好对应。

在使用T后跟2位数字刀具功能时，必须使用另外的指令来调用刀补信息，比如西门子802D系统采用D指令，其使用格式为：

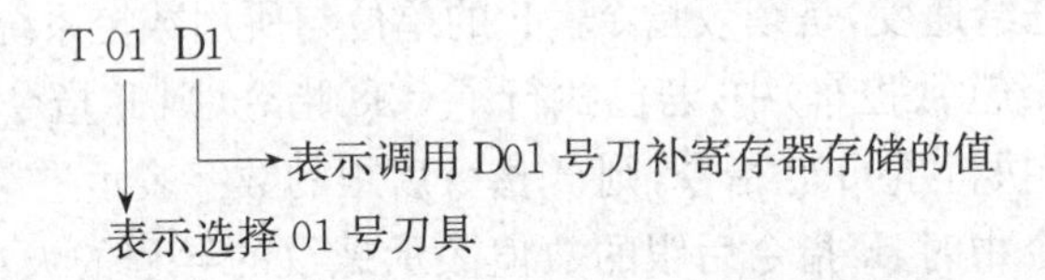

(7) 结尾符

有的数控系统需要结尾符，有的系统不需要，如FANUC系统以"；"结尾，西门子系统就不需要结尾符。因此，在编写程序时，需要根据所用数控机床的编程说明书进行。

小提示

由于数控机床的厂家很多，每个厂家使用的G功能、M功能与ISO标准也不完全相同，因此，对于某一台数控机床，必须根据机床说明书的规定进行编程。

2.3.5 数控编程中的数值计算

数控编程中的数值计算是指根据工件图样要求，按照已经确定的加工路线和允许的编程规则，计算出数控系统所需输入的数据。对于带有自动刀补功能的数控装置来说，通常要计算出零件轮廓上的一些点的坐标值。数值计算主要包括：数值换算、坐标值计算和辅助计算三个方面。

一、数值换算

数值换算主要包括标注尺寸换算和尺寸链的解算两大类，而标注尺寸换算又包括尺寸换算、公差转换两种。

1. 尺寸换算与公差转换

图 2.8 所示为尺寸换算和公差转换的实例。图 2.8(a)为零件图，图 2.8(b)中的尺寸为除尺寸 30 以外，其他均为按图 2.8(a)中标注的尺寸经换算后而得到的编程尺寸，即公差转换后的尺寸。其中，ϕ59.94、ϕ20 及 140.08 三个尺寸分别为各自尺寸的两极限尺寸，求平均值后得到的编程尺寸。

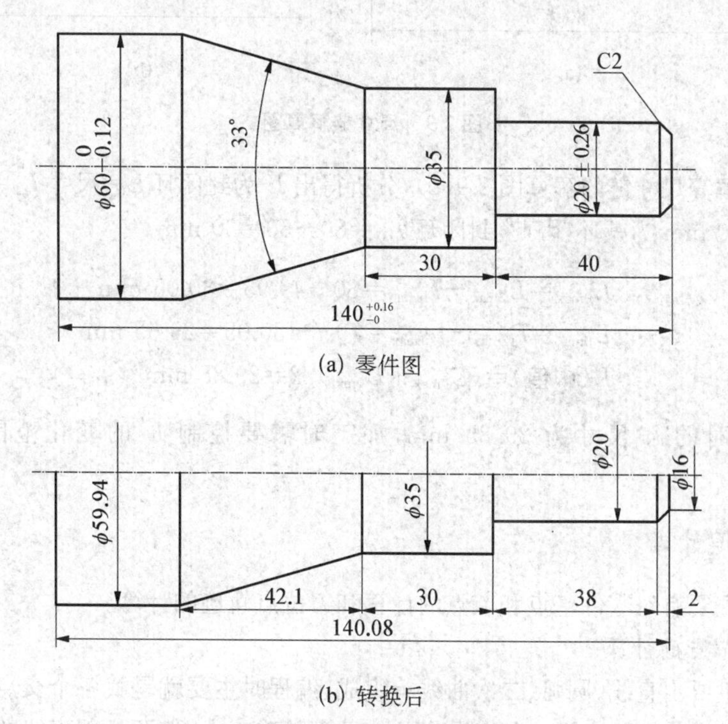

图 2.8　尺寸换算与公差转换

零件图的工作表面或配合表面一般都有偏差，公差带的位置也不相同。一般来说，对于外轮廓的加工，当尺寸偏小的时候会导致零件报废，为降低废品率，外轮廓偏差通常在基本尺寸的基础上向负方向偏；内轮廓加工，当尺寸偏大的时候就不可修复，导致零件报废，一般内轮廓的偏差通常在基本尺寸的基础上向正方向偏。在编程时通常将公差尺寸进行转换，使公差带成对称偏置，再以中值尺寸作为公称尺寸进行编程，从而最大限度地减少不合格品的产生、提高数控加工效率和经济效益。对普通数控机床而言，当进行公差转换求中值尺寸遇到小数点值时，对第三位小数点值采用四舍五入，保留小数点后两位即可。例如，孔的尺寸为 $\phi\ 20_{0}^{+0.025}$ 时，尺寸值取 ϕ20.01；孔的尺寸为 $\phi\ 16_{0}^{+0.07}$ 时，尺寸值取 ϕ16.04；轴尺寸为 $\phi\ 16^{0}_{-0.07}$时，尺寸值取 ϕ15.97。

2. 尺寸链解算

例 2.1　如图 2.9(a)所示，求编写切断程序时的 L 尺寸。

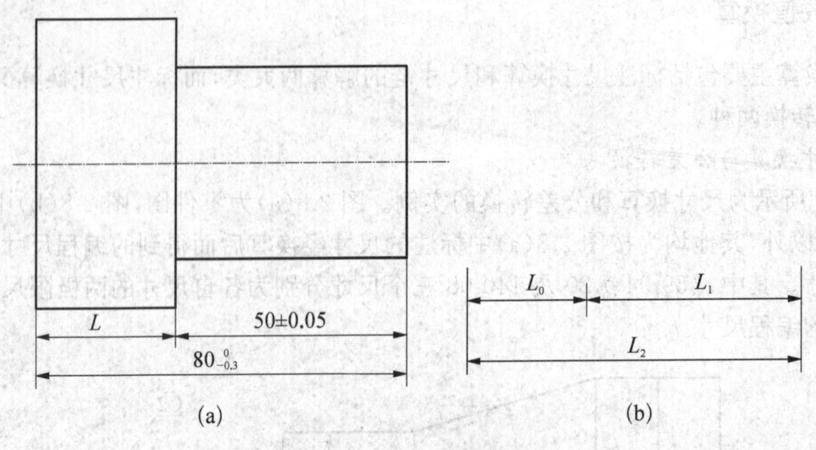

图 2.9　尺寸链解算图

解　画出解算尺寸链的解算图 2.9(b)，分析得出 L 为封闭环 L_0，尺寸 $L_2=80$ mm 为增环，尺寸 $L_1=50$ mm 为减环，因此，封闭环 $L_0=80-50=30$ mm。

$$L_{0\max}=L_{2\max}-L_{1\min}=80-49.95=30.05\text{ mm}$$
$$L_{0\min}=L_{2\min}-L_{1\max}=79.7-50.05=29.65\text{ mm}$$
$$L(\text{中值})=(L_{0\max}+L_{0\min})/2=29.85\text{ mm}$$

所以编程时的 L 尺寸为 29.85 mm，加工时需要控制 L 的变化范围为 29.65～30.05 mm。

二、坐标值计算

坐标计算主要有对零件基点和节点的计算和刀位点轨迹的计算。

1. 基点和节点的计算

零件轮廓主要由直线、圆弧、二次曲线等组成，编程时主要就是找各个交点的坐标，这些点可以分成基点和节点两大类。基点是指几何元素的连接点，如两相邻直线的交点，直线与圆弧、圆弧与圆弧的交点或切点，圆弧或直线与二次曲线的交点或切点等。当零件的形状是由直线或圆弧段之外的其他非圆曲线构成(非圆曲线是指除直线和圆弧以外的能用数学方程描述的曲线，如渐开线、双曲线、列表曲线等)，而数控系统又不具备这些曲线的插补功能时，此时一般用若干微小直线段或圆弧段来逼近给定的曲线，逼近直线或圆弧段的交点或切点称为节点。

直线或圆弧组成的零件轮廓的基点的坐标通常可以通过画图、代数计算、平面几何计算、三角函数计算等方法来获得。数据计算的精度应与图纸加工精度的要求相适应。

当用直线或圆弧逼近非圆曲线轮廓时，曲线的节点数与逼近线段的形状(直线还是圆弧)、曲线方程的特性以及允许的逼近误差有关。节点计算，就是利用这三者之间的数学关系，求解出各节点的坐标。节点坐标计算的方法很多。用直线段逼近非圆曲线时常用的节点计算方法有等间距法、等步长法和等误差法等。用圆弧段逼近零件轮廓时常见的圆弧逼近插补有圆弧分割法和三点作圆法。

应用技巧:节点坐标计算的方法很多,可以根据轮廓曲线的特性及加工精度要求等选择。当轮廓曲线的曲率变化不大,可以采用等步长计算插补节点;当曲线曲率变化比较大的时候,采用等误差法计算节点;当加工精度要求比较高时,可以采用逼近程度较高的圆弧逼近插补法计算插补节点,容差值越小,节点数越多。

2. 刀位点轨迹的计算

对于具有刀具半径补偿的数控机床而言,只要按照图形轮廓来计算基点或节点;而对于没有刀具半径补偿功能的数控机床,就要计算刀具运动中刀具中心轨迹的交点的坐标,这种计算稍微复杂一些,必须根据刀具类型、零件轮廓、刀补方向等来进行计算。

三、辅助计算

辅助计算主要包括辅助程序段的坐标计算和切削用量的辅助计算两类。

辅助程序段是指开始加工时,刀具从对刀点到切入点,或加工结束后从切出点返回到对刀点,以及换刀或回参考点等而需要特意安排的程序段,这些路径必须在绘制进给路线时明确地表达出来,数值计算时,必须按进给路线图计算出各相关点的坐标。

切削用量的辅助计算主要是指对由经验估算的切削用量(如螺纹的切削次数和背吃刀量)和某些切削用量(如不同刀具的主轴转速、进给速度,以及与背吃刀量相关的加工余量分配等)进行分析与核算的过程。

对于点位控制的数控机床加工的零件,一般不需要数值计算,只有当零件图样坐标系与编程坐标系不一致时,才需要对坐标进行转换;对于形状比较简单,轮廓由直线和圆弧组成的零件,数值计算比较简单,手工完成计算就行;对于多段连续圆弧构成的轮廓基点坐标的计算,可借助计算机绘图软件进行;对于形状比较复杂的零件,轮廓由非圆曲线组成的零件,需要用直线段或圆弧段逼近,根据要求的精度计算出各节点的坐标,这种情况的数值计算就要由计算机来完成。

2.4　项目实施

根据本项目的要求分析,本项目的实施包含数控机床的选择与编程坐标系的建立、走刀轨迹的确定和编程所需点的坐标计算等步骤。

1. 数控机床的选择和编程坐标系的建立

根据图 2.1 可知,本零件属于典型的轴类零件,加工精度较高,因此,选择数控车床加工,按照前置刀架类型,选择工件右端面中心为坐标原点,建立如图 2.10 所示的编程坐标系 XOZ。

2. 走刀轨迹的确定

根据数控车床加工回转体类零件的特点,精加工本零件时,刀具只需沿着图 2.10 所示的$\overset{\frown}{OA}-AB-BC-\overset{\frown}{CD}-DE-EF$ 路线走刀一次,即可以完成零件的加工。因此,编程时所需要的坐标点为 O、A、B、C、D、E、F 七个点的坐标(在此暂不考虑辅助点的计算)。

3. 编程所需点的坐标计算

本项目中零件的轮廓全部是由直线与圆弧组成的,因此,编程所需点均为基点。对于有公差要求的尺寸均采用中值尺寸(平均尺寸)进行编程。

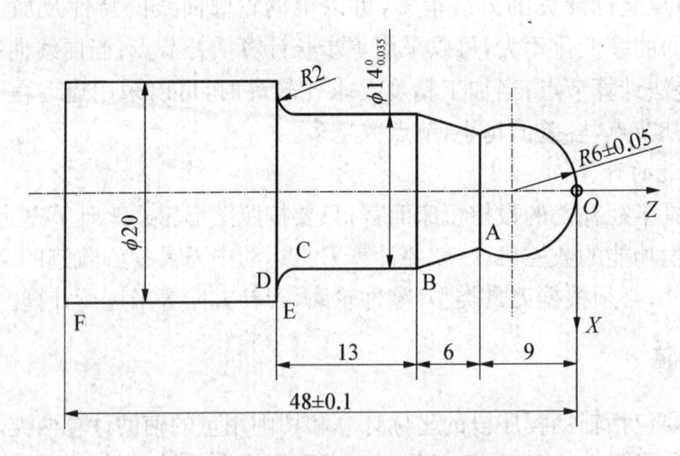

图 2.10 编程坐标系与走刀轨迹

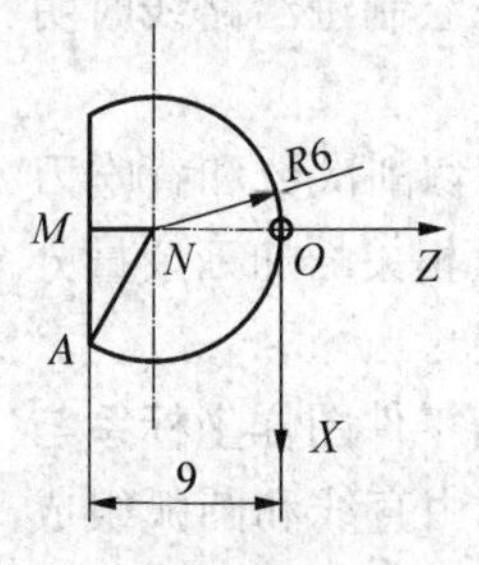

图 2.11 基点 A 的计算示意图

(1) 图中 $R6\pm0.05$、$\phi14_{-0.035}^{\ 0}$ 和 48 ± 0.1 三个尺寸的编程尺寸分别为 $R6$、$\phi13.983$ 和 48。

(2) 基点 A 坐标计算。如图 2.11 所示，借助△AMN 计算 AM 的长度：

$$AM=\sqrt{AN^2-MN^2}=\sqrt{6^2-(9-6)^2}=5.196$$

因此，基点 A 的坐标为(10.392，−9)。

(3) 基点 O、B、C、D、E、F 的坐标计算。基点 O、B、C、D、E、F 的坐标计算相对简单，计算过程在此不再赘述。由图 2.10 可知各基点的坐标为：O(0，0)、B(13.983，−15)、C(13.983，−26)、D(17.983，−28)、E(20，−28)、F(20，−48)。

2.5 拓展知识——SIEMENS 802D 数控系统基本编程指令

2.5.1 SIEMENS 802D 系统

SIEMENS 数控系统与 FANUC－0i 系统之间虽然很多循环指令大不相同，但是一些基本轮廓的指令应用方法基本相同，下面简单描述一下除了循环以外的几个区别点。

一、SIEMENS 数控系统程序命名规则

每个程序均有一个程序名。SINUMERIK802D 系统对程序名规定如下：主程序名开始的两个符号必须是字母；其后的符号可以是字母、数字或下划线，最多为 16 个字母；不得使用分隔符；后缀名以 MPF 结尾；子程序一般以 L 开头＋数字，后缀名为 SPF。

例如：SQ1234.MPF、CP_88　　主程序命名，当后缀名省略时，默认为主程序

L10.SPF　　子程序命名

二、程序结构和内容

NC 程序编程格式采用的也是字地址的可变程序段格式，由各个程序段组成。每个程序段执行一个加工步骤，程序段由若干个程序字组成。程序字由地址符和数值组成。地址符一般为字母，数值是一个数字串，可以带正负号和小数点。一个程序段中含有执行一个工序所需的全部数据。程序段格式如图 2.11 所示。

/N...__字 1__字 2___...___字　；注释__L_F

其中：

/　　　表示　在运行中可以被跳跃过去的程序段

N...　　表示　程序段号，主程序段中可以由字符"："取代地址符"N"

__　　　表示　中间空格

字 1...　表示　程序段指令

；注释　表示　对程序段进行说明，位于最后，用"；"分开

L_F　　表示　程序段结束，不可见。

图 2.11　程序段格式

程序段中有很多指令时建议按此顺序：N...G...X...Y...Z...F...S...T...D...M...H...。程序段号以 5 和 10 为间隔选用(程序段号在输入程序时不会自动生成)，以便以后插入程序段号时不会改变程序段号的顺序。程序段号也可省略，程序被运行时按顺序执行，西门子系统在进行圆弧编程时，半径用"CR="来表示，如半径 20 mm，即表示为 CR=20，一个程序段结束，不需要人为添加结尾符。

三、程序的传输格式

一般数控系统为了方便用户使用和节省程序输入时间都提供了 RS232 传输接口，利用它可以实现 CNC 系统和用户 PC 进行数据的双向传输，但传输要有它特定的格式才行。SIEMENS 系统规定传输格式为：

```
%__N__SQ10__MPF(SPF)
;$PATH=/__N__MPF__DIR
```

其中 SQ10 即为程序的名称。CNC 系统接收到后就生成一个程序名为 SQ10.MPF 的主程序。如果将上例中的第一行 MPF 改为 SPF，那么 CNC 系统接收到后就生成一个程序名为 SQ10.SPF 的子程序。

2.5.2 SIEMENS 802D 系统基本编程指令

一、准备功能代码

准备功能主要用来指示机床或数控系统的工作方式。准备功能代码是用地址字 G 和后面的几位整数字来表示的，见表 2.4 所示。G 代码按其功能的不同分为若干组。G 代码有两种模态：模态式 G 代码和非模态式 G 代码。模态代码是指直到同组其他 G 代码出现之前一直有效的代码，它具有延续性；非模态代码是指仅仅在所在的程序段中有效的代码。

表 2.4 准备功能 G 代码

G 代码	含　义	说明	编　程
G0	快速移动	1：运动指令（插补方式）模态有效	G0 X...Y...Z...；直角坐标系 G0 AP=...RP=...；极坐标系
G1*	直线插补		G1X...Y...Z...F...；直角坐标系 G1 AP=... RP=...F...；极坐标系
G2	顺时针圆弧插补		G2 X...Y...I...J...F...；圆心和终点 G2 X...Y...CR=...F...；半径和终点 G2 AR=...I...J...F...；张角和圆心 G2 AR=...X...Y...F...；张角和终点 G2 AP=... RP=...F...；极坐标系
G3	逆时针圆弧插补		G3...；其他同 G2
G33	恒螺距的螺纹切削		S...M...；主轴速度，方向 G33Z...K...；带有补偿夹具的锥螺纹切削，比如 *Z* 方向
G331	螺纹插补（攻丝）		N10 SPOS=；主轴处于位置调节状态 N20 G331 Z...K...S...；在 *Z* 轴方向不带补偿夹具攻丝，左旋螺纹或右旋螺纹通过螺距的符号确定（比如 *K*+） +：同 M3　－：同 M4
G332	不带补偿夹具切削内螺纹——退刀		G332 Z...K...S...；不带补偿夹具切削螺纹——*Z* 方向退刀；螺距符号同 G331
G4	暂停时间	2：特殊运行，程序段方式有效	G4 F...或 G4 S...；单独程序段
G63	带补偿夹具攻丝		G63 Z...F...S...M...
G74	回参考点		G74 X1=0 Y1=0 Z1=0；单独程序段
G75	回固定点		G75 X1=0 Y1=0 Z1=0；单独程序段
G25	主轴转速下限或工作区域下限	3：写存储器，程序段方式有效	G25 S...；单独程序段 G25 X...Y...Z...；单独程序段
G26	主轴转速上限或工作区域上限		G26 S...；单独程序段 G26 X...Y...Z...；单独程序段

续　表

G代码	含　义	说明	编　程
G110	极点尺寸,相对于上次编程的设定位置	3:写存储器,程序段方式有效	G110 X...Y...;极点尺寸,直角坐标,比如带G17 G110 RP=...AP=...;极点尺寸,极坐标;单独程序段
G111	极点尺寸,相对于当前工件坐标系的零点		G111 X...Y...;极点尺寸,直角坐标,比如带G17 G111 RP=...AP=...;极点尺寸,极坐标;单独程序段
G112	极点尺寸,相对于上次有效的极点		G112 X...Y...;极点尺寸,直角坐标,比如带G17 G112 RP=...AP=...;极点尺寸,极坐标;单独程序段
G17*	X/Y平面	6:平面选择 模态有效	G17...;该平面上的垂直轴为刀具长度补偿轴;切入方向为Z
G18	Z/X平面		
G19	Y/Z平面		
G40*	刀尖半径补偿方式的取消	7:刀尖半径补偿 模态有效	
G41	刀具半径左补偿		
G42	刀具半径右补偿		
G500*	取消可设置零点偏置	8:可设置零点偏置 模态有效	
G54	第一设置的零点偏移		
G55	第二可设置的零点偏移		
G56	第三可设置的零点偏移		
G57	第四可设置的零点偏移		
G58	第五可设置的零点偏移		
G59	第六可设置的零点偏移		
G53	按程序段方式取消可设置零点偏置	9:取消可设置零点偏置段方式有效	
G153	按程序段方式取消可设置零点偏置,包括基本框架		
G60*	精确定位	10:定位性能 模态有效	
G64	连续路径方式		
G9	准确定位,单程序段有效	11:程序段方式准停段方式有效	
G601*	在G60,G9方式下精确定位	12:准停窗口 模态有效	
G602	在G60,G9方式下粗准确定位		

续 表

<table>
<tr><th>G代码</th><th>含　义</th><th>说明</th><th>编　程</th></tr>
<tr><td>G70</td><td>英制尺寸</td><td rowspan="4">13:英制/公制尺寸
模态有效</td><td rowspan="4"></td></tr>
<tr><td>G71*</td><td>公制尺寸</td></tr>
<tr><td>G700</td><td>英制尺寸,也用于进给率 F</td></tr>
<tr><td>G710</td><td>公制尺寸,也用于进给率 F</td></tr>
<tr><td>G90*</td><td>绝对尺寸</td><td rowspan="2">14:绝对尺寸/增量尺寸
模态有效</td><td>G90 X...Y...Z...(...)
Y=AC(...)或 X=AC(...)或 Z=AC(...)</td></tr>
<tr><td>G91</td><td>增量尺寸</td><td>G91 X...Y...Z...(...)
X=IC(...)或 Y=IC(...)或 Z=IC(...)</td></tr>
<tr><td>G94</td><td>进给率 F,单位毫米/分</td><td rowspan="2">15:进给/主轴
模态有效</td><td rowspan="2"></td></tr>
<tr><td>G95*</td><td>主轴进给率 F,单位毫米/转</td></tr>
<tr><td>G450*</td><td>圆弧过渡(圆角)</td><td rowspan="2">16:刀尖半径补偿时拐角特性
模态有效</td><td rowspan="2"></td></tr>
<tr><td>G451</td><td>等距交点过渡(尖角)</td></tr>
</table>

注:带有 * 的记号的 G 代码,在程序启动时生效。

G 代码指令应用时应注意:

(1) 不同组的 G 代码都可编在同一程序段中。例:N10 G94 G17 G90 G53

(2) 如果在同一个程序段中出现两个或两个以上属于同一组的 G 代码时,则只有最后一个 G 代码有效。例:N20 G01 G0 X100 Y100,则等同于 N20 G0 X100 Y100。如果在程序中出现了 G 代码表中没有列出的 G 代码指令,即语法错误,则机床显示报警信息,自动报警。

二、辅助功能代码

辅助功能代码是用地址字 M 及两位数字来表示的,它主要用于机床加工操作时除了切削动作以外的辅助指令,用来操作各种辅助动作及其状态,如主轴的启停、切削液的开关等,是逻辑控制的离散信号,其常用代码见表 2.5 所示。

表 2.5　辅助功能 M 代码

M指令	功　能	M指令	功　能
M0	程序暂停	M7	外切削液开
M1	选择性停止	M8	内切削液开
M2	主程序结束	M9	切削液关
M3	主轴正转	M30	主程序结束,返回开始状态
M4	主轴反转	M17	子程序结束(或用 RET)
M5	主轴停转	M41	主轴低速挡
M6	自动换刀	M42	主轴高速挡

三、F、S、T、D 功能代码

1. 进给功能代码 F

表示进给速度(是刀具轨迹速度,它是所有移动坐标轴速度的矢量和),用字母 F 及其后面的若干位数字来表示。地址 F 的单位由 G 功能确定:

```
G94  直线进给率(分进给)    mm/min(或 in/min)
G95  旋转进给率(转进给)    mm/r(或 in/r)(只有主轴旋转才有意义)
```

例如,在 G94 有效时,米制 F100 表示进给速度为 100 mm/min。F 在 G1,G2,G3,CIP,CT 插补方式中生效,并且一直有效,直到被一个新的地址 F 取代为止。G94 和 G95 均为模态指令,一旦写入一种方式(如 G94),它将一直有效,直到被 G95 取代为止。

2. 主轴功能代码 S

S 表示主轴转速,用字母 S 及其后面的若干位数字来表示,单位为 r/min。例如,S1200 表示主轴转速为 1 200 r/min。数控机床主轴转速一般均为无级变速。S 后值可以任意给,但必须给整数,不能超过其电机所能承受的最高转速,在操作时,注意阅读机床说明书。

3. 刀具功能代码 T

铣床上刀具功能主要用来设定刀具号。在进行多道工序加工时,必须选取合适的刀具。每把刀具对应一个刀具号,刀号在程序中设定。刀具功能用字母 T 及其后面的两位数字来表示,如 T01,另外在进行刀具补偿时用 D 表示刀具半径补偿号。它由字母 D 及其后面的数字来表示。该数字为存放刀具补偿量的寄存器地址字。西门子系统中一把刀具最多给出 9 个刀沿号,所以最多为 D9,补偿号为一位数字。例:D1 则为取 1 号刀沿的数据,分别作为补偿值。

四、绝对/增量尺寸编程指令

1. 编程格式及意义

指令方式:G90 表示绝对尺寸,G91 表示增量尺寸

程序段方式:=AC(…);某轴以绝对尺寸输入

程序段方式:=IC(…);某轴以相对尺寸输入

G90 指令中的坐标值均相对于编程原点而言,G91 表示坐标点是相对于前一坐标点而言。G90/G91 适用于所有坐标轴。

用=AC(…),=IC(…)定义时,赋值时必须要有一个等于号。数值要写在圆括号中。圆心坐标也可以以绝对尺寸用=AC(…)定义,AC、IC 指令的应用使一个坐标轴用绝对尺寸表示,另一个坐标尺寸用增量表示。

2. 举例

(1) 下列程序中是 G90,G91,AC,IC 的应用

```
N10 G90 X100 Y100 Z80;              绝对尺寸
N20 G1 X40 Z=IC(-20)F100;           X 是绝对尺寸,Z 是增量尺寸
N30 G91 X40 Z20;                    两个坐标均为增量尺寸
N40 X-15 Z=AC(18);                  X 是增量尺寸,Z 是绝对尺寸
```

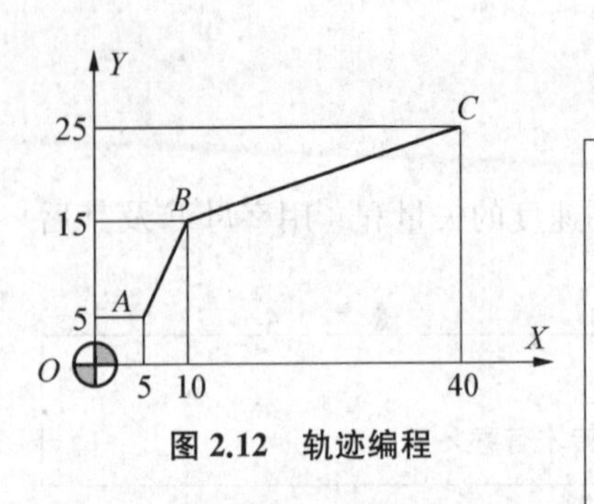

图 2.12　轨迹编程

（2）以一个实例说明 G90,G91 编程的区别。如图 2.12 编写 A—B—C 的轨迹程序。程序编写为：

```
用 G90 编程：N5 G90 G0 X5 Y5；
            N10 G1 X10 Y15 F80；
            N15 X40 Y25；
用 G91 编程：N5 G91 G0 X5 Y5；
            N10 G1 X5 Y10 F80
            N15 X30 Y10
```

五、公制尺寸/英制尺寸

1. 编程格式及意义

G70 表示英制尺寸，G71 表示公制尺寸。

G700 表示英制尺寸，也适用于进给率 F；G710 表示公制尺寸，也适用于进给率 F。

系统根据所设定的状态把所有的几何值转换为公制尺寸或英制尺寸（这里刀具补偿和设定零点偏置值也作为几何尺寸）。同样，进给率 F 的单位分别为毫米/分或英寸/分。基本状态可以通过机床数据设定，公制尺寸作为前提条件。G71 公制尺寸为开机默认指令。

2. 编程举例

```
N10 G70 X2.151 Y5.25 F100；      英制尺寸，X、Y 后的值单位均为英寸，F 为 mm/min
N20 X4.231 Y6.258；G70            继续生效，X、Y 后的值单位均为英寸
…
N80 G71 X150 Y180 F100；          开始公制尺寸 X、Y 后的值单位均为毫米
```

六、子程序

1. 概述

原则上讲主程序和子程序之间并没有多大的区别。用子程序编写经常重复进行的加工指令，比如某一个确定的轮廓形状。这时，就把那些重复的部分编写成一个子程序，以便主程序在需要的时候进行调用、运行。

加工循环就是一种子程序，包含一般通用的加工工序，诸如螺纹切削、坯料切削加工等等。通过规定的计算参数赋值就可以实现各种具体的加工。如图 2.13 所示，为子程序的内涵。

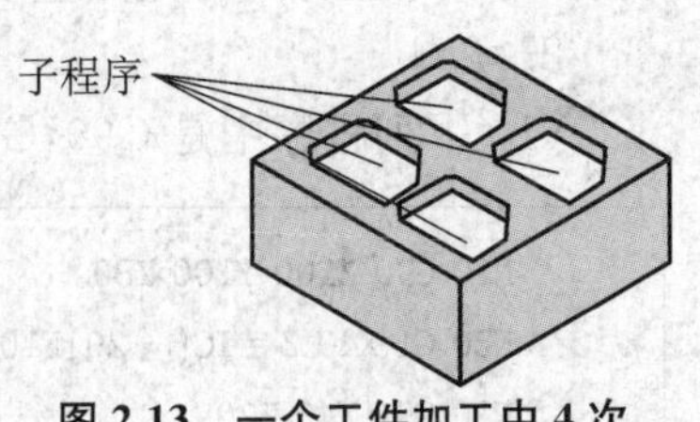

图 2.13　一个工件加工中 4 次调用子程序

2. 程序的结构

子程序的结构与主程序相同，子程序以 RET 结尾，RET 必须单段编程，意指返回调用子程序的地方。

3. 子程序名

为了方便地选择某一子程序，必须给子程序取一个程

序名。子程序后缀名为.SPF。程序名可以自由选取但必须符合以下规定：

(1) 开始的两个符号必须是字母。

(2) 其后的符号可以是字母、数字或下划线。

(3) 最多为 16 个字母。

(4) 不得使用分隔符。

子程序名尽量使用地址字 L…，其后的值可以有 7 位(只能为整数)。

注意

使用地址字 L 时，L 之后的零均有意义，不可省略。举例：L128.SPF 并非 L0128.SPF 或 L00128.SPF，以上表示 3 个不同的子程序。

4. 编程举例

在一个程序中(主程序或子程序)可以直接用程序名调用子程序。子程序调用要求占用一个独立的程序段。如果要求多次地执行某个子程序，则在编程时必须在所调用子程序的程序后地址 P 下写入调用次数，最大次数可以为 9999(P1…P9999)。

N10 L123	调用子程序 L123
N20 SQ789	调用子程序 SQ789
N30 L456 P3	调用子程序 L456，运行 3 次

5. 子程序嵌套深度

子程序不仅可以从主程序中调用，也可以从其他子程序中调用，这个过程称为子程序的嵌套。子程序的嵌套可以为 8 层，如图 2.14 所示。

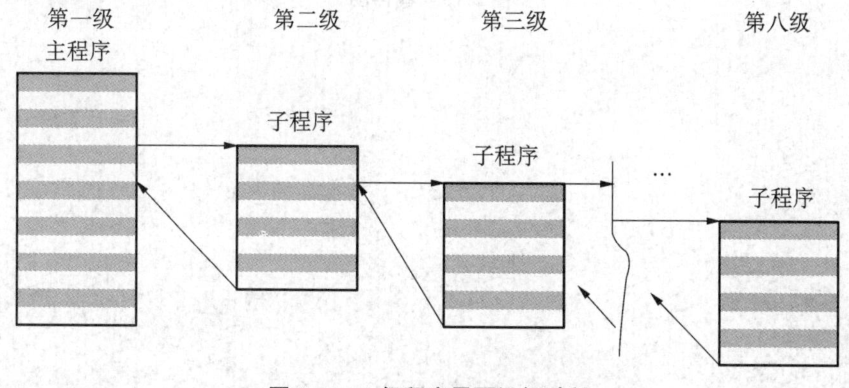

图 2.14　8 级程序界面运行过程

注意

在子程序中可以改变模态有效的 G 功能，比如 G90 到 G91 的变换。在返回调用程序时请注意检查一下所有模态有效的功能指令，并按照要求进行调整。对于 *R* 参数也需要同样注意，不要无意识地用上级程序界面中所使用的计算参数来修改下级程序界面的计算参数。

思考与练习题

1. 什么是数控编程？编程可以分为哪几类？各自有何特点？

2. 数控编程的内容与步骤有哪些？

3. 数控机床坐标系确定的原则是什么？画出卧式数控车床和立式数控铣床的坐标系图。

4. 什么是机床原点、工件原点？它们之间有什么关系？

5. 什么是模态代码？什么是非模态代码？

6. 数控编程中的数值计算通常包括哪些内容？

7. 完成图 2.15 所示零件精加工数控编程所需点的数值计算。

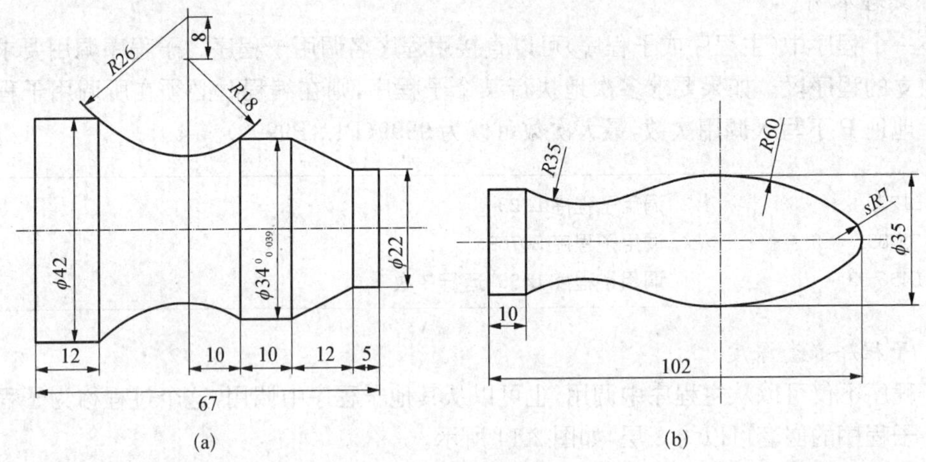

图 2.15　零件图

第二篇

数控车削编程与加工仿真

项目 1

数控车削加工工艺制定

教学要求

能力目标	知识要点
掌握数控车削加工工艺的主要内容	数控车削加工工艺
掌握数控车削加工中工件定位与夹紧方案的确定、刀具的选择和切削用量的确定等知识	夹具、刀具及切削用量的选择
掌握数控车削加工工艺文件编制方法	数控加工工艺卡片和刀具卡片的制定

1.1 项目要求

完成图 1.1 所示零件的车削加工工艺分析和工艺文件的制订。工件毛坯为 $\phi38\times90$ mm 的棒料，材料为 45＃钢。

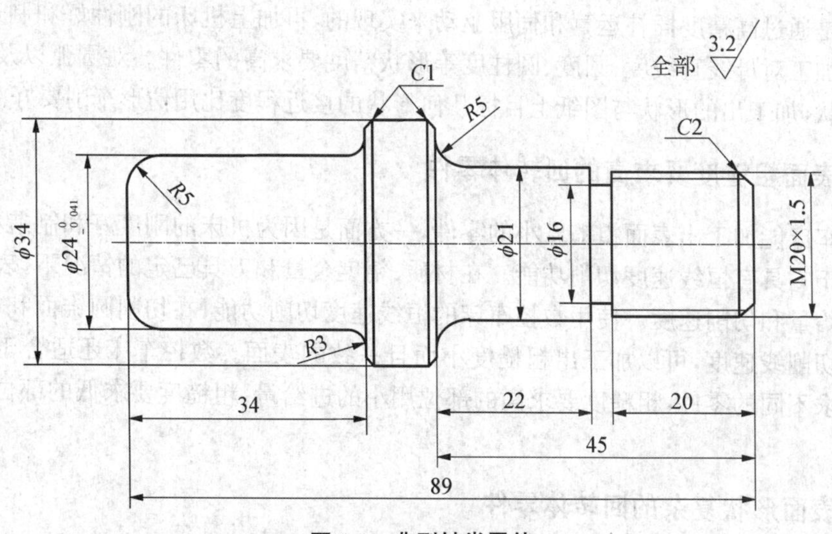

图 1.1 典型轴类零件

1.2 项目分析

(1) 该项目零件表面由圆柱、螺纹、槽等表面组成，复杂程度中等，其中直径 $\phi24$ mm 圆柱有较严的尺寸精度要求。该零件尺寸标注完整，轮廓标示清楚。所用的材料为45＃钢，无热处理与硬度要求。

(2) 完成本项目所需的知识点：零件加工工艺分析、刀具和工艺参数的选择以及工艺文件的制定。

1.3 项目相关知识

制定工艺是对工件进行数控加工的前期工艺准备工作，无论是手工编程还是自动编程，在编程前都要对所加工的工件进行工艺分析、拟定工艺路线、设计加工工序等。工艺制定得合理与否，对程序编制、机床的加工效率和零件的加工精度都有着重要的影响。

1.3.1 数控车削加工对象的选择

数控车削是数控加工中用得最多的加工方法之一。数控车削的功能与普通车削相近，主要用来加工轴、盘套类等回转体零件表面。通过数控加工程序的运行，数控车床可自动完成内外圆柱面、圆锥面、成形表面、螺纹和端面等工序的切削加工，并能进行车槽、钻孔、扩孔、铰孔等工作。特别是在车削复杂回转表面和特殊螺纹时有其突出的特点。其加工对象主要有以下几类。

一、精度要求高的回转体零件

由于数控车床的刚性好，制造和对刀精度高，以及能方便和精确地进行人工补偿和自动补偿，所以能加工尺寸精度要求高的零件，在有些场合可以以车代磨。此外，数控车削的刀具运动时是通过高精度插补运算和伺服驱动来实现的，再加上机床的刚性好和制造精度高，所以它能加工对母线直线度、圆度、圆柱度等形状精度要求高的零件。对圆弧以及其他曲线轮廓的形状，加工出的形状与图纸上目标几何形状的接近程度比用仿形车削要好。

二、表面粗糙度要求高的回转体零件

数控车床能加工出表面粗糙度小的零件，一方面是因为机床的刚度好和制造精度高，另一方面由于它具有恒线速度切削功能。在材质、精度余量和刀具已定的情况下，表面粗糙度取决于进给量和切削速度。使用数控车床的恒线速度切削功能，在切削圆锥面和端面时，选用最佳的切削线速度，可以加工出粗糙度小而且一致的表面。数控车床还适合于车削表面粗糙度要求不同的零件，粗糙度要求高的部位用小的进给量，粗糙度要求低的部位选用大的进给量。

三、表面形状复杂的回转体零件

数控车床具有直线和圆弧插补功能，部分车床数控装置还具有某些非圆曲线轮廓插补

功能，可以车削由任意直线和曲线组成的形状复杂的回转体零件。组成零件轮廓的曲线可以是数学方程式描述的曲线，也可以是列表曲线。对于非圆曲线组成的轮廓可以采用小的直线或圆弧段分段逼近，然后用直线或圆弧的插补功能进行插补。

数控车床还可加工难以控制尺寸的零件，如图 1.2 所示的壳体零件封闭内腔的成型面。

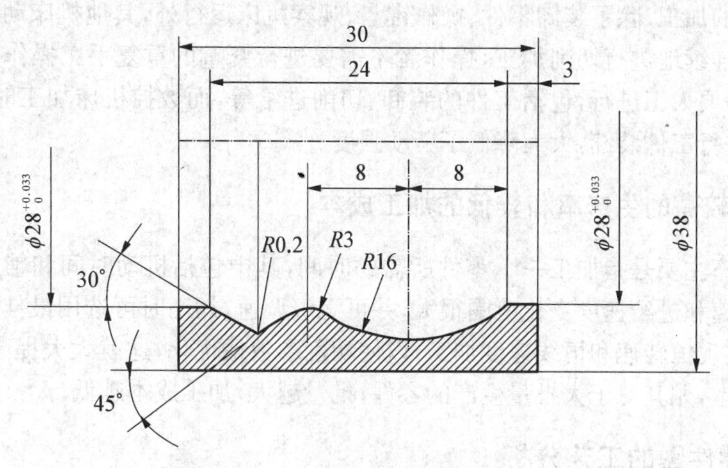

图 1.2　成形内腔零件示例

四、带特殊螺纹的回转体零件

普通车床能车削的螺纹相当有限，只能车导程相等的直、锥面公、英制螺纹，而且一台车床只能限定加工若干种导程。数控车床不但能车削任何相等导程的直、锥面螺纹，而且能车削增导程、减导程，以及要求等导程与变导程之间平滑过渡的螺纹。数控车床车削螺纹时主轴的转向不必像普通车床那样交替变换，它可以一刀一刀不停顿地循环，直至完成，所以它车削螺纹的效率很高。数控车床还具备精密螺纹切削功能，再加上一般采用硬质合金成形刀具，以及可以使用较高的转速，所以车削出来的螺纹精度高、表面粗糙度小。

1.3.2　数控车削加工的工艺特点

数控车削加工工艺与普通车削相似，但具有其独特的特点，主要表现在以下几个方面。

一、适应性强，适于多品种、小批量零件的加工

在传统的自动或半自动车床上加工一个新零件，一般需要调整机床或机床附件，以使机床适应加工零件的要求；而使用数控车床加工不同的零件时，只要重新编制或修改加工程序（软件）就可以迅速达到加工要求，大大缩短了更换机床硬件的技术准备时间，因此，适用于多品种、单件或小批量生产。

二、加工精度高、加工质量稳定

由于数控机床集机、电等高新技术为一体，加工精度普遍高于普通机床。数控机床的加工过程是由计算机根据预先输入的程序进行控制的，这就避免了因操作者技术水平的差异引起的产品质量的不同，而且对于一些具有复杂形状的工件，普通机床几乎不可能完成，而

数控机床只是编制较复杂的程序就可以达到目的，必要时还可以用计算机辅助编程或计算机辅助加工。另外数控机床的加工过程不受操作者体力、情绪变化的影响。

三、可减轻工人劳动强度

数控机床的加工，除了装卸零件、操作键盘、观察机床运行外，其他机床动作都是按加工程序要求自动连续地进行切削加工，操作者不需要进行繁重的重复手工操作。普通机床加工时，全过程需要人工进行，包括工件的装卸、切削进给等，而数控机床加工时，编制好程序后，工人只需进行工件装卸，大大降低了劳动强度。

四、具有较高的生产率和较低的加工成本

机床生产率主要是指加工一个零件所需的时间，其中包括机动时间和辅助时间。数控车床的主轴转速和进给速度变化范围很大，并可无级调速，加工时可选用最佳的切削速度和进给速度，可实现恒转速和恒线速度加工，以使切削参数最优化，这就大大提高了生产效率，降低了加工成本，尤其对于大批量生产的零件，批量越大，加工成本越低。

1.3.3 零件图的工艺分析

分析零件图是工艺制定中的首要工作，其涉及内容较为广泛，主要包括以下几方面内容：

一、结构工艺性分析

零件的结构工艺性是指零件对加工方法的适应性，即所设计的零件结构应便于加工成型。在数控车床上加工零件时，应根据数控车削的特点，认真审视零件结构的合理性。

例如图 1.3(a)所示零件，需要三把不同宽度的切槽刀切槽，如无特殊需要，显然是不合理的，若改成图 1.3(b)所示结构，只需一把刀即可切出三个槽，既减少了刀具数量，少占了刀架刀位，又节省了换刀时间。

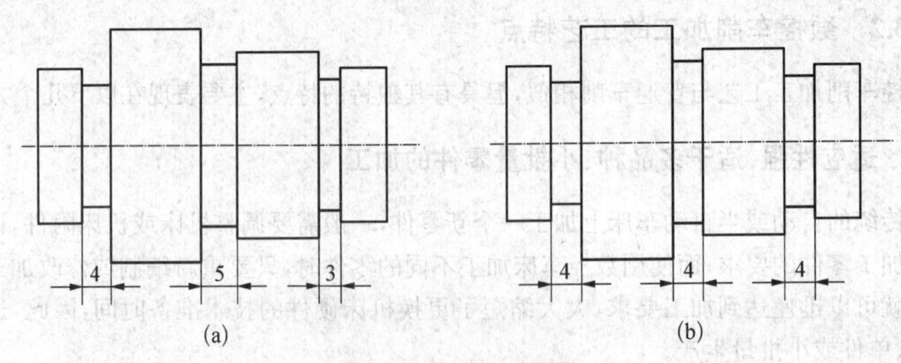

图 1.3 结构工艺性示例

二、轮廓几何要素分析

在手工编程时，要计算每个基点坐标，在自动编程时，要对构成零件轮廓的所有几何要素进行定义，因此，在分析零件图时，要分析几何元素的给定条件是否充分。由于涉及多方

面的原因，可能在图样上出现构成加工零件轮廓的条件不充分，尺寸模糊不清且有缺陷，增加了编程工作的难度，有的甚至无法编程。总之，图样上给定的尺寸要完整，且不能自相矛盾，所确定的加工零件轮廓是唯一的。

三、精度及技术要求分析

对被加工零件的精度及技术要求进行分析，是零件工艺性分析的重要内容，只有在分析零件尺寸精度和表面质量的基础上，才能对加工方法、装夹方式、刀具及切削用量进行正确而合理的选择。

精度及技术要求分析的主要内容：一是分析精度及各项技术要求是否齐全、是否合理；二是分析本工序的数控车削加工精度能否达到图样要求，若达不到，需采取其他措施（如磨削）弥补时，则应给后续工序留有一定余量；三是找图样上有位置精度要求的表面，这些表面应在一次装夹下完成；四是对表面粗糙度要求较高的表面，应确定用恒线速度切削。

1.3.4　工件的装夹方式和夹具的选择

数控车床上零件的安装方法与普通车床一样，要合理选择定位基准和装夹方案。选择定位方式时应具有较高的定位精度，考虑夹紧方案时，要注意夹紧力的作用点和作用方向。

根据零件的结构形状不同，通常选用外圆、端面或内孔、端面装夹，并力求设计基准、工艺基准与编程原点统一。

工艺人员在选用夹具时，一般应注意以下几个方面。

(1) 工件的定位基准与设计基准统一，在便于安装工件的前提下，注意防止过定位干涉现象，且不能出现欠定位的情况。

(2) 单件小批量生产时，优先选用组合夹具、可调夹具和其他通用夹具，以节省费用和缩短生产准备时间。批量生产时，可考虑选用专用夹具。

(3) 夹具在机床上的定位、夹紧要准确、迅速，便于装卸工件，以缩短辅助时间，可考虑使用气动、电动或液压等自动夹具，以提高加工效率。

(4) 夹具在夹紧工件时，注意夹紧机构各部件不得妨碍走刀，尽量使夹具的定位、夹紧装置部位无切屑积留，便于清理。

1.3.5　数控车削刀具的类型及选用

刀具选择是否合理，不仅影响机床的加工效率，还直接影响零件的加工质量。数控加工中，车刀的切削原理与普通车床基本相同，但由于数控车床的加工特性要求，对刀具的选择，特别是切削部分几何参数、刀具形状、刀具材质等方面提出了更高的要求。

一、刀具的性能要求

(1) 强度高。为适应刀具在粗加工或对高硬度材料的工件加工时，可加大背吃刀量和快走刀，要求刀具必须具有高强度；对于刀杆细长的刀具（如深孔车刀），还要求具有较好的抗振性。

(2) 精度高。为满足数控加工的高精度与自动换刀等要求，刀具和夹具都必须具备较高的精度。

(3) 满足高切削速度和大进给量切削要求。为提高生产效率并适应一些特殊加工的需要，刀具应能满足高切削速度的要求。如采用聚晶金刚石车刀加工玻璃或碳纤维复合材料时，其切削速度高达 1 000 m/min。

(4) 可靠性好。为保证数控加工中不会因刀具发生意外损坏，避免潜在缺陷影响到加工的顺利进行，要求刀具及与之组合的附件必须具有很好的可靠性和较强的适应性。

(5) 耐用度高。刀具在切削过程中不断磨损，会造成加工尺寸的偏差，伴随刀具的磨损，还会因切削刃变钝，使切削阻力加大，既会使加工零件的表面粗糙度下降，还会加剧刀具的磨损，形成恶性循环。因此，数控加工中使用的刀具，无论在粗加工、精加工或特殊加工中，都应具有比普通车床加工所用刀具更高的耐用度，以减少更换或维修刀具及对刀的次数，从而保证零件的加工质量，提高生产效率。

(6) 断屑及排屑性能好。较好的断屑性能，可保证数控车床加工顺利、安全地进行。数控车削加工所用的硬质合金刀片，常采用三维断屑槽，以增大断屑范围，改善切削性能。

二、刀具的选择

刀具的选用应考虑数控机床的加工能力、工件材料、加工工序、切削用量等多方面因素。刀具选择的主要原则为：安装调整方便；刚性好，精度高，耐用度好。在满足加工要求的前提下，尽量选择较短的刀柄，以提高刀具加工的刚性。

数控车削加工中使用的刀具种类很多，有车刀、镗刀、钻头、铰刀等(如图 1.4)，主要为车刀。

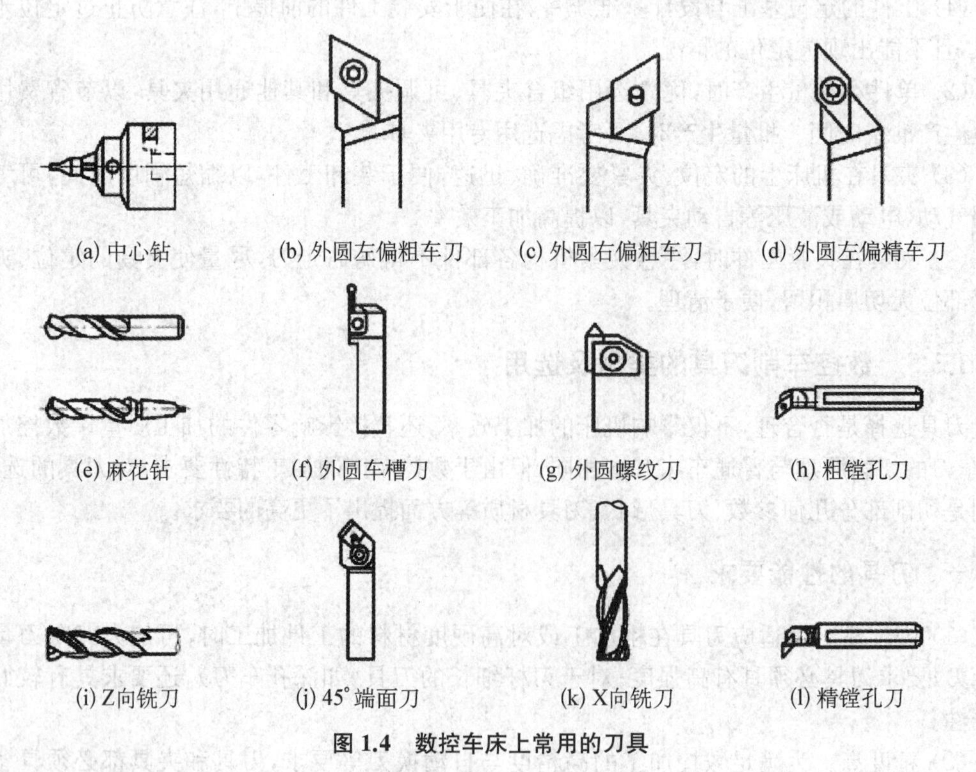

图 1.4　数控车床上常用的刀具

1. 数控车刀形状及选用

数控车床上车刀按形状可分为三类，即尖形车刀、圆弧形车刀、成形车刀。

(1) 尖形车刀 以直线形切削刃为特征的车刀一般称为尖形车刀。这类车刀的刀尖(同时也为刀位点)由直线形的主、副切削刃构成，如90°内、外圆车刀，左、右端面车刀，切断车刀及刀尖棱很小的各种外圆和内孔车刀。

用这类车刀加工零件时，其零件的轮廓形状主要由一个独立的刀尖或一条直线形主切削刃位移后得到的，与圆弧形车刀、成形车刀加工所得到的零件轮廓形状的原理是截然不同的。

(2) 圆弧形车刀 圆弧形的车刀是较为特殊的数控加工车刀。其特征是构成主切削刃的切削刃形状为圆弧。该圆弧刃上每一点都是圆弧形车刀的刀尖，因此，刀位点不在圆弧上，而在该圆弧的圆心上。此类车刀的半径理论上与被加工零件的形状无关，可按需要灵活确定或经测定后再确认。

当某些尖形车刀或成形车刀的刀尖具有一定的圆弧形状时，也可作为这类车刀使用，如螺纹车刀。

圆弧形车刀可用于车削内、外表面，特别适宜加工光滑连接的成形面。

(3) 成形车刀 成形车刀俗称样板车刀，加工零件的轮廓形状完全由车刀切削刃的形状和尺寸决定。常见的成形车刀有小半径圆弧车刀、非矩形车槽刀和螺纹车刀等。在数控加工中，应尽量少用或不用成形车刀。若确有必要选用时，应在工艺文件或加工程序单上进行详细说明。

2. 不同刀体连接固定方式及选用

根据与刀体连接固定方式的不同，车刀可分为焊接式和机械夹固可旋转式。

焊接式车刀可分为切断刀、外圆车刀、端面车刀、内孔车刀、螺纹车刀及成形车刀等。

机械夹固可旋转式车刀如图1.5所示，机械夹固可旋转式车刀由刀杆1、锁紧元件2、刀片3以及垫片4组成。按国标GB/T 2076—2007，大致可分为带圆孔、带沉孔以及无孔三大类。形状有三角形、正方形、五边形、六边形、圆形以及菱形等17种。常见的机械夹固式车刀刀片形状如图1.6所示。

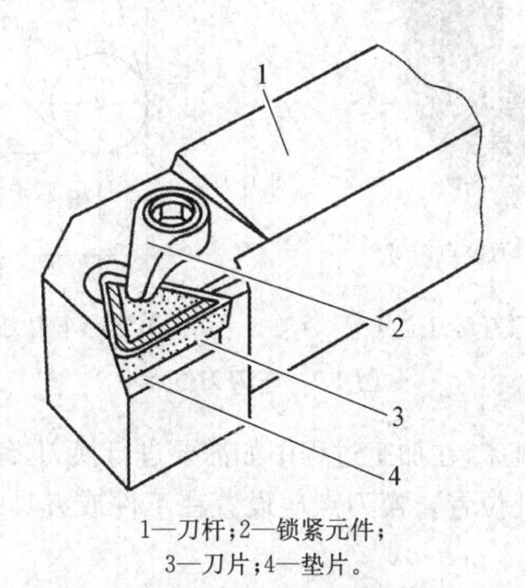

1—刀杆；2—锁紧元件；
3—刀片；4—垫片。

图1.5 机械夹固可旋转式车刀结构

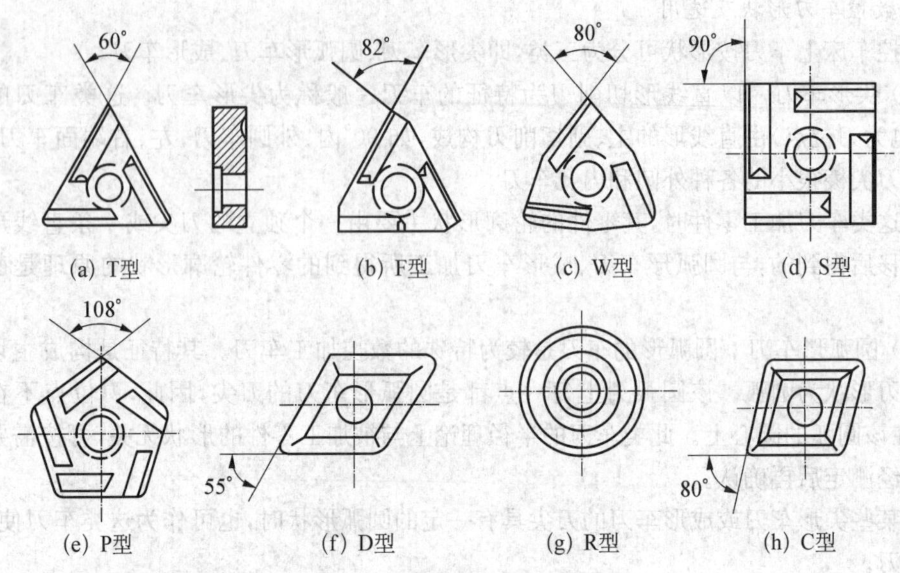

(a) T型　(b) F型　(c) W型　(d) S型

(e) P型　(f) D型　(g) R型　(h) C型

图 1.6　常见机械夹固式刀片

为了便于对刀和减少换刀时间，实现机械加工的标准化，数控车削加工时应尽可能采用机械夹固可旋转式车刀。

1.3.6　刀位点

刀具的定位基准点又称之为“刀位点”，它体现了刀具在机床上的位置。车刀的刀位点为刀尖或刀尖圆弧中心，如图 1.7 所示。理想车刀刀尖为一个点，但实际上车刀刀尖一般为圆弧形，刀位点是它的刀尖圆弧中心。实际操作中，可手动对刀使刀位点和对刀点重合，但精度较低且效率低。因此，有些工厂采用光学对刀镜、对刀仪或自动对刀装置，以提高对刀精度，减少对刀时间。

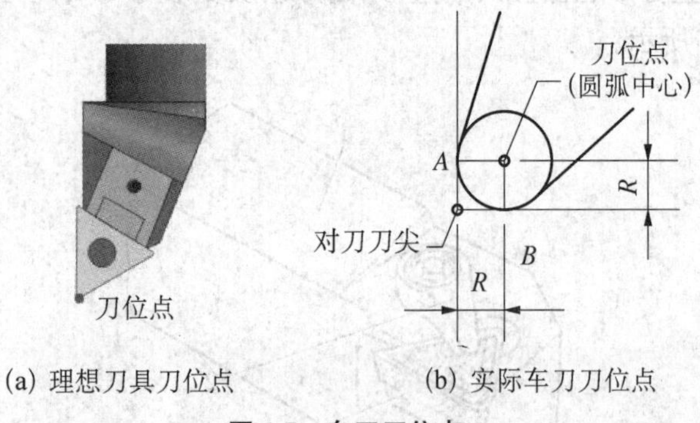

(a) 理想刀具刀位点　(b) 实际车刀刀位点

图 1.7　车刀刀位点

带有多刀加工的数控机床，在加工过程中如需要进行换刀，编程时应设置换刀点。换刀点是刀架转换刀位时的所处位置。换刀点应设置在工件或夹具的外部，以避免刀位转换时划伤工件或夹具。

1.3.7　零件切削用量的选择

数控机床加工中的切削用量是表示机床主运动和进给运动速度大小的重要参数，包括背吃刀量、切削速度和进给量。在加工程序的编制过程中，选择好切削用量，使背吃刀量、切削速度和进给量三者之间能互相适应，形成最佳切削参数，是工艺处理的重要内容之一。

一、背吃刀量的确定

在机床功率和工艺系统刚性允许的条件下，尽可能选择较大的背吃刀量，以减少走刀次数，提高生产效率。当零件的精度要求较高时，应考虑适当留出精加工余量，一般为 0.1～0.5 mm，较普通车削时所留余量小。

二、切削速度的确定

切削时，车刀切削刃上的切削点相对于待加工表面在主运动方向上的瞬时速度称为切削速度，又称为线速度。

切削速度主要根据实践经验来确定，也可参考表 1.1 给出的数值。

表 1.1　切削速度参考表

零件材料	刀具材料	α/mm			
		0.38～0.13	2.40～0.38	4.70～2.40	9.50～4.70
		f/(mm/r)			
		0.13～0.05	0.38～0.13	0.76～0.38	1.30～0.76
		v/(m/min)			
低碳钢	高速钢	—	70～90	45～60	20～40
	硬质合金	215～365	165～215	120～165	90～120
中碳钢	高速钢	—	45～60	30～40	15～20
	硬质合金	130～165	100～130	75～100	55～75
灰铸铁	高速钢	—	35～35	25～35	20～25
	硬质合金	135～185	105～135	75～105	60～75
黄铜青铜	高速钢	—	85～105	70～85	45～70
	硬质合金	215～245	185～215	150～185	120～150
铝合金	高速钢	—	70～105	45～70	30～45
	硬质合金	215～300	135～215	90～135	60～90

主轴转速的确定要考虑到零件的结构、被加工部位的直径、刀具材料和加工要求等多种因素。在实际生产中，主轴转速可按下式计算：

$$n=1\,000v_c/\pi D$$

式中　n——主轴转速，r/min；

D——工件待加工表面直径，mm；

v_c——切削速度，m/min。

三、进给量的确定

进给量是指主轴转一周，车刀沿着进给方向移动的距离(mm/r)。它与吃刀量有着较为密切的关系。粗车时一般取0.3～0.8 mm/r，精车时小一些，常取0.1～0.3 mm/r，切断时取0.05～0.2 mm/r。

进给量的选择在满足零件表面加工质量的条件下，选择较高的进给量，以提高生产效率。同时应考虑与切削速度和背吃刀量相适应。

1.3.8 数控车削加工方案的制订

数控车削加工方案的制订主要包括制订工序、工步、加工顺序和进给路线等内容。在制订加工方案时，应根据零件的形状、大小、材料、刀具、批量等因素，进行具体的分析以制订出合理的加工方案。

制订加工方案过程中，为保证零件的加工质量，除了要遵循先粗加工后精加工、先近后远、先内后外的原则外，还应注意以下两方面的要求：

1. 程序段最少

在数控车床的加工中，为使程序简洁、减少编程工作量和降低程序出错率，总是希望以最少的程序段实现对零件的加工。

数控车床的编程功能也在日益完善，许多仿形、循环车削指令的车削路线都是按最便捷的方式运行。如SIEMENS802DT中的CYCLE95，FANUC0i-T中的G71，G73，G70等指令，在加工中都非常实用，选择正确的加工工序，合理运用各种指令，可大大简化程序的编制工作，提高工作效率。

2. 进给路线最短

在数控车床上，确定进给路线最短重点在于设计粗加工和空行程时的走刀路线。在保证加工质量的前提下，使加工程序具有最短的进给路线，不仅可以节约整个加工过程的时间，还能减少车床的磨损和刀具的非必要消耗等。

要实现进给路线最短，除了需具有大量的实践经验外，在加工过程中还要不断总结，仔细分析，充分利用数控系统的先进性能。同时在对切削进给路线的安排上，要考虑到不同形式的切削路线的特点，综合考虑、合理安排，以便于提高加工效率。

1.3.9 数控加工的工艺文件编制

数控加工工艺文件既是数控加工、产品验收的依据，也是操作者必须遵守、执行的规程。它是编程人员在编制加工程序单时必须编制的技术文件。

数控加工工艺文件要比普通机床加工的工艺文件复杂，它不但是零件数控加工的依据，也是必不可少的工艺资料档案，主要包括数控加工工序卡、数控刀具卡、数控加工程序等。

一、编程任务书

用来阐明工艺人员对数控加工工序的技术要求、工序说明、数控加工前应该留有的加工余量，是编程员与工艺人员协调工作和编制数控加工程序的重要依据之一。

二、数控加工工艺卡

数控加工工序卡与普通加工工序卡相似之处是由编程员根据被加工零件，编制数控加工的工艺和作业内容；与普通加工工序卡不同的是，此卡中还应该反映使用的辅具、刀具切削参数、切削液等。它是操作人员用数控加工程序进行数控加工的主要指导性工艺资料。工序卡应该按照已经确定的工步顺序填写。数控加工工序卡见表 1.2 所示。

表 1.2　数控加工工序卡片

零件名称				程序号			共　页		
零件图号				材　料			第　页		
序号	工步内容	刀具			切削用量		检验量具	刀具补偿	备注
		T码	规格、名称	长度	S	F			

被加工零件的工步较少或工序加工内容较简单时，此工序卡也可以省略，但此时应该将工序加工内容填写在数控加工工件安装和零点设定卡上。

三、数控加工刀具卡

数控加工时对刀具的要求十分严格。数控加工刀具卡上要反映刀具编号、刀具结构、刀杆型号、刀片型号及材料或牌号等。它是组装数控加工刀具和调整数控加工刀具的依据。数控加工刀具卡见表 1.3 所示。

表 1.3　数控加工刀具卡片

产品名称或代号			零件名称		零件图号	
序号	刀具号	刀具规格名称	数量	加工表面		备注

在数控车床、数控铣床上进行加工时，由于使用的刀具不多，此刀具卡可以省略，但应该给出参与加工的各把刀具相距被加工零件加工部位的坐标尺寸，即换刀点相距被加工零件加工部位的坐标尺寸。也可以在机床刀具运行轨迹图上，标注出各把刀具在换刀时，相距被加工零件加工部位的坐标尺寸。

四、加工程序单

数控加工程序单，是编程员根据工艺分析情况，经过数值计算，按照数控机床规定的指令代码，根据运行轨迹图的数据处理而进行编写的。它是记录数控加工工艺过程、工艺参数、位移数据等的综合清单，用来实现数控加工。它的格式随数控系统和机床种类的不同而有所差异。

1.4 项目实施

1.4.1 零件图图样工艺分析

该零件表面由圆柱、螺纹、槽等表面组成，其中直径 ϕ24 mm 圆柱有较严的尺寸精度要求。该零件尺寸标注完整，轮廓标示清楚。所用的材料为 45＃钢，无热处理与硬度要求。

对图样上给定的精度要求较高的尺寸，因其公差数值较小，编程时可不必取平均值，全部取其基本尺寸即可。选用机床为 CK6140 数控车床。

1.4.2 确定装夹方案

以棒料毛坯外圆作为定位基准，用三爪自定心卡盘夹紧。

1.4.3 确定加工顺序和进给路线

加工顺序按由粗到精、由近到远的原则确定。先加工粗加工左端 ϕ24 mm 外圆、ϕ34 mm 外圆，再调头加工右端 ϕ21 mm 外圆、ϕ16 mm 退刀槽、M20 螺纹。

1.4.4 选择刀具

(1) 粗车及平端面选用 90°硬质合金左偏刀，副偏角不能太小，以防与工件轮廓发生干涉，可用作图法检验，本例选 $k_r=35°$。

(2) 精车选用硬质合金 55°硬质合金左偏刀，车螺纹选用硬质合金 60°外螺纹刀，去刀尖圆弧半径 $r_\varepsilon=0.15\sim0.2$ mm。

(3) 切槽刀选用 3 mm 宽的硬质合金切槽刀。

刀具及其参数见表 1.4 数控加工刀具卡片。

表 1.4 数控加工刀具卡片

产品名称或代号		×××	零件名称	典型轴	零件图号	×××
序号	刀具号	刀具规格名称	数量	加工表面		备注
1	T01	硬质合金 90°外圆车刀	1	车端面及粗车轮廓		左偏刀
2	T02	硬质合金 55°外圆车刀	1	精车轮廓		左偏刀
3	T03	硬质合金切槽刀	1	切 3 mm 槽		
4	T04	硬质合金 60°外螺纹刀	1	精车螺纹		

1.4.5　选择切削用量

一、背吃刀量

粗车循环时，确定其背吃刀量 $a_p=2$ mm；精车时 $a_p=0.25$ mm；螺纹车削时选 $a_p=0.4$ mm，逐刀减少，精车时选 $a_p=0.1$ mm。

二、主轴转速

(1) 车直线和圆弧时，选取粗车的切削速度 $v_c=90$ m/min、精车切削速度 $v_c=120$ mm/min，根据公式 $v_c=\pi dn/1\ 000$ 计算，并结合机床说明书选取：粗车时 $n=700$ r/min；精车时 $n=1\ 200$ r/min。

(2) 车螺纹时，用公式 $n\leqslant(1\ 200-P)-k$（P 为被加工螺纹螺距，k 为保险系数，取 80）计算，取主轴转速 $n=720$ r/min。

三、进给速度

先选取粗车、精车每转进给量，再计算进给速度。粗车时，取进给量 $f=0.4$ mm/r，精车时，取进给量 $f=0.15$ mm/r。根据公式 $v_f=nf$ 计算粗车、精车时进给速度分别为 280 mm/r 和 180 mm/min。

车螺纹的进给量等于螺纹导程，即 $f=1.5$ mm/r。

1.4.6　拟定数控加工工艺卡片

综合前面分析的各项内容，将其填入表 1.5 所示的数控加工工艺卡片。此表是编制加工程序的主要依据和操作人员配合数控程序进行数控加工的指导性文件。主要内容包括：工步顺序、工步内容、刀具及切削量等。

表 1.5　典型轴类零件数控加工工艺卡片

单位名称			产品名称或代号		零件名称		零件图号	
工序号		程序编号	夹具名称		使用设备		车间	
001			三爪卡盘		CK6140		数控中心	
工步号	工步内容（尺寸单位 mm）		刀具号	刀具规格 /mm	主轴转速 /r·min^{-1}	进给速度 /mm·min^{-1}	背吃刀量 /mm	备注
1	平左端端面		T01	25×25	700	280		
2	粗车左端外圆		T01	25×25	700	280	2	
3	精车左端外圆		T02	25×25	1200	180	0.25	
4	平右端端面		T01	25×25	700	280		
5	粗车右端外圆		T01	25×25	700	280	2	

续 表

工步号	工步内容（尺寸单位 mm）	刀具号	刀具规格 /mm	主轴转速 /r·min^{-1}	进给速度 /mm·min^{-1}	背吃刀量 /mm	备注
6	精车右端外圆	T02	25×25	1200	180	0.25	
7	切槽	T03	25×25	300	30		
8	车 M20×1.5 螺纹	T04	25×25	720	1.5 mm/r		

思考与练习题

制订图 1.8 所示螺纹轴零件的数控车削工艺，毛坯为直径 30 的圆棒料。

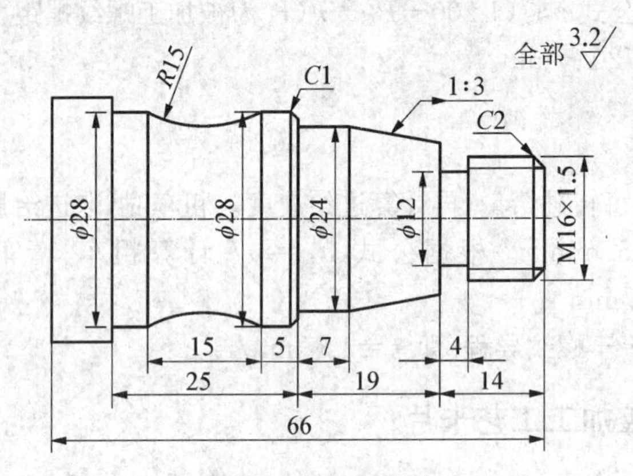

图 1.8 螺纹轴零件

项目 2
简单轴类零件精加工程序编制与仿真

教学要求

能力目标	知识要点
掌握数控车削加工基本指令的使用方法	G00/G01/G90 指令、G20/G21 指令、F 指令、S 指令、T 指令、X/U 指令、Z/W 指令、M 指令
掌握刀具补偿的方法	刀具长度补偿和刀具半径补偿

2.1 项目要求

完成图 2.1 所示零件 *AB* 段轮廓精加工程序的编写，精加工余量为 0.5 mm。

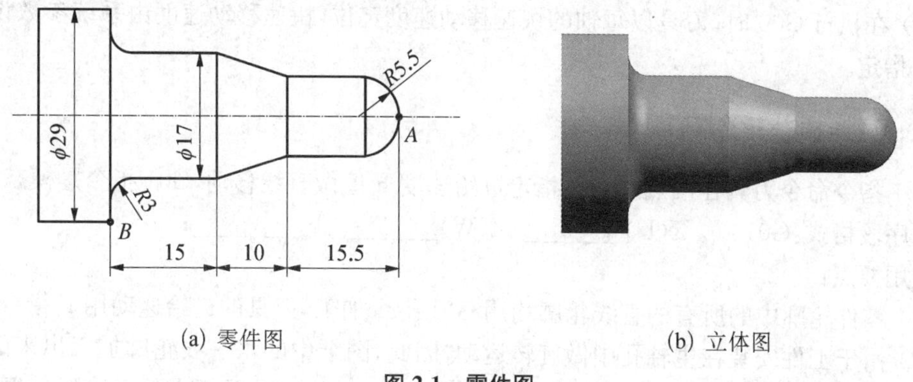

(a) 零件图　　(b) 立体图

图 2.1　零件图

2.2 项目分析

(1) 项目任务零件轮廓是由圆弧和直线构成的，结构简单，零件加工精度要求一般。

(2) 完成本零件的加工需要的主要功能指令：G00/G01/G02/G03 指令、刀具 T 指令、切削液开关 M08/M09 指令、主轴正反转指令 M03/M04、主轴转速 S 指令、主轴停止指令 M05 等。

2.3 项目相关知识

2.3.1 数控车削基本编程指令

不同数控系统编程指令格式不尽相同，在使用时请参阅所用机床数控系统的操作说明书。下面以 FANUC 0i Mate－TB 系统为例介绍数控车削基本编程指令格式和使用方法。

一、绝对值编程和增量值编程

数控编程时，相对于编程原点而言的坐标编程方式称为绝对值编程，相对前一加工点的坐标编程方式称为增量值编程。在 FANUC 0i Mate－TB 系统中，绝对编程采用地址 X、Z 编程，增量编程采用地址 U、W 编程(分别对应 X、Z)。U、W 的正负由行程方向确定，行程方向与机床坐标方向相同时取正，反之取负。编程时采用绝对编程还是增量编程，要根据图纸给定尺寸的方式来决定，以减小编程的计算量。两种编程方式也可以混合使用，如 X、W 或 U、Z。

二、快速定位指令 G00

G00 指令是使刀具以点定位控制方式从刀具所在点快速运动到目标位置，运行速度很快，运动过程中不进行切削，没有运动轨迹要求，主要用于快速定位。

指令格式：G00　X(U)________ Z(W)________；

使用要点：

(1) 移动过程中不能与工件、夹具相干涉，防止发生撞刀现象。

(2) G00 是模态指令，与 G01、G02、G03 属于同一组。

(3) 在执行 G00 时，刀具以每轴的快速移动速度定位，快速移动速度由系统参数设定而不由 F 指定。

三、直线插补指令 G01

G01 指令命令刀具在两点之间按指定进给速度 F 值做直线移动，G01 指令是模态指令。

程序段格式：G01　X(U)________ Z(W)________ F ________；

使用要点：

(1) 零件轮廓中的所有的直线轮廓均用 G01 指令加工，刀具的进给速动用 F 指令给定。

(2) 由于工件安装在主轴孔中做旋转运动，因此，图纸中的水平线轮廓加工出来的是圆柱面，编写程序时，X 坐标不变(坐标不变可省略)，Z 坐标改变；图纸中的垂直线轮廓，加工出来的是端面，编写程序时，Z 坐标不变(坐标不变可省略)，X 坐标改变；图纸中的斜线轮廓，加工出来的是倒角或锥面，X、Z 坐标同时变化。

四、圆弧插补指令 G02/G03

1. 指令格式

格式一：终点＋半径　G02/G03　X(U)_____ Z(W)_____ R _____ F _____；

格式二：终点＋圆心　G02/G03　X(U)_____ Z(W)_____ I _____ K _____ F _____；

使用要点：

(1) G02、G03 分别用于顺圆弧、逆圆弧的加工，X(U)和 Z(W)为圆弧的终点坐标。

(2) R 为加工圆弧的半径。

(3) I、K 为描述圆弧圆心的参数，其值为圆心相对于圆弧起点的增量坐标。

(4) 刀具的进给速度用 F 指令给定。

2. 圆弧方向的判别

圆弧为一平面图形，在数控车床中，一般认为圆弧所在平面为 XZ 平面，这个平面也是一个默认加工平面，不需要指定。圆弧顺逆的判定采用右手直角坐标系法则：沿与圆弧所在平面垂直的第三坐标轴的正方向负方向看，圆弧加工起点到加工终点之间的走向为顺时针，则为顺圆弧，用 G02 指令；否则为逆圆弧，用 G03 指令。数控车床刀架有前置式和后置式，其圆弧判别如图 2.2 所示，图中 A 为圆弧加工起点，B 为圆弧加工的终点，箭头表示加工方向。

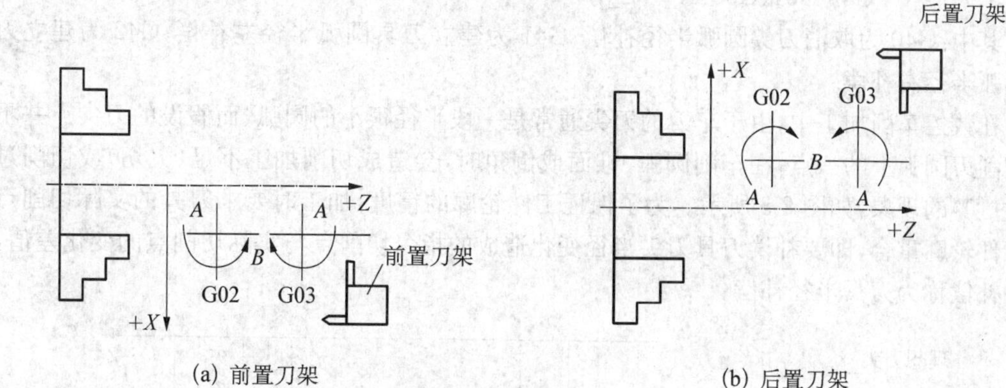

图 2.2　圆弧方向判别

五、暂停指令 G04

指令格式：G04 X_；　X 暂停时间单位为 s。

　　　　　G04 P _；　P 暂停时间单位为 ms。

G04 在前一程序段的进给速度降到零之后才开始暂停动作，在执行含 G04 指令的程序段时先执行暂停功能。

使用要点：

(1) G04 为非模态指令，仅在其被规定的程序段中有效；

(2) G04 可使刀具做短暂停留以获得圆整而光滑的表面：如割槽时，当刀具进给到规定深度后，用暂停指令使刀具做非进给光整切削，从而保证槽底为完整的圆柱面。

六、刀具补偿功能指令

刀具补偿功能是数控车床的主要功能之一，分为刀具长度补偿(即刀具的偏移)和刀尖圆弧半径补偿两类。

1. 刀具长度补偿指令

指令格式：T××　**

其中:“××”表示刀具号,“＊＊”表示刀补号。

刀具长度补偿是指刀具的当前位置与工件坐标系存在偏差时,可以通过刀具磨损值的设定,使刀具在 X、Z 轴方向(长度)加以补偿。操作者也可以通过设定磨损值来控制工件尺寸。

刀具长度补偿就是根据实际需要分别或同时对刀具轴向和径向的磨损量实行修改。在程序中编入所对应的刀具号和刀补号,而刀具号中 X 方向磨损值或 Z 方向磨损值可根据实际需要由操作者提前设定。当程序执行调用刀具补偿指令时,系统就开始调用补偿值,使刀尖从偏移位置恢复到编程轨迹上,从而实现刀具偏移量的修正。

2. 刀具半径补偿指令

指令格式: G40 G01(G00)X_ Z_;

G41 G01(G00)X_ Z_;

G42 G01(G00)X_ Z_;

其中:G40 为取消刀尖圆弧半径补偿;G41 为建立刀具圆弧半径左补偿;G42 为建立刀具圆弧半径右补偿。

在数控车削加工中,由于车刀的刀尖通常是一段半径很小的圆弧,而假设的刀尖点并不是切削刃圆弧上的一点,在车削圆弧、锥面或倒角时,会造成切削加工不足(欠切)或切削过量(过切)的现象,如图 2.3 所示。为了保证工件轮廓的精度,加工时要求刀具的实际切削点与工件轮廓重合,即要补偿刀具刀尖半径变化造成的指令切削点与实际切削点的变化差值,这种补偿称为刀具半径补偿。

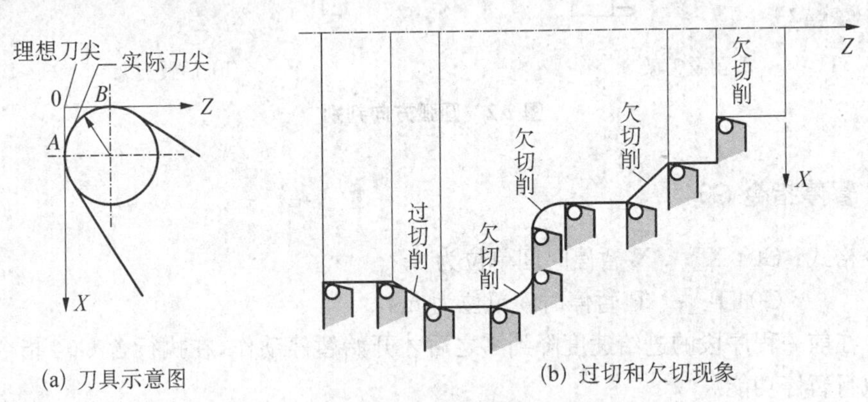

(a) 刀具示意图　　(b) 过切和欠切现象

图 2.3　刀具示意图及欠切、过切现象

在数控系统编程时,在使用刀具半径补偿时,只需要按零件轮廓编程,不需要计算刀具刀尖圆弧中心运动轨迹。在程序执行之前,在“刀具刀补设置”窗口中设置好刀具半径和刀尖号,数控系统在自动运行时能自动计算出刀具中心轨迹,即刀具自动偏移工件轮廓一个刀具半径值,使实际切削点与工件轮廓重合,从而加工出所要求的轮廓。

半径补偿的原则取决于刀尖圆弧中心的动向,它总是与切削表面法向里的半径矢量不重合,因此,补偿的基准点是刀尖中心。通常,刀具长度和刀尖半径的补偿是按一个假想的刀刃为基准,因此给测量造成了一些困难。把这个原则用于刀具补偿,应当分别以 X、Z 的基准点来测量刀具长度和刀尖半径 R,以及用于假想刀尖半径补偿所需的刀尖形式号(0～9)。图 2.4 所示为前置刀架刀具刀尖形式号。一般大多数车外表面车刀刀尖方位为 3 号方位，车内表面车刀刀尖方位为 2 号方位。刀尖圆弧半径 R 和刀尖形式号 T 的输入界面如图 2.5 所示。

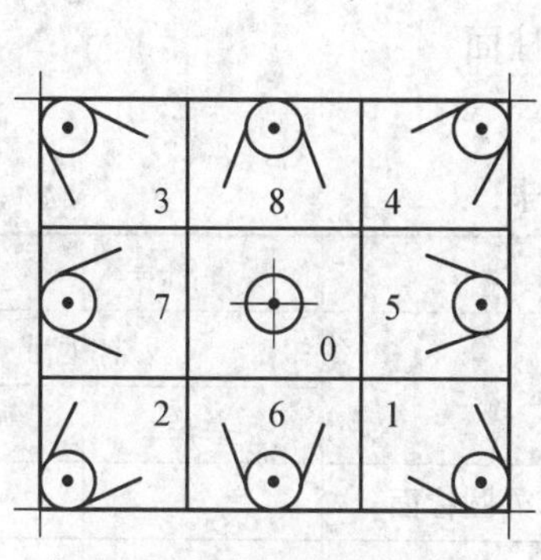

图 2.4　刀尖形式号

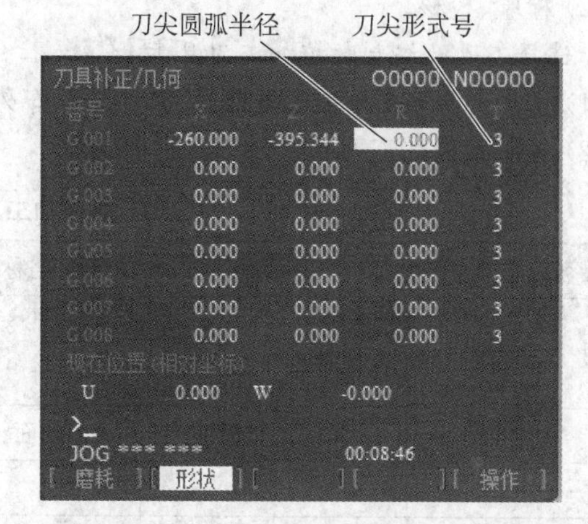

图 2.5　刀尖圆弧半径 R 和刀尖形式号 T 的输入界面

补偿方向的确定：补偿指令根据刀架布置类型和刀具相对工件的切削方向来选择。图 2.6 给出了前置刀架和后置刀架切削内外圆时，G41、G42 的选择方法（从第三轴正方向向负方向观察刀具与工件的相对位置）。

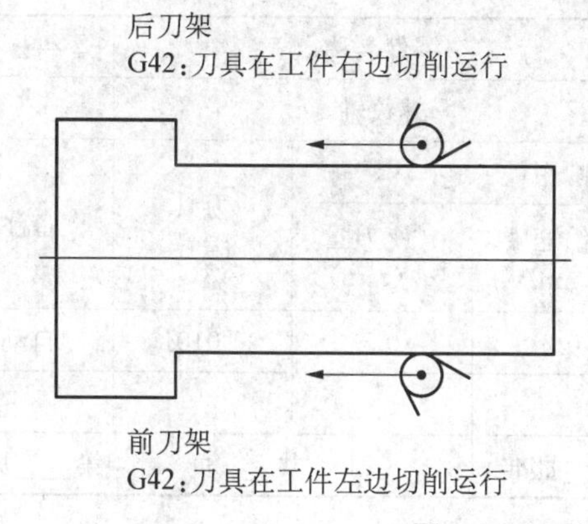

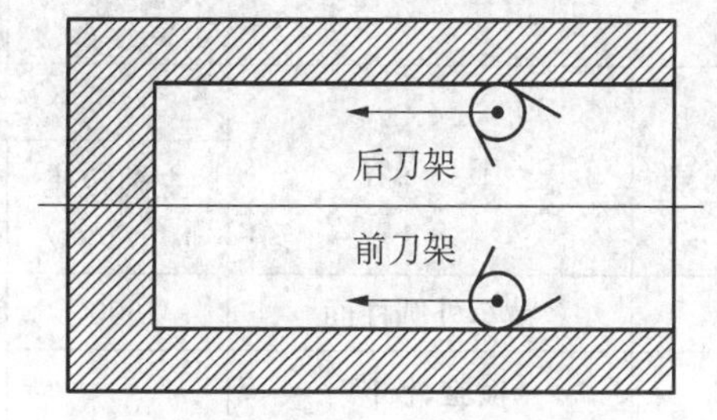

图 2.6　G41/G42 指令选择示意图

2.4　项目实施

2.4.1　确定加工工艺方案

1. 选择加工设备

选择加工设备：选用 CK6150 型数控车床，数控系统为 FANUC0i－T，刀架类型为前置刀架。

2. 确定装夹方案

采用三爪自定心卡盘夹紧定位。

3. 确定工艺过程

(1) 车外表面的刀具轨迹路线：$A \to C \to D \to E \to F \to M \to B$，如图 2.7 所示。

(2) 检验、校核。

4. 选择刀具及编制数控加工刀具卡

(1) 选择刀具：75°精加工外圆车刀，用于精车外圆柱面。

(2) 编制数控加工刀具卡，见表 2.1 所示。

表 2.1　数控加工刀具卡

产品名称或代号			零件名称		零件图号	
序号	刀具号	刀具名称及规格	用途		刀补地址	
					半径	形状
1	T0101	75°精加工外圆车刀	车端面、精车外圆柱面			01
编制		审核		批准	年　月　日	共 1 页　第 1 页

5. 编制数控加工工序卡

编制数控加工工序卡，见表 2.2 所示。

表 2.2　数控加工工序卡

数控加工工序卡		产品名称	零件名称			零件图号
			螺纹轴			
工步号	工步内容	切削用量			刀具编号	备注
		主轴转速 n(r/min)	进给速度 F(mm/r)	背吃刀量 a_p(mm)		
1	精车外圆柱面	500	0.2	0.5	T0101	自动
2	检验、校核					
编制		审核		批准	共__页	第__页

2.4.2　加工程序编制

1. 编程坐标系原点的选择和数值计算

(1) 以工件右端面中心作为编程原点，建立如图 2.7 所示的坐标系(零件尺寸见图 2.1(a))。

(2) 轮廓 AB 加工需要计算的基点有 A、C、D、E、F、M、B，由图可知其坐标分别为：A(0,0)、C(11,−5.5)、D(11,−15.5)、E(17,W−10)、F(17,W−12)、M(23,W−3)、B(29,W0)

(3) 辅助计算：本例加工中起始延伸程序段为 AS，S 点坐标取(0,2)；切出延伸程序段为 BN，N 点坐标取(31,W0)；刀具结束位置(安全位置)设置在(100,100)，如图 2.7 所示。

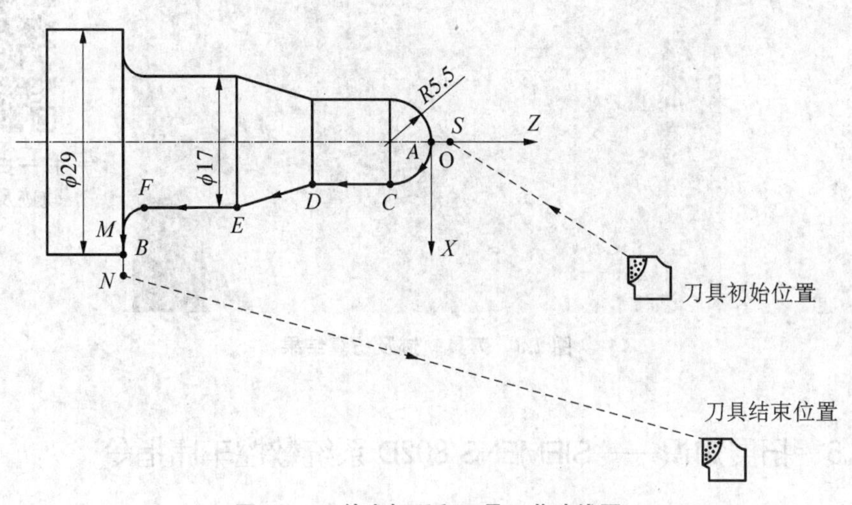

图 2.7　工件坐标系和刀具工艺路线图

2. 编制加工程序单(暂不考虑刀具半径补偿)

程序	说明
O1001	
M03 S500 F0.2	主轴正转,转速为 500 r/min
T0101	调用 1 号刀,建立刀补
G00 X31 Z2 M08	快速定位,切削液开
G00 X0	定位至切削起始延伸点
G01 Z0 F0.2	精加工切削至 A 点
G03 X11 W-5.5 R5.5	精加工切削至 C 点
G01 Z-15.5	精加工切削至 D 点
X17 W-10	精加工切削至 E 点
W-12	精加工切削至 F 点
G02 X23 W-3 R3	精加工切削至 M 点
G01 X31	精加工切削至加工结束延伸点 N 处
G00 X100 Z100 M09	快速退刀至安全位置,切削液关
M05	主轴停止
M30	程序结束

3. 刀具轨迹及仿真加工结果

将上述程序导入仿真软件,进行仿真加工,刀具轨迹及仿真加工结果如图 2.8 所示。

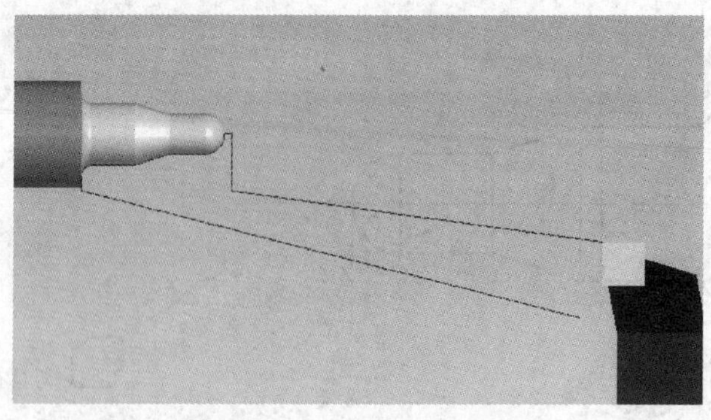

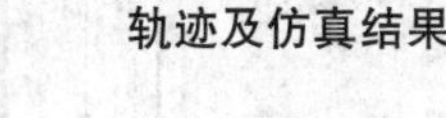

扫一扫可见刀具轨迹及仿真结果

图 2.8　刀具轨迹及仿真结果

2.5　拓展知识——SIEMENS 802D 系统数控车床指令

2.5.1　基本 G 指令

1. 快速定位指令 G00

G00 指令是命令刀具以点定位控制方式从刀具所在点快速运动到目标位置，运行速度很快，运动过程中不进行切削，没有运动轨迹要求，主要用于快速定位。

指令格式：G00　　X____ Z____；

例：G0 X100 Z65；直角坐标系

2. 带进给率线性插补指令 G01

刀具以直线从起始点移动到目标位置，按地址 F 下设置的进给速度运行。所有的坐标轴可以同时运行。

程序段格式：G01　　X____ Z____ F____；

例：G1 Z－12 F100；进刀到 Z－12，进给率 100 毫米/分

4. 圆弧插补指令 G02/G03

刀具以圆弧轨迹从起始点移动到终点，方向由 G 指令确定。

指令格式

格式(一)：终点＋半径　　G02/G03　X____ Z____ CR=____ F____；

格式(二)：终点＋圆心　　G02/G03　X____ Z____ I____ K____ F____；

格式(三)：张角和圆心　　G02/G03 AR=____ I____ J____；

格式(四)：张角和终点　　G02/G03 AR=____ X____ J____；

格式(五)：极坐标和极点圆弧 G02/G03 AP=____ RP=____；

说明：若 CR 数值前带负号“－”，则表明所选插补圆弧段大于半圆。

例：G2 Z50 X40 CR=12.207；终点和半径

5. 暂停指令 G04

通过在两个程序段之间插入一个 G4 程序段，可以使加工中断给定的时间，比如自由切削。G4 程序段(含地址 F 或 S)只对自身程序段有效，并暂停所给定的时间。在此之前的进

给量 F 和主轴转速 S 保持存储状态。

指令格式：G04 F______ 暂停时间(秒)

G04 S______ 暂停主轴转数

例:G4 F3;暂停 3 秒

6. 主轴转速极限指令 G25/G26

通过在程序中写入 G25 或 G26 指令和地址 S 下的转速，可以限制特定情况下主轴的极限值范围。与此同时原来设定数据中的数据被覆盖。

指令格式：G25 S______主轴转速下限

G26 S______主轴转速上限

例:G25 S12;主轴转速下限:12 转/分钟

2.5.2 F、S、T、D 指令

1. 进给率 F 指令

进给率 F 是刀具轨迹速度，它是所有移动坐标轴速度的矢量和。坐标轴速度是刀具轨迹速度在坐标轴上的分量。进给率 F 在 G1,G2,G3,G5 插补方式中生效，并且一直有效，直到被一个新的地址 F 取代为止。进给率 F 的单位由 G94 和 G95 功能指定:G94 指定进给率的单位为毫米/分钟，G95 指定进给率的单位为毫米/转(只有主轴旋转才有意义)。

例:G94 F310;进给率为 310 毫米/分钟

2. 主轴转速 S 指令

例:M03 S500;主轴正转，转速为 500 转/分钟

3. 刀具 T 指令

T 指令可以选择刀具，是用 T 指令直接更换刀具还是仅仅进行刀具的预选，这必须要在机床数据中确定：用 T 指令直接更换刀具(刀具调用)，或者仅用 T 指令预选刀具，另外还要用 M6 指令才可进行刀具的更换。

指令格式:T ______ (T+刀具号)

刀具号可以是 1～32 000，但受系统存储刀具的限制系统，应根据实际情况选用。T0 表示没有刀具。

例:N10 T1;数控车床中直接用 T 指令调用刀具 1

4. 刀具补偿 D 指令

一个刀具可以匹配从 1 到 9 几个不同补偿的数据组(用于多个切削刃)。另外可以用 D 及其对应的序号设置一个专门的切削刃。如果没有编写 D 指令，则 D1 自动生效。如果设置 D0，则刀具补偿值无效。

指令格式:D (D+刀具补偿号)

例:T1 D2;调用 1 号刀的 D2 值

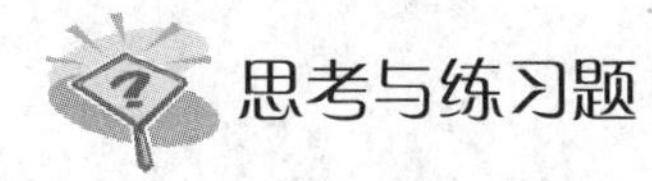

思考与练习题

1. 试编写图 2.9 所示零件的数控车削精加工程序，精加工余量 0.5 mm。(不考虑刀具半径)

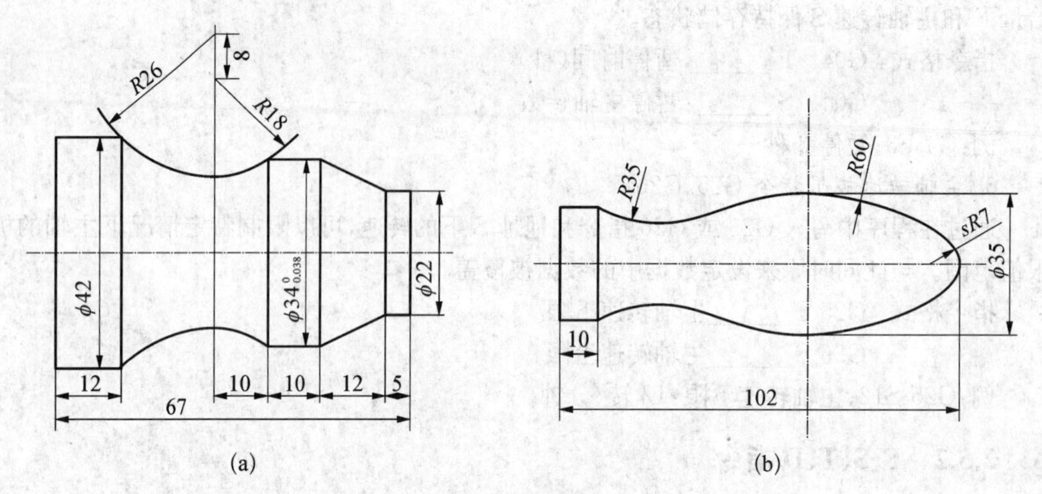

图 2.9　零件图

2. 图 2.1 所示零件加工时,若考虑刀具半径的影响,试编写其精加工程序。

3. 试用 SIEMENS 802D 数控系统指令编写如图 2.9(a)所示零件的精加工程序。

项目 3
尺寸单项递增轴类零件加工编程与仿真

教学要求

能力目标	知识要点
掌握数控车削加工轴类单向递增零件加工常用指令的适用范围和编程技巧	G70 指令、G71 指令、G72 指令
掌握外圆柱面、端面加工工序安排和加工程序的设计思想	工序安排

3.1 项目要求

完成图 3.1 所示零件的加工程序编制和仿真加工。毛坯为已经粗加工过的 ϕ50 mm 圆棒料，材料为 45＃钢。

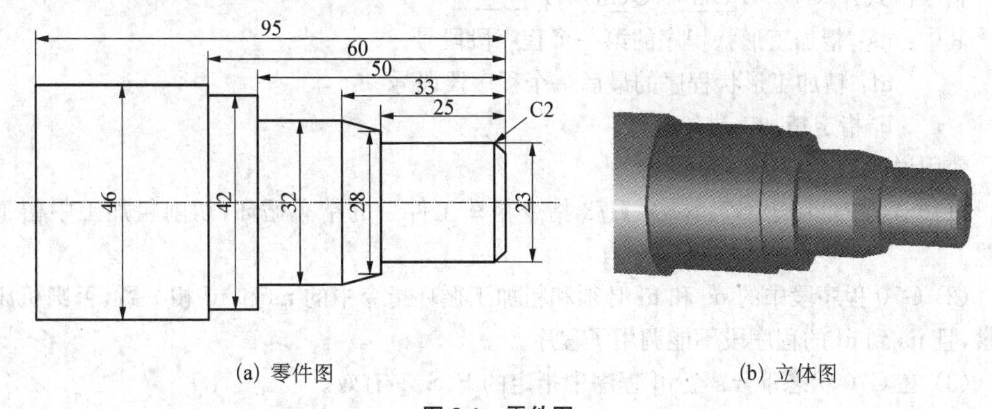

(a) 零件图　　(b) 立体图

图 3.1　零件图

3.2 项目分析

（1）零件图分析：图示零件为径向尺寸单向递增轴类零件，加工内容有外圆柱面、外圆锥面、倒角。毛坯尺寸 ϕ50 mm 圆棒料，径向加工余量大，非一次走刀能完成所有加工任务。加工时需要分两道工序：先粗加工后精加工。选用内/外径粗车复合循环指令 G71 进行粗加工和内/外径精车复合循环指令 G70 进行精加工。零件加工尺寸精度要求和表面粗糙度要求一般(未注),所用的材料为 45＃钢,材料硬度适中,便于加工。

(2) 完成本项目所需新的知识点:外圆柱面粗车/精车工艺知识、外圆柱面精车加工指令。

3.3 项目相关知识

3.3.1 尺寸单向递增轴类零件加工的工艺知识

1. 尺寸单向递增轴类零件的车削分类

(1) 外圆柱面车削。

(2) 端面车削。

2. 尺寸单向递增轴类零件车削加工方法

尺寸单向递增轴类零件车削加工时每次刀具走刀路线是一个封闭的、不规则的多边形;需要重复加工时,刀具轨迹呈现的是多个多边形循环。加工时,首先需要使刀具事先定位到循环加工起点;然后根据精加工始点和终点,执行内/外径粗车削复合循环指令完成多次切削循环;之后沿着精加工路线执行内/外径精车削复合循环指令 G70 完成最后一道切削任务;最后刀具仍回到此循环起点。

3.3.2 尺寸单向递增轴类零件的加工指令

1. 内/外径精车复合循环指令 G70

指令格式: G70 P(ns) Q(nf) F______;

其中:ns:精加工形状程序的第一个程序段段号。

nf:精加工形状程序的最后一个程序段段号。

F:指定精加工进给速度。

使用说明:

(1) G70 指令用于 G71、G72、G73 指令粗车工件后的精车循环,切削粗加工中留下的余量。

(2) G70 程序段中的 ns 和 nf 必须和粗加工循环指令中的 ns 和 nf 相一致,否则机床会报警,且 ns 到 nf 的程序段不能调用子程序。

(3) 在 G70 状态下,ns 至 nf 程序中指定的 F、S、T 有效。

(4) 可通过 F 指定精加工速度。

2. 内/外径粗车复合循环指令 G71

指令格式:

G71 U(Δd) R(e);

G71 P(ns) Q(nf) U(Δu) W(Δw) F____;

G71 指令参数含义及刀具路径示意图见表 3.1 所示。当此指令用于工件内/外径轮廓时,G71 就自动成为内径粗车循环,此时径向精车余量 Δu 应指定为负值。

表 3.1　G71 指令参数含义及刀具路径示意图

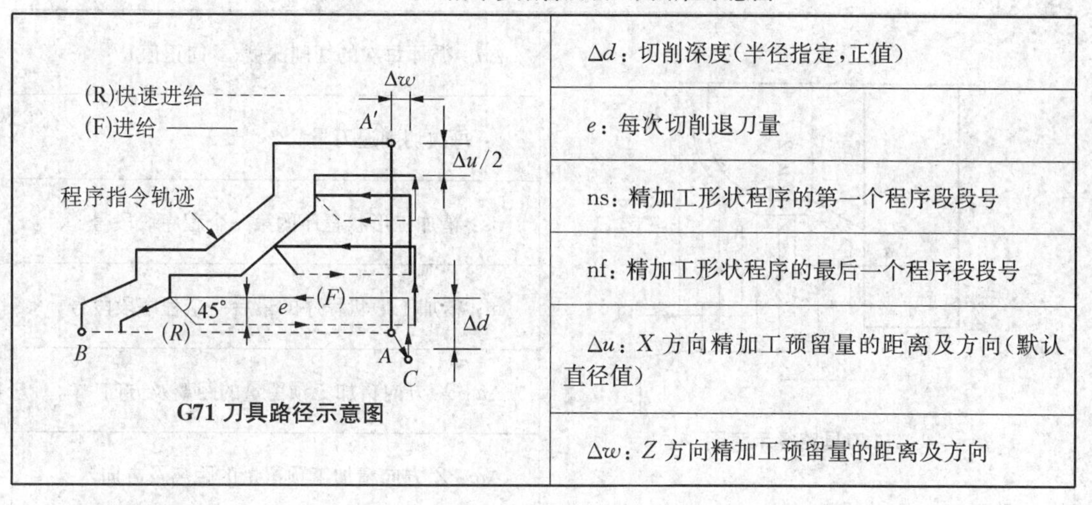

G71 刀具路径示意图	参数含义
	Δd：切削深度(半径指定,正值)
	e：每次切削退刀量
	ns：精加工形状程序的第一个程序段段号
	nf：精加工形状程序的最后一个程序段段号
	Δu：X 方向精加工预留量的距离及方向(默认直径值)
	Δw：Z 方向精加工预留量的距离及方向

使用说明：

(1) 起刀点 A 和退刀点 B 必须平行,ns～nf 程序段中恒线速功能无效。

(2) 零件轮廓 A～B 间必须符合 X 轴、Z 轴方向同时单向增加或单向减小。

(3) 在 G70 状态下,ns 至 nf 程序中指定的 F、S、T 有效。

(4) ns 程序段中可含有 G00、G01 指令,不许含有 Z 轴方向运动的指令。

(5) G71 程序段中没有指明 F、S、T,则前面程序段中指定的 F、S、T 对粗加工有效。

(6) G71 循环指令粗加工之前刀具要靠近毛坯,即循环起点应选择在接近工件处,以缩短刀具行程,避免空走刀。

(7) G71 可以用于内外轮廓的加工,加工 X、Z 方向的精加工余量 Δu 和 Δw 的符号如图 3.2 所示。

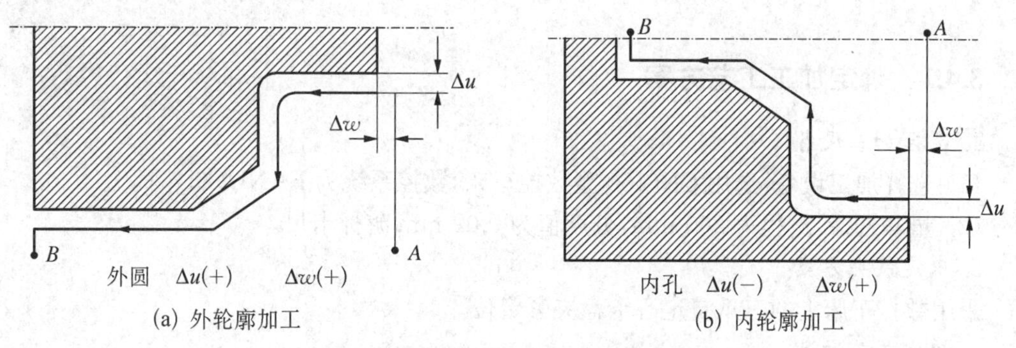

(a) 外轮廓加工　(b) 内轮廓加工

图 3.2　G71 指令中 Δu 和 ΔW 符号的确定

3. 端面粗车循环指令 G72

指令格式：

G72　W(Δd)　R(e)；

G72　P(ns)　Q(nf)　U(Δu)　W(Δw)　F__；

G72 指令参数含义及刀具路径示意图见表 3.2 所示。

表 3.2　G72 指令参数含义及刀具路径示意图

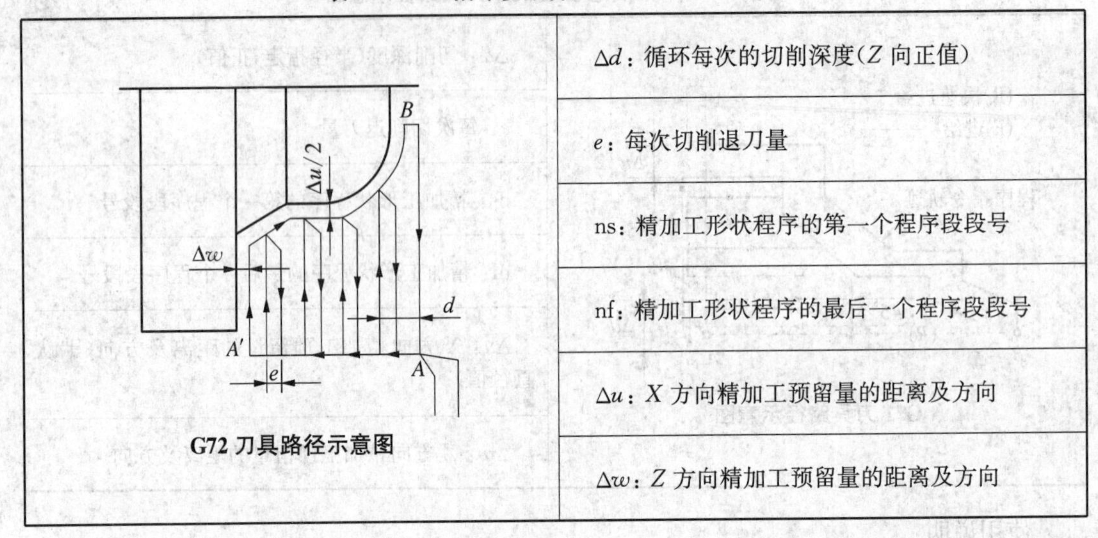

G72 刀具路径示意图	Δd：循环每次的切削深度（Z 向正值）
	e：每次切削退刀量
	ns：精加工形状程序的第一个程序段段号
	nf：精加工形状程序的最后一个程序段段号
	Δu：X 方向精加工预留量的距离及方向
	Δw：Z 方向精加工预留量的距离及方向

端面粗车循环指令的含义与 G71 类似，不同点在于 G72 循环加工，刀具先向 Z 轴方向进刀，然后平行于 X 轴方向切削，它是从外径方向往轴心方向切削端面的粗车循环，G72 适用于长径比较小的盘类工件端面粗车。

使用说明：

(1) G72 不能用于加工端面的内凹形体，精加工第一次进刀必须是 Z 轴方向动作，循环起点的选择应在接近工件处，以缩短刀具行程，避免空走刀。

(2) 除进给方向平行于 X 轴外，其余同 G71 指令。

3.4　项目实施

3.4.1　确定加工工艺方案

1. 选择加工设备

(1) 选择加工设备：选用 CK6150 型数控车床，数控系统为 FANUC0i－T。

(2) 量具选择：量程为 200 mm，分度值为 0.02 mm 游标卡尺。

2. 确定装夹方案

采用数控车床上的三爪自定心卡盘夹紧定位。

3. 确定工艺过程

(1) 自右向左粗车外表面；

(2) 自右向左精车外表面；

(3) 检验、校核。

4. 选择刀具及编制数控加工刀具卡

(1) 选择刀具：75°精加工外圆机夹车刀，用于粗、精车外圆柱面。

(2) 编制数控加工刀具卡，见表 3.3 所示。

表 3.3　数控加工刀具卡

产品名称或代号			零件名称		零件图号	
序号	刀具号	刀具名称及规格	用途	刀补地址		
				半径	形状	
1	T0101	75°精加工外圆机夹车刀	粗车、精车外圆柱面		01	
编制		审核		批准		年　月　日　共 1 页　第 1 页

5. 编制数控加工工序卡

编制数控加工工序卡，见表 3.4 所示。

表 3.4　数控加工工序卡

数控加工工序卡		产品名称	零件名称			零件图号
工步号	工步内容	切削用量			刀具编号	备注
		主轴转速 n(r/min)	进给速度 F(mm/r)	背吃刀量 a_p(mm)		
1	自右向左粗车外表面	600	0.3	2	T0101	自动
2	自右向左精车外表面	800	0.1	0.2	T0101	自动
3	检验、校核					
编制		审核		批准	共____页	第____页

3.4.2　加工程序编制

1. 编程坐标系原点的选择

以工件右端面中心作为编程原点。

2. 编制加工程序单

```
O0031;
N10 G99 G21 T0101;                    选用刀具
N20 M03 S600;                         主轴正转
N30 G00 X51 Z2;                       刀具靠近毛坯
N40 G71 U2 R1;                        调用 G71 粗车循环
N50 G71 P60 Q165 U0.2 W0 F0.3;        粗车循环加工从形状程序的 N60 执行到 N165
N60 G00 X17;
N70Z1;
N80 G01 X23 Z-2.0;
N90 Z-25;
N100 X28;
```

N110 X32 Z-33;	
N120 Z-50;	
N130 X42;	
N140 Z-60;	
N150 X46;	
N160 Z-95;	
N165 X51;	
N170 G70 P60 Q165 F0.1;	精车循环加工从形状程序的 N60 执行到 N165
N180 G00 X100.0;	退刀
N190 Z100.0;	
N200 M05;	主轴停止
N210 M30;	程序结束

3. 刀具轨迹及仿真加工结果

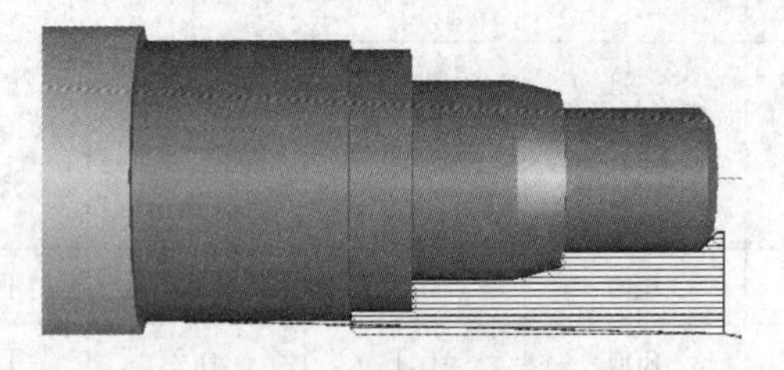

扫一扫可见仿真结果

图 3.3　仿真结果图

思考与练习题

试编写图 3.4 所示零件数控车削加工程序。已知毛坯尺寸为 ϕ42 棒料，材料为 45＃钢。

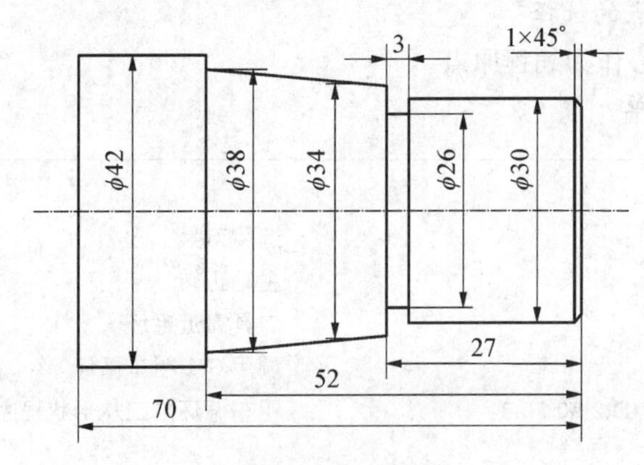

图 3.4　零件图

项目 4

成形面轴类零件的加工编程与仿真

教学要求

能力目标	知识要点
掌握数控车削加工成形面的工艺知识，能合理选用车削加工成形面的切削用量	成形面的尺寸计算；走刀次数计算
掌握数控车削成形面加工常用指令的适用范围和编程技巧	G70 指令、G73 指令
掌握成形面、切断加工工序安排和加工程序的设计思想	工序安排

4.1 项目要求

完成图 4.1 所示零件的加工编程。毛坯为已经粗加工过的 $\phi26$ mm 圆棒料，材料为 45＃钢。

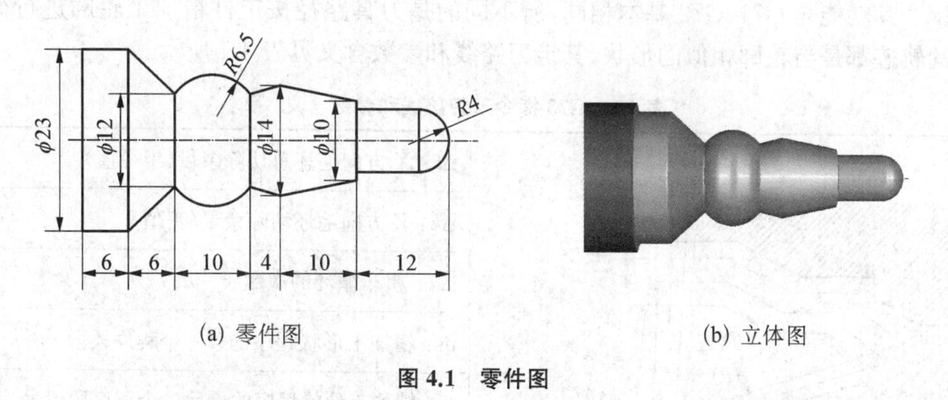

(a) 零件图　　(b) 立体图

图 4.1　零件图

4.2 项目分析

(1) 零件图分析：该零件为成形面类零件，毛坯尺寸 $\phi26$ mm 圆棒料，加工的内容有外圆柱面、切断。零件沿轴线有凹凸结构且在 X 方向尺寸变化不规律。故该零件的加工特点是 X 方向加工余量大，加工时可按零件轮廓的形状重复车削，非一次走刀能完成所有加工任务。加工时需要分两道工序：先粗加工后精加工。为了简化编程，选成形加工粗车循环G73 指令进行粗加工和内/外径精车复合循环指令 G70 进行精加工。尺寸精度要求和表面粗糙度要求一般。

(2) 完成本项目所需新的知识点：成形(仿形)粗车/精车加工指令。

4.3 项目相关知识

4.3.1 成形面类零件加工的工艺知识

成形面类零件主要有锻造件和铸造件等，加工时每次刀具走刀轨迹的形状都与零件实际轮廓形状相同。每次走刀，就是将切削轨迹向工件移动一个距离，直到车削出要求的零件轮廓形状。加工时，首先需要使刀具快速定位到循环加工起点，然后根据精加工始点和终点(即零件实际轮廓)执行成形面循环指令 G73 完成多次切削循环，最后沿着精加工路线执行内/外径精车削复合循环 G70 指令完成最后的加工。精加工循环指令加工完成后回到循环起点。

4.3.2 成形面类零件加工的指令

成形(仿形)加工粗车循环指令 G73

指令格式：

G73　U(Δi)　W(Δk)　R(Δd)；

G73　P(ns)　Q(nf)　U(Δu)　W(Δw)　F_；

该指令适用于毛坯轮廓形状与零件轮廓形状基本接近时的粗车。例如，一些锻件、铸件等已具备基本形状的工件毛坯的加工。采用 G73 指令进行粗加工将大大节省工时，提高切削效率。其功能与 G71、G72 基本相同，所不同的是刀具路径按工件精加工轮廓进行循环，每次的轨迹都是与轮廓相似的形状，其走刀路线和参数含义见表 4.1 所示。

表 4.1　G73 指令走刀路线和参数含义

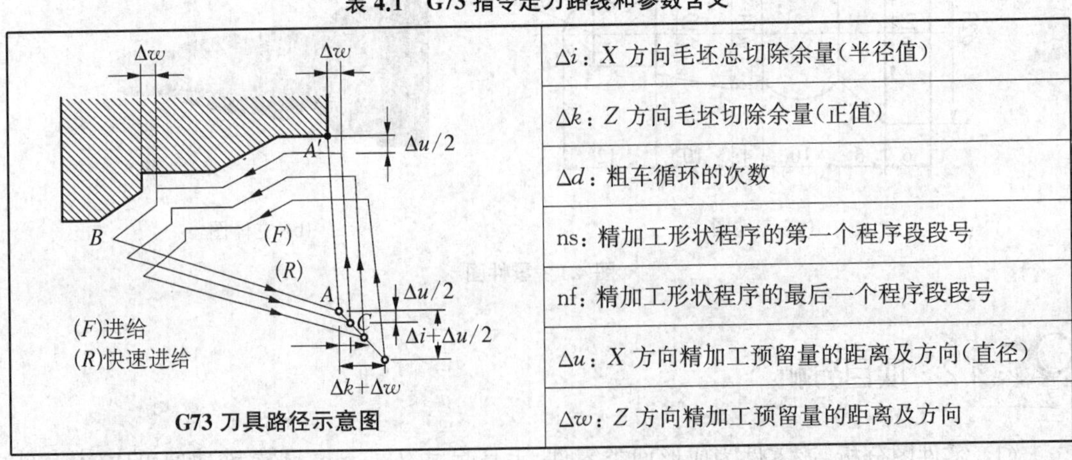

G73 刀具路径示意图	参数含义
	Δi：X 方向毛坯总切除余量(半径值)
	Δk：Z 方向毛坯切除余量(正值)
	Δd：粗车循环的次数
	ns：精加工形状程序的第一个程序段段号
	nf：精加工形状程序的最后一个程序段段号
	Δu：X 方向精加工预留量的距离及方向(直径)
	Δw：Z 方向精加工预留量的距离及方向

使用说明：

(1) G73 指令的循环轨迹是与图形是相似形状，当用于未切除余量的圆棒料切削时，会有较多的空刀行程，效率不是很高，所以应尽可能使用G71、G72切除余料。

(2) G73指令描述精加工走刀路径时应封闭。

(3) G73指令用于内孔加工时，如果采用X、Z双向进刀或X单向进刀方式，必须注意是否有足够的退刀空间，否则会发生刀具干涉。

(4) 当切削没有预加工的毛坯棒料时，一般取$\Delta i=(D$毛坯$-d_{\min}$零件$)/(2-1)$，$\Delta k=0$，则刀具沿X方向进刀，$\Delta k\neq 0$时，每次的刀具轨迹Z方向相差一个Δk距离，刀具沿X、Z方向双向进刀。

(5) G73执行循环加工时，不同的进刀方式，Δu、Δw和Δi、Δk的符号也不同(如图4.2所示)。

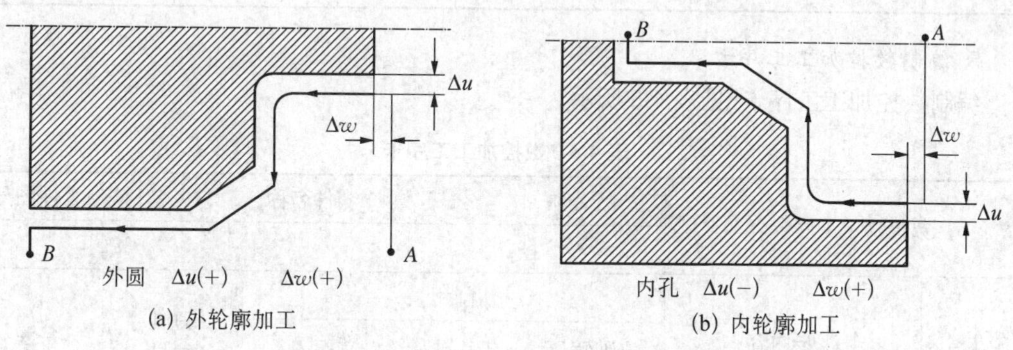

图4.2　G73指令中Δu、Δw、Δk、Δi的符号

4.4　项目实施

4.4.1　确定加工工艺方案

1. 选择加工设备

选择加工设备：选用CK6150型数控车床，数控系统为FANUC0i-T。

量具选择：量程为200 mm，分度值为0.02 mm游标卡尺。

2. 确定装夹方案

采用数控机床上的三爪自定心卡盘夹紧定位。

3. 确定工艺过程

(1) 车端面；

(2) 自右向左粗车外表面；

(3) 自右向左精车外表面；

(4) 切断；

(5) 检验、校核。

4. 选择刀具及编制数控加工刀具卡

(1) 选择刀具：35°精加工外圆机夹车刀，用于车端面、粗车和精车外圆柱面；宽4 mm硬质合金焊接切槽刀切断。

(2) 编制数控加工刀具卡，见表4.2所示。

表 4.2　数控加工刀具卡

产品名称或代号			零件名称		零件图号	
序号	刀具号	刀具名称及规格	用途		刀补地址	
					半径	形状
1	T0101	35°精加工外圆机夹车刀	车端面、粗车和精车外圆柱面			01
2	T0202	宽 4 mm 硬质合金焊接切槽刀	切断			02
编制		审核	批准	年　月　日	共 1 页	第 1 页

5. 编制数控加工工序卡

编制数控加工工序卡，见表 4.3 所示。

表 4.3　数控加工工序卡

数控加工工序卡		产品名称	零件名称		零件图号	
工步号	工步内容	切削用量			刀具编号	备注
		主轴转速 n(r/min)	进给速度 F(mm/r)	背吃刀量 a_p(mm)		
1	切端面	600	0.3	2	T0101	自动
2	自右向左粗车外表面	600	0.3	2	T0101	自动
3	自右向左精车外表面	800	0.1	0.2	T0101	自动
4	切断	300	0.1		T0202	自动
5	检验、校核					
编制		审核	批准		共____页	第____页

4.4.2　加工程序编制

1. 编程坐标系原点的选择

以工件右端面中心作为编程原点。

2. 编制加工程序单

```
O0041
N10 T0101 G99 G21;                调第一把外圆车刀
N20 M03 S600;
N30 G01 Z0;                       车端面
N40 G01 X-1 F0.3;
N50 G00 X27 Z2;
N60 G73 U10 W0 R5;                粗车循环开始
```

```
N70 G73 P80 Q170 U0.4 W0 F0.3;
N80 G00 X0;
N90 G01 Z0;
N100 G03 X8 Z-4 R4;
N110 G01 Z-12;
N120 X10;
N130 X14 Z-22;
N140 X12 Z-26;
N150 G03 X12 Z-36 R6.5;
N160 G01 X23 Z-42;
N170 Z-48;
N175 X27;
N180 G70 P80 Q170 M03 S800 F0.1;        精车循环开始
N190 G00 X100;                          退到换刀点
N200 Z100;
N210 T0202 S300;                        换切断刀,刀宽 4 mm
N220 G00 X28 Z-52;
N230 G01 X-1 F0.1;                      切断
N240 G00 X100;
N250 Z100;
N260 M05;                               主轴停
N270 M30;                               程序结束
```

3. 刀具轨迹及仿真加工结果

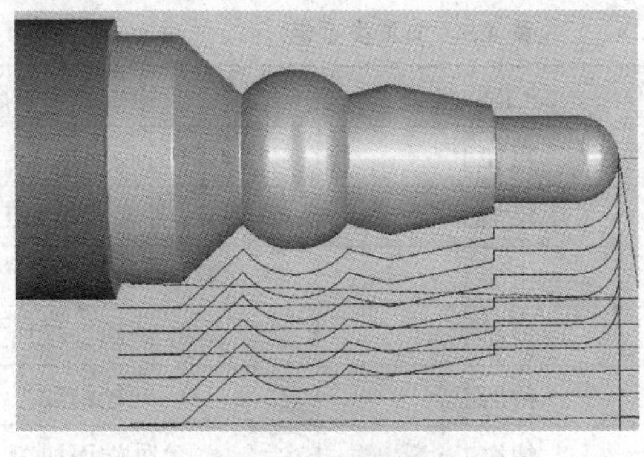

扫一扫可见仿真结果

图 4.3　仿真结果图

4.5　拓展知识——SIEMENS 802D 系统数控车削指令

1. 毛坯切削循环指令 CYCLE95

(1) 指令格式:CYCLE95("NPP",MID,FALZ,FALX,FF1,FF2,FF3,VARI,DT,DAM,_VRT)

(2) 各参数含义见表 4.4 所示。

表 4.4 参数含义

NPP	String	轮廓子程序名称
MID	Rcal	进给深度(无符号输入)
FALZ	Rcal	在纵向轴的精加工余量(无符号输入)
FALX	Rcal	在横向轴的精加工余量(无符号输入)
FAL	Rcal	轮廓的精加工余量
FF1	Rcal	非切槽加工的进给率
FF2	Rcal	切槽时的进给率
FF3	Rcal	精加工的进给率
VARI	Rcal	加工类型,范围值:1,…,12
DT	Rcal	粗加工时用于断屑时的停顿时间
DAM	Rcal	粗加工因断屑而中断时所经过的长度
_VRT	Rcal	粗加工时从轮廓的退回行程,增量(无符号输入)

(3) 使用粗车削循环时,将轮廓加工程序编写成子程序。轮廓可以包括凹凸切削。使用纵向和表面加工可以进行外部和内部轮廓的加工。工艺可以随意选择(粗加工、精加工、综合加工)。粗加工轮廓时,按最大的编程进给深度进行切削,当到达轮廓的交点后清除平行于轮廓的毛刺,循环进行粗加工直到达到编程的精加工余量。

在粗加工的同一方向进行精加工。刀具半径补偿可以由循环自动选择。

(4) VARI 的类型见表 4.5 所示。

表 4.5 加工类型值

VARI 的值	加工表面	加工类型	相当于华中系统指令
1	外径	粗加工	G71 外径粗加工
2	外端面	粗加工	G72 外端面粗加工
3	内径	粗加工	G71 内径粗加工
4	内端面	粗加工	G721 内端面粗加工
5	外径	精加工	外径精加工
6	外端面	精加工	外端面加工
7	内径	精加工	内径精加工
8	内端面	精加工	内端面精加工
9	外径	粗加工+精加工	G71 外径粗、精加工
10	外端面	粗加工+精加工	G72 外端面粗、精加工
11	内径	粗加工+精加工	G71 内径粗、精加工
12	内端面	粗加工+精加工	G72 内端面粗、精加工

2. 子程序

用子程序编写经常重复进行的加工，比如某一确定的轮廓形状。子程序位于主程序中适当的地方，在需要时进行调用、运行。

(1) 子程序结构

子程序的结构与主程序的结构一样，也是由程序名、若干个程序段和程序结束符组成的。

(2) 子程序名

子程序命名必须符合以下规定：开始的两个符号必须是字母，其后的符号可以是字母、数字或下划线，不得使用分隔符，且最多为 16 个字符；或者使用地址字 L __，后面的数值可以有 7 位整数；子程序后缀名必须是“.SPF”。

例：SLVE7.SPF、L128.SPF、L0128.SPF

(3) 子程序结束符

在子程序中的最后一个程序段中用 M2 或 RET 指令结束子程序运行，子程序结束后返回主程序。

(4) 子程序的调用

在一个程序中(主程序或子程序)可以直接用程序名调用子程序。子程序调用要求占用一个独立的程序段。如果要求多次连续地执行某一子程序，则在编程时必须在所调用子程序的程序名后地址 P 下写入调用次数，最大次数可以为 9999(P1…P9999)。

例：N10 SLVE7；调用子程序 SLVE7，运行 1 次

N20 L78 P3；调用子程序 L78，运行 3 次

3. 编程加工实例

用毛坯切削循环指令 CYCLE95 编写图 4.1 所示零件的加工程序。

主程序部分：

```
MP01.MPF
T01 D1                                              调用 1 号刀及刀补 1 (刀具 T01 为 35°外圆车刀)
M03 S600 F0.3
G00 X27 Z2
CYCLE95 ("L10",1,0, 0.1,0.1,0.1,0.1,0.1,9,0,0,0.1)  调用毛坯切削循环
G00 X100 Z100
T02 D1 S300                                         调用 2 号刀及刀补 1
G00 X22 Z-52
G01 X-1 F0.1
G00 X100
Z100
M05
M02
```

子程序部分：

```
L10.SPF
G00 Z0
```

```
X0
G03 X8 Z-4 CR=4 F0.1
G01 Z-12
G01 X10
X14 Z-22
X12 Z-26
G03 X12 Z-36 CR=6.5
G01 X23 Z-42
Z-48
RET
```

思考与练习题

1. 完成图 4.4 所示零件的加工程序编写。已知毛坯尺寸为 ϕ90 棒料，材料为 45#钢。

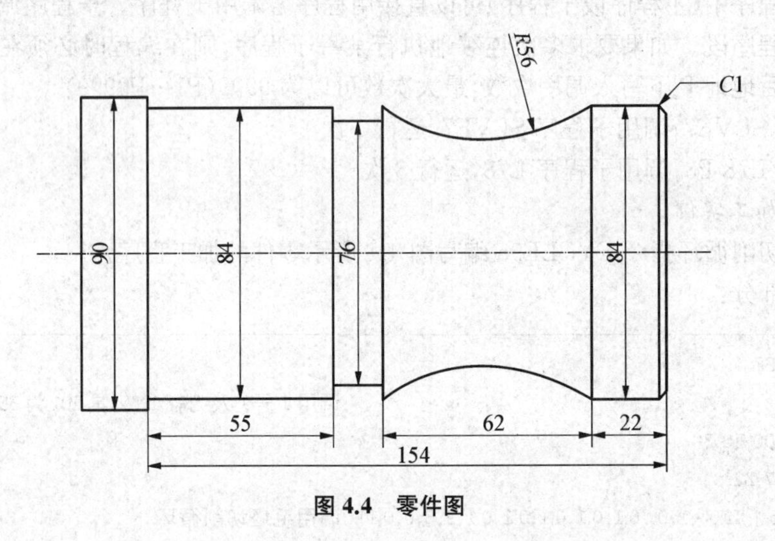

图 4.4 零件图

2. 用毛坯循环切削 CYCLE95 指令编写图 4.4 所示零件的加工程序。

项目 5

螺纹轴类零件加工编程与仿真

教学要求

能力目标	知识要点
掌握数控车削加工螺纹的工艺知识，能合理选用车削加工螺纹的切削用量	三角螺纹的尺寸计算；走刀次数计算
掌握数控车削螺纹加工常用指令的适用范围和编程技巧	G32 指令、G92 指令、G76 指令
掌握外圆柱面、沟槽、螺纹及切断加工工序安排和加工程序的设计思想	工序安排

5.1 项目要求

完成图 5.1 所示零件的加工编程。毛坯为已经粗加工过的 $\phi 26$ mm 圆棒料，材料为 45＃钢。

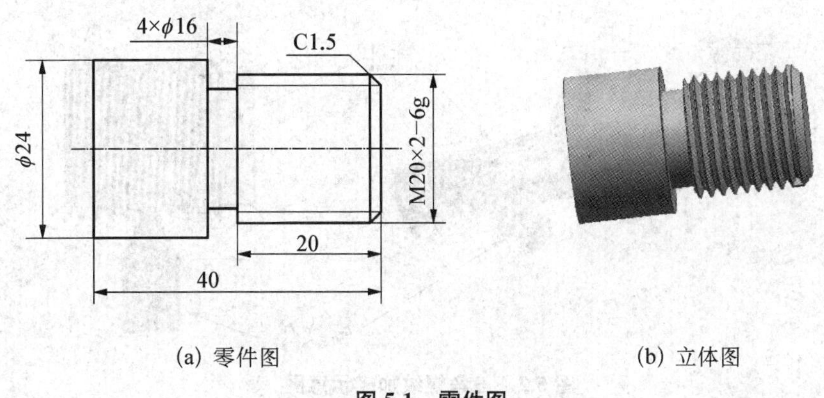

(a) 零件图　　(b) 立体图

图 5.1　零件图

5.2 项目分析

(1) 零件图分析:该零件为螺纹轴类零件,毛坯尺寸 ϕ26 mm 圆棒料,加工的内容有外圆、割槽、螺纹、切断等。零件中的螺纹为单线螺纹,螺距较小,螺纹牙型固定,右旋。零件结构简单、合理,尺寸精度要求和表面粗糙度要求一般(未注);所用的材料为 45#钢,材料硬度适中,便于加工。

(2) 完成本项目所需新的知识点:螺纹加工工艺知识、螺纹加工指令。

5.3 项目相关知识

5.3.1 螺纹加工的工艺知识

1. 螺纹的分类

螺纹的主要分类方法如下:

(1) 按牙型可分为三角形、梯形、锯齿形等。

(2) 按螺纹要素是否标准分为标准螺纹、特殊螺纹和非标准螺纹(仅牙型符合标准称为特殊螺纹,牙型不符合标准称为非标准螺纹)。

(3) 按旋向分螺纹有右旋和左旋之分。顺时针旋转时旋入的螺纹,称右旋螺纹;逆时针旋转时旋入的螺纹,称左旋螺纹。工程上常用右旋螺纹。

(4) 按照线数分螺纹有单线和多线之分。沿一根螺旋线形成的螺纹称单线螺纹;沿两根以上螺旋线形成的螺纹称多线螺纹。连接螺纹大多为单线。

2. 三角螺纹车削加工方法

螺纹加工属于成型加工,为了保证螺纹的导程,加工时主轴旋转一周,车刀的进给量必须等于螺纹的导程,进给量相对普通切削较大;另外,螺纹车刀的强度一般较差,故螺纹牙型往往不是一次加工而成的,需要多次进行切削。图 5.2 所示为三角螺纹车削加工示意图。

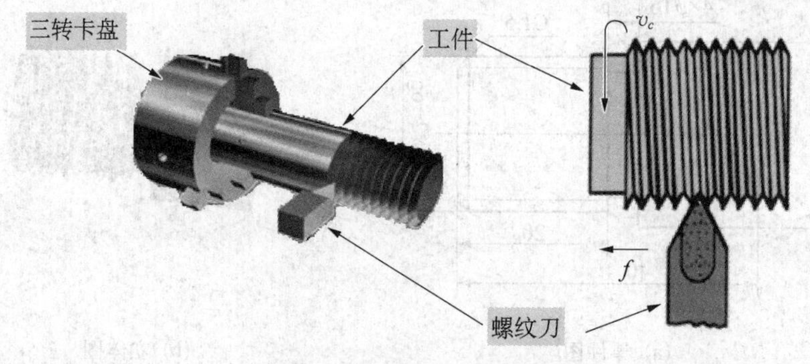

图 5.2 三角螺纹加工示意图

在数控车床上加工螺纹的方法有直进法、斜进法两种,如图 5.3 所示。直进法适合加工导程较小的螺纹,斜进法适合加工导程较大的螺纹。

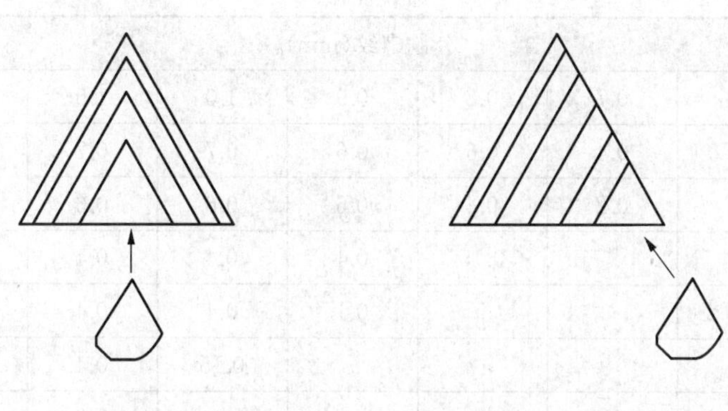

图 5.3　三角螺纹加工方法

3. 车螺纹前直径尺寸的确定

普通螺纹各基本尺寸：

螺纹大径　$d=D$(螺纹大径的基本尺寸与公称直径相同)

螺纹中径　$d_2=D_2=d-0.6495P$（P——螺纹的螺距）

螺纹小径　$d_1=D_1=d-1.0825P$(P——螺纹的螺距)

螺纹牙深　$a_p=1.299P$(P——螺纹的螺距)

4. 螺纹行程的确定

在数控车床上加工螺纹时,刀具沿螺纹方向的进给应与工件主轴旋转保持严格的速比关系,即工件旋转 1 周,刀具沿螺纹方向的进给量应该为一个导程。但由于刀具沿螺纹方向由停止状态到达指定的进给速度或者由指定进给速度降为零,需要经历一个加减速过程,如在此时切削螺纹,会在螺纹起始段和停止段发生螺距不规则现象。通常,切削螺纹时会引入轴向空切入量和空退刀量,来让刀具进行加减速。因此,实际加工螺纹的长度 L 应包括切入和切出的空行程量,即

$$L=L_0+\delta_1+\delta_2$$

式中:L_0 为螺纹实际长度;δ_1 为切入空行程量,一般取 2～5 mm;δ_2 为切出空行程量,一般取 0.5 mm。

5. 吃刀量的确定

为减小切削力,保证螺纹精度,螺纹加工一般经多次重复切削完成。每次进给的背吃刀量按递减规律分配。常用螺纹切削的进给次数与背吃刀量可参考表 5.1 选取。

表 5.1　常用螺纹切削的进给次数与吃刀量(计算值)

公制螺纹(mm)							
螺距	1.0	1.5	2.0	2.5	3.0	3.5	4.0
牙深(半径值)	0.649 5	0.974	1.299	1.624	1.949	2.273	2.598
总切深(直径值)	1.299	1.95	2.598	3.25	3.9	4.55	5.20

续 表

公制螺纹(mm)								
切削次数及每次切削的背吃刀量(直径值)	1	0.7	0.8	0.9	1.0	1.5	1.5	1.5
	2	0.4	0.6	0.6	0.7	0.7	0.7	0.8
	3	0.2	0.4	0.6	0.6	0.6	0.6	0.6
	4		0.15	0.4	0.4	0.4	0.6	0.6
	5			0.1	0.4	0.4	0.4	0.4
	6				0.15	0.4	0.4	0.4
	7					0.2	0.2	0.4
	8						0.15	0.3
	9							0.2

5.3.2 螺纹加工指令

1. 单行程螺纹切削指令 G32

指令格式:G32 X(U)________ Z(W)________ F________;

G32 指令可以执行单行程螺纹切削,螺纹车刀进给运动根据输入的螺纹导程进行。但是,调用该指令加工螺纹时,螺纹车刀的切入、切出、返回等均需要另外编写程序,导致编写的程序段比较多,所以实际编程中一般很少使用 G32 指令。G32 指令加工示意图及参数说明见表 5.2 所示。

表 5.2 G32 指令加工示意图及参数说明

参数说明
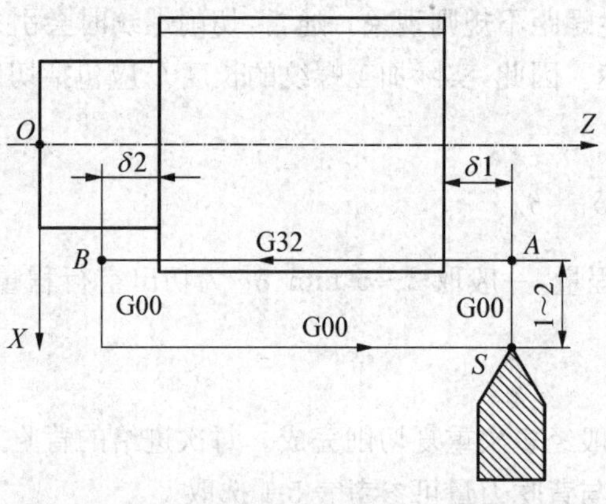 X、Z 为螺纹的终点坐标值
U、W 为螺纹终点相对于起点的增量值
F 为进给速度,其值等于螺纹导程
起点 A 和终点 B 的 X 坐标值相同,直螺纹加工
起点 A 和终点 B 的 X 坐标值不同,锥螺纹加工
Z 省略时为端面螺纹切削

2. 螺纹切削固定循环指令 G92

螺纹切削固定循环指令 G92 可用于切削锥螺纹和圆柱螺纹,其指令格式如下:

(1) 直螺纹切削循环

指令格式:G92 X(U)________ Z(W)________ F________;

(2) 锥螺纹切削循环

指令格式:G92 X(U)________ Z(W)________ R________ F________;

该指令将“快速进刀—螺纹切削—快速退刀—返回起点”四个动作作为一个循环，循环路线与前述的单一形状固定循环 G90 基本相同，其走刀路线和参数含义见表 5.3 所示。G92 适合螺距小于等于 2 的螺纹加工。

表 5.3　G92 指令走刀路线和参数含义

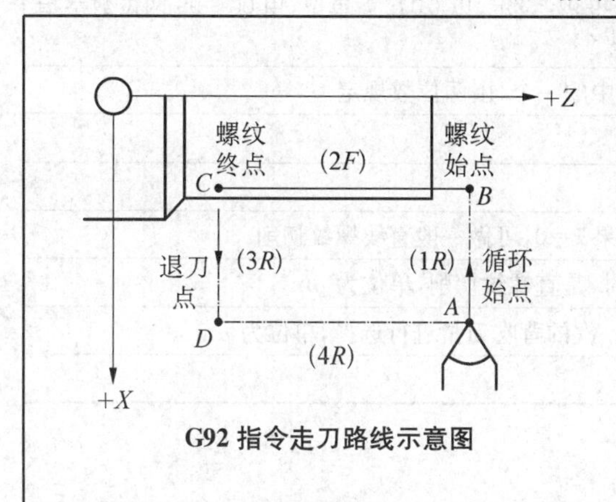 **G92 指令走刀路线示意图**	X、Z 为螺纹终点的绝对坐标值
	U、W 为螺纹终点坐标相对于螺纹起始点的增量坐标值
	R 为锥螺纹，考虑空刀导入量和空刀导出量后切削螺纹起点与切削螺纹终点的半径差
	F 为进给速度，其值等于螺纹导程 图中：刀具从循环起点 A 按照 $ABCDA$ 顺序进行一个切削循环；$1R$，$2R$，$3R$ 为刀具按快进速度移动，$2F$ 为刀具按指定的进给速度 F 移动

3. 螺纹切削复合循环指令 G76

指令格式：

G76　P(m)(r)(a)　Q(Δd_{min})　R(d)；

G76　X(U)　Z(W)　R(i)　P(k)　Q(Δd)　F(L)；

利用螺纹切削复合循环功能，只要编写出螺纹的底径值、螺纹 Z 向终点位置、牙深及第一次背吃刀量等加工参数，车床即可自动计算每次的背吃刀量进行循环切削，直到加工完为止。每次切削深度按照递减公式 $d_n=\Delta d_n=(\sqrt{n}-\sqrt{n-1})\Delta d$ 计算。G76 适合大螺距的精度要求不高的螺纹加工。螺纹复合循环的刀具轨迹和参数含义见表 5.4 所示。

表 5.4　螺纹复合循环的刀具轨迹和参数含义

F—快进速度
R—工作进给速度

A—切削循环起点　B—螺纹切深参考点
C—螺纹起点　D—螺纹终点

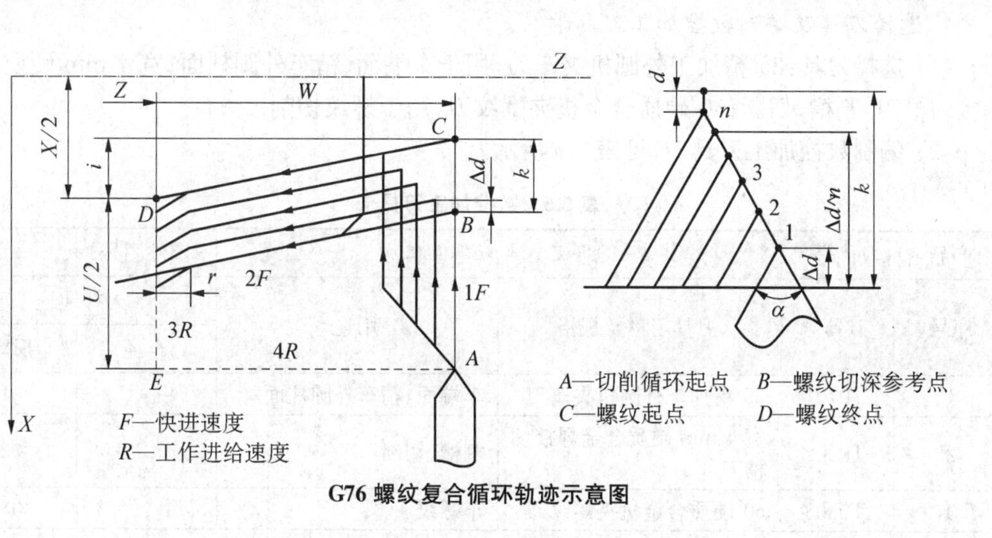

G76 螺纹复合循环轨迹示意图

续 表

$X(\underline{U})$ $Z(\underline{W})$：X 表示 D 点的 X 坐标值；U 表示由 A 点至 D 点的增量坐标值；Z 表示 D 点 Z 坐标值；W 表示由 C 点至 D 点的增量坐标值
m：精加工重复次数(1 至 99)，一般用两位数表示
r：螺纹尾部倒角量，当螺距由 L 表示时，可以从 0～9.9L 设定，以 0.1L 为单位，用 00～99 两位数字指定。该值是模态的
α：刀尖角度，可选择 80°、60°、55°、30°、29°和 0°六种中的一个，由两位数规定
$\Delta d_{\min}$：最小切削深度，用半径值表示，单位为 μm
d：精加工余量，单位为 mm
i：螺纹部分的半径差，含义与 G92 中的 R 相同，如果 $i=0$，可做一般直线螺纹切削
k：螺纹高度，用半径值表示，$k=0.6495P$，R 为 0 时，是直螺纹切削，单位为 μm
Δd：第一次的切削深度(半径值)，按表 3.1 中的第一次的背吃刀量进行选择，单位为 μm
F：进给速度，其值等于螺纹导程，单位为 mm

5.4 项目实施

5.4.1 确定加工工艺方案

1. 选择加工设备

(1) 选择加工设备：选用 CK6150 型数控车床，数控系统为 FANUC0i－T。

(2) 量具选择：量程为 200 mm，分度值为 0.02 mm 游标卡尺。

2. 确定装夹方案

采用数控机床上的三爪自定心卡盘夹紧定位。

3. 确定工艺过程

车端面→自右向左精车外表面→切外沟槽→车螺纹→切断→检验、校核

4. 选择刀具及编制数控加工刀具卡

(1) 选择刀具：35°精加工外圆机夹车刀，用于车端面、精车外圆柱面；宽 4 mm 硬质合金焊接切槽刀，割槽、切断；60°硬质合金机夹螺纹刀，用于螺纹切削。

(2) 编制数控加工刀具卡，见表 5.5 所示。

表 5.5 数控加工刀具卡

产品名称或代号			零件名称		零件图号	
序号	刀具号	刀具名称及规格	用途		刀补地址	
					半径	形状
1	T0101	35°精加工外圆机夹车刀	车端面、精车外圆柱面			01
2	T0202	宽 4 mm 硬质合金焊接切槽刀	割槽、切断			02
3	T0303	60°硬质合金机夹螺纹刀	车螺纹			03
编制		审核	批准	年 月 日	共 1 页	第 1 页

5. 编制数控加工工序卡

编制数控加工工序卡，见表 5.6 所示。

表 5.6　数控加工工序卡

<table>
<tr><td colspan="2" rowspan="2">数控加工工序卡</td><td>产品名称</td><td colspan="3">零件名称</td><td>零件图号</td></tr>
<tr><td></td><td colspan="3">螺纹轴</td><td></td></tr>
<tr><td rowspan="2">工步号</td><td rowspan="2">工步内容</td><td colspan="3">切削用量</td><td rowspan="2">刀具编号</td><td rowspan="2">备注</td></tr>
<tr><td>主轴转速 n(r/min)</td><td>进给速度 F(mm/r)</td><td>背吃刀量 a_p(mm)</td></tr>
<tr><td>1</td><td>切端面</td><td>600</td><td>0.2</td><td>0.5</td><td>T0101</td><td>手动</td></tr>
<tr><td>2</td><td>自右向左精车外表面</td><td>900</td><td>0.1</td><td>1</td><td>T0101</td><td>自动</td></tr>
<tr><td>3</td><td>切沟槽</td><td>300</td><td>0.08</td><td></td><td>T0202</td><td>自动</td></tr>
<tr><td>4</td><td>车螺纹</td><td>500</td><td>2</td><td></td><td>T0303</td><td>自动</td></tr>
<tr><td>5</td><td>切断</td><td>300</td><td>0.1</td><td></td><td>T0202</td><td>自动</td></tr>
<tr><td>6</td><td>检验、校核</td><td></td><td></td><td></td><td></td><td></td></tr>
<tr><td>编制</td><td></td><td>审核</td><td>批准</td><td></td><td>共　页</td><td>第　页</td></tr>
</table>

5.4.2　加工程序编制

1. 编程坐标系原点的选择

以工件右端面中心作为编程原点。

2. 编制加工程序单

```
O0009;
N10 T0101;                       调用 1 号刀，建立刀补
N20 M03 S600;                    主轴正转，转速与 600 r/min
N30 G00 X27 Z1.5;                快速定位至(X27, Z1.5)点
N40 G90 X24 Z-40 F0.1;           精加工轮廓
N50  X22 Z-24;
N60  X20 Z-24;
N70  G01 X14;                    倒角
N80  X20 Z-1.5;
N90 G00 X100 Z100;
N100 T0202 S300;                 调用 2 号刀，建立刀补
N110 G00 X30 Z-24;
N120 G01 X16 F0.08;              切螺纹退刀槽
N130 G04 X1;
N140 G01 X27;
N150 G00 X100 Z100;
N160 T0303 S500;                 调用 3 号刀，建立刀补
```

```
N170 G00 X22 Z2;              快速定位至 X22 Z2 点
N230 G92 X19.1 Z-21 F2;       螺纹加工
N240 X18.5 Z-21;              螺纹加工
N250 X17.9 Z-21;              螺纹加工
N260 X17.5 Z-21;              螺纹加工
N270 X17.4 Z-21;              螺纹加工
N280 G00 X100 Z100;
N300 T0202 S300;              调用 3 号刀,建立刀补
N310 G00 X30 Z-44;
N320 X26;
N330 G01 X-1 F0.1;            切断保证长度 40 mm
N340 G00 X100;
N350 Z100;
N370 M05;                     主轴停
N380 M30;                     程序结束
```

3. 刀具轨迹及仿真加工结果

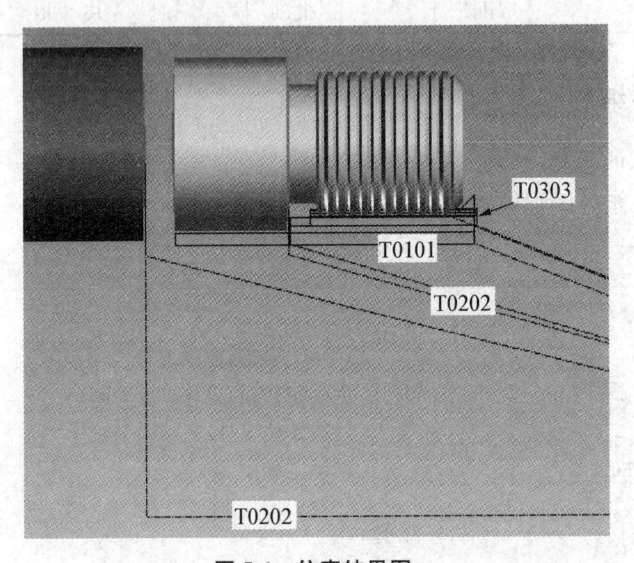

扫一扫可见仿真结果

图 5.4　仿真结果图

5.5　拓展知识——SIEMENS 802D 系统车削指令

5.5.1　螺纹加工指令 CYCLE97

1. 螺纹加工指令 CYCLE97

(1) 指令格式:CYCLE97(PIT,MPIT,SPL,FPL,DM1,DM2,APP,ROP,TDEP,FAL,IANG,NSP, NRC,NID,VARI,NUMT)

（2）参数含义

螺纹加工指令 CYCLE97 中各参数的含义见表 5.7 所示。部分参数说明如图 5.5 所示。

表 5.7　螺纹加工参数含义

PIT	Real	螺纹导程值，单头螺纹是指螺距，多头螺纹是指导程即螺距×头数
MPIT	Real	螺纹尺寸值：3（用于 M3），…，60（用于 M60）
SPL	Real	螺纹纵向起点，位于横向轴上是指螺纹起点在工件坐标系中的 Z 坐标值
FPL	Real	螺纹纵向终点，是指螺纹终点在工件坐标系中的 Z 坐标值
DM1	Real	在起点的螺纹直径，是指螺纹起点在工件坐标系中的 X 坐标值
DM2	Real	在终点的螺纹直径，是指螺纹终点在工件坐标系中的 X 坐标值
APP	Real	空刀导入量（无符号输入）
ROP	Real	空刀退出量（无符号输入）
TDEP	Real	螺纹深度（无符号输入），是指牙顶与牙底之间的垂直距离，即切削深度，通常取 0.65P，P 指螺距
FAL	Real	精加工余量（无符号输入），螺纹要多刀才能车削成形，先粗车再精车，这里一般是指最后一两刀的余量，通常取小值，但不小于 0.1 mm
IANG	Real	进给切入角，带符号输入，是指螺纹车削时车刀在径向上是直进还是斜进，直进即 0°，斜进一般取螺纹牙形半角，如 60°普通三角螺纹取 30°
NSP	Real	首圈螺纹的起始点偏移（无符号输入）NSP：第一圈螺纹的起点偏移，和 NUMT 配合使用，一般可设为零
NRC	Int	粗加工次数（无符号输入）
NID	Int	光整次数（空刀次数），螺纹车削切削力大，经常会产生“让刀”，需要空走刀光一遍，即这一刀的 X 向不向前进刀，需要光整几次，空刀次数就设几次
VARI	Int	定义螺纹的加工类型：1，…，4
NUMT	Int	螺纹头数（无符号输入），用于定义多头螺纹的头数

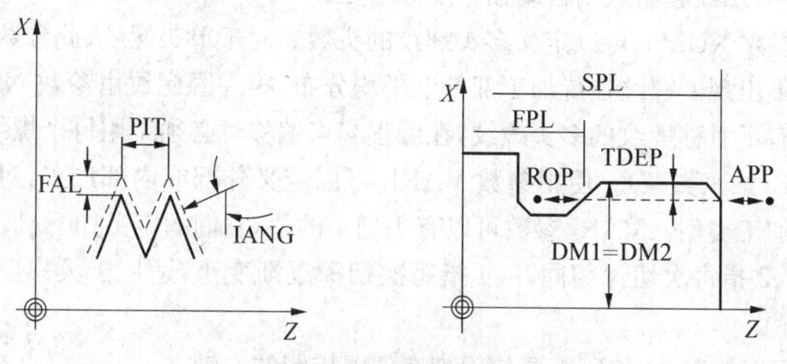

图 5.5　螺纹参数示意图

2. 循环执行顺序

循环启动前到达的位置：任意位置，但必须保证刀尖可以没有碰撞地回到所设置的螺纹起始点＋导入空刀量。该循环有如下的时序过程：

➢ 用 G0 回第一头螺纹，导入空刀量起始点。

➢ 按照参数 VARI 定义的加工类型进行粗加工进刀。

➢ 根据编程的粗切削次数重复螺纹切削。

➢ 用 G33 切削精加工余量。

➢ 根据空刀次数重复此操作。

➢ 对于其他的螺纹重复整个过程。

3. 几点说明

(1) 使用螺纹切削循环可以获得在纵向和表面加工中具有恒螺距的圆形和锥形的内外螺纹。螺纹可以是单头螺纹和多头螺纹。多头螺纹加工，每个螺纹依次加工。

(2) 右手或左手螺纹是由主轴的旋转方向决定的，该方向必须在循环执行前设置好。车螺纹时，进给率和主轴转速调整都不起作用。

(3) 在横向轴中，循环定义的起始点始终比设置的螺纹直径大 1 mm。此返回平面在系统内部自动产生。

(4) 粗加工量为螺纹深度 TDEP 减去精加工余量，循环将根据参数 VARI 自动计算各个进给深度。当螺纹深度分成具有切削截面积的进给量时，切削力在整个粗加工时将保持不变。在这种情况下，将使用不同的进给深度值来切削。第二个变量是将整个螺纹深度分配成恒定的进给深度。这时，每次的切削截面积越来越大，但由于螺纹深度值较小，则形成较好的切削条件。完成第一步中的粗加工以后，将取消精加工余量 FAL，然后执行 NID 参数下设置的停顿路径。

(5) IANG(切入角)的选择。如果要以合适的角度进行螺纹切削，此参数的值必须设为零。如果要沿侧面切削，此参数的绝对值必须设为刀具侧面倒角的一半。进给的执行是通过参数的符号定义的。如果是正值，进给始终在同一侧面执行；如果是负值，在两个侧面分别执行。在两侧交替的切削类型只适用于圆螺纹。如果用于锥形螺纹的 IANG 值虽然是负，但是循环只沿一个侧面切削。

(6) NSP(起始点偏移)。用 NSP 参数可设置角度值，用来定义待切削部件的螺纹圈的起始点，这称为起始点偏移，范围从 0 到＋359.999 9。如果未定义起始点偏移或该参数未出现在参数列表中，螺纹起始点则自动在零度标号处。

(7) 使用参数 NUMT 可以定义多头螺纹的头数。对于单头螺纹，此参数值必须为零或在参数列表中不出现。螺纹在待加工部件上平均分布，第一圈螺纹由参数 NSP 定义。如果要加工一个具有不对称螺纹的多头螺纹，在编程起点偏移时必须调用每个螺纹的循环。

(8) VARL(加工类型)。使用参数 VARL 可以定义外部或内部加工，对于粗加工时的进给采取任何加工类型。VARI 参数可以有 1 到 4 的值，它们的定义如下：1、3 指外螺纹，2、4 指内螺纹。1、2 指每次切深相同，3、4 指每次切深逐渐变小，适用于大螺距。加工类型说明见表 5.8 所示。

(9) 为了可以使用此循环，需要使用带有位置控制的主轴。

表 5.8　加工类型说明

序号	外部/内部	恒定进给/恒定切削截面积
1	A	恒定进给
2	I	恒定进给
3	A	恒定切削截面积
4	I	恒定切削截面积

5.5.2　螺纹编程加工实例

编写图 5.1 所示零件的螺纹加工程序，假设零件其余部分已加工。

```
CLW.MPF
T1 D1                                                    调用 1 号刀及刀补 1
G0 X2 Z4
M3 S400 F0.2
CYCLE97 (2,20,0,-20,20,20,2,1,1.3,0.2,0,  ,6,4,1,1)     调用螺纹切削循环
G0 X120 Z200
M05
M02
```

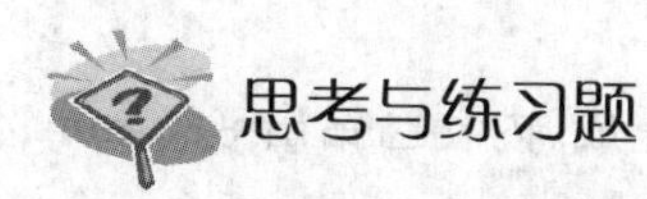

思考与练习题

1. 完成图 5.6 所示零件的数控加工程序的编写。已知毛坯尺寸为 ϕ30 棒料，材料为 45＃钢。

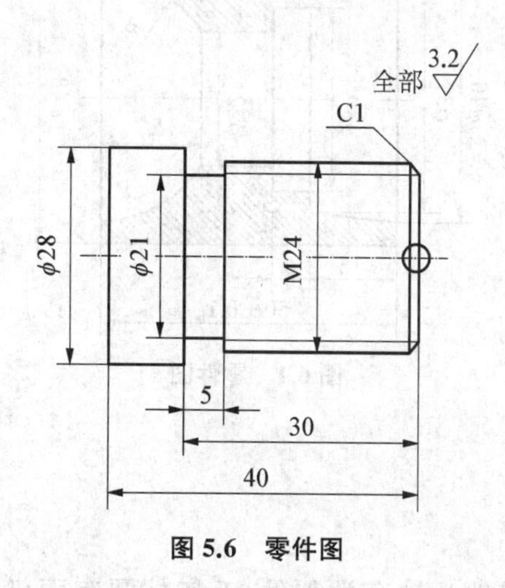

图 5.6　零件图

2. 用螺纹加工指令 CYCLE97 编写如图 5.6 所示的螺纹加工程序。

项目 6

轴套类零件内轮廓的加工编程

教学要求

能力目标	知识要点
掌握轴套类零件内轮廓的加工工艺	刀具的选择与安装要求
掌握固定循环指令编写轴套类零件轮廓加工程序	G71 指令
掌握内孔的测量与质量分析	量具的使用与造成质量问题的原因

6.1 项目要求

完成图 6.1 所示零件的编程与仿真加工。外圆表面已加工完成，内孔已钻出 ϕ20 mm 的预孔，材料为 45＃钢。

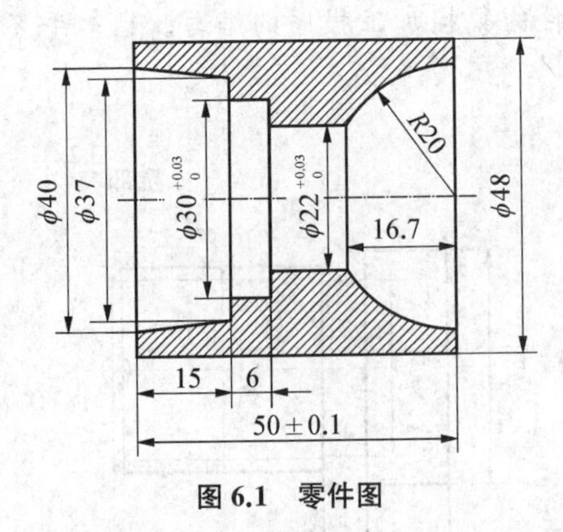

图 6.1 零件图

6.2 项目分析

(1) 零件图分析：该零件为轴套类零件，毛坯外圆表面已经加工完成，内孔已钻出 ϕ20 mm 的预孔，因此，加工的内容有内圆锥面、内台阶面以及内圆弧表面。零件结构合理，内孔台阶面精度要求较高。所用的材料为 45＃钢，材料硬度适中，便于加工。

(2) 项目任务要求是内轮廓加工，其中孔的加工工艺难度较高，需要了解车削内孔过程中可能产生的误差并在加工过程中加以避免。零件一次装夹不能完成全部加工，需要调头装夹后再次加工方可完成。采用固定循环指令编写程序。

6.3　项目相关知识

6.3.1　套类零件加工的工艺知识

一、车孔的关键技术

车孔是常见的孔加工方法之一，孔加工的关键技术是解决内孔车刀的刚度问题和车削过程中的排屑问题。

为了增加车削刚度，防止产生振动，要尽量选择粗的刀杆，装夹时刀杆伸出长度要尽可能短，只要略大于孔深即可。刀尖要对准工件中心，刀杆与轴线平行。为了确保安全，可在车孔前先使用内孔刀在孔内试走一遍。精车内孔时，应保持刀刃锋利，否则容易产生让刀，把孔车成锥形。

内孔加工过程中，主要通过控制切屑流出方向来解决排屑问题。精车孔时要求切屑流向待加工表面(前排屑)，主要采用正刃倾角内孔车刀。加工盲孔时，应采用负刃倾角，使切屑从孔口排出。

二、内孔加工用刀具

根据不同的加工情况，内孔车刀可分为通孔车刀和盲孔车刀两种。

(1) 通孔车刀　为了减小径向切削力，防止振动，通孔车刀的主偏角一般取 60°～75°，副偏角取 15°～30°。为了防止内孔车刀后刀面和孔壁摩擦，又不使后角磨得太大，一般磨成两个后角。

(2) 盲孔车刀　盲孔车刀是用来车削盲孔或者台阶孔的，它的主偏角取 90°～93°，如图 6.2 所示。刀尖在刀杆的最前端，刀尖与刀杆外端距离(图 6.2 中尺寸 a)应小于内孔半径(图 6.2 中尺寸 R)，否则孔的底平面就无法车平。车内孔台阶时只要不碰即可。

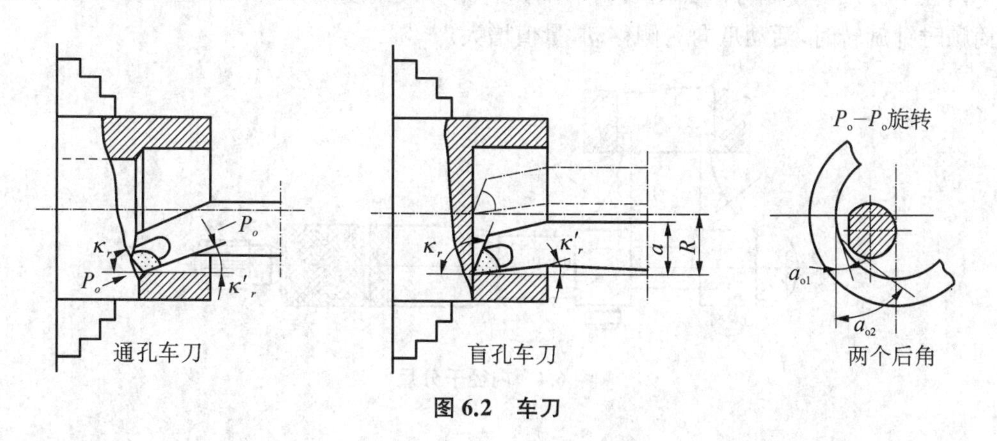

图 6.2　车刀

为了增加刀杆强度，数控车床加工内孔时常选择机夹式车刀。

三、内孔车刀的安装

内孔车刀安装的正确与否，直接影响到车削情况和孔的精度，所以在安装时应注意以下几点：

(1) 刀尖应与工件中心等高或稍高。如果装得低于中心，由于切削抗力的作用，容易将刀柄压低而产生扎刀现象，并造成孔径扩大。

(2) 刀柄伸出刀架不宜过长，一般比被加工孔长 5～6 mm。

(3) 刀柄基本平行于工件轴线，否则在车削到一定深度时刀柄后半部分容易碰到工件孔口。

(4) 盲孔车刀装夹时，主刀刃应与孔底平面成 3°～5°，并且要求横向有足够的退刀余地。

四、内孔测量

孔径尺寸要求较低时可以采用钢直尺、内卡钳或游标卡尺测量；精度要求较高和深度较大时可以采用内径量表或三爪内测千分尺测量；标准孔可以采用塞规测量。

1. 游标卡尺

游标卡尺测量孔径的方法如图 6.3 所示，测量时应注意尺身与工件端面平行，活动量爪沿圆方向摆动，找到最大位置。

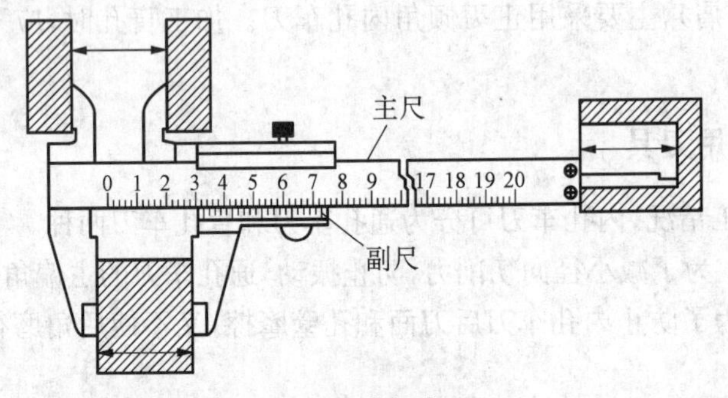

图 6.3　游标卡尺

2. 内径千分尺

内径千分尺的使用方法如图 6.4 所示，这种千分尺刻度线方向和外径千分尺相反，当微分筒顺时针旋转时，活动爪向右侧移动，量值增大。

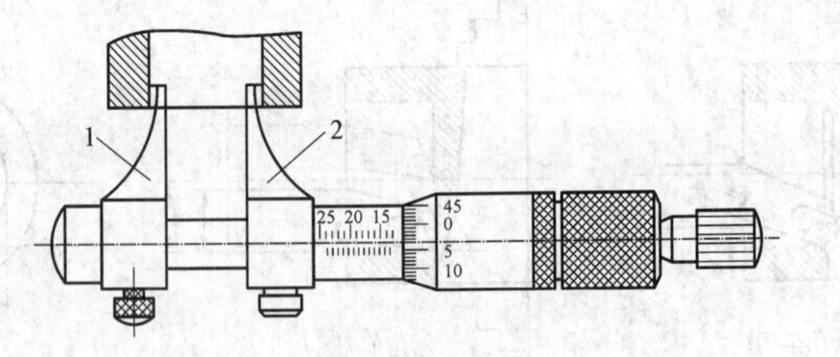

图 6.4　内径千分尺

3. 内径百分表

内径百分表是将百分表装夹在测架上构成。测量前先根据被测工件孔径大小更换固定测量头，使用前必须先进行组合和校对“零”位。测量方法如图 6.5 所示，摆动百分表取最小值为孔径的实际尺寸。

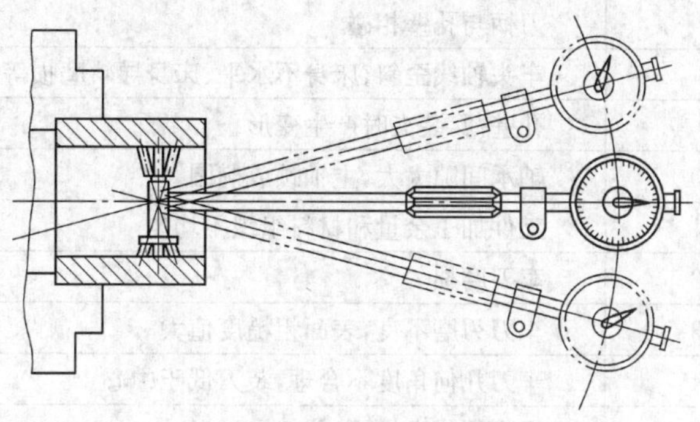

图 6.5　内径百分表

4. 塞规

塞规主要由通规和止规两部分组成，如图 6.6 所示。通端按孔的最小极限尺寸制成，测量时应塞入孔内，止端按孔的最大极限尺寸制成，测量时不允许插入孔内，当通端能塞入孔内，而止端插不进去时，说明该孔尺寸合格。

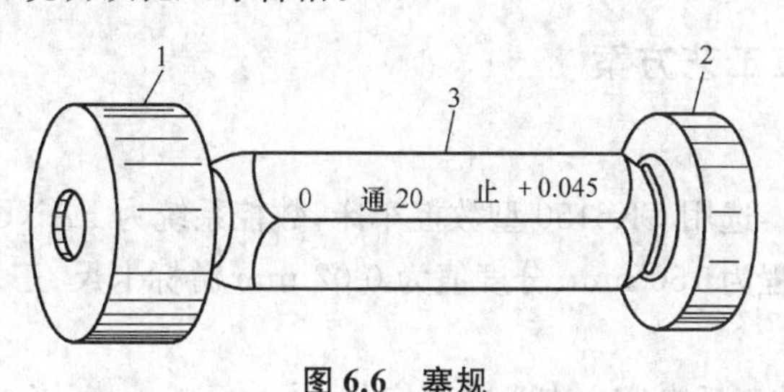

图 6.6　塞规

用塞规测量孔径时，应保持孔壁清洁，塞规不能倾斜，以防造成孔小的错觉，把孔径车大。相反，在孔径小的时候，不能用塞规硬塞，更不能用力敲击。从孔内取出塞规时，要防止与内孔刀碰撞。孔壁温度较高时，不能用塞规立即测量，以防工件冷缩把塞规“咬住”。

五、内孔误差分析

内孔车削误差原因很多，在实际加工中要根据实际情况进行具体分析，表 6.1 给出了常见内孔车削出现的误差和产生误差的原因。

表 6.1　内孔车削误差原因分析

误差种类	序号	可能的原因
尺寸不对	1	测量不正确
	2	车刀安装不对，刀柄与孔壁相碰
	3	产生积屑瘤，增加刀尖长度，使孔车大
	4	工件的热胀冷缩

续 表

误差种类	序号	可能的原因
内孔有锥度	5	刀具磨损
	6	刀柄刚度差,产生让刀现象
	7	刀柄与孔壁相碰
	8	车头轴线歪斜、床身不水平、床身导轨磨损等机床原因
内孔不圆	9	孔壁薄,装夹时产生变形
	10	轴承间隙太大,主轴颈成椭圆
	11	工件加工余量和材料组织不均匀
内孔不光	12	车刀磨损
	13	车刀刃磨不良,表面粗糙度值大
	14	车刀几何角度不合理,装刀低于中心
	15	切削用量选择不当
	16	刀柄细长,产生振动

6.4 项目实施

6.4.1 确定加工工艺方案

1. 选择加工设备

(1) 选择加工设备:选用CK6150型数控车床,数控系统为FANUC0i-TC。

(2) 量具选择:量程为150 mm、分度值为0.02 mm游标卡尺;三爪内径千分尺。

2. 确定装夹方案

采用数控机床上的三爪自定心卡盘夹紧定位。

3. 确定工艺过程

车端面→粗精车零件右端内轮廓→调头并取总长→粗精车零件左端内轮廓→检验、校核

4. 选择刀具及编制数控加工刀具卡

(1) 选择刀具:45°外圆机夹车刀,用于车端面取总长;刀杆直径为16 mm的盲孔车刀。

(2) 编制数控加工刀具卡,见表6.2所示。

表6.2 数控加工刀具卡

<table>
<tr><td colspan="2">产品名称或代号</td><td></td><td>零件名称</td><td></td><td>零件图号</td><td></td></tr>
<tr><td rowspan="2">序号</td><td rowspan="2">刀具号</td><td rowspan="2">刀具名称及规格</td><td colspan="2" rowspan="2">用途</td><td colspan="2">刀补地址</td></tr>
<tr><td>半径</td><td>形状</td></tr>
<tr><td>1</td><td>T0101</td><td>45°外圆机夹车刀</td><td colspan="2">手动车端面取总长</td><td>0.4</td><td></td></tr>
<tr><td>2</td><td>T0202</td><td>刀杆直径为16 mm的盲孔车刀</td><td colspan="2">镗孔</td><td>0.4</td><td></td></tr>
<tr><td></td><td></td><td></td><td colspan="2"></td><td></td><td></td></tr>
<tr><td>编制</td><td></td><td>审核</td><td>批准</td><td>年 月 日</td><td>共1页</td><td>第1页</td></tr>
</table>

5. 编制数控加工工序卡

编制数控加工工序卡，见表 6.3 所示。

表 6.3　数控加工工序卡

<table>
<tr><td colspan="2" rowspan="2">数控加工工序卡</td><td>产品名称</td><td colspan="3">零件名称</td><td>零件图号</td></tr>
<tr><td></td><td colspan="3">螺纹轴</td><td></td></tr>
<tr><td rowspan="2">工步号</td><td rowspan="2">工步内容</td><td colspan="3">切削用量</td><td rowspan="2">刀具编号</td><td rowspan="2">备注</td></tr>
<tr><td>主轴转速 n(r/min)</td><td>进给速度 F(mm/r)</td><td>背吃刀量 a_p(mm)</td></tr>
<tr><td>1</td><td>切端面</td><td>600</td><td>0.2</td><td>0.5</td><td>T0101</td><td>手动</td></tr>
<tr><td>2</td><td>粗车右端内轮廓</td><td>600</td><td>0.2</td><td>1</td><td>T0202</td><td>自动</td></tr>
<tr><td>3</td><td>精车右端内轮廓</td><td>1 000</td><td>0.1</td><td>0.5</td><td>T0202</td><td>自动</td></tr>
<tr><td>4</td><td>粗车左端内轮廓</td><td>600</td><td>0.2</td><td>1</td><td>T0202</td><td>自动</td></tr>
<tr><td>5</td><td>精车左端内轮廓</td><td>1 000</td><td>0.1</td><td>0.5</td><td>T0202</td><td>自动</td></tr>
<tr><td>6</td><td>检验、校核</td><td></td><td></td><td></td><td></td><td></td></tr>
<tr><td>编制</td><td></td><td>审核</td><td>批准</td><td></td><td>共____页</td><td>第____页</td></tr>
</table>

6.4.2　加工程序编制

1. 编程坐标系原点的选择

以工件右端面与工件轴线的交点作为编程原点。

2. 编制加工程序单

2＃刀具，93°盲孔车刀，车右端内轮廓

```
O0001;
N10    M03 S600;                      主轴正转;
N20    T0202 M08;                     调用 2＃内孔刀具,打开冷却液;
N30    G00 X19 Z0;                    定位,起点 X 值要小于预留的孔径;
N40    G71 U1 R0.5;                   背吃刀量 1 mm,退刀量 0.5 mm,退刀量不可过
                                      大,以防刀具与孔径发生干涉;
N50    G71 P60 Q90 U-0.5 W0 F0.2;     精加工余量 0.5 mm,车削内孔时 U 为负值;
N60    G01 X40;
                                      精加工轮廓的描述,进给速度 0.1 mm/r;
N70    G03 X22 Z-16.7 R20;
N80    G01 Z-30;
N90    X19;
N100   G70 P60 Q90 M03 S1000 F0.1;    精加工右端内轮廓;
N110   G00 Z5 M09;
N120   X200 Z100;                     程序结束;
N130   M30;
```

左端参考加工程序：

2＃刀具，93°盲孔车刀

	加工程序	程序说明
	O0002；	左端内轮廓；
N10	M03 S600；	启动主轴；
N20	T0202 M08；	调用2＃内孔刀具，打开冷却液；
N30	G00 X19 Z0；	
N40	G71 U1 R0.5；	
N50	G71 P60 Q100 U－0.5 W0 F0.2；	粗加工左端参数；
N60	G01 X40；	左端内轮廓精加工轨迹描述；
N70	X37 Z－15；	
N80	X30；	
N90	Z－21；	
N100	X19；	
N110	G70 P60 Q100 S1000 F0.1；	精加工左端内轮廓；
N120	G00 Z5 M09；	
N130	X200 Z100；	程序结束；
N140	M30；	

思考与练习题

完成图6.7所示零件的数控加工程序的编写。已知毛坯为 $\phi80$ 的棒料，材料为45＃钢。

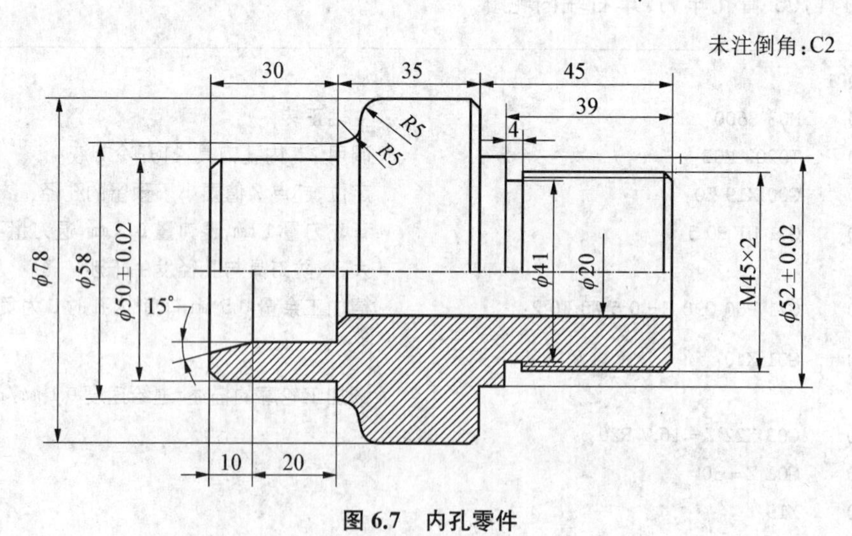

图6.7　内孔零件

项目 7

轴套配合零件编程

教学要求

能力目标	知识要点
能够完成配合类零件的编程与加工	配合类零件的加工工艺分析

7.1 项目要求

完成图 7.1 所示轴类配合零件的加工编程。毛坯为 $\phi50\times90$ 和 $\phi50\times46$ 的棒料，材料为 45＃钢。

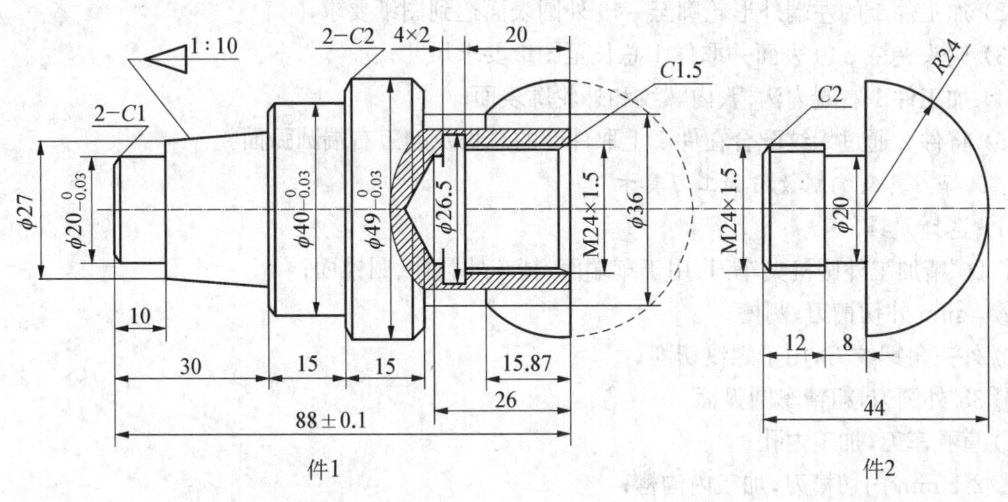

图 7.1 轴类内外配合零件

7.2 项目分析

(1) 零件图分析：图示零件是由两个零件构成的组合件，加工内容有圆柱面、圆弧面、锥面、内外沟槽和内外螺纹等，其中 $R24$ 外圆柱面需要配合加工。零件结构复杂程度中等，径向尺寸的加工精度要求较高。

(2) 完成本项目所需新的知识点：配合件加工时，主要考虑配合部位在加工中的顺序，其余部位加工与普通部件加工一致。因此，配合件的加工编程需要综合前述知识，具体分析确定各零件的加工工艺。

7.3 项目实施

7.3.1 确定加工工艺方案

1. 选择加工设备

(1) 选择加工设备：选用 CK6150 型数控车床，数控系统为 FANUC0i－Tc。

(2) 量具选择：量程为 200 mm，分度值为 0.02 mm 游标卡尺。

2. 确定装夹方案

采用数控机床上的三爪自定心卡盘夹紧定位。

3. 确定工艺过程

(1) 加工件 2 的左端的沟槽和螺纹；

(2) 加工件 1 的左端外形轮廓至 ϕ49 外圆表面达到图纸要求；

(3) 调头夹持 ϕ40 表面并取件 1 总长至图纸要求尺寸；

(4) 加工件 1 右端内沟槽、内螺纹和外轮廓表面；

(5) 将件 2 通过螺纹配合在件 1 上取件 2 的总长及加工右端圆弧面。

4. 选择刀具及编制数控加工刀具卡

(1) 选择刀具。

① 90°精加工外圆机夹车刀，用于车端面、精车外圆柱、圆锥面；

② 4 mm 外切槽刀，割槽；

③ 外三角螺纹刀，用于螺纹切削；

④ 35°外圆刀，粗精车圆弧面；

⑤ 盲孔车刀，加工内孔；

⑥ 2.1 mm 内切槽刀，加工内沟槽；

⑦ 内三角螺纹车刀，加工内三角螺纹；

⑧ 中心钻、ϕ20 mm 麻花钻各一支，用于钻孔。

(2) 编制数控加工刀具卡，见表 7.1 所示。

5. 编制数控加工工序卡

编制数控加工工序卡，见表 7.2 所示。

表 7.1　数控加工刀具卡

产品名称或代号			零件名称		零件图号	
序号	刀具号	刀具名称及规格	用途		刀补地址	
					半径	形状
1	T0101	90°外圆机夹车刀	粗精车车端面、外圆柱、圆锥面		0.4	
2	T0202	4 mm 外切槽刀	割槽			
3	T0303	外三角螺纹刀 P1.5	螺纹切削			
4	T0404	35°外圆车刀	粗精车圆弧面		0.4	
5	T0505	内孔刀，刀杆直径 16 mm	粗精车内孔表面		0.4	
6	T0606	内切槽刀 2.1 mm，刀杆直径 16 mm	割槽			
7	T0707	内螺纹刀，P1.5，刀杆直径 16 mm	内螺纹车削			
编制		审核	批准	年　月　日	共 1 页	第 1 页

表 7.2　数控加工工序卡

数控加工工序卡		产品名称	零件名称		零件图号	
工步号	工步内容	切削用量			刀具编号	备注
		主轴转速 n(r/min)	进给速度 F(mm/r)	背吃刀量 a_p(mm)		
1	切端面	600	0.2	0.5	T0101	手动
2	粗车件 2 左端面	600	0.2	1	T0101	自动
3	精车件 2 左端面	1 000	0.1	0.5	T0101	自动
4	加工件 2 沟槽	500	0.1		T0202	自动
5	加工件 2 螺纹	600	1.5		T0303	自动
6	加工件 1 左端面	600	0.2	0.5	T0101	手动
7	粗车件 1 左端外形轮廓	600	0.2	1	T0101	自动
8	精车件 1 左端外形轮廓	1 000	0.1	0.5	T0101	自动
9	钻孔	600			中心钻	手动
10	钻孔	350			ϕ20 mm 麻花钻	手动
11	粗车内孔	500	0.2	1	T0505	自动
12	精车内孔	800	0.1	0.5	T0505	自动
13	加工件 1 内沟槽	500	0.1		T0606	自动
14	加工件 1 内螺纹	600	1.5		T0707	自动

续　表

工步号	工步内容	切削用量			刀具编号	备注
		主轴转速 n(r/min)	进给速度 F(mm/r)	背吃刀量 a_p(mm)		
15	加工件 2 总长	600	0.2	0.5	T0101	手动
16	粗加工件 1 件 2 圆弧面	600	0.2	1	T0404	自动
17	精加工件 1 件 2 圆弧面	800	0.1	0.5	T0404	自动
18	检验、校核					
编制		审核		批准	共____页	第____页

7.3.2　加工程序编制

1. 编程坐标系原点的选择

以工件端面中心作为编程原点。

2. 编制加工程序单

件 2 左端：

程序号	加工程序	程序说明
	O0001;	件 2 左端
N10	M03 S600;	启动主轴
N20	T0101 M08;	调用 1＃90°外圆刀具，打开冷却液
N30	G00 X51 Z2	定位
N40	G71 U1 R1	
N50	G71 P60 Q100 U0.2 W0 F0.2	
N60	G01 X18 S1000 F0.1	
N70	Z1	
N80	X23.85 Z-2	件 2 左端外轮廓描述
N90	Z-20	
N100	X51	
N110	G70 P60 Q100	
N120	G00 X100 Z150	
N130	M03 S500 T0202	调用 2 号切槽刀
N140	G00 X52 Z-20	加工件 2 沟槽
N150	G01 X20 F0.1	
N155	G04 X1	
N160	G01 X25	
N170	Z-16	
N180	G01 X20 F0.1	
N185	G04 X1	
N190	G00 X25	
N195	G00 X100 Z150	

N200	M03 S600 T0303	调用 3 号螺纹刀
N210	G00 X24 Z2	
N220	G92 X23.2 Z－14 F1.5	
N230	X22.6	加工 M24×1.5 螺纹
N240	X22.2	
N250	X22.05	
N260	G00 X100 Z150	
N270	M30	

件 1 左端：

程序号	加工程序 O0002;	程序说明 件 1 左端
N10	M03 S600	
N20	T0101 M08	
N30	G00 X51 Z1	
N40	G71 U1 R1	加工件 1 左端，背吃刀量 1 mm，精加工余量 0.5 mm，进给速度 0.2 mm/r
N50	G71 P60 Q145 U0.2 W0 F0.2	
N60	G01 X16	件 1 左端精加工轮廓
N70	X20 Z－1	
N80	Z－10	
N90	X27	
N100	X29 Z－30	
N110	X38	
N115	X40 Z－31	
N120	Z－45	
N130	X45	
N135	X49 Z－47	
N140	Z－62	
N145	X51	
N150	G70 P60 Q145 S1000 F0.1	
N160	G00 X200 Z100 M09	
N170	M30	

件 1 右端：

程序号	加工程序 O0003;	程序说明 件 1 右端内孔、沟槽、螺纹
N10	M03 S500	
N20	T0505 M08	如四工位刀架，刀号根据实际填写
N30	G00 X19 Z1	
N40	G01 X22 F0.2	
N50	Z－24	
N60	G00 X21 Z1	
N70	G01 X27.5 S800	
N80	X22.5 Z－1.5 F0.08	加工至内螺纹底径：D－P＝22.5 mm
N90	Z－24	

N100	G00 X21 Z1 M09	
N110	X200 Z150	
N120	M03 S500	
N130	T0606 M08	2.1 mm 内切槽刀
N140	G00 X21 Z2	
N150	G01 Z-24 F0.3	
N160	X26.5 F0.08	加工沟槽
N170	G00 X21	
N180	W1.9	
N190	G01 X26.5 F0.08	
N200	G00 X21	
N210	Z5 M09	
N220	X200 Z150	
N230	M03 S600	
N240	T0707 M08	
N250	G00 X20 Z5	
N260	G92 X23 Z-22 F1.5	加工内螺纹
N270	X23.4	
N280	X23.7	
N290	X23.9	
N300	X24	
N310	G00 Z50 M09	
N320	X200 Z150	
N330	M30	

件1、件2的圆弧轮廓加工：

	加工程序	程序说明
程序号	O0004;	件1、件2旋合加工圆弧面
N10	M03 S600	
N20	T0404 M08	35°外圆车刀
N30	G00 X52 Z2	
N40	G73 U25 W0 R25	
N50	G73 P60 Q110 U0.5 W0 F0.2	
N60	G01 X0	
N70	Z0	
N80	G03 X36 Z-39.87 R24	件1、件2旋合轮廓描述
N90	G01 Z-52	
N100	X45	
N110	X50 W-2.5	
N120	G70 P60 Q110 S800 F0.1	
N130	G00 X200 Z100 M09	
N140	M30	

思考与练习题

完成图7.2所示零件的加工程序的编写。已知毛坯尺寸为$\phi50\times100$和$\phi50\times55$的棒料各一根，材料为45#钢。

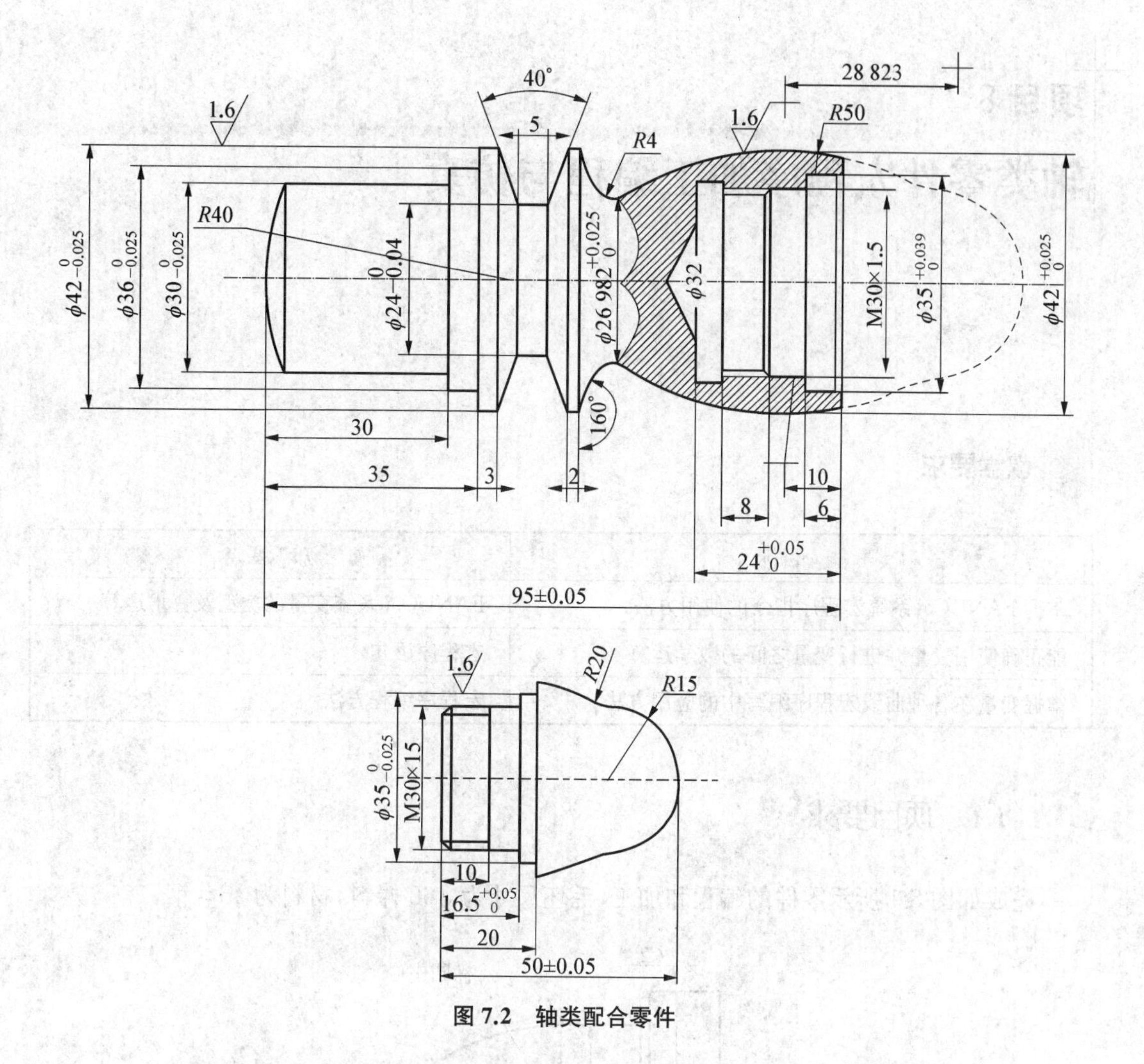
40°
28 823
1.6
R50
5
R4
R40
$\phi42_{-0.025}^{0}$
$\phi36_{-0.025}^{0}$
$\phi30_{-0.025}^{0}$
$\phi24_{-0.04}^{0}$
$\phi26\ 982_{0}^{+0.025}$
$\phi32$
M30×1.5
$\phi35_{0}^{+0.039}$
$\phi42_{0}^{+0.025}$
160°
30
35
3
2
10
8
6
$24_{0}^{+0.05}$
95±0.05
R20
R15
$\phi35_{-0.025}^{0}$
M30×15
$16.5_{0}^{+0.05}$
20
50±0.05

图 7.2　轴类配合零件

项目 8

轴类零件宏程序加工编程与仿真

教学要求

能力目标	知识要点
掌握 FANUC0i 系统宏程序指令的使用方法	FANUC0i 系统变量的类型及算术运算
能正确使用变量并进行变量之间的数学运算	宏程序语句
掌握变量在各种曲线宏程序编写中的应用方法	宏程序编程方法

8.1　项目要求

完成如图 8.1 所示零件的编程和加工，毛坯尺寸为 ϕ68 棒料，材料为 45＃钢。

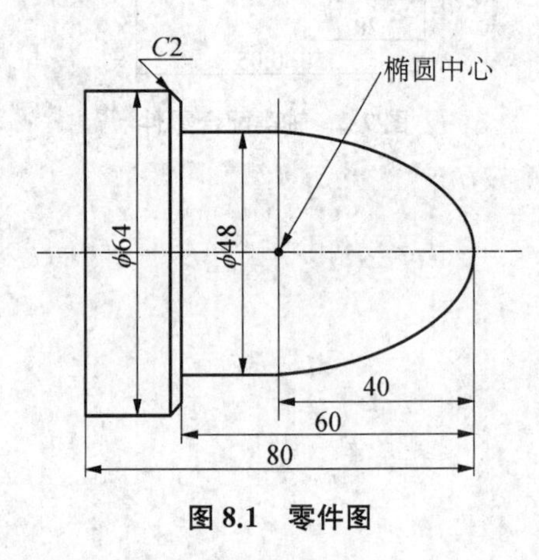

图 8.1　零件图

8.2　项目分析

(1) 零件图分析：该零件为轴类零件，所加工的特征有圆柱面、倒角、椭圆面。由于普通数控机床不具备椭圆插补功能，所以完成本项目需要利用宏程序功能。

(2) 完成本项目所需的新知识点：宏程序的编程指令、宏程序与循环指令的综合应用。

8.3　项目相关知识

8.3.1　宏程序的编程基础

一、宏程序的概念

用变量的方式进行数控编程的方法称为数控宏程序编程。利用宏程序可以简化编程或者实现椭圆、抛物线等复杂曲线的插补。FANUC－0i 系统的用户宏程序分为 A 类和 B 类宏程序，其中 A 类宏程序比较老，编写起来也比较费时费力，B 类宏程序类似于 C 语言的编程，编写起来也很方便，使用较多，在此仅对 B 类宏程序进行介绍。

二、宏程序的应用场合

(1) 可以编写一些非圆曲线，如宏程序编写椭圆、双曲线、抛物线等。

(2) 编写一些大批相似零件的时候，可以用宏程序编写，这样只需要改动几个数据就可以了，没有必要进行大量重复编程。

三、宏程序编程格式

宏程序是由宏程序名、宏程序本体、宏程序结束符组成。其格式为：

```
O ～(0001～8999 为宏程序号)
N10
.
.          (宏程序主体)
.
N～ M99 或 M30 (程序结束符)
```

如果用户采用宏程序方式编写的程序作为子程序时，结束符用 M99；作为主程序使用时，结束符用 M30。

四、宏程序变量

在常规的主程序和子程序内，总是将一个具体的数值赋给一个地址，而用户宏功能的最大特点是可以对变量进行运算，使程序应用更加灵活、方便。

1. 变量的表示

变量可以由“＃”号加变量序号来表示，如＃1、＃12 等；也可以用表达式来表示变量，如＃[19－＃3]、＃[8＋4/2]等。

2. 变量的引用

将跟随在一个地址后的数值用一个变量来代替，即引入了变量。

例如，已知一定义的宏变量＃32＝50、＃26＝100 和＃3＝1，若数控系统执行程序段：

G#3 Z-#26 F#32

则实际上执行的是:G01 Z-100 F50。

小提示

改变引用变量的值的符号,要把负号(—)放在#的前面,如 Z-#26。

3. 变量的类型

根据变量号,变量可以分成四种类型,见表 8.1 所示。

表 8.1 变量的类型及功能

变量号	变量类型	功 能
#0	空变量	该变量总是空,没有值能赋给该变量。
#1—#33	局部变量	局部变量只能用在宏程序中存储数据,例如运算结果。当断电时,局部变量被初始化为空。调用宏程序时,自变量对局部变量赋值。
#100—#199 #500—#999	公共变量	公共变量在不同的宏程序中的意义相同。当断电时,变量#100—#199 初始化为空,变量#500—#999 的数据保存,即使断电也不丢失。
#1000	系统变量	系统变量用于读和写 CNC 运行时各种数据的变化,例如刀具的当前位置和补偿值。

小提示

变量使用时一定要在所允许的范围内,否则可能会报警或者程序不能正常执行。

五、宏程序运算指令

(1) 赋值运算。例:#I=100。

(2) 算术运算。算数运算符有:+(加)、—(减)、*(乘)、/(除)。

例如:#I=#j+#k ,#I=#j—#k,#I=#j*#k,#I=#j/#k。

(3) 函数运算。运算式的右边可以是常数、变量、函数、式子,式中#J、#k 可以是常量赋值,式子右边为变量号、运算式,左边的变量也可以用表达式赋值。算数运算时主要指加、减、乘、除函数等,逻辑运算主要为比较运算。FANUC0i 算术和逻辑运算见表 8.2 所示。

表 8.2 FANUC0i 算术和逻辑运算一览表

功 能		格 式	备 注
定义、置换		#i=#j	
算术运算	加法 减法 乘法 除法	#i=#j+#k #i=#j—#k #i=#j*#k #i=#j/#k	

续　表

功　能		格　式	备　注
算术运算	正弦	＃i＝SIN[＃j]	三角函数及反三角函数的数值均以度为单位来指定。如 90°30′应表示为 90.5°
	反正弦	＃i＝ASIN[＃j]	
	余弦	＃i＝COS[＃j]	
	反余弦	＃i＝ACOS[＃j]	
	正切	＃i＝TAN[＃j]	
	反正切	＃i＝ATAN[＃j]/[＃k]	
	平方根	＃i＝SQRT[＃j]	
	绝对值	＃i＝ABS[＃j]	
	舍入	＃i＝ROUND[＃j]	
	指数函数	＃i＝EXP[＃j]	
	(自然)对数	＃i＝LN[＃j]	
	上取整	＃i＝FUP[]	
	下取整	＃i＝FIX[]	
逻辑运算	与	＃i AND＃j	逻辑运算一位一位地按二进制数执行
	或	＃i OR＃j	
	异或	＃i XOR＃j	
从 BCD 转为 BIN		＃i＝BIN[＃j]	用于与 PMC 的信号交换

(4) 关系运算表。常见的关系运算符及其含义见表 8.3 所示。

表 8.3　关系运算符及其含义

运算符	含　义	运算符	含　义
EQ	等于(＝)	GE	大于或等于(≥)
NE	不等于(≠)	LT	小于(＜)
GT	大于(＞)	LE	小于或等于(≤)

六、宏程序控制指令

1. 无条件转移指令(GOTO 语句)

编程格式:GOTO n;

使用说明:

(1) n 为顺序号,取值范围为 1～99999,可用表达方式指定顺序号。

(2) 该指令的功能是转移到标有顺序号 n 的程序段。当指定 1 到 99999 以外的顺序号时,出现 P/S 报警(NO.128)。

2. 条件转移指令

编程格式:IF ［条件表达式］ GOTO n

使用说明:

(1) 条件表达式按照关系运算举例书写。

(2) 如果条件表达式的条件得以满足,则转而执行程序中程序号为 n 的相应操作,程序段号 n 可以由变量或表达式替代。

(3) 如果表达式中条件未满足,则顺序执行下一段程序。

(4) 如果程序无条件转移,则条件部分可以被省略。

例:试编写宏程序计算数值 1—100 的总和。

程序编写如下:

```
O9500;                                    程序名
 #1=0;                                    存储和数变量的初值
 #2=1;                                    被加数变量的初值
N10 IF[#2 GT 100] GOTO 20;                当被加数大于 10 时转移到 N20
 #1=#1+#2;                                计算和数
 #2=#2+#1;                                下一个被加数
GOTO 10;                                  转到 N10
N20 M30;                                  程序结束
```

3. 重复执行指令

编程格式:

```
WHILE ［条件表达式］DO m (m=1,2,3)
.
.
.
END m
```

使用说明:

(1) 条件表达式满足时,程序段 DO m 至 END m 即重复执行。

(2) 条件表达式不满足时,程序转到 END m 后处执行。

(3) 如果 WHILE［条件表达式］部分被省略,则程序段 DO m 至 END m 之间的部分将一直重复执行。

(4) WHILE DO m 和 END m 必须成对使用。

(5) DO 语句允许有 3 层嵌套。

(6) DO 语句范围不允许交叉,即如下语句是错误的:

DO 1

DO 2

END 1

END 2

试用 WHILE [<条件式>] Dom 语句写宏程序计算数值 1—100 的总和。

七、宏程序的调用指令

宏程序的简单调用是指在主程序中，宏程序可以被单个程序段单次调用。

调用指令格式：G65　P(宏程序号)　L(重复次数)(变量分配)

使用说明：

(1) G65——宏程序调用指令。

(2) P(宏程序号)——被调用的宏程序代号。

(3) L(重复次数)——宏程序重复运行的次数，重复次数为 1 时，可省略不写。

(4) 变量分配——为宏程序中使用的变量赋值。

(5) 宏程序与子程序相同的一点是一个宏程序可被另一个宏程序调用，最多可调用 4 重。

8.4　项目实施

8.4.1　确定加工工艺方案

1. 选择加工设备

选用机床为 FANUC0i 系统的 CKA6140 型数控车床。

2. 选择刀具及切削用量

刀具的选用和切削用量的选择见表 8.4 所示。

表 8.4　刀具卡片表

序号	刀具			切削用量		
	编号	名称	加工表面	主轴转数 (r/min)	背吃刀量 (mm)	进给量 (mm/r)
1	T01	75°外圆车刀	粗加工外轮廓	500	1	0.2
2	T02	55°外圆车刀	精加工外轮廓	800	0.5	0.1

3. 确定装夹方案

零件为轴类零件，采用三爪卡盘装夹。

4. 确定工艺过程

(1) 为便于计算，编程坐标系原点选择在图 8.2(a)所示位置。

(2) 毛坯余量较大，应分为粗精加工，粗加工指令用 G71 指令，用 G70 实现精加工，精加工走刀路线为 1—2—3—4—5—6。

(3) 粗加工刀具选择 75°外圆车刀，安装在 1 号刀位置；精加工刀具选择 55°外圆车刀，安装在 2 号刀位置。

(4) 因图中椭圆结构,故利用宏程序加工,走刀时沿 Z 轴步进,步长选择 0.1,相邻两点用 G01 指令实现,如图 8.2(a)所示。

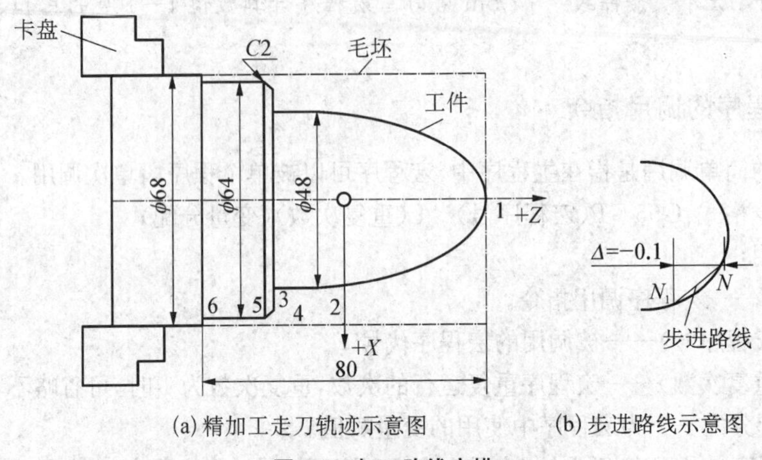

(a) 精加工走刀轨迹示意图　　(b) 步进路线示意图

图 8.2　加工路线安排

5. 填写工序卡片(见表 8.5)

表 8.5　工序卡片

夹具名称		夹具编号		使用设备		车间	
三爪卡盘				CKA6140		数控车间	
工步号	工步内容	刀具号	刀具名称	主轴转速(r/min)	进给速度(mm/r)	进给深度(mm)	余量(mm)
1	粗车外轮廓	T01	75°外圆车刀	500	0.2	1	0.5
2	精车外轮廓	T02	55°外圆车刀	800	0.1	0.5	

8.4.2　加工程序编制

1. 编程坐标系原点的选择

以工件椭圆中心作为编程原点,建立如图 8.2(a)所示的坐标系。

2. 程序编制

```
O0300;                                  程序名
N0010 G99G21;
N0020 M03 S500;
N0030 T0101;
N0040 G00 X69 Z42;                      粗加工循环起点
N0050 G71 U1.5 R2                       粗加工循环
N0060 G71 P0070  Q0180  U1 W0 F0.2;
N0070 G01 X0;
N0080 Z40;
```

```
N0090 #1=40;                                        初始化
N0100 WHILE[#1 GE 0] DO1;
N0110 G01 X[6*SQRT[1600-#1*#1]/5]  Z[#1];
N0120 #1=#1-0.1;
N0130 END1;
N0140 G01 Z-20;
N0150 X60;
N0160 X64 Z-22;                                     倒角 C2 加工
N0170 Z-40;
N0180 X69;
N185 G00 X100 Z100;
N0190 M03 S800 T0202;
N0200 G70 P0070 Q0180 F0.1;
N0210 G00 X100;
N0220 Z150;
N0230 M30;
```

3. 刀具轨迹及仿真加工结果

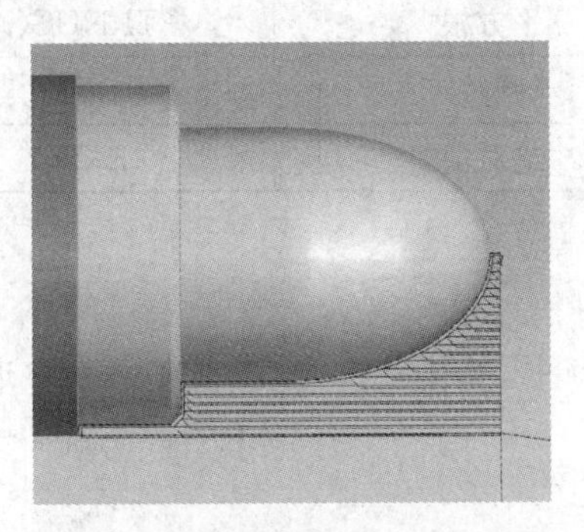

扫一扫可见刀具轨迹及仿真加工

图 8.3 刀具轨迹及仿真加工结果

8.5 拓展知识——SIEMENS 802D 系统参数编程

8.5.1 参数编程的概念

SIEMENS 数控系统也具备变量编程功能，称为参数编程，其功能与 FANUC 系统的宏程序编程功能相似。

SIEMENS 数控系统使用 R 地址做变量参数，R 从 R0～R300，一共 300 个计算参数。

1. 赋值

给 R 参数直接赋值，R 参数与值之间需要用“＝”连接。

例：R2＝5

2. 地址字赋值

采用算数参数或带算数参数的表达式给其他地址字进行赋值。赋值时，地址符后用符号“＝”进行赋值，给坐标地址赋值时，必须在独立的程序段内。

例：N10 G00 Y＝R1　（给 Y 轴赋值）

8.5.2　参数的运算

R 参数在进行算数运算时遵循常规的运算规则，先括号，后乘除，再加减。

1. 运算符号

常见加减乘除运算符号有“＋”“－”“ * ”和“/”等四种。采用“/”号时，类型整数/类型整数＝类型实数，例如 1/2＝0.5。

当计算整型变量时，用“DIV”表示除法，类型整数 DIV 类型整数＝类型整数，例如：1DIV2＝0。

2. 函数符号

具体的函数名称及函数符号见表 8.6 所示。

表 8.6　函数符号

函数	名称	函数	名称
SIN()	正弦	COS()	余弦
ASIN()	反正弦	ACOS()	反余弦
TAN()	正切	ATAN()	反正切
SQRT()	平方根	TRNUC()	取整
ROUND()	圆整	LN()	自然对数
ABS()	绝对值	EXP()	指数功能

注意

所有的三角函数运算过程中，数值单位为度，圆整函数中遵循四舍五入。

3. 比较运算符

R 参数的运算过程中，具体的比较运算符号见表 8.7 所示。

表 8.7　函数符号

运算符	名称	运算符	名称
＝＝	等于	＜＞	不等于
＞	大于	＜	小于
＞＝	大于或等于	＜＝	小于或等于

8.5.3　程序跳转

一、跳转标记符

标记符是用于标记程序中所跳转的目标程序段，通过跳转指令实行程序运行分支，标记符可以由符号表示，也可以由程序段号表示，一般标记符由 2～8 个字母或数字组成。跳转目标程序段中的标记符位于程序段开始处，如果有程序号，就加在程序段号后，在调用的目标标记符后面还需加冒号(:)。例如：

N10	LABEL1:G01 X30 Y40	LABEL1 为标记符
	……	
	MARKE1:G00 X100 Y100	MARKE1 为标记符
	……	
	N100…	程序段号也可以为标记符

二、跳转指令

数控机床在执行程序时，是按照程序的先后顺序来运行，与程序段号的大小无关，如果要改变程序的执行顺序，可以调用跳转指令，跳转目标即为有标记符的程序段。跳转指令在应用时，必须处在独立的程序段内。跳转指令分为两种，一种是直接跳转，另一种为条件跳转。

1. 直接跳转

跳转指令的应用格式：

GOTOB LABEL1	B 为 BACK 缩写，向后跳转，即向程序开始的方向跳转
GOTOF LABEL1	F 为 FORWARD 的缩写，向前跳转，即向程序结束的方向跳转

直接跳转指令在应用时，跳转目标不一定在程序内。

2. 条件跳转

在条件满足的情况下，发生跳转，有条件的跳转指令也必须在一个独立的程序段内，在一个程序段中，可以有多个条件跳转指令，程序中采用 IF 语句引入跳转条件。在 IF 后的条件语句，一般采用比较运算。

条件跳转指令的应用格式：

IF 条件 GOTOB LABEL1	B 为 BACK 缩写，向后跳转，即向程序开始的方向跳转
IF 条件 GOTOF LABEL1	F 为 FORWARD 的缩写，向前跳转，即向程序结束的方向跳转

三、跳转程序举例

如图 8.4 所示，在半径 $R40$ 的圆周上铣孔，孔直径 $\phi6$ mm，铣刀直径 $\phi6$ mm，孔深 3 mm。试用跳转指令来编写图中 7 个孔的加工程序。

根据图纸已知：

起始角：	45°	$R1$
圆弧半径：	40 mm	$R2$
位置间隔：	45°	$R3$
孔数：	8	$R4$
圆弧圆心 X 坐标：	50 mm	$R5$
圆弧圆心 Y 坐标：	60 mm	$R6$

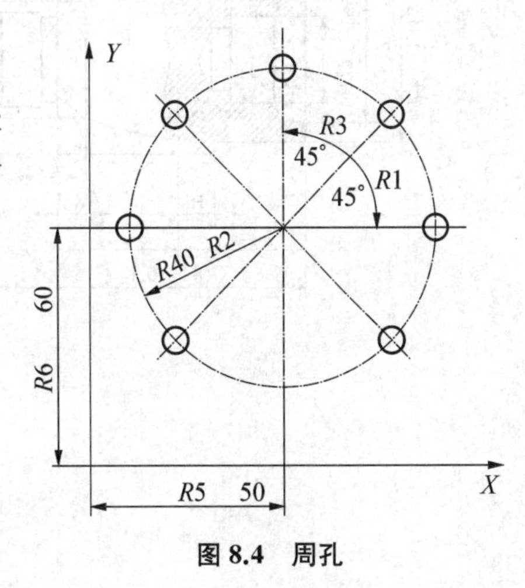

图 8.4　周孔

编写程序如下：

```
N40     …
N50     R1 = 45 R2 = 40 R3 = 45 R4 = 8 R5 = 50 R6 = 60 赋初始值
N60     LABEL1:G00 X = R2 * COS(R1) + R5 Y = R2 * SIN(R1) + R6 孔的地址计算及赋值
N70     G01 Z - 3 F80                        加工孔
N80     G00 Z5                               抬刀
N90     R1 = R1 + R3 R4 = R4 - 1             每加工一个孔,自动减 1
N100    IF R4>0 GOTOB LABEL1                 如果 R4 大于 0,则向后跳转
N110    G00 X100 Z100                        退刀
N120    M02                                  结束程序
```

思考与练习题

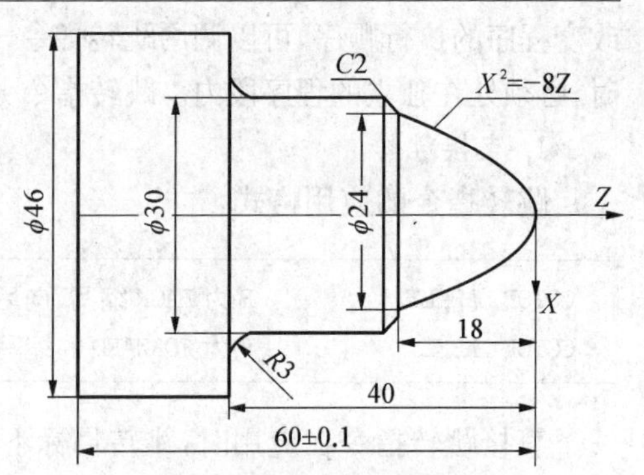

图 8.5 抛物线过渡类零件

1. 在数控车床上加工如图 8.5 所示的抛物线零件，抛物线方程为 $X^2=-8Z$，抛物线的开口距离为 24 mm，抛物线从顶点到终点长 18 mm，毛坯尺寸为 ϕ50 mm×100 mm，采用变量或参数编写出此零件的宏程序。

2. 完成如图 8.6 所示零件的编程和加工，毛坯尺寸为 150 mm×120 mm×20 mm。

3. 将本项目程序中的椭圆的加工单独编写一个子程序供主程序调用，并改写主程序。

4. 试用 SIEMENS 802D 系统相关指令编写如图 8.5 所示零件的加工程序。

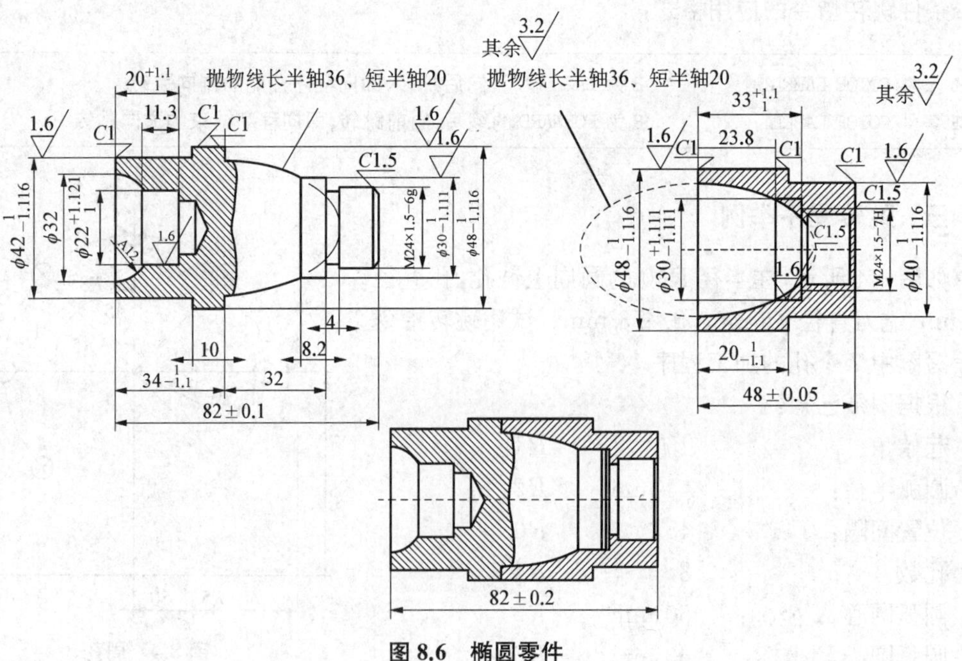

图 8.6 椭圆零件

第三篇

数控铣削加工编程与仿真

项目 1

数控铣床加工工艺的制定

教学要求

能力目标	知识要点
能正确分析数控铣削零件加工工艺	数控铣削加工工艺分析
	数控加工路线的确定
能正确选择刀具和工艺参数	铣床常用刀具
	切削用量的选择
能正确编写工艺文件	数控加工工艺文件的编写

1.1 项目要求

分析与制定图 1.1 所示零件的加工工艺，毛坯尺寸为 100×100×20，材料为 45＃钢。

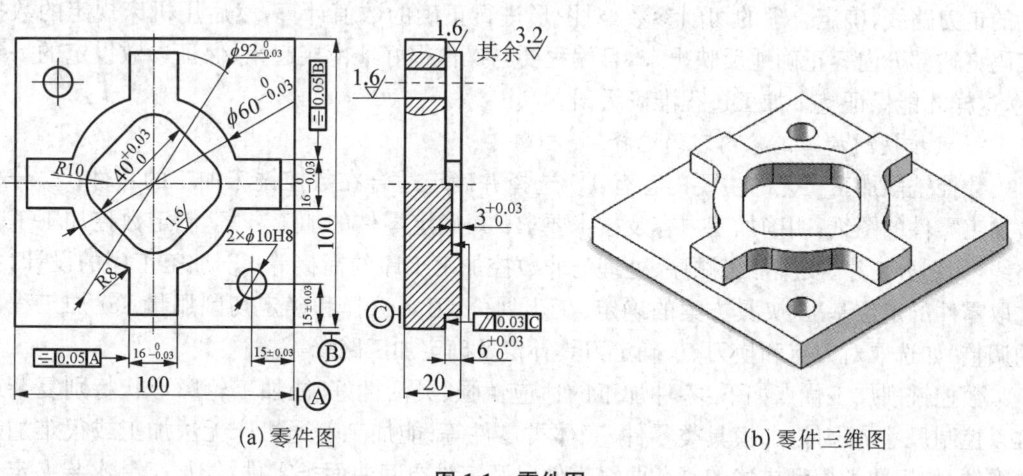

(a) 零件图　　(b) 零件三维图

图 1.1　零件图

1.2 项目分析

(1) 该项目零件加工内容主要有内外轮廓和孔加工。零件所用的材料为45#钢,材料硬度适中。零件结构复杂程度中等,尺寸精度要求较高。

(2) 完成本项目所需新的知识点:数控铣削加工工艺、常用刀具和切削用量等。

1.3 项目相关知识

数控铣床适合加工平面类零件、变斜角类零件以及曲面类零件。数控铣削加工工艺是以普通铣削加工工艺为基础,以解决数控铣削过程中面临的工艺问题为目的,其内容包括金属切削原理与刀具、夹具、工艺性分析等方面的基础知识和基本理论。在编写程序前,应先分析加工零件图纸,根据被加工零件的材料、形状、加工精度等内容选用合适的数控机床,确定零件的加工顺序和装夹方案,正确选择加工刀具及对应的切削用量等,从而制定出合理的加工方案,编写加工工艺文件。

1. 数控铣削加工工艺特点

(1) 工序集中原则。所谓工序集中原则是指每道工序包括尽可能多的加工内容,从而使工序的总数减少。一般来说,数控机床加工工序与传统的机床加工相比要复杂得多,这是因为数控机床设备投资比较大、调整维修比较困难、生产准备周期长,减少工序数目,缩短工序路线,可以简化生产计划和生产组织工作,减少机床数量、操作工人数和占地面积,减少工件装夹次数,保证了各加工表面间的相互位置精度,减少了夹具数量和装夹工件的辅助时间,可以提高生产效率,充分发挥数控机床的加工优越性。

(2) 工序内容合理、正确。传统机床加工的工序内容如工序的安排、加工路线、刀具的切削用量等都是在加工中由操作人员来选择和确定的,而数控机床加工过程是由数控系统按照设定的数控程序运行,如果数控程序出错,则加工出错,所以在编制程序前,需要设计正确的走刀路线,确定合理的切削参数,对图形进行正确的数值计算,然后用机床规定的数控代码将这部分内容正确地反映出来,且编程要与操作很好地衔接起来,保证参数设定的一致性,这样才能保证整个加工过程准确无误。

2. 数控铣削加工工艺内容的选择

数控铣削加工工艺的主要内容有:① 选择并确定适合在数控铣床加工的零件;② 分析被加工零件的图纸,明确加工内容及技术要求;③ 确定零件的加工方案,制定数控加工工艺路线,如划分工序、安排加工顺序、处理与非数控加工工序的衔接等;④ 加工工序的设计,如选取零件的定位基准、夹具方案的确定、工步划分、刀具选择和确定切削用量;⑤ 加工程序的调整,如选取对刀点和换刀点、确定刀具补偿及确定加工路线等。

数控铣削加工优点如下:零件加工的适应性强、灵活性好,能加工轮廓形状特别复杂或难以控制尺寸的零件,如模具类零件、壳体类零件等;能加工普通机床无法加工或很难加工的零件,如用数学模型描述的复杂曲线零件以及三维空间曲面类零件;能加工一次装夹定位后,需进行多道工序加工的零件;加工精度高、加工质量稳定可靠;生产自动化程度高,可以减轻操作者的劳动强度;有利于生产管理自动化;生产效率高。

1.3.1 数控铣削加工工艺准备

一、确定数控加工内容

数控铣削的工艺范围比普通铣床宽，但价格要比普通铣床贵，因此，在选择数控铣削加工时，应从实际需要和经济性两个方面着手，一般可按以下顺序进行考虑：

① 通用铣床无法加工的内容作为优先选择的内容；② 通用铣床难加工、质量也难保证的内容作为重点选择的内容；③ 通用铣床加工效率低、工人手工操作劳动强度大的内容，可在数控机床尚存在富余能力的基础上进行选择。上述这些内容采用数控机床加工后，在产品质量、生产效率及经济效益等方面都得到明显提高。

在选择和决定加工内容时，也要考虑生产批量、生产周期和工序之间的周转情况等内容，所以在选择数控铣削加工内容时，应充分发挥数控铣床的优势。适宜采用数控铣削加工内容有：① 直线、圆弧、非圆曲线及列表曲线构成的内外轮廓；② 已给出数学模型的空间曲线或曲面；③ 形状虽然简单，但尺寸繁多、检测困难的部位及难以观察、控制及检测的内腔、箱体内部等；④ 有严格尺寸要求的孔或平面；⑤ 能够在一次装夹中顺带加工出来的简单表面或形状；⑥ 采用数控铣削加工能有效提高生产率、减轻劳动强度的一般加工内容。

相比之下，不适合数控铣削加工内容有：① 需要进行长时间占机和进行人工调整的粗加工内容，如以被加工件的粗基准定位划线找正的加工；② 必须按专用工装协调的加工内容，主要原因是采集编程用的数据有困难，协调效果不一定理想；③ 被加工工件的加工余量不太充分或不太稳定的部位；④ 简单的粗加工面；⑤ 必须用细长铣刀加工的转接部位；⑥ 不能在一次装夹中完成的加工零星部位，采用数控加工很繁杂，效果不明显；⑦ 按照某些特定的制造依据（如样板、样件、模胎等）加工的型面轮廓，主要原因是获取数据较难，易与检验依据发生矛盾，增加编程难度。

二、对零件图工艺分析

1. 零件的结构工艺性分析

零件结构工艺性是指所设计的零件在能满足使用要求的前提下制造的可行性和经济性。好的结构工艺方便零件加工，节省工时，节省材料，差的结构工艺导致加工困难，浪费工时和材料，甚至无法加工。

2. 产品的零件图和装配图分析

认真分析和研究加工产品的零件图和装配图，熟悉产品的用途、性能和工作环境，了解零件在产品中所起的作用、安装的位置和装配关系，弄清楚各项技术要求对产品质量和使用性能的影响，找出主要和关键的技术要求，然后对零件图样进行分析。

(1) 零件图的完整性和正确性分析

零件的视图应足够正确表达清楚结构，并符合国家标准，尺寸及技术要求应标注齐全，几何元素（点、线、面）之间的几何关系（如相切、相交、垂直、平行等）应明确，各几何要素的条件要充分，应无引起矛盾的多余尺寸或影响工序安排的封闭尺寸等。所给出的尺寸一定要便于数学处理与基点计算，因为在手动编程时要计算每个基点的坐标，自动编程时，也要对构成轮廓的所有几何元素进行定义。

(2) 零件的技术要求分析

零件的技术要求主要指尺寸精度、形状精度、位置精度、表面粗糙度及热处理等，这些要求在保证零件使用性能的前提下应经济合理。分析零件的加工精度、尺寸公差是否都得以保证，对于过薄的底板与肋板，加工时产生的切削拉力及薄板的弹性退让极易产生切削面的振动，使薄板厚度尺寸公差难以保证，其表面粗糙度也将增大，当然过高的加工精度和表面粗糙度要求也会使工艺过程复杂、加工困难、成本提高。

(3) 零件的定位基准分析

数控加工工艺强调用同一个基准定位，当正反两面都采用数控加工时，以同一基准定位尤其重要，否则两次定位装夹后很难保证两个面上的轮廓位置及尺寸协调。这时，如果零件本身有孔，就以孔作为定位基准孔，如果没有孔，就增添工艺凸台或在后继工序要铣去的余量上设定基准孔，在完成定位加工后再除去。

(4) 尺寸标注分析

零件图上的尺寸标注方法有局部分散标注法、集中标注法和坐标标注法等。对在数控机床上加工的零件，尺寸标注应采用集中标注，或以同一基准标注，即标注坐标尺寸，这样方便尺寸之间的相互协调。这样既方便编程，又有利于设计基准、工艺基准、检测基准与编程原点的统一。

(5) 统一零件内轮廓圆弧的相关尺寸

零件内轮廓的圆弧大小直接限制了加工刀具的直径，如果加工内轮廓的深度比较小，转接圆弧半径也大，可以采用较大的直径铣刀来加工(如图 1.2 所示)，且在加工底面时，进给次数也相应减少，表面质量也会好一些，因此，加工工艺性较好，反之，工艺性较差。一般来说，当 $R<0.2H$ 时，可以判定零件上该部位的工艺性不好。铣削面的槽底圆角或底板与肋板相交处的圆角半径 r 越大(如图 1.3 所示)，铣刀端刃铣削能力较差，效率也较低。当 r 达到一定程度时甚至必须用球头铣刀加工，这种情况应当避免。铣刀与铣削平面接触的最大直径 $d=D-2r$(D 位铣刀直径)，当 D 越大而 r 越小时，铣刀端刃铣削平面的面积越大，加工平面的能力越强，铣削工艺性越好。有时，当铣削的底面面积较大，底部 r 也较大时，只能采用两把刀具直径不同的铣刀分次切削。

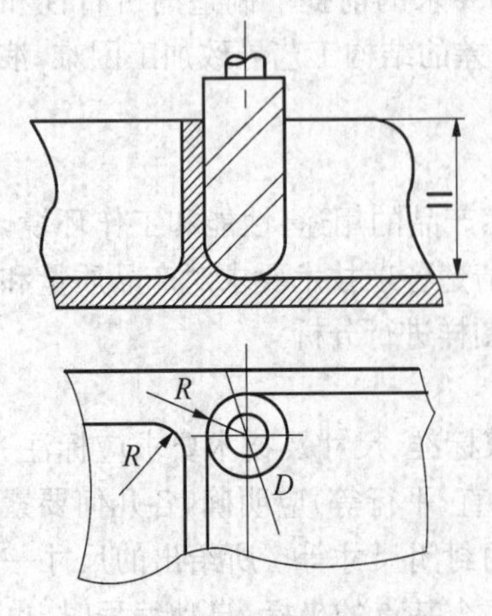

图 1.2　肋板高度与内转接圆弧对零件铣削工艺性的影响

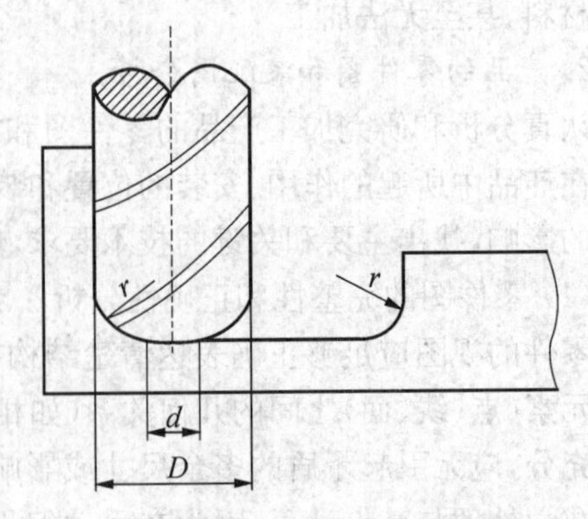

图 1.3　底板与肋板的转接圆弧对零件铣削工艺性的影响

在同一个零件上的凹圆弧半径在数值上的一致性问题对数控铣削的工艺性显得相当重要，即使不能完全统一，也要力求将数值相近的圆弧半径分组靠拢，达到局部统一，以尽量减少铣刀规格与换刀次数，避免因换刀频繁而增加了加工面上的接刀阶差，降低了表面质量。

(6) 零件材料及变形情况分析

在满足零件功能的前提下应选用廉价的材料。材料选择应立足国内，不要轻易选用贵重及紧缺材料，选用时，要考虑零件铣削时的变形，否则会影响加工质量，有的时候甚至会使加工无法继续进行。对于薄壁件、刚性差的零件，还要注意加强零件部位的刚性，采用一些工艺措施进行预防，如对钢件进行调制处理、对铸铝件进行退火处理，也可考虑粗、精加工及对称去余量等常规方法。

对零件图进行工艺性审查时，如发现图样上的视图、尺寸标注、技术要求有错误或遗漏，或结构工艺性不好时，应提出修改意见。在征得设计人员同意后，按规定手续进行必要的修改及补充。

三、零件毛坯的工艺性分析

对零件进行工艺性分析后，还应该结合数控铣床加工的特点，对毛坯进行工艺性分析，常用的毛坯有铸件、锻件、型材、焊接件等。如果选用的毛坯不合适，加工将难以进行。毛坯的工艺性分析主要有以下几个方面：

1. 毛坯的加工余量是否充分，批量生产时，毛坯的余量是否稳定

锻件材料在模锻时的欠压量与允许的错模量会造成加工余量的不相等，铸造时也会因砂型误差、收缩量及金属液体的流动性差不能充满型腔等因素造成余量不等。另外，毛坯锻铸后的翘曲与扭曲变形量的不同也会造成加工余量的不充分、不稳定，因此，只要准备采用数控铣削加工，其加工面均应有较充分的余量。经验表明，数控铣削中最难保证的是加工面和非加工面之间的尺寸，所以应事先对毛坯的设计进行必要更改或设计时就加以充分考虑，即在非加工表面也增加适当的余量。

2. 分析毛坯在安装定位方面的适应性

分析毛坯的安装定位时，主要考虑要不要增加装夹余量或工艺凸台来定位与夹紧，在哪些位置需要增添工艺孔等问题。

3. 分析毛坯的余量大小及均匀性

毛坯的余量大小决定数控铣削加工时要不要分层铣削及分几层铣削，其决定了工件在加工中与加工后的变形程度，所以要提前考虑是否要采取预防性措施及补救措施。

四、加工方案分析

1. 平面轮廓的加工

平面轮廓一般由直线、圆弧和各种曲线构成，通常采用三坐标铣床进行两轴半坐标加工，为保证加工面光滑，尽量沿切向方向切入、切出。

2. 固定斜角平面加工

固定斜角平面是与水平面成一固定夹角的斜面，常用如下加工方法：

零件尺寸不大时，可用斜垫板垫平后加工；如果机床主轴可以摆角，可以设成适当的定角，用不同的刀具来加工。当零件尺寸很大，斜面斜度又较小，常用行切法加工，但加工后，

会在加工表面留有残留面积，要用钳工修理的方法加以清除，用三坐标数控立铣床加工飞机整体壁板零件时常用此法。当然，加工斜面的最佳方法是采用五坐标数控铣床，主轴摆角后加工，可以不留残留面积。

3. 变斜角面加工

(1) 对曲率变化较小的变斜角面，选用 X、Y、Z 和 A 四坐标联动的数控铣床，采用立铣刀(当零件斜角过大，超过机床主轴摆角范围时，可用角度成型铣刀加以弥补)以插补方式摆角加工。

(2) 对曲率变化较大的变斜角面，最好采用 X、Y、Z、A 和 B(或 C 转轴)的五坐标联动数控铣床，以圆弧插补方式摆角加工，夹角 A 和 B 分别是零件斜面母线与 Z 坐标轴夹角在 ZOY 平面和 XOZ 平面上的分夹角。

(3) 采用三坐标数控铣床两坐标联动，利用球头铣刀和鼓形铣刀，以直线或圆弧插补方法进行分层铣削加工，加工后的残留面积用潜修方法清除，由于鼓形铣刀的鼓径做得比球头铣刀的球径大，所以加工后的残留面积高度小，加工效果比球头铣刀好。

4. 曲面轮廓加工

立体曲面的加工应根据曲面形状、刀具形状以及精度要求采用不同的铣削加工方法，如两轴半、三轴、四轴及五轴等联动加工。

(1) 对曲率变化不大和精度要求不高的曲面的粗加工，常用两轴半联动的行切法加工，即 X、Y、Z 三轴中任意两轴做联动插补，第三轴做单独的周期进给。

(2) 对曲率变化较大和精度要求较高的曲面的精加工，常用 X、Y、Z 三坐标联动插补的行切法。

(3) 叶轮、螺旋桨等零件，因其叶片形状复杂，刀具易与相邻表面干涉，常用五坐标联动加工。一般都采用自动编程加工。

1.3.2 数控铣削工艺路线的设计

设计工艺路线主要内容包括选择各加工表面的加工方法、划分加工阶段、划分工序以及安排工序的先后顺序等。

一、加工方法的选择

数控铣床主要可以进行平面加工、轮廓铣削、孔加工、螺纹加工、三维曲面加工。每一种特征都有多种加工方法，具体选择时应根据零件的加工精度、表面粗糙度、材料、结构形状、尺寸及生产类型等，选用相应的加工方法和加工方案，选用刀具不一样，加工特征也不一样，常见的数控铣削刀具如图 1.4 所示。

1. 孔的加工

孔加工在金属切削中占有很大的比重，应用广泛。在数控铣床上加工孔的方法很多，根据孔的尺寸精度、位置精度及表面粗糙度等要求，一般有点孔、钻孔、扩孔、锪孔、铰孔、镗孔及铣孔等。生产实践证明，根据孔的技术要求必须合理地选择加工方法和加工步骤，现将孔的加工方法和一般所能达到的精度等级、粗糙度以及合理的加工顺序加以归纳，见表 1.1 所示。

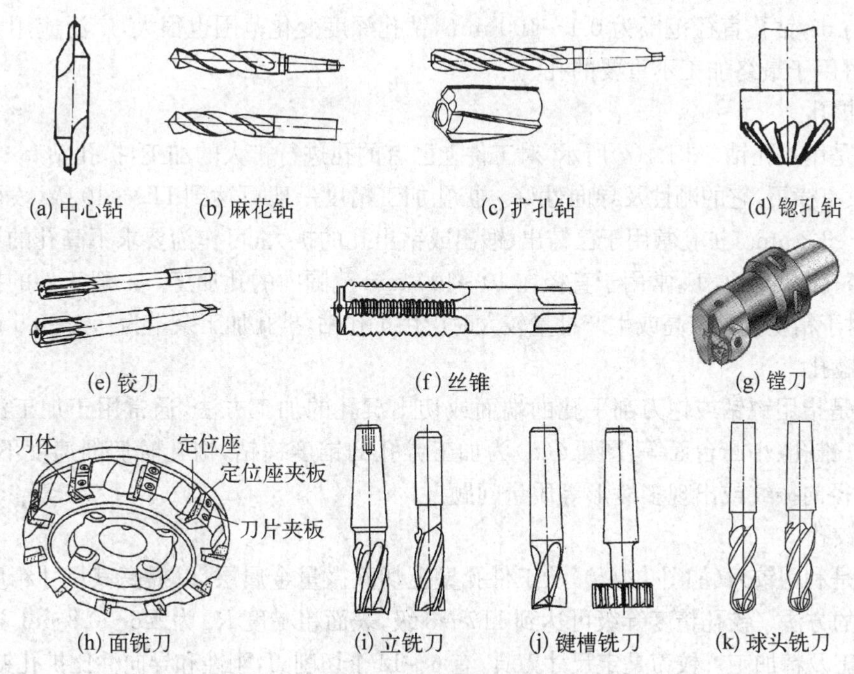

图 1.4 常用切削刀具

表 1.1 孔的加工方法与步骤的选择

序号	加工方案	精度等级	表面粗糙度 R_a(μm)	适用范围
1	钻	11～13	50～12.5	加工未淬火钢及铸铁的实心毛坯，也可用于加工有色金属(但粗糙度较差)，孔径＜15～20 mm。
2	钻—铰	9	3.2～1.6	
3	钻—粗铰—精铰	7～8	1.6～0.8	
4	钻—扩	11	6.3～3.2	同上，但孔径＞15～20 mm。
5	钻—扩—铰	8～9	1.6～0.8	
6	钻—扩—粗铰—精铰	7	0.8～0.4	
7	粗镗(扩孔)	11～13	6.3～3.2	除淬火钢外各种材料，毛坯有铸出孔或锻出孔。
8	粗镗(扩孔)—半精镗(精扩)	8～9	3.2～1.6	
9	粗镗(扩)—半精镗(精扩)—精镗	6～7	1.6～0.8	

(1) 点孔

点孔用于钻孔加工之前，由中心钻来完成，中心钻外形如图 1.4(a)所示。由于麻花钻的横刃具有一定的长度，引钻时不易定心，加工时钻头旋转轴线不稳定，因此，利用中心钻在平面上先预钻一个凹坑，便于钻头钻入时定心。由于中心钻的直径较小，加工时主轴转速应不得低于 1 000 r/min。

(2) 钻孔

钻孔是用钻头在工件实体材料上加工孔的方法。麻花钻是钻孔最常用的刀具，一般用高速钢制造，外形如图 1.4(b)所示。钻孔精度一般可达到 IT10～11 级，表面粗糙度 R_a 为

50～12.5 μm，钻孔直径范围为 0.1～100 mm，钻孔深度变化范围也很大，广泛应用于孔的粗加工，也可用于最终加工不重要的孔。

(3) 扩孔

扩孔是用扩孔钻(图 1.4(c)所示)对工件上已有的孔进行扩大的加工，扩孔钻有 3～4 个主切削刃，没有横刃，它的刚性及导向性好。扩孔加工精度一般可达到 IT9～10 级，表面粗糙度 R_a 为 6.3～3.2 μm。扩孔常用于已铸出、锻出或钻出孔的扩大，可作为要求不高孔的最终加工或铰孔、磨孔前的预加工，常用于直径在 10～100 mm 范围内的孔加工。一般工件的扩孔使用麻花钻，对于精度要求较高或生产批量较大时应用扩孔钻，扩孔加工余量为 0.4～0.5 mm。

(4) 锪孔

锪孔是指用锪钻或锪刀刮平孔的端面或切出沉孔的加工方法，通常用于加工沉头螺钉的沉头孔、锥孔、小凸台面等，图 1.4(d)为加工锥孔的锥度锪钻，锪孔时切削速度不宜过高，以免产生径向振纹或出现多棱形等质量问题。

(5) 铰孔

铰孔是利用铰刀(如图 1.4(e))从工件孔壁上切除微量金属层，以提高其尺寸精度和表面粗糙度值的方法。铰孔精度等级可达到 IT7～8 级，表面粗糙度 R_a 为 1.6～0.8 μm，适用于孔的半精加工及精加工。铰刀是定尺寸刀具，有 6～12 个切削刃，刚性和导向性比扩孔钻更好，适合加工中小直径孔。铰孔之前，工件应经过钻孔、扩孔等加工，铰孔的加工余量参考表 1.2。

表 1.2 铰孔余量(直径值)

孔的直径	<ϕ8 mm	ϕ8～ϕ20 mm	ϕ21～ϕ32 mm	ϕ33～ϕ50 mm	ϕ51～ϕ70 mm
铰孔余量(mm)	0.1～0.2	0.15～0.25	0.2～0.3	0.25～0.35	0.25～0.35

(6) 镗孔

镗孔是利用镗刀(如图 1.4(g)所示)对工件上已有尺寸较大孔的加工，特别适合于加工分布在同一或不同表面上的孔距和位置精度要求较高的孔系。镗孔加工精度等级可达到 IT7 级，表面粗糙度为 R_a 1.6～0.8 μm，应用于高精度加工场合。镗孔时，要求镗刀和镗杆必须具有足够的刚性；镗刀夹紧牢固，装卸和调整方便；具有可靠的断屑和排屑措施，确保切屑顺利折断和排出，精镗孔的余量一般单边小于 0.4 mm。镗刀的种类很多，图 1.5 为单刃镗刀结构示意图，图 1.6 为微调镗刀结构示意图。

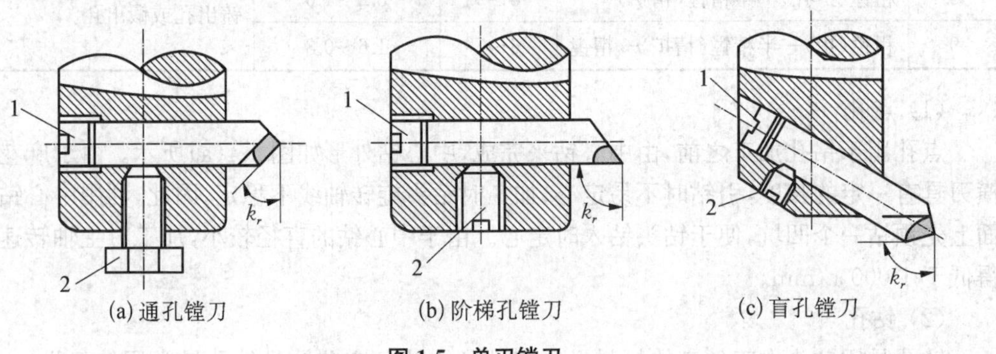

图 1.5 单刃镗刀

1—调节螺钉；2—紧固螺钉。

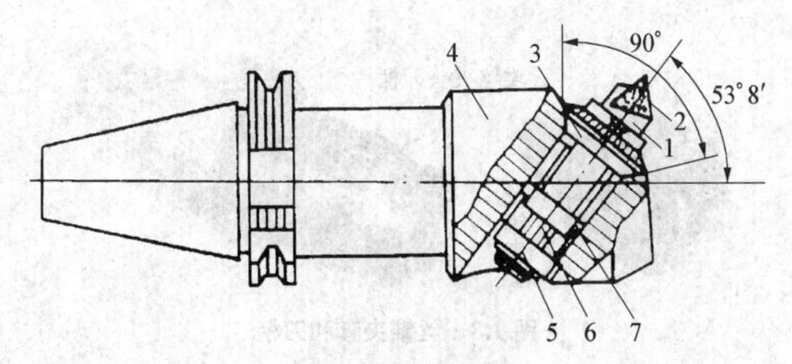

图 1.6　微调镗刀

1—刀体；2—刀片；3—调整螺母；4—刀杆；5—螺母；6—拉紧螺钉；7—导向键。

(7) 铣孔

在加工单件产品或模具上某些孔径不常出现的孔时，为节约定型刀具成本，利用铣刀进行铣削加工。铣孔也适合于加工尺寸较大的孔，对于高精度机床，铣孔可以代替铰削或镗削。

2. 攻螺纹加工

用丝锥(如图 1.4(f))加工工件内螺纹的方法称为攻螺纹(俗称攻丝)。

(1) 攻丝工具

丝锥是攻丝并能直接获得螺纹尺寸的刀具，一般由合金工具钢或高速钢制成。丝锥的基本结构如图 1.7 所示，是一个轴向开槽的外螺纹。丝锥前端切削部分制成圆锥，有锋利的切削刃；中间为导向校正部分，起修光和引导丝锥轴向运动的作用；柄部都有方头，用于连接工具。常用的丝锥分为机用丝锥和手用丝锥两种，手用丝锥由两支或三支(头锥、二锥和三锥)组成一种规格，机用丝锥每种规格只有一支。

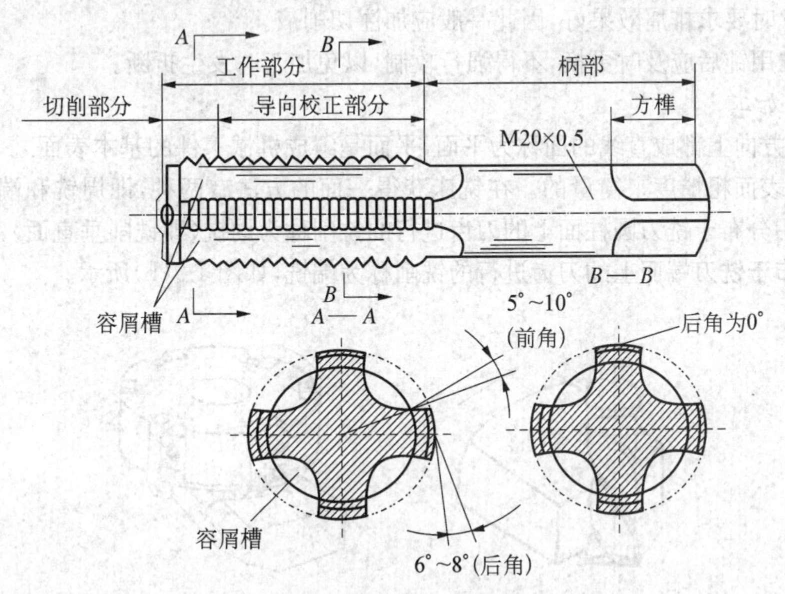

图 1.7　丝锥的基本结构

(2) 丝锥装夹

加工中心上加工内螺纹前，由专用的攻丝夹头刀柄(轴向有 5～10 mm 的伸出或缩入移动)和丝锥夹套安装丝锥，如图 1.8 所示。

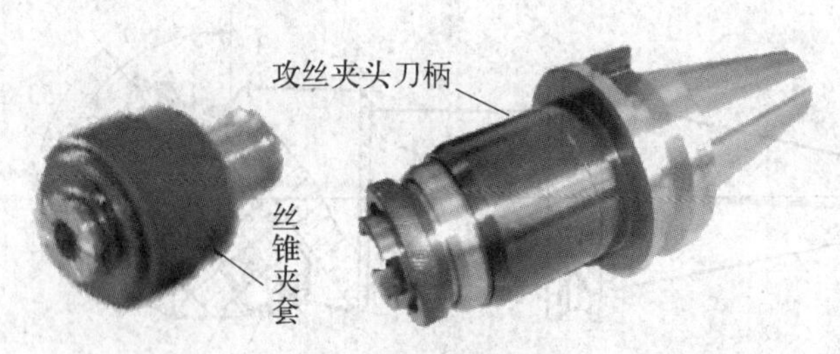

图 1.8　丝锥夹套和刀柄

(3) 螺纹底孔直径的确定

攻丝前应加工出螺纹的底孔,底孔的直径尺寸可根据螺纹的螺距查阅手册或按下面的经验公式确定。

加工钢件或塑性材料时 $D \approx d-P$;加工铸铁或脆性材料时 $D \approx d-(1.05 \sim 1.1)P$

式中:D——底孔直径(mm),d——螺纹公称直径(mm),P——螺距(mm)

攻盲孔工件时,由于丝锥切削部分不能攻到孔底,所以孔的深度要大于螺纹长度,孔深可按下式计算:$L=l+0.7d$。

式中:L——孔的深度(mm),l——螺纹长度(mm),d——螺纹公称直径(mm)

(4) 注意事项

① 一般情况下,在 M6~M20 范围内的螺纹孔可在铣床上直接完成。直径在 M6 以下的螺纹,在铣床上完成底孔加工,通过其他方法攻螺纹。因为在铣床上攻螺纹不能随机控制加工状态,小直径丝锥易折断。直径在 M20 以上的螺纹,可采用镗刀片镗削加工,即铣削螺纹加工。

② 攻丝时要求排屑效果好,因此一般应加注切削液。

③ 丝锥用钝后应及时更换,不得强行攻制,以免加工时发生折断。

3. 平面加工

在各个方向上都成直线的面称为平面,平面是组成机械零件的基本表面之一,其质量是用平面度和表面粗糙度来衡量的。在铣床获得平面的方法有两种,即周铣和端铣。以立式铣床为例,用分布于铣刀圆柱面上的刀齿进行的铣削称为周铣(即铣削垂直面),如图 1.9(a)所示;用分布于铣刀端面上的刀齿进行的铣削称为端铣,如图 1.9(b)所示。

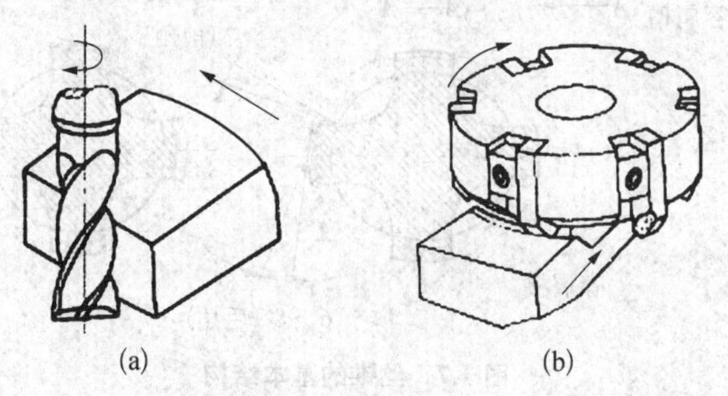

图 1.9　平面铣削方式

(1) 用圆柱铣刀铣削时的铣削方式

图 1.10 为使用立铣刀进行切削时的顺铣与逆铣(俯视图)。切削工件外轮廓时,绕工件

外轮廓顺时针走刀即为顺铣(如图 1.11(a)),绕工件外轮廓逆时针走刀即为逆铣(如图 1.11(b));切削工件内轮廓时,绕工件内轮廓逆时针走刀即为顺铣(如图 1.12(a)),绕工件内轮廓顺时针走刀即为逆铣(如图 1.12(b))。

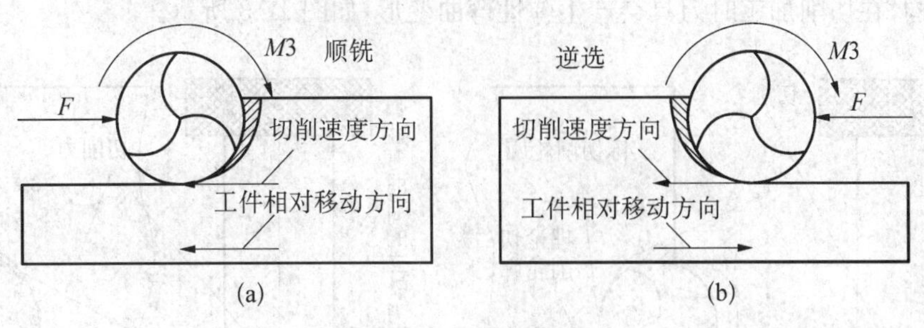

图 1.10　顺铣与逆铣

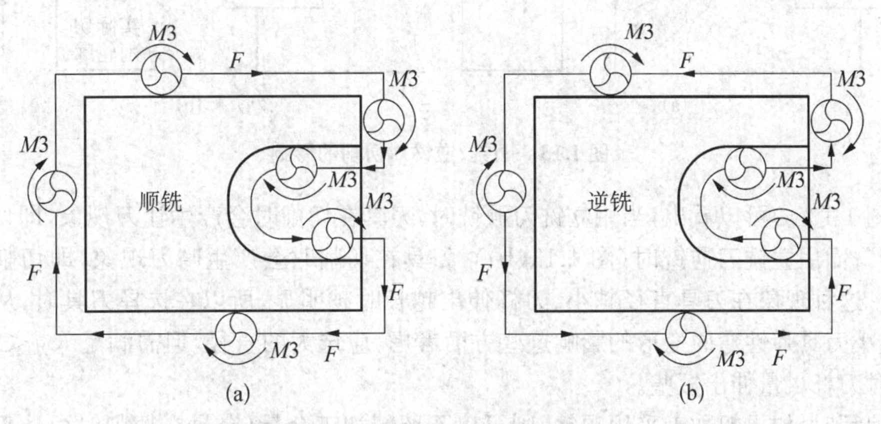

图 1.11　顺铣、逆铣与走刀的关系一

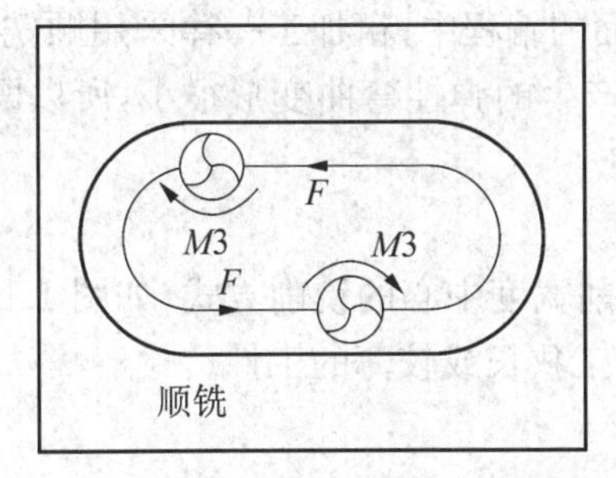

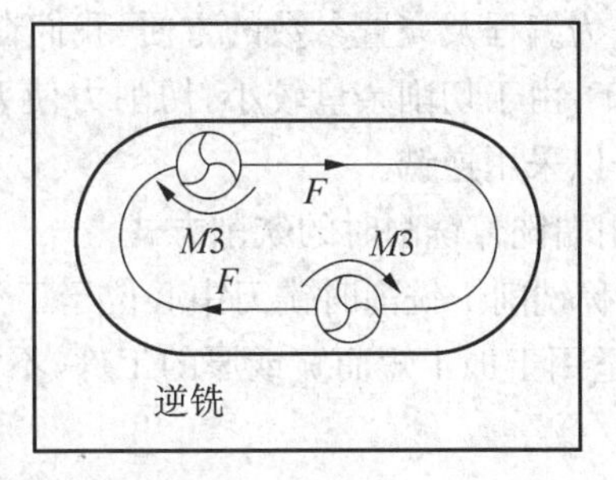

图 1.12　顺铣、逆铣与走刀的关系二

① 顺铣(如图 1.10(a))铣削时,铣刀刀齿切入工件时的切削厚度最大,然后逐渐减小到零(在切削分力的作用下有让刀现象),对表面没有硬皮的工件易于切入,刀齿磨损小,提高刀具耐用度 2～3 倍,工件表面粗糙度也有所提高。顺铣时,切削分力与进给方向相同,可节省机床动力。但顺铣在刀齿切入时承受最大的载荷,因而工件有硬皮时,刀齿会受到很大的冲击和磨损,使刀具的耐用度降低,所以顺铣法不宜加工有硬皮的工件。

② 逆铣(如图 1.10(b))铣削时,铣刀刀齿切入工件时的切削厚度从零逐渐变到最大(在切削分力的作用下有啃刀现象),刀齿载荷逐渐增大。开始切削时,刀刃先在工件表面上滑

过一小段距离，并对工件表面进行挤压和摩擦，引起刀具的径向振动，使加工表面产生波纹，加速了刀具的磨损，降低工件表面粗糙度。

③ 顺铣与逆铣对切削的影响。对于立式铣床所采用的立铣刀，装在主轴上时，相当于悬臂梁结构，在切削加工时刀具会产生弹性弯曲变形，如图 1.13 所示。

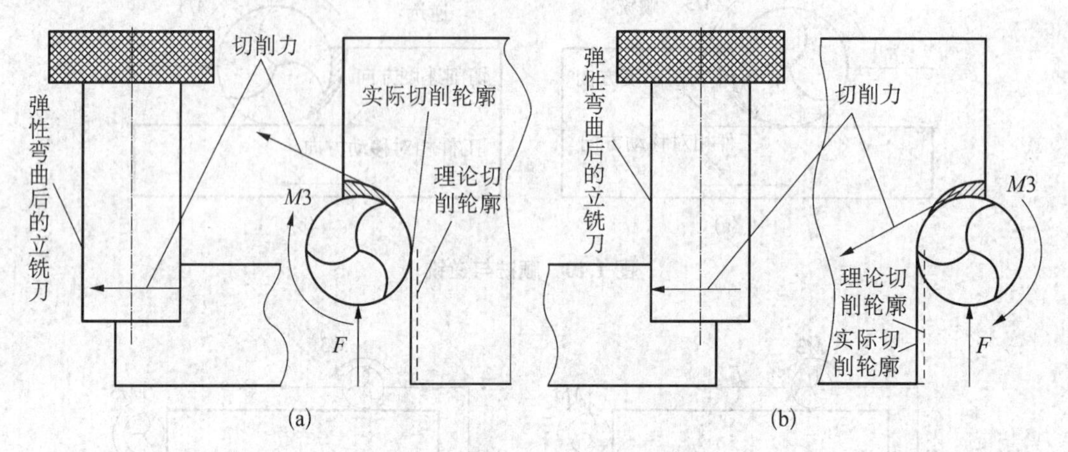

图 1.13 顺铣、逆铣对切削的影响

从图 1.13(a)可以看出，当用立铣刀顺铣时，刀具在切削时会产生让刀现象，即切削时出现“欠切”；而用立铣刀逆铣时(图 1.13(b))，刀具在切削时会产生啃刀现象，即切削时出现“过切”。这种现象在刀具直径越小、刀杆伸出越长时越明显，所以在选择刀具时，从提高生产率、减小刀具弹性弯曲变形的影响这些方面考虑，应选大的直径，但需满足 $R_{刀}<R_{轮廓\min}$，在装刀时刀杆尽量伸出短些。

在编程时，如果粗加工采用顺铣，则可以不留精加工余量(余量在切削时由让刀让出)；而粗加工采用逆铣，则必须留精加工余量，预防由于“过切”引起加工工件的报废。

为此，为编程及设置参数的方便，我们在后面的编程中，粗加工一律采用顺铣；而半精加工或精加工，由于切削余量较小，切削力使刀具产生的弹性弯曲变形很小，所以既可以采用顺铣，也可以采用逆铣。

(2) 用端铣刀铣削时的铣削方式

① 对称铣削　铣削时铣刀中心位于工件铣削宽度中心的铣削方式，如图 1.14(a)所示。对称铣削适用于加工短而宽或厚的工件，不宜加工狭长或较薄的工件。

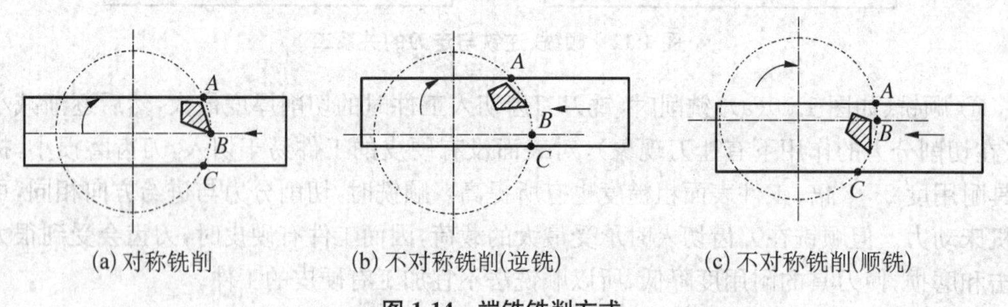

图 1.14 端铣铣削方式

② 不对称铣削　铣削时铣刀中心偏离工件铣削宽度中心的铣削方式。不对称铣削时，按铣刀偏向工件的位置，在工件上可分为进刀部分与出刀部分。图 1.14 所示 AB 为进刀部分，BC 为出刀部分。按顺铣与逆铣的定义，显然进刀部分为逆铣，出刀部分为顺铣。不对称端铣削时，进刀部分大于出刀部分时，称为逆铣（如图 1.14(b) 所示），反之称为顺铣（如图 1.14(c) 所示），不对称端铣通常采用逆铣方式。

4. 内、外轮廓加工

铣床上加工的内、外轮廓面一般是具有直线、圆弧或曲线的二维轮廓表面，尺寸精度较高，形状也较为复杂。编写程序前需要进行轮廓节点的计算，节点可通过手工计算或计算机绘图软件得到；选择刀具时，刀具半径不得大于轮廓上凹圆弧的最小曲率半径 $R_{\min}$，一般取 $R=(0.8\sim0.9)R_{\min}$。

为保证轮廓的加工精度和生产效率，要求粗加工时尽量选择直径较大的铣刀进行铣削，便于多余材料的快速去除；精加工则选择相对较小直径的铣刀，从而保证轮廓的尺寸精度及表面粗糙度。编写程序时，需考虑铣刀进刀与退刀的位置，尽量选在轮廓的节点处或沿着轮廓的切向进行；为简化程序，将轮廓铣削程序作为子程序进行编写，通过给定不同的刀具半径补偿，用于粗精加工。

在外轮廓加工中，由于刀具的走刀范围比较大，一般采用立铣刀加工；而在内轮廓的加工中，如果没有预留（或加工出）孔时，一般用键槽铣刀（如图 1.4(j)）进行加工。由于键槽铣刀一般为 2 刃刀具，比立铣刀的切削刃要少，所以在同样转速的情况下，其进给速度应比立铣刀进给速度小。如果用立铣刀铣削内轮廓，在进行 Z 方向进刀加工时要注意其进刀方式。

5. 三维曲面加工

三维曲面铣削是数控机床加工的优势，编程前应根据曲面轮廓的形状，合理地选择加工刀具。除选用一般的立式或键槽铣刀外，球头铣刀在三维曲面加工中应用普遍，加工精度较高，尤其在凹曲面的铣削中更是必不可少，目前在加工各类模具型腔或复杂的曲面、成形表面时广泛应用。球头铣刀是立铣刀演变而成，可分为圆柱形球头立铣刀和圆锥形球头立铣刀，球头和端面上一般有两个切削刃和圆周刃，可以做径向和轴向进给，球头铣刀的外形如图 1.15 所示。

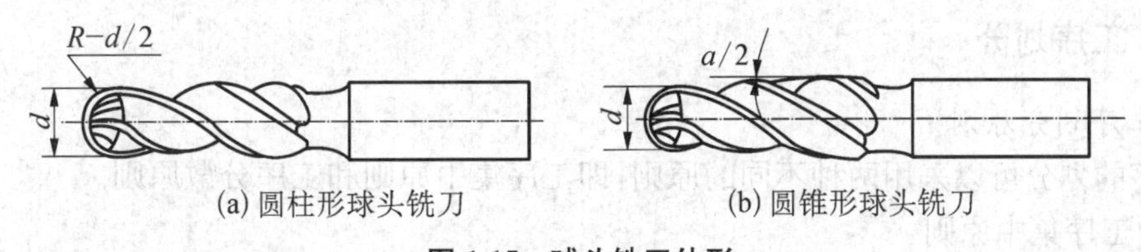

图 1.15　球头铣刀外形

二、加工阶段的划分

当零件的加工质量要求较高时，往往不可能用同一道工序来满足加工要求，需要用几道工序逐步达到所要求的加工质量。按工序的性质可将加工过程分为粗加工、半精加工、精加工和光整加工四个阶段。

1. 各加工阶段的主要任务

毛坯首先进行粗加工，粗加工的任务主要是切除毛坯上多余的材料，使毛坯在形状和尺寸上接近零件成品，其主要目标是提高生产率。粗加工结束后对半成品进行半精加工，使主要表面达到一定的精度，并留有一定的精加工余量，为下一步主要表面的精加工做准备，并可完成一些次要表面加工，如扩孔、攻螺纹、铣键槽等。零件在进行精加工时，主要任务是保证各主要表面达到规定的尺寸精度和表面粗糙度要求。对于精度和表面粗糙度要求很高的零件，需要进行光整加工来提高尺寸精度、减小表面粗糙度。

2. 划分加工阶段的目的

(1) 保证加工质量

工件在粗加工时，切除的金属层较厚，切削力和夹紧力都比较大，切削温度也高，将引起较大的变形，如果不对加工阶段进行划分，就无法避免上述原因引起的加工误差。按加工阶段划分，粗加工造成的加工误差可以通过半精加工和精加工来纠正，从而保证零件的加工质量。

(2) 合理使用设备

粗加工余量大时，切削量大，采用功率大、刚度好、效率高而精度低的机床。精加工切削力小，对机床破坏小，采用高精度机床。这样可以充分提高生产效率，延长精密设备的使用寿命。

(3) 便于及时发现毛坯缺陷

对毛坯的各种缺陷，在粗加工时发现并进行及时修补或决定报废，以免继续加工造成浪费。

(4) 便于安排热处理工序

粗加工后一般要安排去应力的热处理，以消除内应力。精加工前要安排淬火等热处理，其变形可以通过精加工予以消除。

加工阶段的划分要根据零件的质量要求、结构特点和生产纲领灵活掌握。对加工质量要求不高、工件刚性好、毛坯精度高、加工余量小、生产纲领不大时，可不必划分加工阶段。对于刚性好的重型工件，由于装夹及运输很费时，也常在一次装夹下完成全部粗、精加工。对于不划分加工阶段的工件，为减少粗加工中产生的各种变形对加工质量的影响，在粗加工后，松开夹紧机构，停留一段时间，让工件充分变形，然后用较小的夹紧力重新夹紧，进行精加工。

三、工序划分

1. 工序划分原则

工序的划分可以采用两种不同的原则，即工序集中原则和工序分散原则。

(1) 工序集中原则

工序集中就是将工件的加工集中在少数几道工序内完成，每道工序的加工内容较多。工序集中有利于采用高效的专用设备和数控机床，减少了数控数量、操作工人数和占地面积；一次装夹后可加工较多表面，不仅保证了各个加工表面之间的相互位置精度，同时还减少了工序间的工件运输量和装夹工件的辅助时间。

(2) 工序分散原则

工序分散就是将加工分散在较多的工序内进行，每道工序的加工内容很少。工序分散使设备和工艺装备结构简单，调整和维修方便，操作简单，转产容易；有利于选择合理的切削用量，减少机动时间，但工艺路线长，所需设备及工人人数多，占地面积大。

2. 工序划分方法

在数控机床上加工零件一般采用工序集中原则划分工序。

(1) 按所用的刀具划分

用同一把刀具完成的工艺过程为一道工序，这种加工方法适用于工件的待加工表面较多、机床的连续工作时间过长、加工程序的编制和检查难度较大等情况。

(2) 按安装次数划分

一次安装完成的那一部分工艺过程为一道工序，这种方法适用于加工内容不多的工件，加工完成后就能达到待检状态。

(3) 按粗、精加工划分

将粗、精加工环节作为单独的一道工序分开，这种划分方法适用于加工后变形较大，需粗、精加工分开的零件，如毛坯为铸件和锻件。

(4) 按加工部位划分

将相同型面的加工工艺过程作为一道工序。对于加工表面多而复杂的零件，可按其结构特点划分多道工序。

四、加工顺序的安排

零件的加工工序通常包括切削加工工序、热处理工序和辅助工序等。工序的顺序直接影响到零件的加工质量、生产率和加工成本，因此，在设计工艺路线时，应合理安排切削加工、热处理和辅助工序的顺序，并解决好工序间的衔接问题。

1. 切削加工工序的安排

(1) 基面先行原则

用作精基准的表面，应优先加工。因为定位基准的表面越精确，装夹误差就越小，所以任何零件的加工过程，总是首先对定位基准面进行粗加工和半精加工，必要时，还要进行精加工。箱体类零件总是先加工定位用的平面及两个定位孔，再以平面和定位孔为精基准加工孔系和其他平面。

(2) 先粗后精

铣削按照粗铣→半精铣→精铣的顺序进行，这样才能逐步提高加工表面的精度和减少表面粗糙度。粗加工应以最高的效率切除表面的大部分余量，为半精加工提供定位基准和均匀适当的加工余量。半精加工主要为表面精加工做好准备，即达到一定的精度、表面粗糙度和加工余量，加工一些次要表面达到规定的技术要求。精加工使各表面达到规定的图纸要求。

(3) 先面后孔

平面加工简单方便，根据工件定位的基本原理，平面轮廓大而平整，以平面定位比较稳定可靠。以加工好的平面为精基准加工孔，这样不仅可以保证孔的加工余量较为均匀，而且为孔的加工提供了稳定可靠的精基准；另一方面，先加工平面，切除了工件表面的凹凸不平及夹砂等缺陷，可减少因毛坯凹凸不平而使钻孔时钻头引偏和防止扩、铰孔时刀具崩刃，同时，加工中便于对刀和调整。

(4) 先主后次

零件上的工作面及装配面精度要求较高，属于主要表面；自由表面、键槽、紧固用的螺孔和光孔等表面，精度要求较低，属于次要表面。主要表面先安排加工，一些次要表面因加工面小，和主要表面有相对位置要求，可穿插在主要表面加工工序之间进行，但要安排在主要表面最后精加工之前，以免影响主要表面的加工质量。

2. 热处理工序的安排

为提高材料的力学性能，改善材料的切削加工性和消除工件内应力，在工艺过程中要适当安排一些热处理工序。

(1) 预备热处理

预备热处理安排在粗加工前、后，改善材料的切削加工性，消除毛坯应力，改善组织，常用的有正火、退火及调质。

(2) 消除残余应力热处理

由于毛坯在制造和机械加工中，产生的内应力会引起工件变形，影响产品质量，所以要安排消除内应力处理，常用的有人工失效、退火等。对于一般形状的铸件，应安排两次时效处理，对于精密零件要多次安排时效处理，加工一次安排一次。

(3) 最终热处理

最终热处理的目的是提高零件的强度、硬度和耐磨性，常安排在精加工之前，常用的有表面淬火、渗碳处理等。

3. 辅助工序的安排

辅助工序主要包括：检验、清洗、去毛刺、去磁、防锈和平衡等，其中检验工序，是主要的辅助工序，是保证产品质量的主要措施之一。它通常安排在粗加工全部结束后，精加工之前，或者重要工序的前后等场合。

4. 工序间的衔接

有些零件的加工是由普通机床和数控机床共同完成的，数控机床的加工工序一般穿插在整个工艺过程的中间，因此，要注意解决好数控工序与非数控工序的衔接问题。如对毛坯热处理的要求，作为定位基准面的孔和面的精度是否满足要求，是否为后道工序留有加工余量，留多大等，都应该衔接好，以免产生矛盾。

1.3.3 数控铣削工序设计

工序设计必须十分严密，其主要任务是每一道工序选择机床、夹具、刀具及量具，确定夹紧方案、刀具进给路线、加工余量、工序尺寸及公差、切削用量及工时额定等。

一、数控铣床选择

当零件的加工方法确定后，机床的种类基本确定了，数控铣床的主要规格尺寸应与工件的外形尺寸和加工表面的有关尺寸相适应，即小工件就选小规格的机床加工，大工件就选大规格的机床加工。数控铣床的精度与工序要求的加工精度相适应，如精度要求低的精度，应选用精度低的数控铣床；精度要求高的精加工工序，应选用精度高的数控铣床。但数控机床的精度不能过低，也不能过高，机床的精度过低，不能保证加工精度，机床精度过高，又会增加零件的制造成本，应根据加工精度要求合理选择。

二、定位基准与装夹方案的确定

在数控铣床上装夹工件应注意以下几点：

(1) 力求设计基准、工艺基准与编程原点统一，以减少基准不重合误差和数控编程中的计算工作量。

(2) 尽量减少装夹次数，做到一次装夹后能加工出工件上大部分的待加工表面，甚至全部待加工表面，以减少装夹误差，提高加工表面之间的相互位置精度，并充分发挥数控机床的效率，多选择工件上不需要数控铣削的平面和孔作定位基准，对薄壁件，选择的定位基准应有利于提高工件的刚性，以减少切削变形。

(3) 避免采用占机人工调整的方案，以免占机时间太多，影响加工效率。

三、夹具的选择

数控铣床可以加工形状复杂的零件，但数控铣床上工件装夹方法与普通铣床一样，所使用的夹具往往并不复杂，只要有简单的定位、夹紧机构就可以了，但要将加工部位敞开，不能因装夹工件而影响进给和切削加工，装卸工件要方便可靠，以缩短辅助时间。对于单件小批量生产时，优先选用组合夹具、通用夹具或可调夹具，以节省费用和缩短生产时间；成批生产时，采用专用夹具；大批量生产时，可采用液动、气动或多工位夹具，以提高加工效率。

四、刀具的选择

1. 孔加工刀具的选择

中心钻、麻花钻(直柄、锥柄)、扩孔钻、锪孔钻、铰刀、镗刀、丝锥等，如图 1.4 所示。

2. 铣刀的选择

铣刀是刀齿分布在旋转表面或端面上的多刃刀具，其几何形状较复杂，种类较多。按铣刀的材料分为高速钢铣刀、硬质合金铣刀等；按铣刀结构形式分为整体式铣刀、镶齿式铣刀、可转位式铣刀；按铣刀的安装方法分为带孔铣刀、带柄铣刀；按铣刀的形状和用途又可分为圆柱铣刀、端铣刀、立铣刀、键槽铣刀、球头铣刀等，如图 1.4 所示。

五、量具的选用

测量器具是测量仪器和测量工具的总称。通常把没有传动放大系统的测量工具称为量具，如游标卡尺、直角尺和量规等；把具有传动放大系统的测量器具称为量仪，如机械比较仪、测长仪和投影仪等。单件小批量生产中采用通用量具，如游标卡尺、百分表等。大批量生产中采用各种量规和一些高生产率的专用检具和量仪等。量具的精度必须与加工精度相适应。

六、进给路线的确定和工步顺序的安排

进给路线是指刀具相对工件运动的轨迹，也称加工路线。进给路线是由数控系统控制的，数控铣削加工中对零件的加工精度和表面的质量有直接影响，因此，确定好进给路线是保证铣削加工精度和表面质量的工艺措施之一，在工序设计时，必须拟定刀具的进给路线，并绘制进给路线图，以便编写在数控加工程序中。另外，进给路线的确定与工件表面状况、要求的零件表面质量、机床进给机构的间隙、刀具耐用度以及零件轮廓形状等有关。进给路线的确定除了考虑加工精度和粗糙度以外，还要遵循路线最短原则，要方便数值计算，尽量

从切线方向切入与切出，切削过程要保证连续，避免停顿。下面针对铣削方式和常见的几种轮廓形状来讨论进给路线的确定问题。

1. 顺铣和逆铣的选择

当工件表面无硬皮，机床进给无间隙时，应按照顺铣安排进给路线，这样加工表面质量好，刀齿磨损小。精铣时，尤其是金属材料为铝镁合金、钛合金或耐热合金时，应尽量采用顺铣。当工件表面有硬皮，机床的进给机构有间隙时，应按照逆铣安排进给路线，因为逆铣时，刀齿是从已加工表面切入，不会崩刃；机床进给机构的间隙不会引起振动和爬行。

2. 铣削外轮廓的进给路线

铣削平面零件外轮廓时，一般采用立铣刀侧刃切削。刀具切入零件时，避免法向切入，防止在切入处引起刀痕，应沿切削起始点延伸线（如图 1.16(a)）或切线方向（如图 1.16(b)）逐渐切入工件，保证零件曲线的平滑过渡。同样，在切离工件时，也应避免在切削终点处直接抬刀，要沿着切削终点延伸线或切线方向逐渐切离工件。

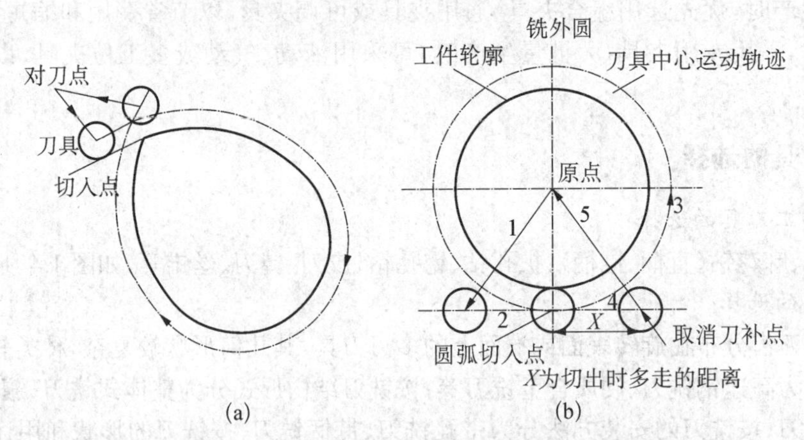

图 1.16　刀具切入和切出外轮廓的进给路线

3. 铣削内轮廓的进给路线

铣削封闭的内轮廓时，跟铣削外轮廓一样，刀具也不能沿着轮廓曲线的法向切入和切出。此时刀具可以沿一过渡圆弧切入和切出工件轮廓。图 1.17 为铣削内圆的进给路线，其中 R_1 为零件圆弧轮廓半径，R_2 为过渡圆弧半径。

图 1.17　刀具切入和切出内轮廓的进给路线

4. 铣削内槽的进给路线

内槽是指封闭曲线为边界的平底凹槽，这种内槽一律用平底立铣刀加工，刀具的圆角半径应符合内槽的图纸要求。图 1.18 为加工内槽的三种进给路线，图 1.18(a)和 1.18(b)分别用行切法和环切法加工内槽。两种进给路线的共同点就是都能切净内腔中的全部面积，不留死角，不伤轮廓，同时尽量减少重复进给的搭接量。不同点是行切法的进给路线比环切法短，但是行切法在每两次进给的起点与终点间留下了残留面积，从而达不到所要求的表面粗糙度。如果采用环切法，粗糙度相对要好一些,但是环切法要逐次向外扩展轮廓线,刀位点计算稍为复杂一些。结合行切和环切的优点,采用如图 1.18(c)所示的进给路线,即采用行切法切去中间部分余量,最后用环切法切一刀,既能使总的进给路线较短,又能获得较好的表面粗糙度。

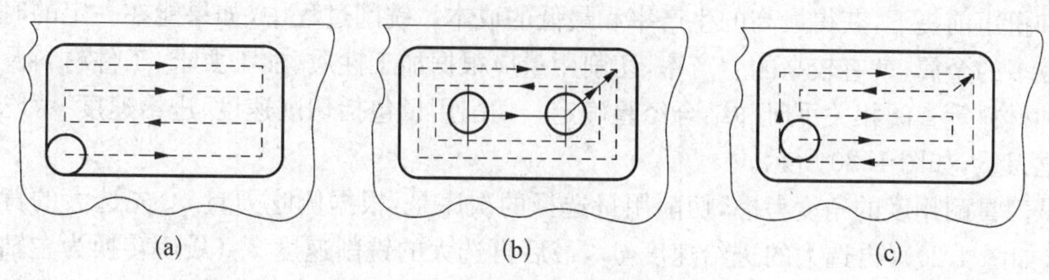

图 1.18 铣内槽的三种进给路线

5. 铣削曲面的进给路线

对于边界敞开的曲面加工,可采用如图 1.19 所示的两种进给路线。对于发动机的大叶片加工,采用图 1.19(a)所示的加工方案时,每次沿直线加工,刀位点计算简单,程序少,加工过程符合直纹面的形成,可以准确保证母线的直线度。当采用图 1.19(b)所示的加工方案时,符合这类零件数据的给出情况,便于加工后检验,叶形的准确度高,但程序较多。由于曲面零件的边界是敞开的,没有其他表面限制,所以曲面边界可以延伸,球头刀应由边界外开始加工,当边界不敞开时,确定进给路线要另行处理。

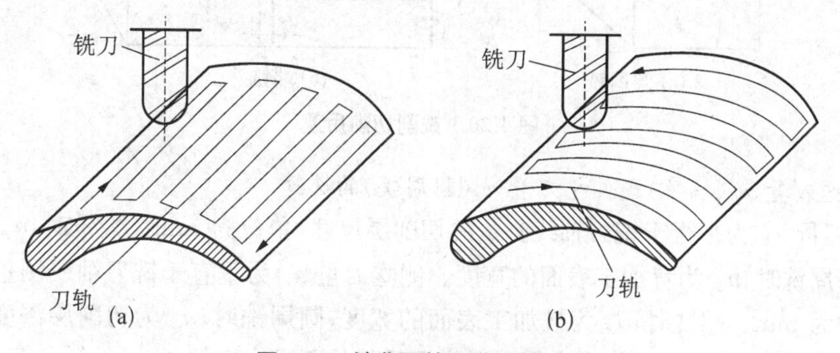

图 1.19 铣曲面的两种进给路线

工步顺序是指同一道工序中,各个表面加工的先后次序。它对零件的加工质量、加工效率和数控加工中的进给路线有直接影响,应根据零件的结构特点及工序的加工要求等合理安排。

七、工序加工余量、工序尺寸及偏差确定

确定加工余量时应注意下列几点内容:

(1) 采用最小加工原则,只要能保证加工精度和加工质量,余量越小越好,以缩短加工时间,减少材料损耗,降低零件的加工费用。

(2) 保留的余量要充分,防止余量不足,造成废品。

(3) 余量中应包含热处理引起的变形,对热处理后需要进行精加工的工序,必须考虑热处理引起的变形量,以免因变形较大,余量不足而造成废品。

(4) 对于大零件应取大余量,零件愈大,切削力、内应力引起的变形越大,因此,余量应取大一些,以便通过本道工序消除变形量。

八、铣削用量的确定

铣削时采用的切削用量，应在保证工件加工精度和刀具耐用度、不超过加工中心允许的动力和扭矩前提下，获得最高的生产率和最低的成本。铣削过程中，如果能在一定的时间内切除较多的金属，就有较高的生产率，切削用量应根据加工性质、加工要求、工件材料及刀具尺寸和材料等查阅相关手册并结合经验确定。切削用量包括切削速度、进给速度、背吃刀量和侧吃刀量，如图 1.20 所示。

从刀具耐用度的角度考虑，切削用量选择的次序是：根据侧吃刀量 a_e 先选大的背吃刀量 a_p（如图 1.20），再选大的进给速度 v_f，最后再选大的铣削速度 v_C（最后转换为主轴转速 n）。对于高速铣（主轴转速在 10 000 r/min 以上），为发挥其高速旋转的特性、减少主轴的重载磨损，其切削用量选择的次序应是：$v_C \rightarrow v_f \rightarrow a_p(a_e)$。

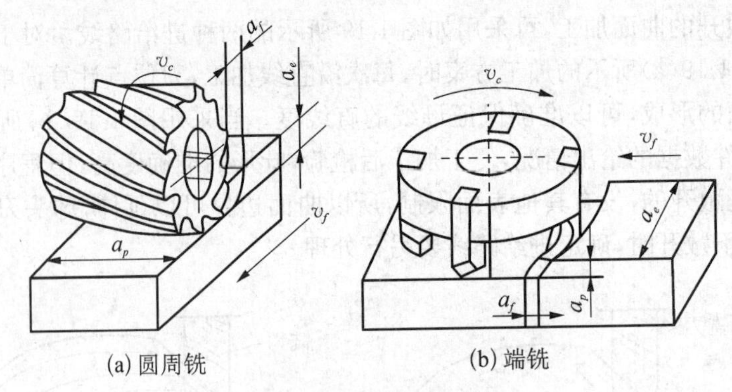

(a) 圆周铣　　(b) 端铣

图 1.20　铣削切削用量

1. 背吃刀量 a_p（端铣）或侧吃刀量 a_e（圆周铣）的选择

背吃刀量 a_p 为平行于铣刀轴线测量的切削层尺寸，单位为 mm。端铣时，a_p 为切削层深度；而圆周铣时，a_p 为背加工表面的宽度。侧吃刀量 a_e 为垂直于铣刀轴线测量的切削层尺寸，单位为 mm。端铣时，a_e 为被加工表面的宽度；圆周铣时，a_e 为切削层深度。背吃刀量或侧吃刀量的选取主要由加工余量和对表面质量的要求决定的。

(1) 在工件表面粗糙度值要求为 12.5～25 μm 时，如果圆周铣削的加工余量小于5 mm，端铣的加工余量小于 6 mm，粗铣一次进给就可以完成。但在余量较大、工艺系统刚性不好或机床动力不足时，可分两次进给完成。

(2) 在工件表面粗糙度值要求为 3.2～12.5 μm 时，可分粗铣和半精铣，粗铣时背吃刀量或侧吃刀量选取同前。粗铣后留 0.5～1.0 mm 的余量，在半精铣时切除。

(3) 在工件表面粗糙度值要求为 0.8～3.2 μm 时，可分粗铣、半精铣、精铣三步进行。半精铣时背吃刀量或侧吃刀量取 1.5～2 mm，精铣时圆周铣侧吃刀量取 0.3～0.5 mm。面铣刀背吃刀量取 0.5～1 mm。

当余量较大，粗铣时，如果侧吃刀量 $a_e < d/2$（d 为铣刀直径）时，取 $a_p = (1/3 \sim 1/2)d$；当侧吃刀量 $d/2 \leqslant a_e < d$ 时，取 $a_p = (1/4 \sim 1/3)d$；当侧吃刀量 $a_e = d$（即满刀切削）时，取 $a_p = (1/5 \sim 1/4)d$。

当机床的刚性较好，且刀具的直径较大时，a_p 可取得更大。

2. 进给速度 v_f 的选择

进给速度 v_f 是单位时间内工件与铣刀沿进给方向的相对位移，单位为 mm/min，它与铣刀每齿进给量 f、铣刀齿数 z 及主轴转速 S(r/min)的关系为：

$$v_f = fz(\text{mm/r})\text{或}\ v_f = Sfz(\text{mm/min})$$

每齿进给量主要受刀具强度、机床、夹具等工艺系统刚性的限制等因素影响，刀具形状、材料以及被加工工件材质的不同，取值也不一样，一般来说工件材料强度硬度越高，f 越小，反之越大。工件表面的粗糙度要求越高，f 越小。通常硬质合金刀具的每齿进给量高于高速钢铣刀。在强度刚度许可的条件下，进给量应尽量取大；精铣时限制进给量的主要因素是加工表面的粗糙度，为了减小工艺系统的弹性变形，减小已加工表面的粗糙度，一般采用较小的进给量，具体参见表 1.3 所示。

表 1.3　铣刀每齿进给量 f 推荐值(mm/z)

工件材料	工件材料硬度(HB)	硬质合金		高速钢	
		端铣刀	立铣刀	端铣刀	立铣刀
低碳钢	150～200	0.2～0.35	0.07～0.12	0.15～0.3	0.03～0.18
中、高碳钢	220～300	0.12～0.25	0.07～0.1	0.1～0.2	0.03～0.15
灰铸铁	180～220	0.2～0.4	0.1～0.16	0.15～0.3	0.05～0.15
可锻铸铁	240～280	0.1～0.3	0.06～0.09	0.1～0.2	0.02～0.08
合金钢	220～280	0.1～0.3	0.05～0.08	0.12～0.2	0.03～0.08
工具钢	HRC36	0.12～0.25	0.04～0.08	0.07～0.12	0.03～0.08
镁合金铝	95～100	0.15～0.38	0.08～0.14	0.2～0.3	0.05～0.15

3. 铣削速度 v_C 的选择

在背吃刀量和进给量选好后，应在保证合理的刀具耐用度、机床功率等因素的前提下确定铣削速度。铣削速度 v_C 与刀具耐用度、每齿进给量 f、背吃刀量 a_p、侧吃刀量 a_e 以及铣刀齿数 Z 成反比，与刀具直径 d 成正比。如果 f、a_p、a_e 和 Z 增大时，刀刃负荷增加，同时工作齿数也增多，使切削热增加，刀具磨损加快，从而限制了切削速度的提高，但是加大铣刀直径可以改善散热条件，因而可以提高切削速度。不同工件材料和铣刀材料，铣削速度 v_C 的选择参见表 1.4。主轴转速 n(r/min)与铣削速度 v_C(m/min)及铣刀直径 d(mm)的关系为：

$$n = \frac{1\ 000 v_C}{\pi d}$$

表 1.4　铣刀的铣削速度 v_C (m/min)

工件材料	铣刀材料					
	碳素钢	高速钢	超高速钢	合金钢	碳化钛	碳化钨
铝合金	75～150	180～300		240～460		300～600
镁合金		180～270				150～600

续 表

工件材料	铣刀材料					
	碳素钢	高速钢	超高速钢	合金钢	碳化钛	碳化钨
钼合金		45～100				120～190
黄铜(软)	12～25	20～25		45～75		100～180
黄铜	10～20	20～40		30～50		60～130
灰铸铁(硬)		10～15	10～20	18～28		45～60
冷硬铸铁			10～15	12～18		30～60
可锻铸铁	10～15	20～30	25～40	35～45		75～110
钢(低碳)	10～14	18～28	20～30		45～70	
钢(中碳)	10～15	15～25	18～28		40～60	
钢(高碳)		10～15	12～20		30～45	
合金钢					35～80	
合金钢(硬)					30～60	
高速钢			12～25		45～70	

在选择切削速度时，还应该考虑以下几点：

(1) 采用硬质合金刀具加工时，避免中低速切削，防止积屑瘤的产生；

(2) 断续切削时适当降低切削速度，减少冲击和热应力；

(3) 在易发生振动的情况下，切削速度应避开自激振动的临界速度；

(4) 加工薄壁件、细长件时，选用较低的切削速度；

(5) 加工带氧化层的工件时，适当降低切削速度。

1.3.4 刀位点和换刀点

刀位点是指刀具的定位基准点，对于各种立铣刀，一般取刀具轴线与刀具的底端面的交点，钻头取钻尖，球头铣刀取球心或球头底端。

换刀点是安全换刀的位置点，为防止换刀时碰伤工件或夹具，换刀点常常设置在被加工工件的外面，并要有一定的安全量。

1.4 项目实施

图 1.1 所示为平面轮廓零件，本项目的任务是在铣床上加工内外轮廓和孔，零件材料为 45＃钢，其数控加工工艺分析如下：

1. 零件图工艺分析

该平面类零件的内、外轮廓由基本的直线和圆弧组成，形状尺寸和定位尺寸完整清晰，内外轮廓的侧面与 $\phi 10$ mm 的内孔表面粗糙度要求较高，R_a 为 1.6 mm。根据上述分析，内

外轮廓和 ϕ10 mm 的两个孔加工分粗、精加工两个阶段进行，以保证表面粗糙度的要求。该零件加工采用两轴以上联动的数控铣床，采用精密平口钳装夹，以底面 C 定位，提高装夹刚度以满足平行度的要求，工件进行装夹需要放置垫块时，接触面尽量在 C 面的中间位置，防止打孔时刀具与垫块产生干涉。

2. 加工顺序及走刀路线的确定

因为所采用的毛坯六面均已事先加工好，所以可以直接采用先面后孔、先外后内、先粗后精的原则，先对外轮廓、内轮廓进行加工，再进行孔的加工。为保证加工精度，粗、精加工应分开，孔的加工采用钻孔—粗铰—精铰方案。

进给路线包括平面进给和深度进给两部分。平面进给，外轮廓从切线方向切入，内轮廓从过渡圆弧切入。为使表面获得较好的加工质量，采用顺铣方式铣削，对内轮廓逆时针方向铣削。

3. 刀具及切削用量的选择

根据零件的结构特点及加工材料，选用 ϕ16 的高速钢立铣刀进行粗加工，选用 ϕ16 的硬质合金立铣刀进行精加工；进行孔的加工时，采用 A3 中心钻进行孔定位，采用 ϕ9.8 钻头进行钻孔，ϕ10H8 的铰刀铰孔。内外轮廓加工时，留 0.2 mm 精铣余量，选择主轴转速和进给速度时，先查切削用量手册，确定切削速度与每齿的进给量，然后按进给速度和转速公式计算相应的进给速度和主轴转速。

4. 数控加工工序卡片

数控加工工序卡片主要反映使用的辅具、刀具规格、切削用量参数、切削液、加工工步等内容，操作人员配合数控程序进行数控加工的主要指导性工艺资料，该零件的数控加工工序卡见表 1.5 所示。

表 1.5　数控加工工序卡

<table>
<tr><td colspan="2" rowspan="2">××实习工厂</td><td colspan="2" rowspan="2">数控加工
工序卡片</td><td colspan="2">产品代号</td><td colspan="3">零件名称</td><td>零件图号</td></tr>
<tr><td colspan="2">××××</td><td colspan="3">平面类轮廓零件</td><td>J-1</td></tr>
<tr><td>工艺序号</td><td colspan="2">程序编号</td><td>夹具名称</td><td colspan="2">夹具编号</td><td colspan="3">使用设备</td><td>车间</td></tr>
<tr><td></td><td colspan="3"></td><td>平口钳</td><td colspan="2"></td><td>XK</td><td></td><td></td></tr>
<tr><td>工步号</td><td colspan="3">工步内容</td><td>刀具号</td><td colspan="2">刀具规格</td><td>主轴转速
(r/min)</td><td>进给速度
(mm/min)</td><td>背吃刀量
(mm)</td></tr>
<tr><td>1</td><td colspan="3">粗加工外形轮廓</td><td>T01</td><td colspan="2">ϕ16 立铣刀</td><td>600</td><td>100</td><td>8</td></tr>
<tr><td>2</td><td colspan="3">粗加工内形轮廓</td><td>T01</td><td colspan="2">ϕ16 立铣刀</td><td>600</td><td>100</td><td>5</td></tr>
<tr><td>3</td><td colspan="3">精加工外形轮廓</td><td>T02</td><td colspan="2">ϕ16 立铣刀</td><td>1 800</td><td>80</td><td>8</td></tr>
<tr><td>4</td><td colspan="3">精加工内形轮廓</td><td>T02</td><td colspan="2">ϕ16 立铣刀</td><td>1 800</td><td>80</td><td>5</td></tr>
<tr><td>5</td><td colspan="3">中心钻进行孔定位</td><td>T03</td><td colspan="2">A3 中心钻</td><td>2 500</td><td>50</td><td></td></tr>
<tr><td>6</td><td colspan="3">钻孔</td><td>T04</td><td colspan="2">ϕ9.8 钻头</td><td>600</td><td>50</td><td></td></tr>
<tr><td>7</td><td colspan="3">铰孔</td><td>T05</td><td colspan="2">ϕ10H8 铰刀</td><td>200</td><td>60</td><td></td></tr>
<tr><td>编制</td><td></td><td>审核</td><td></td><td>批准</td><td colspan="5">共　页　第　页</td></tr>
</table>

1.5 拓展知识——刀具与冷却液的选择

提高切削速度是切削加工领域中十分关注并为之不懈努力的重要目标，从 20 世纪 30 年代德国 Salomon 博士提出高速切削理念以来，随着数控机床和刀具技术的进步，高速切削加工快速发展，广泛应用于航空航天、汽车、模具制造等行业。在发达国家，高速切削加工正式成为切削加工的主流。

与传统的切削加工比，高速加工具有很多的优越性：切削力降低到 25%以上，切削过程中的切削温度增加缓慢；加工表面粗糙度值降低 1～2 级；生产效率提高，生产成本降低。

在高速切削加工中，几项关键技术包括：

1. 刀柄系统

高速切削加工时，由于离心力很大，当主轴转速达到某一极限值时，将影响刀柄在主轴锥孔内的定位精度。因此，高速切削加工中需要特殊的刀柄系统。例如，KM 刀柄系统、HSK 刀柄系统等。

2. 刀具材料

高速切削对刀具材料的硬度、抗弯强度、耐热性等有特殊要求，常见材料如金刚石、陶瓷、立方淡化硼、硬质合金和高速钢等。高速切削时对不同工件材料要选用与其合理匹配的刀具材料和适应的加工方式等切削条件，才能获得最佳的切削效果。

3. 切削液的选择

高速切削时，会产生大量的热量，使得工件和工艺系统温度上升过快，严重影响工件的加工质量，因此，如何选择合适的切削液显得尤为重要。

1.5.1 常用数控刀柄

刀柄是数控机床必备的辅具，在刀柄上安装不同的刀具(如图 1.47)，备加工时选用。刀柄要和主机的主轴孔相对应，刀柄是系列化、标准化产品，其锥柄部分和机械手抓拿部分都已有相应的国际和国家标准。ISO 7388—3:2016 和 GB/T 10944.2—2006《自动换刀机床用 7∶24 圆锥工具柄部 40、45 和 50 号圆锥柄》，对此做了统一的规定，可参照相关标准。

1.5.2 刀具材料的选择

刀具材料主要指刀具切削部分的材料，刀具的切削性能主要取决于切削部分的材料，其次是切削部分的几何参数及刀具结构的选择和设计。刀具材料要有高的硬度和耐磨性，足够的强度和韧性，良好的耐热性和导热性，良好的工艺性和经济性。目前常用的刀具材料有高速钢和硬质合金。陶瓷材料和超硬刀具材料(金刚石和立氮化硼)仅应用于有限场合，但它们硬度很高，具有优良的抗磨损性能，刀具耐用度高，能保证高的加工精度。

一、高速钢

高速钢是含有较多的钨、铬、钼、钒等合金元素的高合金工具钢。

高速钢按用途不同,可分为通用性高速钢和高性能高速钢。

1. 通用性高速钢

通用性高速钢具有一定的硬度(63～66HRC)和耐磨性、高的强度和韧性,切削速度一般不高于 50～60 m/min,不适合高速切削和硬的材料切削。常用的牌号有 W18Cr4V 和 W6Mo5Cr4V2。W18Cr4V 具有较好的综合性能,W6Mo5Cr4V2 的强度和韧性高于 W18Cr4V,并具有热塑性好和磨削性能好的优点,但热稳定性要低于 W18Cr4V。

2. 高性能高速钢

高性能高塑钢是在通用性高速钢的基础上,通过增加碳、钒的含量或添加钴、铝合金元素而得到的耐热性、耐磨性更高的新钢种。在 630℃～650℃时仍可保持 60HRC 的硬度,其耐用度是通用性高速钢的 1.5～3 倍,适用于加工奥氏体不锈钢、高温合金、钛合金、超高强度钢等难加工材料,但这类钢的综合性能不如通用性高速钢。

二、硬质合金

硬质合金是由硬度和熔点都很高的碳化物(WC、TiC、TaC、NbC 等),用 Co、Mo、Ni 作黏接剂制成的粉末冶金制品。其常温硬度可达 78～82 HRC,能耐 800℃～1 000℃高温,允许的切削速度是高速钢的 4～10 倍。其冲击韧性与抗弯强度远比高速钢低,因此,很少做成整体刀具。实际应用中一般将硬质合金刀块用焊接或机械夹固的方式固定在刀体上。

常用的硬质合金有三大类:

1. 钨钴类硬质合金(YG)

由碳化钨和钴组成,这类硬质合金韧性好,但韧性和耐磨性较差,适用于加工脆性材料(铸铁等)。钨钴类硬质合金中含 Co 越多,则韧性越好,常用的牌号有:YG8、YG6、YG3,它们的制造刀具依次适用于粗加工、半精加工和精加工。

2. 钨钛钴类硬质合金(YT)

由碳化钨、碳化钛和钴组成,这类硬质合金的耐热性和耐磨性较好,但抗冲击韧性较差,适用于切削呈带状的钢料等塑性材料。常用的牌号有 YT5、YT15、YT30 等,其中的数字表示碳化钛的含量。碳化钛的含量越高,则耐磨性越好、韧性越低。这三种牌号的钨钛钴类硬质合金制造的刀具分别适用于粗加工、半精加工和精加工。

3. 钨钛钽(铌)类硬质合金(YW)

由在钨钛钴类硬质合金中加入少量的碳化钽(TaC)或碳化铌(NbC)组成。它具有上述两类硬质合金的优点,用其制造的刀具既能加工钢、铸铁、有色金属,也能加工高温合金、耐热合金及合金铸铁等难加工材料。常用牌号有 YW1 和 YW2。

三、其他刀具材料

1. 涂层刀具材料

这种材料是在韧性较好的硬质合金基体上或高速钢基体上,采用化学气相沉积(CVD)法或物理气相沉积(PVD)法涂覆一薄层硬质和耐磨性极高的难熔金属化合物而得到的刀具材料。通过这种方法,使刀具既有基本材料的强度和韧性,又具有很高的耐磨性。常用的涂层材料有 T_iC、T_iN、Al_2O_3等。TiC 的硬度和耐磨性好,TiN 的抗氧化、抗粘接性好,Al_2O_3

耐热性好。

2. 陶瓷

其主要成分是 Al_2O_3，刀片硬度可达78 HRC以上，能耐1 200℃～1 450℃高温，能承受较高的切削速度，但抗弯强度低，怕冲击，易崩刀。主要用于钢、铸铁、高硬度材料及高精度零件的精加工。

3. 金刚石

金刚石分人造和天然两种，做切削刀具用的是人造金刚石，其硬度极高，可达10 000 HV(硬质合金为1 300～1 800 HV)，其耐磨性是硬质合金的80～120倍，但韧性差，一般不适合加工黑色金属，主要用于有色金属以及非金属材料的高速精加工。

4. 立方氮化硼

这是人工合成的一种高硬度材料，其硬度可达7 300～9 000 HV，可耐1 300℃～1 500℃高温，与铁的亲和力小，但强度低，焊接性差，目前主要用于加工淬硬钢、冷硬铸铁、高温合金和一些难加工材料。

1.5.3 切削液的选择

在金属切削过程中，合理选择切削液，可以改善工件与刀具的摩擦情况，降低切削力和切削温度，减轻刀具磨损，减少工件的热变形，从而可以提高刀具的耐用度，提高加工效率和加工质量。

一、切削液的作用

1. 冷却作用

切削液可以将切削过程中所产生的热量迅速地从切削区带走，使切削区温度降低。切削液的流动性越好，比热、导热系数和汽化热等参数越高，冷却性能越好。

2. 润滑作用

切削液能在刀具的前、后刀面与工件之间形成一层润滑薄膜，可减少或避免刀具与工件或切削间的直接接触，减少摩擦和粘接程度，因此，可以减轻刀具的磨损，提高工件表面的加工质量。

3. 清洗作用

切削过程中会产生大量的切屑、金属碎片和粉末，特别是在磨削过程中，砂轮的沙粒会随时脱落和破碎下来，切削液可以及时将它们从刀具或工件上冲洗下去，从而避免黏附刀具、堵塞排屑和划伤已加工表面。这一作用对于磨削、螺纹加工和深孔加工等工序尤为重要。为此，要求切削液有良好的流动性，并且在使用时具有足够大的压力和流量。

4. 防锈作用

为了减轻工件、刀具和机床受周围介质的腐蚀，要求切削液具有一定的防锈作用。防锈作用的好坏，取决于切削液本身的性能和加入的防锈添加剂品种和比例。

二、切削液的种类

常用的切削液分为三大类：水溶液、乳化液和切削油。

1. 水溶液

水溶液是以水为主要成分的切削液，水的导热性能好，冷却效果好，但单纯的水容易使金属生锈，润滑性能差。因此，常在水溶液中加入一定量的添加剂，如防锈添加剂、表面活性物质和油性添加剂等，使其既具有良好的防锈性能，又具有一定的润滑性能。

2. 乳化液

乳化液是将乳化油用95％～98％的水稀释而成，呈乳白色或半透明状的液体，具有良好的冷却作用，但润滑、防锈性能较差，常再加入一定量的油性、极压添加剂和防锈添加剂，配置成极压乳化液或防锈乳化液。

3. 切削油

切削油的成分主要是矿物油，少数采用动植物油或润滑油。纯矿物油不能在摩擦界面形成兼顾的润滑膜，润滑效果较差。实际使用中，常加入油性添加剂、极压添加剂和防锈添加剂，以提高其润滑和防锈作用。

三、切削液的选用

1. 粗加工时冷却液的选用

粗加工时，切削余量大，产生的切削力和切削热都比较大。高速钢切削时，采用切削液来降低切削温度，减少刀具磨损。硬质合金一般不用冷切削液，必要时采用低浓度乳化液或水溶液，但必须连续、充分浇注，以免硬质合金刀片在高温状态下产生巨大的内应力而出现裂纹。

2. 精加工时冷却液的选用

精加工时，要求表面粗糙度值较小，一般选用润滑性能较好的切削液，如高浓度的乳化液或含极压添加剂的切削油。

3. 根据工件材料的性质选用切削液

切削塑性材料时需要用切削液、切削铸铁、黄铜等塑性材料时，一般不用切削液，以免崩碎切屑黏附在机床的运动部件上。加工高强度钢、高温合金等难加工材料时，由于切削加工处于极压润滑摩擦状态，选用含极压添加剂的切削液。切削有色金属和铜、铝合金时，为了得到更高的表面质量和精度，可采用10％～20％的乳化液、煤油或煤油与矿物油的混合物，但不能用含硫的切削液。切削镁合金时，不能用水溶液，以免燃烧。

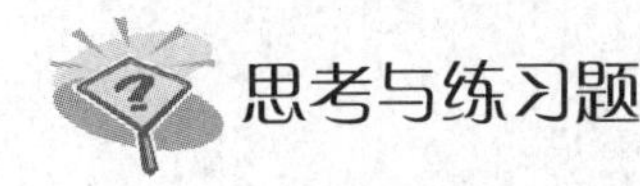

思考与练习题

分析与制定图1.21所示零件的加工工艺方案。毛坯尺寸为100×80×25 mm，材料45钢，毛坯六面为已加工表面。

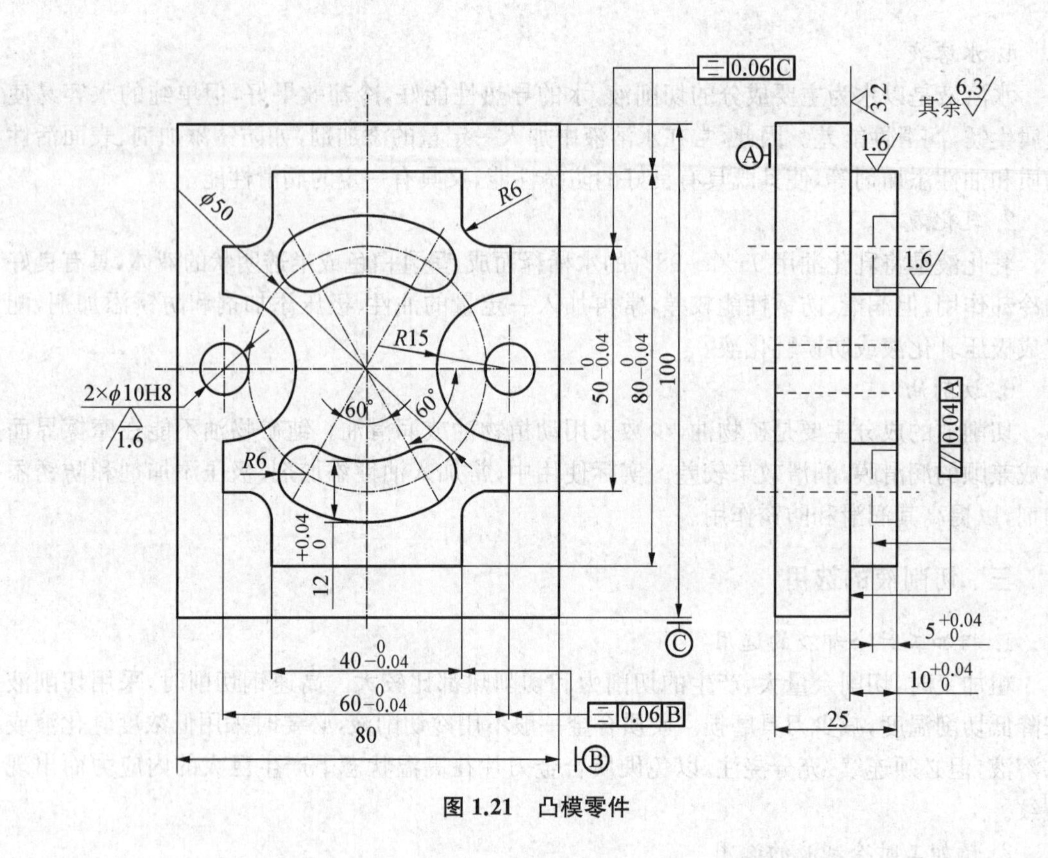
0.06 C
3.2
6.3
其余
A
1.6
ϕ50
R6
R15
2×ϕ10H8
1.6
60°
60°
R6
50 0 −0.04
80 0 −0.04
100
12 +0.04 0
40 0 −0.04
60 0 −0.04
80
0.06 B
B
C
0.04 A
5 +0.04 0
10 +0.04 0
25

图 1.21　凸模零件

项目 2

零件外轮廓铣削加工编程与仿真

教学要求

能力目标	知识要点
能正确分析外轮廓零件的结构特点和加工技术要求	零件外轮廓的结构特点和加工工艺特点
能根据加工要求，编制合理的工艺卡片	平面轮廓铣削工艺
能正确编制零件外轮廓的数控加工程序	数控系统基本编程指令及应用

2.1 项目要求

完成如图 2.1 所示零件的编程和加工，毛坯为 100×120×25 的方料，材料为 45＃钢。以零件几何中心为编程原点，毛坯六个表面已加工。

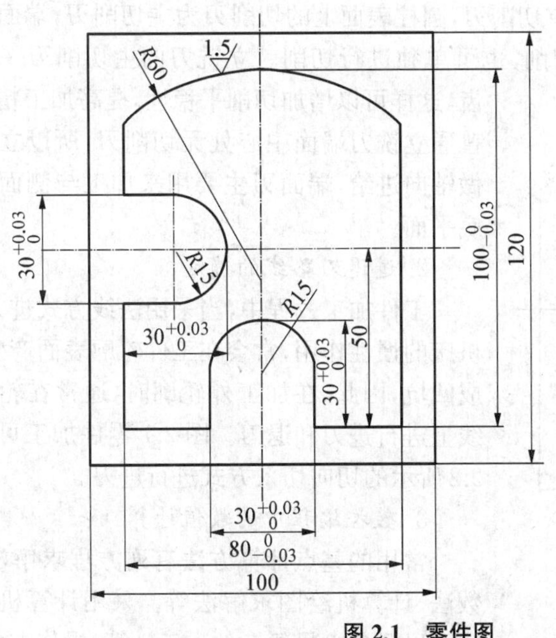

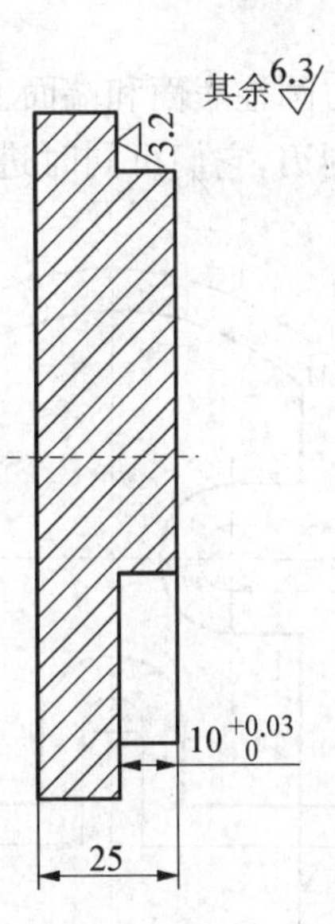

图 2.1 零件图

2.2 项目分析

(1) 零件图分析：该零件外轮廓由直线和圆弧组成，结构相对简单；尺寸精度和表面加工质量要求较高；零件材料为45＃钢，材料硬度适中。

(2) 完成本项目所需新的知识点：平面轮廓铣削工艺设计和数控铣削基本指令。

2.3 项目相关知识

2.3.1 平面轮廓铣削工艺设计

平面外轮廓零件铣削加工包括平面铣削和与底面垂直的侧壁外表面铣削加工，在铣床上可以通过周铣或端铣来获得平面。在立铣床上加工时，用分布于铣刀圆柱面上的刀齿进行的铣削称为周铣，用分布于铣刀端面上的刀齿进行的铣削称为端铣。

1. 刀具的选择

平面轮廓类零件加工常用刀具为面铣刀和立铣刀。铣削较大的平面用面铣刀加工，铣削平面类零件周边轮廓和较小的台阶面一般采用立铣刀。标准可转位式面铣刀的直径为16～630 mm。选择面铣刀直径时，主要需考虑刀具所需功率应在机床功率范围之内，也可将机床的主轴直径作为选取依据，面铣刀直径可按$D=1.5d$(d为主轴直径)选取。在批量生产时，也可按工件切削宽度的1.6倍选择刀具直径。粗铣时，铣刀直径要小些，因为粗铣切削力大，选小直径铣刀可减小切削扭矩。精铣时，铣刀直径要大一些，尽量包容工件整个加工宽度，以提高加工精度和效率，并减小相邻两次进给之间的接刀痕迹。

立铣刀圆柱表面和端面上都有切削刃，圆柱表面上的切削刃为主切削刃，端面上的切削刃为副切削刃，它们可同时进行切削，也可单独进行切削。立铣刀的主切削刃一般为螺旋齿，这样可以增加切削平稳性，提高加工精度。由于普通立铣刀端面中心处无切削刃，所以立铣刀不能做轴向进给，端面刃主要用来加工与侧面相垂直的底平面。

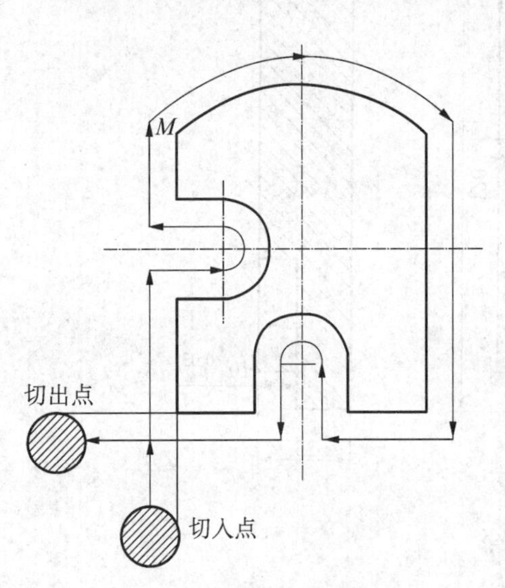

图2.2 进退刀路线的确定

2. 进退刀路线的确定

工件加工过程中，当采用法线方式进刀时，由于机床的惯性作用，常会在工件轮廓表面产生过切，形成凹坑，因此，在加工外轮廓时，通常在轮廓的延长线上进行进刀和退刀。图2.1零件加工可采用如图2.2所示的切向切入方式进行进刀。

3. 数控编程中的数值计算

常用的基点计算方法有列方程求解法、三角函数法、计算机绘图求解法等。采用计算机绘图求解法可以避免大量复杂的人工计算，操作方便，基点分析精度高，出错概率少。

2.3.2　FANUC 0i－MB 系统介绍

一、FAMUC 0i－MB 系统功能

铣床编程时，对机床运行的各个动作，如主轴的正反转、停，切削进给，切削液的开、关等动作，都要以指令的形式进行确定。我们把这类指令称为功能指令，它有准备功能 G 指令、辅助功能 M 指令以及 F、S、T、H、D 指令等。

1. 准备功能 G 指令

准备功能 G 指令有模态和非模态两种指令。非模态 G 指令只在指令它的程序段中有效；模态 G 指令一直有效，直到被同一组的其他 G 指令所替代。

FANUC 0i－MB 加工中心的准备功能 G 指令见表 2.1 所示。

表 2.1　FANUC 0i－MB 系统准备功能 G 指令

<table>
<tr><th>G 指令</th><th>组号</th><th colspan="2">功　能</th><th>G 指令</th><th>组号</th><th>功　能</th></tr>
<tr><td>G00*</td><td rowspan="4">01</td><td colspan="2">定位</td><td>G25*</td><td rowspan="2">24</td><td>主轴速度波动监测功能无效</td></tr>
<tr><td>G01(*)</td><td colspan="2">直线插补</td><td>G26</td><td>主轴速度波动监测功能有效</td></tr>
<tr><td>G02</td><td colspan="2">顺时针圆弧插补/螺旋线插补</td><td>G27</td><td rowspan="5">00</td><td>返回参考点检测</td></tr>
<tr><td>G03</td><td colspan="2">逆时针圆弧插补/螺旋线插补</td><td>G28</td><td>返回参考点</td></tr>
<tr><td>G04</td><td rowspan="7">00</td><td colspan="2">停刀，准确停止</td><td>G29</td><td>从参考点返回</td></tr>
<tr><td>G05.1</td><td colspan="2">AI 先行控制</td><td>G30</td><td>返回第 2,3,4 参考点</td></tr>
<tr><td>G07.1(G107)</td><td colspan="2">圆柱插补</td><td>G31</td><td>跳跃功能</td></tr>
<tr><td>G08</td><td colspan="2">先行控制</td><td>G33</td><td>01</td><td>螺纹切削</td></tr>
<tr><td>G09</td><td colspan="2">准确停止</td><td>G37</td><td rowspan="2">00</td><td>自动刀具长度测量</td></tr>
<tr><td>G10</td><td colspan="2">可编程数据输入</td><td>G39</td><td>拐角偏置圆弧插补</td></tr>
<tr><td>G11</td><td colspan="2">可编程数据输入方式取消</td><td rowspan="2">G40*</td><td rowspan="4">07</td><td rowspan="2">刀具半径补偿取消/三维补偿取消</td></tr>
<tr><td>G15*</td><td rowspan="2">17</td><td colspan="2">极坐标指令取消</td></tr>
<tr><td>G16</td><td colspan="2">极坐标指令</td><td>G41</td><td>左侧刀具半径补偿/三维补偿</td></tr>
<tr><td>G17*</td><td rowspan="3">02</td><td>选择 $X_P Y_P$ 平面</td><td rowspan="3">X_P：X 轴或其平行轴
Y_P：Y 轴或其平行轴
Z_P：Z 轴或其平行轴</td><td>G42</td><td>右侧刀具半径补偿</td></tr>
<tr><td>G18(*)</td><td>选择 $Z_P X_P$ 平面</td><td>G40.1(G150)*</td><td rowspan="3">19</td><td>法线方向控制取消方式</td></tr>
<tr><td>G19(*)</td><td>选择 $Y_P Z_P$ 平面</td><td>G41.1(G151)</td><td>法线方向控制左侧接通</td></tr>
<tr><td>G20</td><td rowspan="2">06</td><td colspan="2">英吋输入</td><td>G42.1(G152)</td><td>法线方向控制右侧接通</td></tr>
<tr><td>G21</td><td colspan="2">毫米输入</td><td>G43</td><td rowspan="2">08</td><td>正向刀具长度补偿</td></tr>
<tr><td>G22*</td><td rowspan="2">04</td><td colspan="2">存储行程检测功能有效</td><td>G44</td><td>负向刀具长度补偿</td></tr>
<tr><td>G23</td><td colspan="2">存储行程检测功能无效</td><td>G45</td><td>00</td><td>刀具偏置量增加</td></tr>
</table>

续 表

G指令	组号	功　能
G46	00	刀具偏置量减少
G47		2倍刀具偏置量
G48		1/2刀具偏置量
G49*	08	刀具长度补偿取消
G50*	11	比例缩放取消
G51		比例缩放有效
G50.1*	22	可编程镜像取消
G51.1		可编程镜像有效
G52	00	局部坐标系设定
G53		选择机床坐标系
G54*	14	选择工件坐标系1
G54.1		选择附加工件坐标系(P1~P48)
G55		选择工件坐标系2
G56		选择工件坐标系3
G57		选择工件坐标系4
G58		选择工件坐标系5
G59		选择工件坐标系6
G60	00/01	单方向定位
G61	15	准确停止方式
G62		自动拐角倍率
G63		攻丝方式
G64*		切削方式
G65	00	宏程序调用
G66	12	宏程序模态调用
G67*		宏程序调用取消
G68	16	坐标旋转/三维坐标转换
G69*		坐标旋转取消/三维坐标转换取消

G指令	组号	功　能
G73	09	排屑钻孔循环
G74		左旋攻丝循环
G76		精镗循环
G80*		固定循环取消/外部操作功能取消
G81		钻孔循环、锪镗循环或外部操作功能
G82		钻孔循环或反镗循环
G83		排屑钻孔循环
G84		攻丝循环
G85		镗孔循环
G86		镗孔循环
G87		背镗循环
G88		镗孔循环
G89		镗孔循环
G90*	03	绝对值编程
G91(*)		增量值编程
G92	00	设定工件坐标系或最大主轴速度限制
G92.1		工件坐标系预置
G94*	05	每分进给
G95		每转进给
G96	13	恒表面速度控制
G97*		恒表面速度控制取消
G98*	10	固定循环返回到初始点
G99		固定循环返回到R点
编程时，前面的0可省略，如G00、G01可简写为G0、G1。		

注：① 带*号的G指令表示接通电源时，即为该G指令的状态。G00、G01；G17、G18、G19；G90、G91由参数设定选择。

② 00组G指令中，除了G10和G11以外其他的都是非模态G指令。

③ 一旦指令了G指令表中没有的G指令，显示报警(NO.010)。

④ 不同组的G指令在同一个程序段中可以指令多个，但如果在同一个程序段中指令了两个或两个以上同一组的G指令时，则只有最后一个G指令有效。

⑤ 在固定循环中，如果指令了01组的G指令，则固定循环将被自动取消，变为G80的状态。但是，01组的G指令不受固定循环G指令的影响。

⑥ G指令按组号显示。

2. 辅助功能 M 指令

M 指令主要用于机床操作时的工艺性指令，如主轴的启停、切削液的开关等。它分为前指令和后指令两类。前指令是指该指令在程序段中首先被执行(不管该指令是否写在程序段前还是段后)，然后执行其他指令；后指令则相反。具体的 M 指令参见表 2.2 所示。

表 2.2　FANUC 0i - MB 系统辅助功能 M 指令

<table>
<tr><th>指令</th><th>功　能</th><th>指令执行类别</th><th>指令</th><th>功　能</th><th>指令执行类别</th></tr>
<tr><td>M00</td><td>程序停止</td><td rowspan="3">后指令</td><td>M30</td><td>程序结束并返回</td><td>后指令</td></tr>
<tr><td>M01</td><td>程序选择停止</td><td>M63</td><td>排屑起动</td><td rowspan="7">单独程序段</td></tr>
<tr><td>M02</td><td>程序结束</td><td>M64</td><td>排屑停止</td></tr>
<tr><td>M03</td><td>主轴正转</td><td rowspan="2">前指令</td><td>M80</td><td>刀库前进</td></tr>
<tr><td>M04</td><td>正转反转</td><td>M81</td><td>刀库后退</td></tr>
<tr><td>M05</td><td>主轴停止</td><td>后指令</td><td>M82</td><td>刀具松开</td></tr>
<tr><td>M06</td><td>刀具自动交换</td><td rowspan="2">前指令</td><td>M83</td><td>刀具夹紧</td></tr>
<tr><td>M08</td><td>切削液开(有些厂家设置为 M07)</td><td>M85</td><td>刀库旋转</td></tr>
<tr><td>M09</td><td>切削液关</td><td>后指令</td><td>M98</td><td>调用子程序</td><td rowspan="2">后指令</td></tr>
<tr><td>M19</td><td>主轴定向</td><td rowspan="2">单独程序段</td><td>M99</td><td>调用子程序结束并返回</td></tr>
<tr><td>M29</td><td>刚性攻丝</td><td colspan="3">编程时，前面的 0 可省略，如 M00、M01 可简写为 M0、M1</td></tr>
</table>

(1) M00 指令　M00 实际是一个暂停指令。当执行有 M00 指令的程序段后，程序停止执行(进给停止，但主轴仍然旋转)。它与单段程序执行后停止相同，模态信息全部被保存，按下"循环启动"按钮，可使加工中心继续运转。利用该指令的暂停功能，可以用来检测加工工件的尺寸，但在执行上述操作时，在 M00 程序段前必须加一个 M05 的程序段，使主轴停转。

(2) M01 指令　M01 指令的作用和 M00 相似，但它必须是在预先按下操作面板上的"程序选择停止"按钮的情况下，当执行完编有 M01 指令的程序段的其他指令后，才会停止执行程序。如果不按下"程序选择停止"按钮，M01 指令无效，程序继续执行。

(3) M02 与 M30　M02 只将控制部分复位到初始状态，表示程序结束；M30 除将机床及控制系统复位到初始状态外，还自动返回到程序开头位置，为加工下一个工件做好准备。

在一个程序段中只能指令一个 M 指令，如果在一个程序段中同时指令了两个或两个以上的 M 指令时，则只有最后一个 M 指令有效，其余的 M 指令无效。

3. 其他指令

(1) 进给速度指令 F。

进给速度指令用字母 F 及其后面的若干位数字来表示，单位为 mm/min(G94 有效)或 mm/r(G95 有效)。例如在 G94 有效时，F100 表示进给速度为 150 mm/min。一旦用 F 指令了，进给速度就一直有效，直到新的 F 指令替代为止，在铣床中用户习惯上用 mm/min 多一些。

(2) 主轴转速指令 S。

主轴转速指令用字母 S 及其后面的若干位数字来表示，单位为 r/min。例如，S500 表示主轴转速为 500 r/min。

(3) 刀具指令 T。

加工中心选刀指令，它由字母 T 及其后面的数字表示，如 T01(编程时前面的 0 可省略，简写为 T1)。

(4) 刀具长度补偿值和刀具半径补偿值指令 H 和 D。

刀具长度补偿值和刀具半径补偿值指令分别由字母 H 和 D 及其后面的数字表示。刀具补偿存储器页面如图 2.3 所示，如 H003(编程时前面的 0 可省略，简写为 H3)，则调用的长度偏置值为−298.561 mm；D003(编程时前面的 0 可省略，简写为 D3)，则调用的半径补偿量为 7 mm。

工具補正　　　　O1058　N00040

番号	形状（H）	摩耗（H）	形状（D）	摩耗（D）
001	−312.039	0.000	5.000	0.000
002	−309.658	0.000	6.000	0.000
003	−298.561	0.000	7.000	0.000
004	−335.175	0.000	8.000	0.000
005	−327.693	0.000	9.000	0.000
006	−297.658	0.000	3.000	0.000
007	−333.621	0.000	3.500	0.000
008	−339.987	0.000	10.000	0.000

現在位置（相对座標）

X　359.389　　Y　−201.026

Z　−362.039

〉_　　OS100%　L　0%

HND　****　***　***　10:58:36

[補 正]　[SETING]　[座標系]　[　]　[（操作）]

图 2.3　刀具补偿存储器页面

二、FANUC 0i-MB 系统程序结构

1. 加工程序的组成

加工程序可分为主程序和子程序，但不论是主程序还是子程序，每一个程序都是由程序名和程序内容组成，程序内容又由若干个程序段组成。每个程序段是由一个或若干个指令字(字是由表示地址的字母和数字、符号等组成)组成，它表示数控机床为完成某一特定动作而需要的全部指令。例如：

```
O1001
N1 G54 M3 S600;
N2 G90 G00 G43 H1 Z100;
…
N80 M30;
```

上面每一行称为一个程序段，N1、G54、M3、S600……都是程序字。

2. 加工程序名

格式为：

O×××× ××××为数字，可以从 0000～9999。存入数控系统中的各零件加工程序名不能相同。

3. 程序段

程序段格式有固定程序段格式和可变程序段格式，其中最常用的为字地址的可变程序段格式，其格式为：

N×…×	G××	X±×…× Y±×…× Z±×…×	M×× T××F×…× S×…×	;
程序段号	准备功能	坐标尺寸	工艺性指令	结束符

4. 程序结束符

FANUC 数控系统的整个程序结束符为“%”。

三、坐标系设定

在切削加工过程中，刀具按照事先编制好的程序指定的路径移动(或相对移动)，因此，需要明确刀具移动的坐标信息。在数控系统中有三种坐标系(机床坐标系、工件坐标系和局部坐标系)可以用于描述刀具坐标信息。

1. 机床坐标系

机床上作为加工基准的特定点称为机床零点，是机床生产厂家对每台机床设置机床坐标系零点。用机床零点作为原点设置的坐标系称为机床坐标系。数控铣床接通电源以后，通过执行返回参考点命令来建立机床坐标系。机床坐标系一旦建立，就保持不变，直到电源关闭为止。

2. 工件坐标系

加工工件时使用的坐标系(编程时所确定)称为工件坐标系。工件坐标系通过对刀预先设置。在图 2.4 中，假如编程的原点选在工件上表面的中心处，那么通过对刀使刀具端面中心与此位置重合，然后把此位置对应的机床坐标值输入到系统中设定工件坐标系(如图 2.5)。

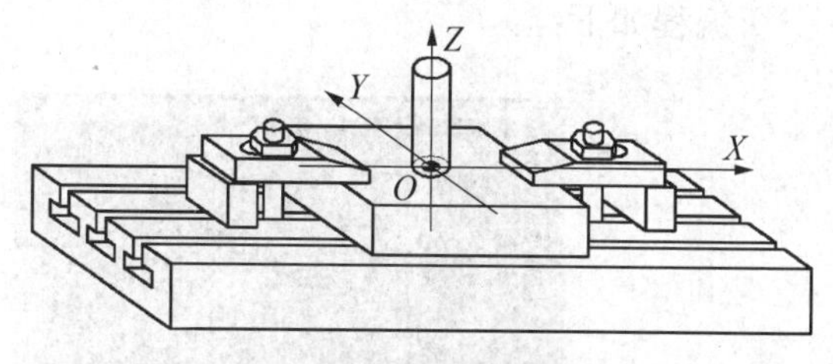

图 2.4　设定工件坐标系

(1) 用 G54～G59 指令选择工件坐标系

G54～G59 指令是在加工前设定的坐标系，通过确定工件坐标系的原点在机床坐标系的位置来建立坐标系，运行时所建立的坐标系与刀具的初始位置无关。G54～G59 可以分别用来选择相应的工件坐标系，在电源接通并返回参考点后，系统自动选择 G54 坐标系(图 2.5 中第二行)，且坐标符号为正；如果选用 G55～G59 设置加工坐标系，进行回参考点操作时，坐标显示为零值，G54～G59 建立坐标系在铣床加工中应用比较广泛。

工件座標系設定　　　　　　　　O1058　N00040

(G54)

番号		数据	番号		数据
00	X	0.000	02	X	502.982
(EXT)	Y	0.000	(G55)	Y	−234.597
	Z	0.000		Z	0.000
01	X	477.961	03	X	492.912
(G54)	Y	−252.160	(G56)	Y	−128.090
	Z	0.000		Z	0.000

) _　　　　　　　　OS100%　L　0%

HND　****　***　***　　10:58:39

[補 正] [SETING] [座標系] [　　] [（操作）]

图 2.5　G54～G56 设置页面

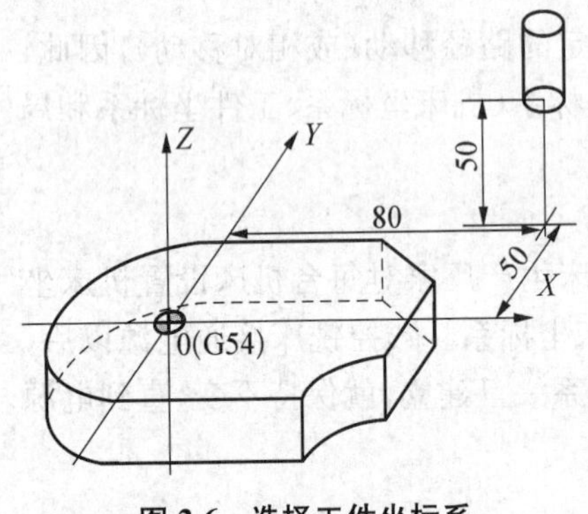

图 2.6　选择工件坐标系

例 2.1　在图 2.6 所示零件坐标原点处加工一个孔径为 12 的通孔(工件厚 13 mm)。刀位点距坐标系原点的尺寸已知,如图 2.6 所示。

根据题目要求,刀具位于拟设定的工件坐标系中(80,50,50)点,假如此时刀具在机床坐标系中的坐标信息如图 2.7(a)所示。点击机床键盘中的 OFFSET SETTING 按键,切换至图 2.7(b)界面。在此界面下,输入 X80,点击 测量 下对应的软键,操作结果如图 2.8(a)所示。依次设置 Y50、Z5,操作结果如图 2.8(b)所示。这样就以刀具当前点为基准,建立了工件坐标系。工件坐标系信息存贮在 G54 寄存器中。

编程如下:

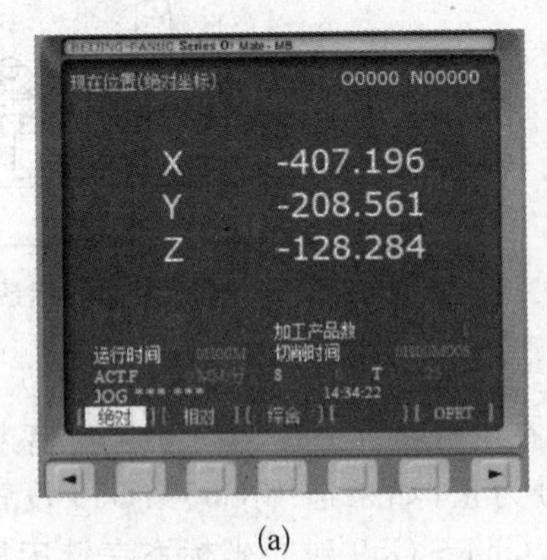

(a)

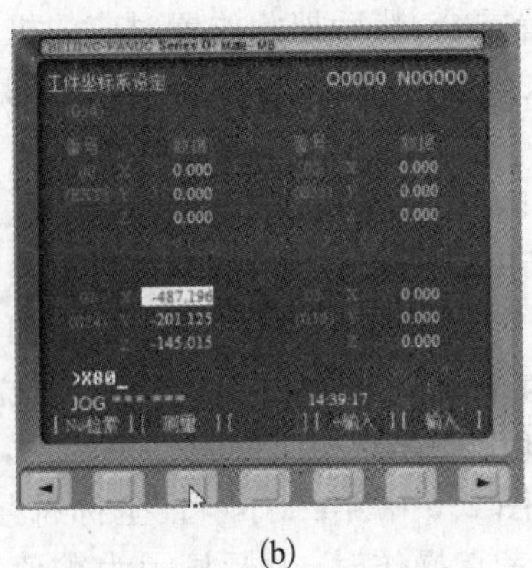

(b)

图 2.7　G54 坐标系设置界面

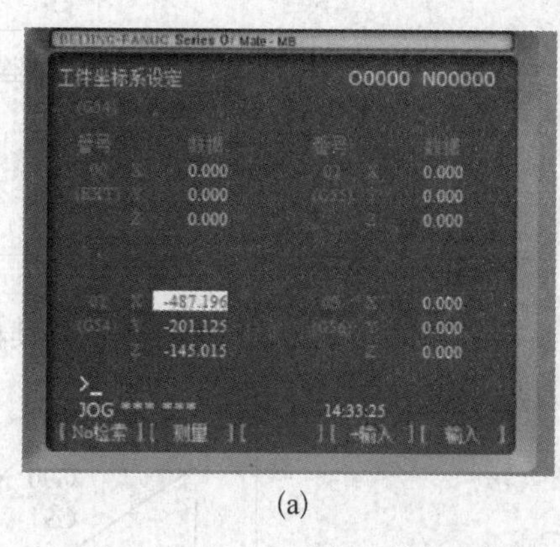
(a)

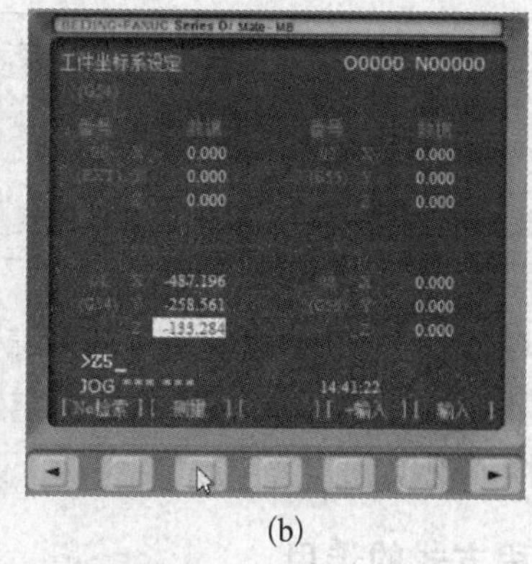
(b)

图 2.8　G54 坐标系设置结果界面

设置好的工件坐标系，在程序中直接通过 G54 调用即可。

编程如下：

O1001;	程序名
M3 S600;	主轴正转，转速 600r/min
G54 G90 G0 G43 H1 Z50;	选择 G54 坐标系，绝对编程，在 Z 方向调入刀具长度补偿
X0 Y0;	快速定位至 G54 对应工件坐标系原点
Z5 M8;	主轴快速下降，切削液开
G91 G1 Z－20 F30;	增量值编程，Z 下降 20 mm 加工孔
G90 G0 Z50 M9;	绝对值编程，Z 快速上升，切削液关
M30;	程序结束

(2) 用 G54.1 P1～P48 指令选择附加工件坐标系

G54.1 P1～P48 指令共有 48 个附加工件坐标系，其使用方法与 G54～G59 指令相同。在上面的例 2.1 中只需把 G54 更改为 G54.1 P1 即可。

利用 G54～G59，G54.1 P1，G54.1 P2，G54.1 P2，…，G54.1 P48 指令建立的工件坐标系、附加工件坐标系，在机床系统断电后并不破坏，再次开机后仍然有效，并与刀具的当前位置无关。

(3) G92 工件坐标系的设定指令

该指令规定共建坐标系原点的指令，工件坐标系原点又称为程序零点，X、Y、Z 坐标值为起刀点在工件坐标系中的初始位置，在执行程序时，刀具是不发生移动的。当 X、Y、Z 不同或改变刀具当前坐标位置时，所设定的工件坐标系的原点位置也不同，也就是说 G92 设定的坐标系与刀具的当前位置有关，因此，在执行 G92 指令时，应调整刀具，将刀位点移动到程序所要求的起刀点上。

编程格式：G92 X＿ Y＿ Z＿;

3. *局部坐标系*

当在工件坐标系中编程时，为了方便编程，可以设定工件坐标系的子坐标系，子坐标系称为局部坐标系，两者的关系如图 2.9 所示。

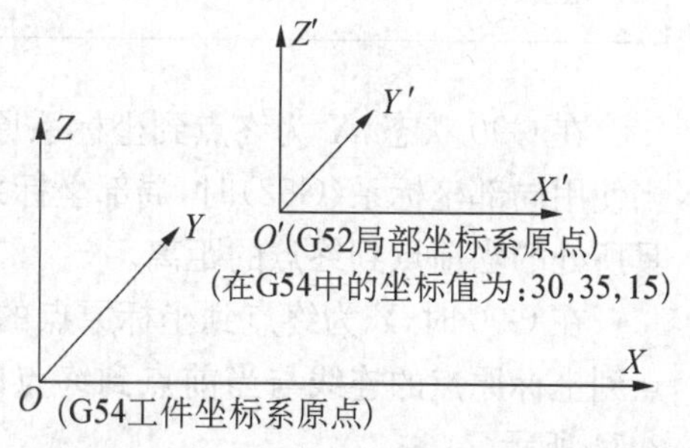

图 2.9　局部坐标系与工件坐标系的关系

编程格式:G52 X__ Y__ Z__	设定局部坐标系。X__ Y__ Z__为局部坐标系原点在工件坐标系中的坐标值
…	
G52 X0 Y0 Z0	取消局部坐标系

当指定 G52 指令(设定或取消局部坐标系)后,就清除了刀具半径补偿、刀具长度补偿等刀具偏置,在后续的程序段中必须重新指定刀具长度补偿,否则会发生撞刀现象。

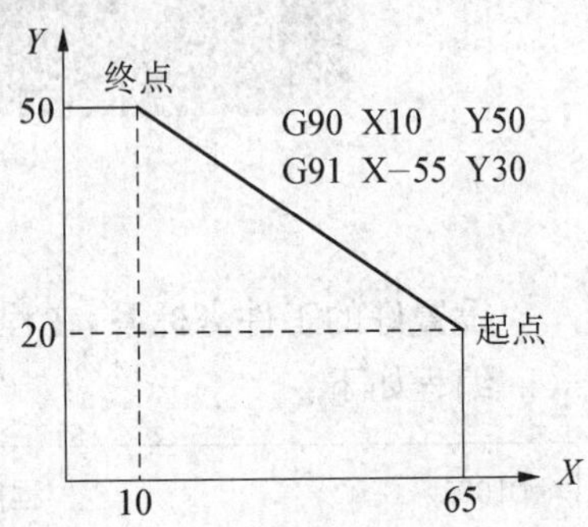

图 2.10 绝对值编程与相对值编程

四、编程方式的选用

1. 绝对值编程与增量值编程

G90 指令按绝对值方式编程,即移动指令终点的坐标值 X、Y、Z 都是以工件坐标系的坐标原点为基准来计算。G91 指令按增量值方式编程,即移动指令终点的坐标值 X、Y、Z 都是相对前一坐标点而言,当前点到终点的方向与坐标轴同向取正,反向取负,如图 2.10 所示。

2. 公制与英制变换

G20、G21 是两个互相取代的 G 指令,一般机床出厂时,将毫米输入 G21 设定为参数缺省状态。用毫米输入程序时,可不再指定 G21;但用英吋输入程序时,在程序开始时必须指定 G20(在坐标系统设定前)。在一个程序中也可以毫米、英吋输入混合使用,在 G20 以下、G21 未出现前的各程序段为英吋输入;在 G21 以下、G20 未出现前的各程序段为毫米输入。G21、G20 具有停电后的续效性,为避免出现意外,在使用 G20 英制输入后,在程序结束前务必加一个 G21 的指令,以恢复机床的缺省状态。

3. 极坐标指令——G15、G16

终点的坐标值可以用极坐标(半径和角度)输入。

在 G17 指令(XY 平面选择指令)有效时,编程格式:

G90(G91) G16	启动极坐标指令(极坐标方式)
G1 (G2、G3) X__ Y__ (R__) F__	第一坐标轴 X 表示终点极坐标半径;第二坐标轴 Y 表示极坐标角度
…	
G15	取消极坐标指令(取消极坐标方式)

在 G90 状态,X 为终点到坐标系原点的距离(工件坐标系原点现为极坐标系的原点)。当使用局部坐标系(G52)时,局部坐标系的原点变成极坐标系的原点。在 G91 状态,X 为刀具所处的当前点到终点的距离。

在 G90 时,Y 为终点到坐标原点的连线与 $+X$ 方向之间的夹角。在 G91 时,Y 为当前点到坐标原点的连线与当前点到终点的连线之间的夹角。“+”逆时针、“−”顺时针,如图 2.11 所示。

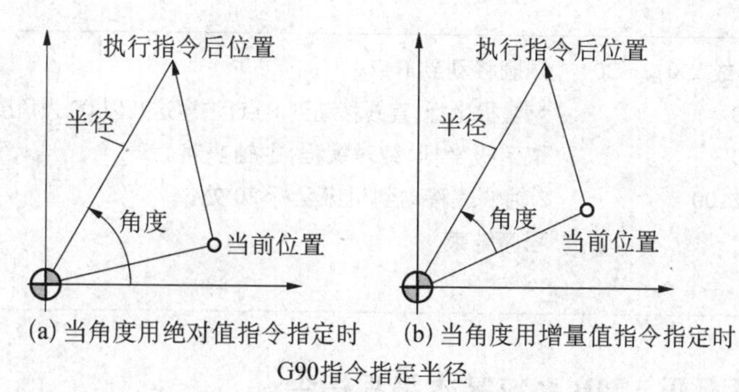

(a) 当角度用绝对值指令指定时　(b) 当角度用增量值指令指定时

G90指令指定半径

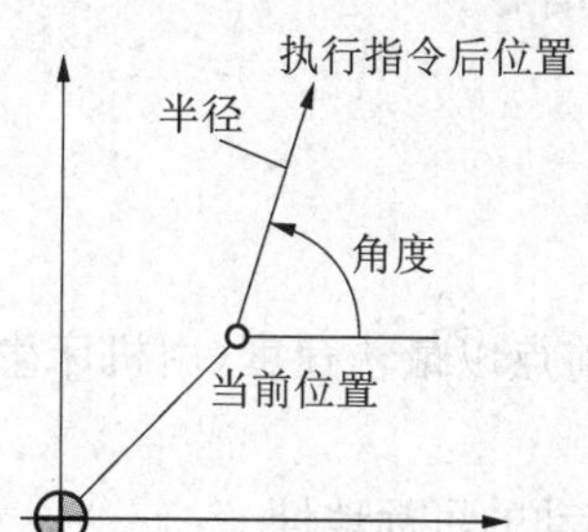

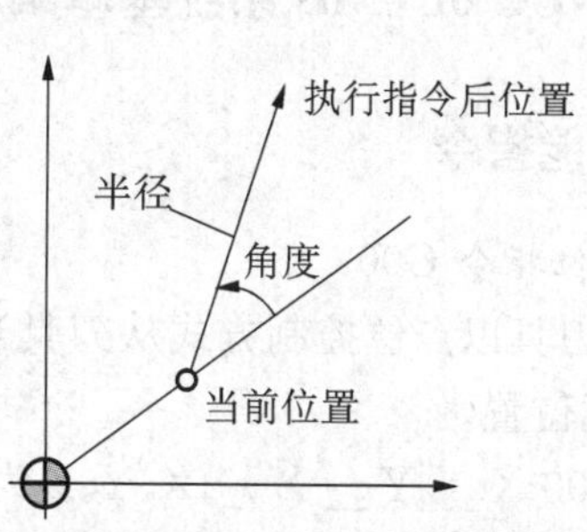

(c) 当角度用绝对值指令指定时　(d) 当角度用增量值指令指定时

G91指令指定半径

图 2.11　绝对/增量下角度与半径变化

例 2.2　对图 2.12 中的 $A \to E$ 用极坐标指令编程。程序为：

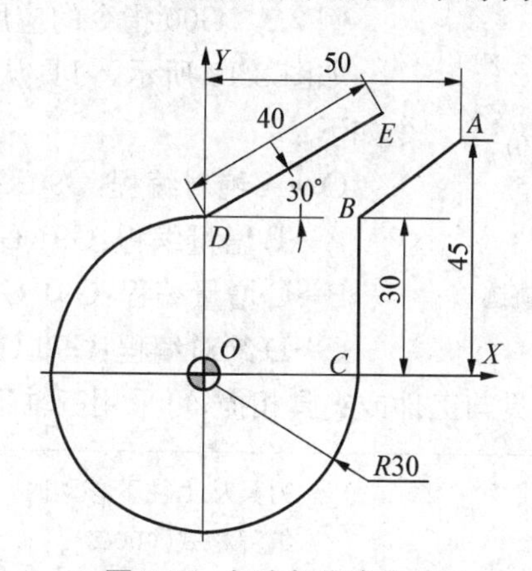

图 2.12　极坐标指令举例

%	
O1004	程序名
N10 G54 M3 S600	选择 G54 工件坐标系，主轴正转，转速 600 r/min
N20 G90 G0 Z30	绝对编程，快速移动到 Z30
N30 X50 Y45	刀具快速移动至 A 点上方
N40 G1 Z－2 F100	在 A 点下刀深度 2 mm，进给速度为 100 mm/min
N50 G16 X42.426 Y45	极半径为 $30\sqrt{2}$，角度为逆时针旋转 45°，直线移动到 B 点
N60 X30 Y0	直线移动到 C 点

```
N70 G2 X30 Y-270(或 Y90)R-30         顺圆移动到 D 点
N80 G91 G1 X40 Y30                   增量极坐标,直线移动到 E 点(注意这儿以 OD 为角度度量起始位置)
N90 G15 G90 G0 Z50                   取消极坐标,绝对编程,主轴快速上升
N100 G28X100Y100Z100                 Z 轴快速移动到机床坐标 Z0 处
N110 M30                             程序结束
%
```

2.3.3 FANUC 0i-MB 系统基本编程指令

一、插补功能指令

1. 快速点定位指令 G00

G00 指令使刀具以点位控制方式从刀具当前点以最快速度(由机床生产厂家在系统中设定)运动到目标位置。

编程格式:G00 X__ Y__ Z__;X、Y、Z 为移动的目标地址

G00 运动轨迹不一定是两点一线,而有可能是一条折线(是直线插补定位还是非直线插补定位,由参数 No.1401的第 1 位所设定),执行 G00 指令时不能对工件进行加工。

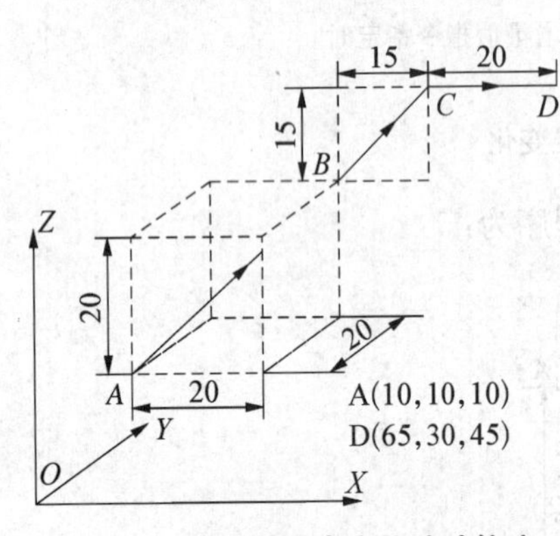

图 2.13 G00 快速点定位移动轨迹

例 2.3 G00 指令的应用。

如图 2.13 所示,刀具从 A→B→C→D 快速移动指令如下:

O→A 绝对编程:G90 G00 X10 Y10 Z10;

A→B 增量编程:G91 G00 X20 Y20 Z20;

B→C 增量编程:G91 G00 X15 Y0 Z15;

C→D 绝对编程:G90 G00 X65 Y30 Z45;

在执行 G00 时为避免刀具与工件或夹具相撞,可采用三轴不同段编程的方法,即

刀具从上往下移动时: 编程格式:G00 X__ Y__; Z__;	刀具从上往下移动时: 编程格式:G00 Z__; X__ Y__;

即刀具从上往下时,先在 *XY* 平面内定位,然后 *Z* 轴下降;刀具从下往上时,*Z* 轴先上升,然后再在 *XY* 平面内定位。

2. 直线插补指令 G01

G01 指令使刀具按 F 指令的速度从当前点运动到目标位置。

编程格式:G01 X__ Y__ Z__ F__;

G01 用于斜线或直线运动,使机床在各坐标平面内切削任意斜率的直线轮廓和用直线段逼近的曲线轮廓,移动速度是由进给功能指令 F 设定。G 指令和 F 指令都为模态指令,如

果在 G01 之前的程序段出现了 F,则应用时可以省略 F;如果 G01 之前的程序段没有出现 F,而且当前程序段也没有 F,则机床不运行。

例 2.4 G01 指令的应用(举例编程时不考虑刀具直径和进给深度)。

如图 2.14 所示,刀具从 O 点快速移动到 A 点,然后沿 A→B→C→A 工进,之后,再由 A→O 快速移动,程序如下:

O→A 绝对编程:G90 G00 X10 Y10;

A→B:G90 G01 X30 Y50 F100;(或 G91 G01 X10 Y10 F100;)

B→C:G90 G01 X50 Y30 F100;(或 G91 G01 X20 Y40 F100;)

C→A:G90 G01 X10 Y10 F100;(或 G91 G01 X20 Y-20 F100;)

A→O:G90 G00 X0 Y0;(或 G91 X-10 Y-10;)

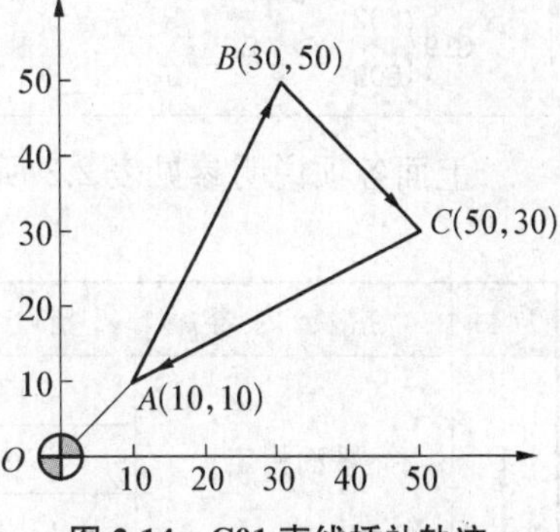

图 2.14 G01 直线插补轨迹

3. 圆弧插补指令 G02、G03 与平面选择指令 G17、G18、G19

G02 指令表示在指定平面顺时针插补,G03 指令表示在指定平面逆时针插补。圆弧顺、逆方向的判别方法:沿着圆弧所在平面的垂直轴,从正方向看向负方向,看到的是顺时针,则用 G02 指令,看到的是逆时针圆弧,则用 G03 指令。平面选择指令与圆弧插补指令的关系,如图 2.15 所示。

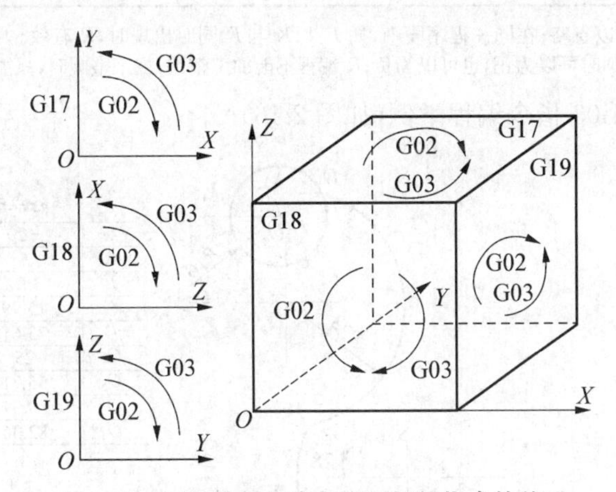

图 2.15 平面选择指令与圆弧插补指令的关系

编程格式:

(1) 在 XY 平面上的圆弧

$$G17\begin{Bmatrix}G02\\G03\end{Bmatrix}X\_\ Y\_\begin{Bmatrix}R\_\\I\_\ J\_\end{Bmatrix}F\_;$$ (G17 可省略)

(2) 在 ZX 平面上的圆弧

$$G18\begin{Bmatrix}G02\\G03\end{Bmatrix}X\_\ Z\_\begin{Bmatrix}R\_\\I\_\ K\_\end{Bmatrix}F\_;$$

(3) 在 YZ 平面上的圆弧

$$G19\begin{Bmatrix}G02\\G03\end{Bmatrix}Y\_\ Z\_\begin{Bmatrix}R\_\\J\_\ K\_\end{Bmatrix}F\_;$$

上面各项说明参见表 2.3 所示。

表 2.3 平面指定与圆弧插补

项目	指令内容	指令	意义
1	平面指定	G17	指定 XY 平面
		G18	指定 ZX 平面
		G19	指定 YZ 平面
2	旋转方向	G02	顺时针旋转(CW)
		G03	逆时针旋转(CCW)
3	坐标指定方式	G90	工件坐标系的终点位置
		G91	终点相对于起始点的坐标增量
4	圆弧的圆心坐标	I、J、K	圆心相对于圆弧起始点的坐标增量，与 G90 无关
	圆弧半径	R	圆弧半径，0°＜圆心角≤180°时取正，180°≤圆心角＜360°时取负
5	进给速度	F	刀具进给速度

注：① I、J、K 为零时可以省略；在同一程序段中，如 I、J、K 与 R 同时出现时，R 有效。
② 用 R 编程时，加工半圆时可以为正，也可以为负；R 编程不能加工整圆，加工整圆时，只能用圆心坐标 I、J、K 编程。

例 2.5 用 G02、G03 指令编程举例(如图 2.16)。

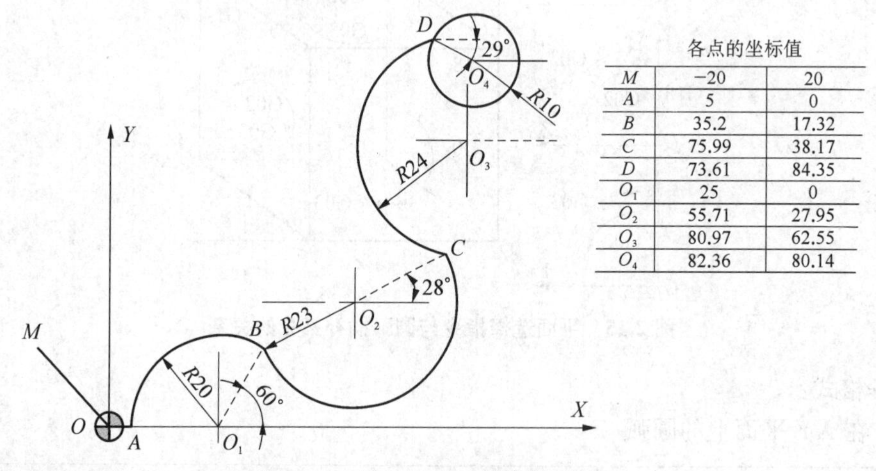

各点	X	Y
M	−20	20
A	5	0
B	35.2	17.32
C	75.99	38.17
D	73.61	84.35
O_1	25	0
O_2	55.71	27.95
O_3	80.97	62.55
O_4	82.36	80.14

图 2.16 用 G02、G03 指令编程举例

程序如下：

```
%
O1005                    程序名
N10 G54 M3 S600          选择 G54 工件坐标系，主轴正转，转速 600 r/min
```

N20 G90 G0 Z35	绝对编程,快速移动到 Z35
N30 X-20 Y20	刀具快速移动到 M 点上方
N40 Z2	快速下降
N50 G1 Z-2 F30	刀具沿-Z 方向进给,加工到 Z-2,进给速度为 30 mm/min
N55 X0 Y0	刀具以 30 mm/min 的进给速度加工至点 O
N60 X5 Y0 F100	刀具以 100 mm/min 的速度直线插补到点 A
N70 G2 X35.2Y17.32 R20 F50	刀具以 50 mm/min 的速度顺时针圆弧插补到点 B
(或 N70 G2 X35.2Y17.32 I25 J0 F50)	
N80 G3 X75.99Y38.17 R-23	刀具以 50 mm/min 的速度逆时针圆弧插补到点 C
(或 N80 G3 X75.99Y38.17 I20.52 J10.63)	
N90 G91 G2 X-2.38Y46.18 R24	增量值编程,刀具以 50 mm/min 的速度顺时针圆弧插补到点 D
(或 N90G91G2 X-2.38Y46.18 I4.98 J24.38)	
(或 N90G90 G2 X73.61 Y84.35 I4.98 J24.38)	
N100 G90 G3 X73.61 Y84.35 I8.75 J-4.21	绝对值编程,刀具以 50 mm/min 的速度逆时针走整圆
N110 G0 Z50	Z 轴快速上移
N120 G90 Z0	Z 轴快速移动到工件坐标系 Z0 处
N130 M30	程序结束
%	

在加工圆弧轮廓时,切削点的实际进给速度 F_T 并不一定等于编程设定的刀具中心点进给速度 F。由图 2.17 可知在直线轮廓切削时,$F=F_T$;在凹圆弧轮廓切削时,$F_T=\dfrac{R_{轮廓}}{R_{轮廓}-R_{刀具}}F>F$;在凸圆弧轮廓切削时,$F_T=\dfrac{R_{轮廓}}{R_{轮廓}+R_{刀具}}F<F$。在凹圆弧轮廓切削时,如果 $R_{轮廓}$ 与 $R_{刀具}$ 很接近,则 F_T 将变得非常大,有可能损伤刀具或工件。因此,要考虑圆弧半径对进给速度的影响,在编程时对切削圆弧处的进给速度做必要的修调。具体按下面的计算式进行。

切削凹圆弧时的编程速度:$F_{凹圆弧}=\dfrac{R_{轮廓}-R_{刀具}}{R_{轮廓}}F_{直线}$

切削凸圆弧时的编程速度:$F_{凸圆弧}=\dfrac{R_{轮廓}+R_{刀具}}{R_{轮廓}}F_{直线}$

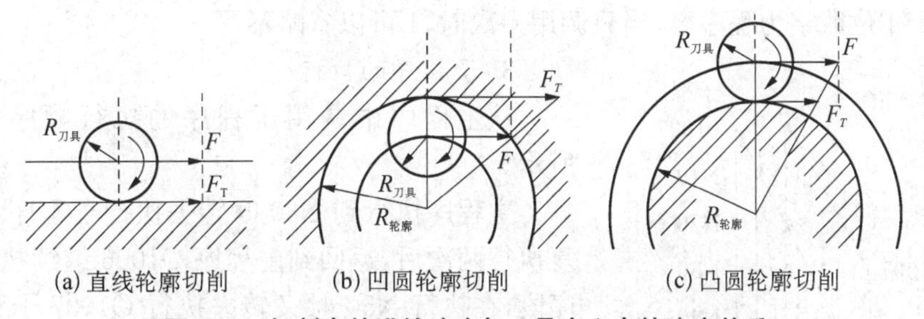

(a) 直线轮廓切削　(b) 凹圆轮廓切削　(c) 凸圆轮廓切削

图 2.17　切削点的进给速度与刀具中心点的速度关系

二、子程序调用指令

在编制工件的加工程序时,如果存在某些程序段重复出现的情况,为了简化程序,可以把这些重复的内容抽出，按一定格式编成一个独立的程序即子程序，然后像主程序一样将它输入到程序存储器中。主程序在执行过程中如果需要某一子程序，可以通过调用子程序指令 M98 执行子程序，执行完子程序后用返回子程序指令 M99 返回到主程序，继续执行后面的程序段。在 FANUC 0i－MB 系统中，子程序还可以调用另一个子程序，嵌套深度为 4 级（如图 2.18），最多可重复调用下一级子程序 999 次。

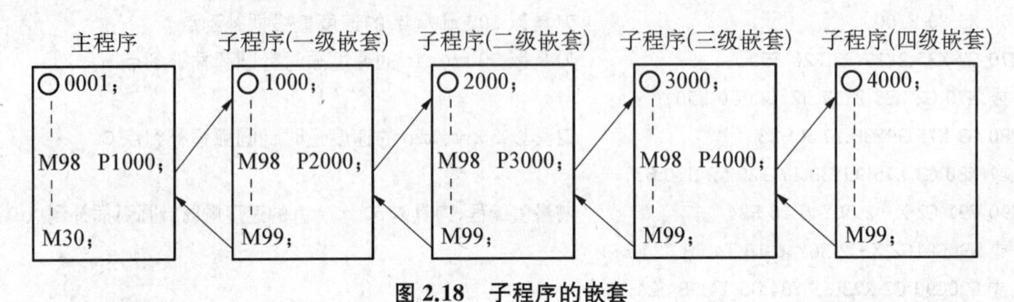

图 2.18 子程序的嵌套

1. 子程序的格式

子程序的编写与一般程序基本相同，只是程序结束符为 M99，表示子程序结束并返回。

O××××	子程序名，由 4 位数字组成。在引用子程序时为避免过切，可不必作为独立的程序段，可放在第一个程序段的段首，如：O1234 N10 G91 G1 Z－5 F50；
N10 …	
…	
N… M99	M99 可不必作为独立的程序段，可放在最后一个程序段的段尾，如：N60 X100 Y60 M99；

2. 子程序的调用

调用子程序的程序段编程格式：

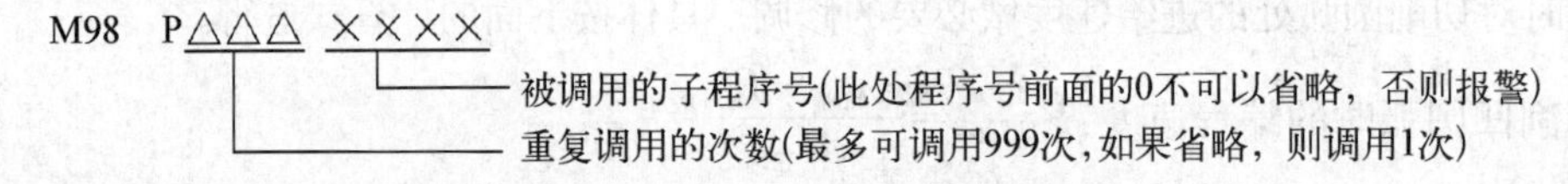

例如：M98 P20025 表示调用程序名为 O0025 的子程序 2 次；M98 P0025 表示调用程序名为 O0025 的子程序 1 次；M98 P4023 则表示调用程序名为 O4023 的子程序 1 次，P 后面的最后 4 位数字为程序名，当只调用一次时，1 可以省略不写。

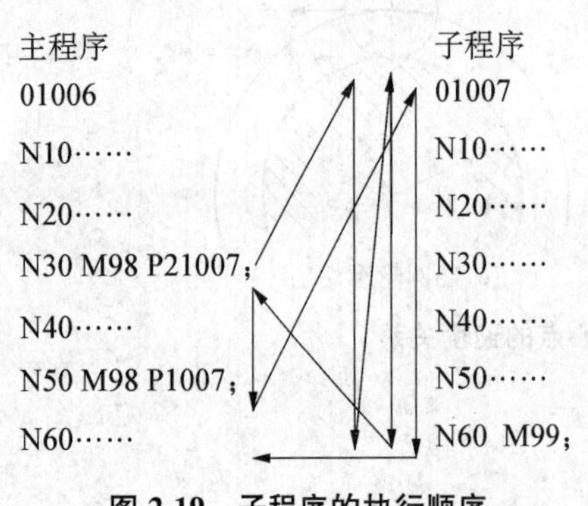

图 2.19 子程序的执行顺序

3. 子程序的执行

从主程序中调用子程序的执行顺序如图 2.19 所示。

主程序执行到 N30 时转去执行子程序 O1007，重复执行两次后，返回到主程序 O1006 继续执行 N40 程序段，在执行 N50 时又转去执行 O1007 子程序一次，返回到主程序 O1006 后继续执行 N60 及其后面的程序段。从子程序中调用子程序时，与从主程序调用子程序时相同。

三、刀具补偿指令

1. 刀具长度补偿指令——G43、G44、G49

刀具长度补偿指令一般用于刀具轴向（Z 方向）的补偿，它将编程时的刀具长度和实际使用的刀具长度之差设定于刀具偏置存储器中（如图 2.3），用 G43 或 G44 指令补偿这个差值而不用修改程序。图 2.20 为加工时所用的部分刀具，它们的长度各不相同，为每把刀具设定一个工件坐标系也是可以的（FANUC 0i - MB 系统可以设置 54 个工件坐标系），但通过刀具的长度补偿指令在操作上更加方便。

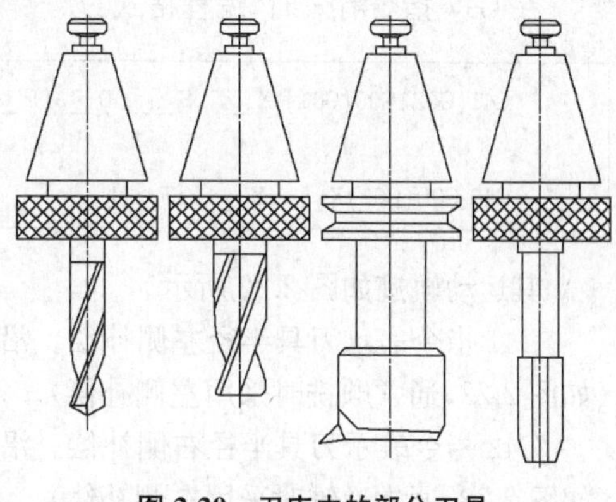

图 2.20　刀库中的部分刀具

建立长度补偿编程格式：

```
{G43} Z__ H__;
{G44}
…
G49 Z__;
```

G43 指令表示刀具长度正方向补偿，G44 指令表示刀具长度负方向补偿，G49 指令表示取消刀具长度补偿。使用 G43、G44 指令时，不管是 G90 指令有效还是 G91 指令有效，刀具移动的最终 Z 方向位置，都是程序中指定的 Z 与 H 指令的对应偏置量进行运算（如图 2.21），G43 时相加，G44 相减。例如，H 代码中的偏置值为 a，执行 G43 时，Z 实际值＝指令值＋a；执行 G44 时，Z 实际值＝指令值－a，计算后的坐标值为终点坐标。H 指令对应的偏置量在设置时可以为“＋”，也可以为“－”，它们的运算关系如图 2.21 所示，编程时一般使用 G43 指令。

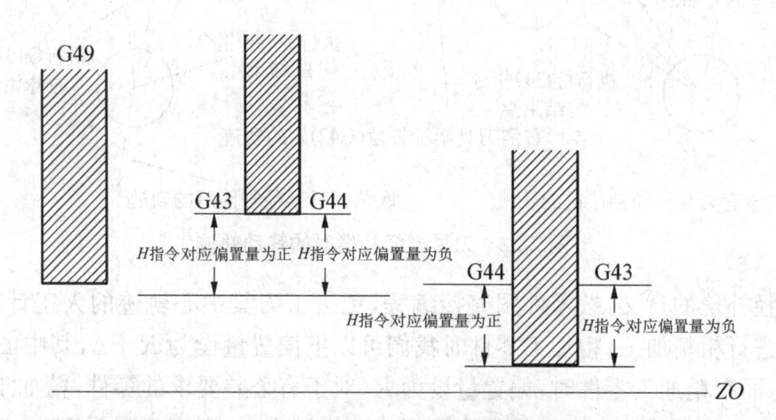

图 2.21　G43、G44 与 H 指令对应偏置量的运算结果

2. 刀具半径补偿指令——G40、G41、G42

在加工工件轮廓时，当用半径为 R 的圆柱铣刀加工工件轮廓时，如果数控系统不具备刀具补偿功能，那么编程人员必须要按照偏离轮廓距离为 R 的刀具中心运动轨迹的数据来编程，其运算过程比较复杂，且容易出错；如果刀具磨损后，刀具的半径减少，此时就要按新

的刀具中心轨迹进行编程，否则加工出来的零件要人为增加一个余量（即刀具的磨损量）。对于有刀具半径补偿功能的数控系统，却不必求刀具中心的运动轨迹，只需按被加工工件轮廓轨迹编程，同时在程序中给出刀具半径的补偿指令，数控系统自行计算后，偏置一定的距离（如刀具半径或其他设定值）后进行走刀，这样就可加工出具有轮廓曲线的零件，使编程和计算工作大大简化。

在 G17 指令有效时，编程格式：

```
G41(G42)G00(G01) X__  Y__  D__(F__)
…
G40 G00(G01)X__  Y__  (F__)
```

其运动轨迹如图 2.22 所示。

G41 指令表示刀具半径左侧补偿。沿刀具进给方向看去，刀具中心在零件轮廓的左侧（如图 2.22，通常顺铣时采用左侧补偿）。

G42 指令表示刀具半径右侧补偿。沿刀具进给方向看去，刀具中心在零件轮廓的右侧（如图 2.22，通常逆铣时采用右侧补偿）。

G40 指令表示刀具半径补偿取消。当 G41 或 G42 程序完成后用 G40 程序段消除偏置值，从而使刀具中心与编程轨迹重合。

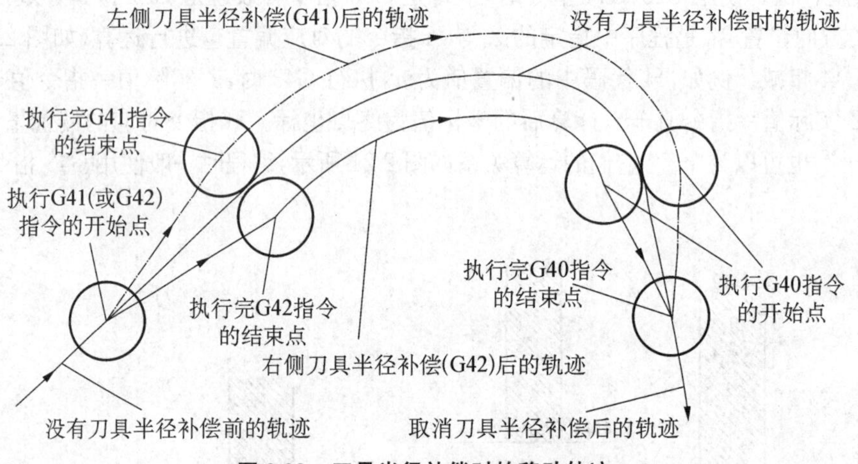

图 2.22　刀具半径补偿时的移动轨迹

刀具半径补偿的意义：按零件图直接编程，免去了刀具中心轨迹的人工计算；利用同一加工程序去进行粗精加工，粗加工零件时我们可以把偏置量设为 $R+\Delta$，其中 Δ 为精加工前的加工余量，而在精加工零件时，偏置量设为 R（对于有公差要求的零件，精加工时的偏置量应设置为 R+平均偏差/2）；当刀具发生磨损或更换刀具时，程序不需要修改，只需要在系统参数中更改有关半径补偿量（图 2.3 中 D 所对应的值）即可；进行模具的阴、阳模加工时，也可采用同一个加工程序，只需修改刀补方向和刀补量就行。

使用刀具半径补偿指令时应注意：

(1) 从无刀具补偿状态进入刀具半径补偿方式时，或在撤消刀具半径补偿时，刀具必须移动一段距离。

(2) 在执行 G41、G42 及 G40 指令时，其移动指令只能用 G01 或 G00，而不能用 G02 或 G03。

(3) 为了保证切削轮廓的完整性、平滑性，特别在采用子程序分层切削时，注意不要造成欠切或过切的现象。内、外轮廓的走刀方式如图 2.23 所示。具体为：用 G41 或 G42 指令进行刀具半径补偿→走过渡段→轮廓切削→走过渡段→用 G40 指令取消刀具半径补偿。

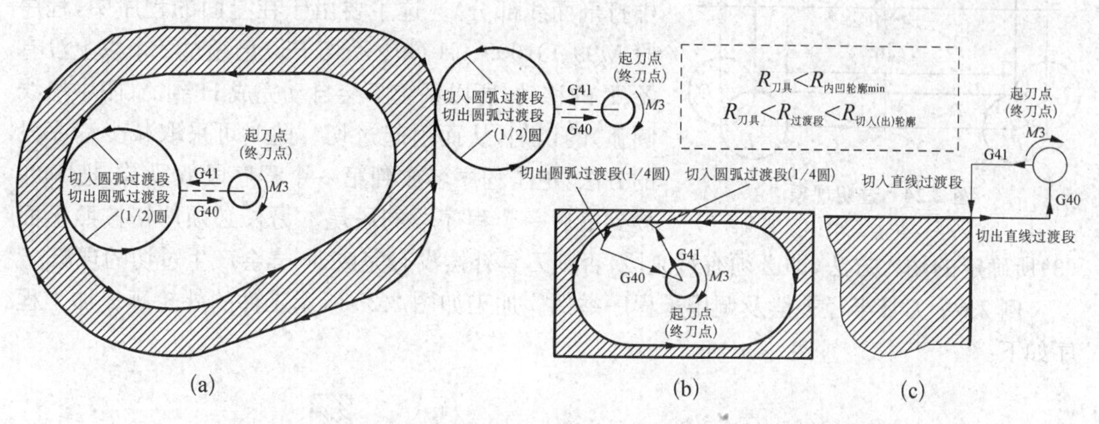

图 2.23　内、外轮廓刀具半径补偿时的切入、切出(图中都为顺铣)

(a) 轮廓尺寸较大时的过渡段；(b) 轮廓尺寸较小时的过渡段；(c) 轮廓有交角时的过渡段。

(4) 切入点应选择那些在 XY 平面内最左(或右)、最上(或下)的点(如圆弧的象限点等)或相交的点。

(5) 用 G18、G19 指令平面时(用球铣刀切削曲面)，注意 G41 与 G42 指令的左、右偏方向。

(6) 在刀具半径补偿的切削程序段中，即从 G41(或 G42)开始的程序段到 G40 结束的程序段之间，FANUC 系统对处理 2 个或更多刀具在平面内不移动的程序段(如暂停、M99 返回主程序、子程序名、第三轴移动等等)，刀具将产生过切现象。如用 ϕ10 mm 立铣刀对图 2.24 所示矩形进行轮廓铣削，轮廓深 10 mm，分两次走刀，程序如下：

```
%
O1008                   主程序名
N10 G54  M3 S600        选择坐标系，主轴正转换上 1 号刀
N20 G90 G0 G43 H1 Z100  引入长度补偿
N30 X-30 Y25 Z1         到达起刀点
N40 G41X-20 Y12.5 D1    引入刀具左侧半径补偿
N50 M98 P21009          调用 O1009 子程序 2 次
N60 G0 Z100             主轴上升
N70 Y20                 过渡段
N80 G40 X-30            取消半径补偿
N90 Z0                  取消长度补偿，到机床坐标 Z0
N100 M30                程序结束
%
```

```
%
O1009                   子程序名
N10 G1 G91 Z-5 F30      在 A 点处沿-Z 增量切削
N20 G90 X20 F100        到 B 点(B 到 C 自动完成)
N30 Y-12.5              到 D 点(D 到 E 自动完成)
N40 X-20                到 F 点(F 到 G 自动完成)
N50 Y12.5               到 H 点
N60 M99                 子程序结束并返回
%
子程序 O1009 修改为：
N10 O1009 G1 G91 Z-5 F30
N20 G90 X20 F100
N30 Y-12.5
N40 X-20
N50 Y12.5 M99
%
```

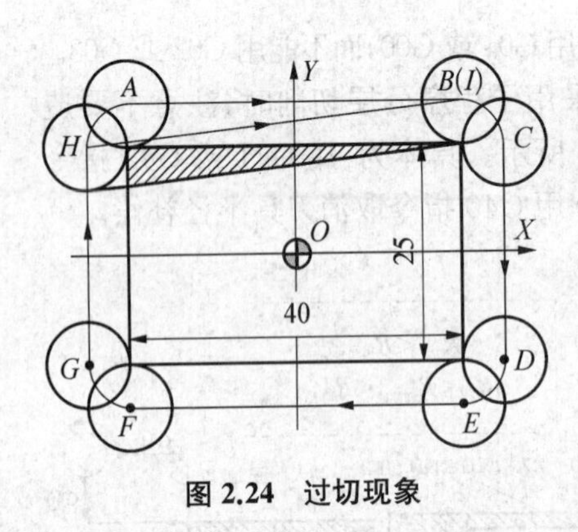

图 2.24 过切现象

在编制程序时，如果把刀具半径补偿引入与取消的程序段放在主程序中(在加工平面凸轮的槽时必须这样)，那么当调用子程序(加工轮廓的程序)的次数超过1次，在切削第2次的时候就会出现过切现象(图2.24中打剖面线部分)。这主要由于在上面的程序中，程序段M99、O1009、G1 G91 Z－5 F30已超过2个以上没有X、Y的移动，所以系统不会自动完成H到A(图中黑线圆弧)的切削，从而引起过切。此时可采取减少程序段的方法，把子程序名放到第一个程序段的段首，把M99放到最后一个程序段的段尾。另外必须严格按照上面(3)所确定的切入方法，即必须有过渡段，否则刀具补偿没有完成，同样会产生过切的现象。

例 2.6 刀具半径补偿及调用子程序举例。加工如图2.25所示工件的外轮廓。加工程序如下：

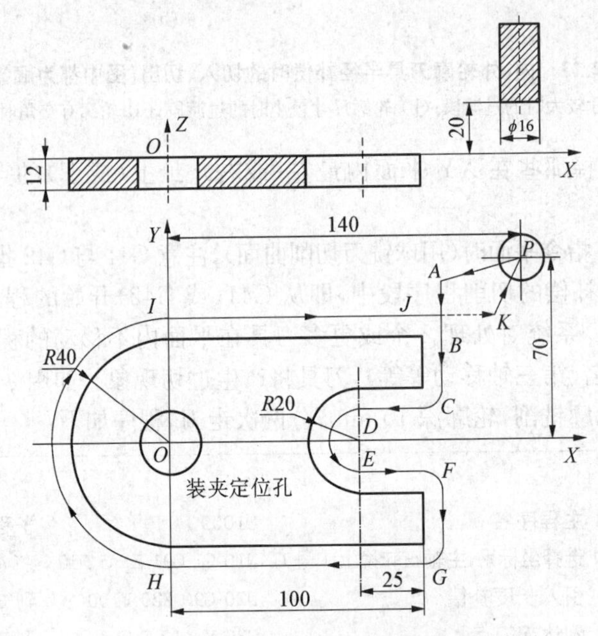

图 2.25 刀具半径补偿及调用子程序举例

主程序：

```
%
O1010                    程序名
N10 G54 M3 S600          选择坐标系，主轴正转，转速 600 r/min，ϕ16 mm 键槽铣刀
N20 G90 G0 Z50
N30 X140 Y70             刀具快速移动到 P 点上方
N40 Z2 M8                快速下降，切削液开
N50 G1 Z－6 F50          进给到 Z－6
N60 M98 P1011            调用 O1011 子程序一次
```

```
N70 G1 Z-13 F50            进给到 Z-13
N80 M98 P1011              调用 O1011 子程序一次
N90 Z100 M9                Z 轴快速上移,切削液关
N100 G90 Z0                Z 轴快速移动到机床坐标 Z0 处
N110 M30                   程序结束
%
```

子程序：

```
%
O1011                      子程序名
N10 G0 G41 X100Y50 D1      刀具左侧补偿,快速移动到点 A,引入刀具半径补偿
N20 G1 Y40 F100            刀具以 100 mm/min 的速度直线插补到点 B(走过渡段)
N30 Y20                    到点 C
N40 X75                    到点 D
N50 G3 Y-20 R20 F60        逆圆到点 E
N60 G1 X100 F100           到点 F
N70 Y-40                   到点 G
N80 X0                     到点 H
N90 G2 Y40 R40 F120        顺圆到点 I
N100 G1 X100 F100          到点 B
N110 X140                  到点 J
N120 G40 G0 Y70            取消刀具半径补偿,快速到点 P
N130 M99                   子程序结束并返回到主程序
%
```

3. 用程序输入补偿指令——G10

H 的几何补偿值编程格式：G10 L10 P __ R __;

H 的磨损补偿值编程格式：G10 L11 P __ R __;

D 的几何补偿值编程格式：G10 L12 P __ R __;

D 的磨损补偿值编程格式：G10 L13 P __ R __;

P：刀具补偿号，即图 2.3 中的“番号”。

R：刀具补偿量。① 在 G90 有效时，*R* 后的数值直接输入到图 2.3 中相应的位置；② 在 G91 有效时，*R* 后的数值与图 2.3 中相应位置原有的数值相叠加，得到一个新的数值替换原有数值。

2.4 项目实施

2.4.1 零件工艺分析

1. 零件分析

图 2.1 零件为外轮廓平面零件，零件结构合理，尺寸精度要求较高，所用的材料为 45＃

钢，材料硬度适中，采用数控铣床加工。

2. 加工方案选择

根据零件形状及加工精度的要求，一次装夹完成所有加工内容，毛坯六面为已加工表面，所以在加工外轮廓时，以底面为基准，采用先粗后精的原则。

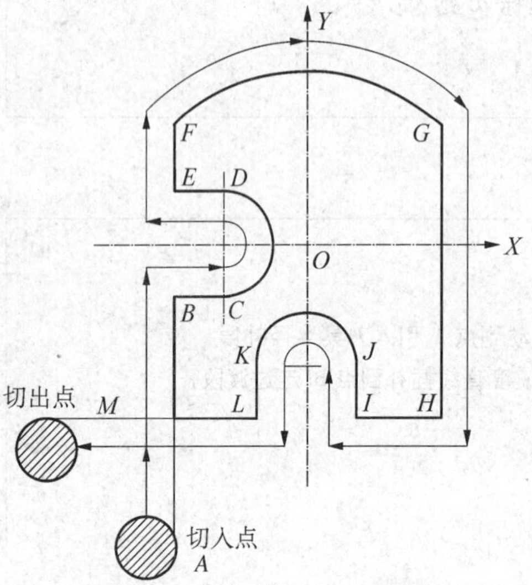

3. 装夹方案

零件毛坯六面已事先加工好，所以装夹时，采用精密平口钳，在定位基面加上合适的垫块。

4. 确定加工顺序及走刀路线

外轮廓的加工可采用顺铣方式，刀具沿延长线方式切入与切出，提高加工效率，其加工路线如图 2.26 所示。

图 2.26　外轮廓平面零件加工路线

5. 刀具及切削用量的选择

该零件属于外轮廓平面零件切削，选用直径为 ϕ16 mm 的立铣刀进行粗、精加工，切削用量见工艺文件。

6. 填写工艺卡片

外轮廓零件数控加工工序卡片见表 2.4 所示。

表 2.4　外轮廓零件数控加工工序卡片

××工厂	数控加工工序卡片		产品代号		零件名称	零件图号
					平面类轮廓零件	J-1
工艺序号	程序编号	夹具名称	夹具编号		使用设备	车间
		平口钳			TK7650	
工步号	工步内容		刀具号	刀具规格	主轴转速 (r/min)	进给速度 (mm/min)	背吃刀量 (mm)
1	粗加工外形轮廓留侧余量 0.2		T01	ϕ16 立铣刀	1 000	150	10
2	精加工外形轮廓		T01	ϕ16 立铣刀	1 800	100	0.2
编制		审核	批准		共　页　第　页		

2.4.2　加工程序编制

1. 编程坐标系原点的选择

以工件上表面几何中心作为编程原点。

2. 程序编制

其加工程序见表 2.5 所示。

表 2.5　外轮廓平面铣削数控加工程序

	加工程序	程序注释
	O1012	程序名
起始程序	N10 G90 G94 G21 G17 G40；	程序初始化
	N30 G54 M03 S1000 F150；	主轴转动，1 000 r/min
外轮廓零件轨迹加工内容	N40 G00 X－70 Y－80 Z30 M08；	刀具快速定位到起到点，且在工件上方 30 mm
	N50 G01 Z－10；	背吃刀量 10 mm
	N60 G41 G01 X－40 Y－80 D01；	延长线上建立刀补，移动到 *A* 点
	N70 Y－15；	切削到 *B* 点
	N80 X－25；	直线插补到 *C* 点
	N90 G03 Y15 R15；	加工 *CD* 圆弧
	N100 G01 X－40；	直线插补到 *E* 点
	N110 Y34.72；	直线插补到 *F* 点(－40,34.72)
	N120 G02 X40 R60；	圆弧插补 *FG* 圆弧
	N130 G01 Y－50；	直线插补到 *H* 点
	N140 X15；	直线插补到 *I* 点
	N150 Y－35；	直线插补到 *J* 点
	N160 G03 X－15 R15；	圆弧插补 *JK* 圆弧
	N170 G01 Y－50；	直线插补到 *L* 点
	N180 X－60；	沿轮廓延长线切出到 *M* 点
	N190 G40 G01 X－80 Y－80 M09	取消刀补
结束程序	N200 G91 G28 Z0；	返回 *Z* 向参考点
	N210 M30；	程序结束

3. 刀具运动轨迹及仿真加工结果

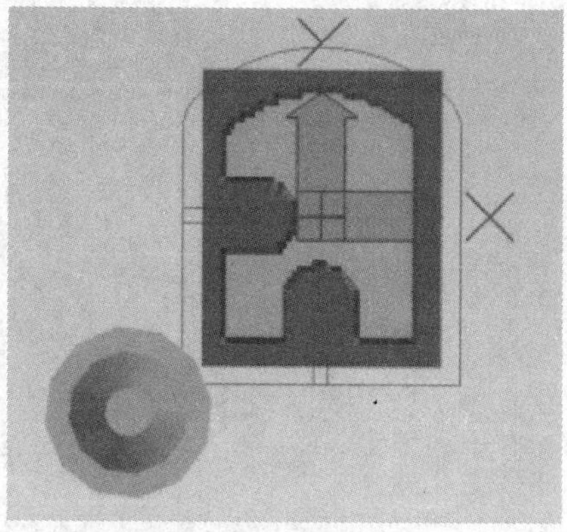

扫一扫可见
仿真加工视频

图 2.27　刀具运动轨迹及仿真加工结果图

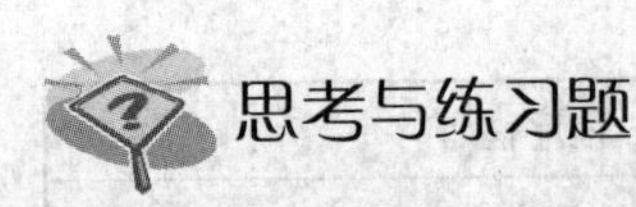

思考与练习题

完成图 2.28 所示零件外轮廓的工艺设计与编程，毛坯尺寸为 120 mm×100 mm×25 mm，材料为 45＃钢。

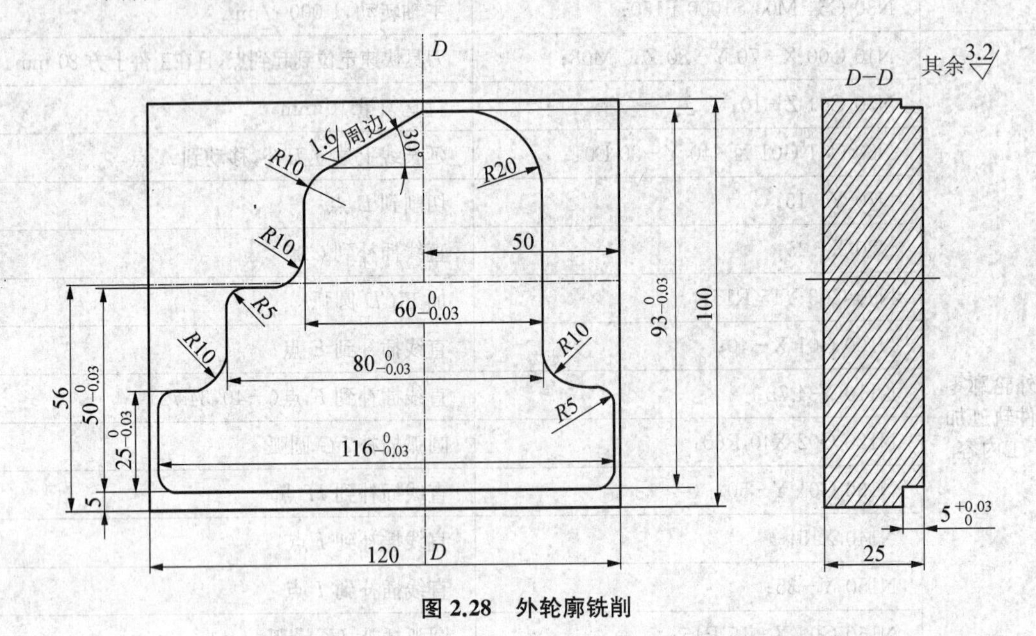

图 2.28　外轮廓铣削

项目 3
内轮廓铣削加工编程

教学要求

能力目标	知识要点
能正确分析内轮廓零件的结构特点和加工技术要求	内轮廓零件的结构特点和加工工艺,型腔零件的加工方法
能正确分析内轮廓零件工艺性能,正确选择刀具、夹具、切削用量等内容,编制正确的数控加工工艺卡	图形偏移、旋转、缩放等变换指令的编程格式及应用
能正确使用数控系统的基本指令编制内轮廓零件的数控加工程序	内轮廓零件的工艺编制方法和程序编制方法

3.1　项目要求

完成图 3.1 所示零件的圆形内轮廓和图 3.2 所示零件矩形内轮廓加工程序的编制,毛坯尺寸分别为 $\phi110\times25$ mm 的棒料和 $80\times80\times25$ 的方料,材料为 45＃钢。

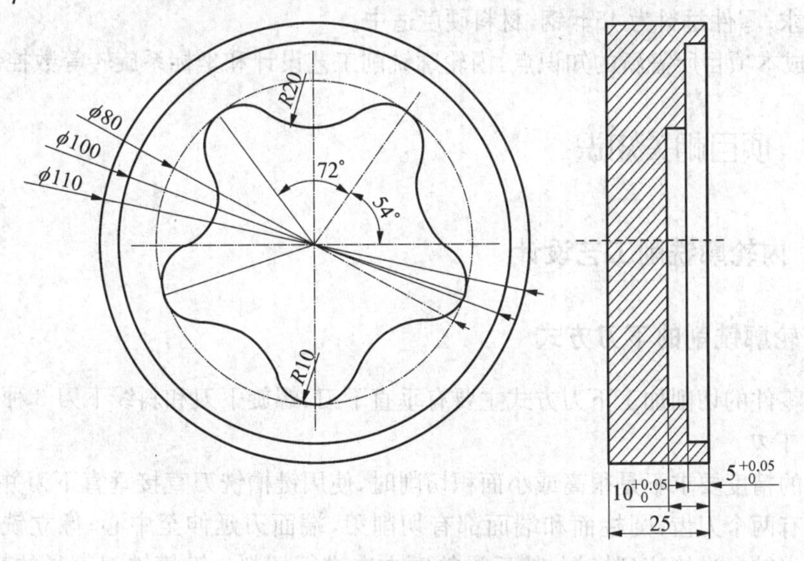

图 3.1　圆形内轮廓零件图

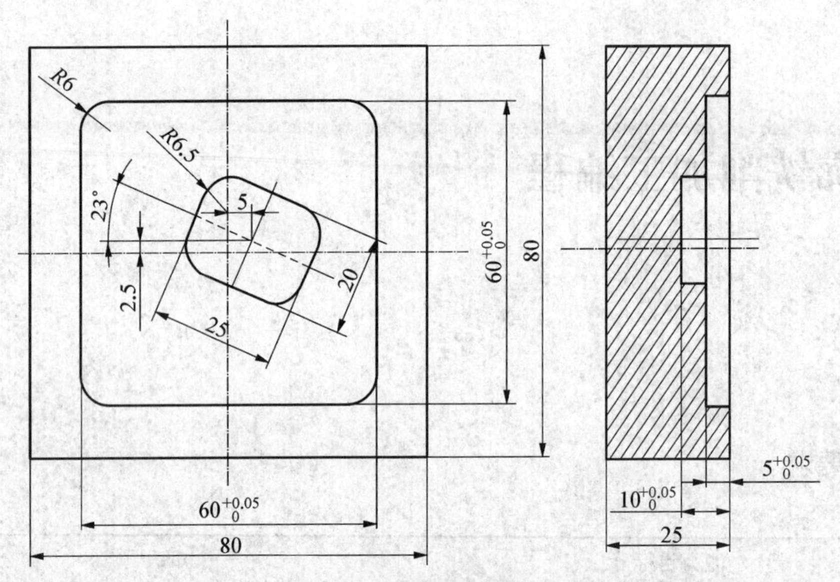

图 3.2　方形内轮廓零件图

要求分析加工工艺，填写工艺文件，编写加工程序。以工件几何中心为编程原点，工件上表面已加工，只要求进行内轮廓加工。

根据给定的内轮廓图样，进行图纸和工艺分析，设计零件的加工工艺方案，编写工艺卡片和加工程序，在程序编写加工中将应用子程序及图形变换等相关指令。

3.2　项目分析

(1) 零件图分析：图 3.1 所示零件加工内容为由圆弧组成的内轮廓，其中花瓣形结构每一花瓣结构可采取子程序编写；图 3.2 所示零件加工内容为两个矩形结构的内轮廓；为简化编程，均可采用极坐标编程方式。两个零件外轮廓由直线和圆弧组成，结构相对简单，尺寸中等精度要求；零件材料为 45＃钢，材料硬度适中。

(2) 完成本项目所需新的知识点：内轮廓铣削工艺设计和坐标系旋转等数控铣削指令。

3.3　项目相关知识

3.3.1　内轮廓铣削工艺设计

一、内轮廓铣削的下刀方式

内轮廓零件的切削加工下刀方式主要有垂直下刀、螺旋下刀和斜线下刀 3 种。

1. 垂直下刀

当零件的精度要求不是很高或小面积切削时，使用键槽铣刀直接垂直下刀并进行切削。键槽铣刀只有两个刀齿，圆柱面和端面都有切削刃，端面刃延伸至中心，像立铣刀，又像钻头。加工时先轴向进给达到槽深，然后沿轮廓方向进行切削。键槽铣刀直径的精度要求较高,其偏差有 e8 和 d8 两种。重磨键槽铣刀时,只需刃磨端面切削刃,重磨后铣刀直径不变。键槽铣刀虽然有垂直切削的能力,但是只有两刃切削,加工时平稳性较差,表面粗糙度较大,刀刃的磨损也较大,在大面积切削中的效率较低,所以通常用于小面积切削或粗糙度要求不高的场合。当零件精度要求比较高且大面积切削时,一般先采用键槽铣刀或钻头垂直进刀,预钻起始孔后,再换多刃立铣刀加工型腔。

2. 螺旋下刀

螺旋下刀是现代数控加工应用较为广泛的下刀方式,特别在模具制造行业中应用最为常见。刀片式合金模具铣刀可以进行高速切削,和高速钢多刃立铣刀一样,在垂直进刀时没有较大切深的能力,但可以通过螺旋下刀的方式,利用刀片的侧刃和底刃切削,避开刀具中心无切削刃部分与工件的干涉,使刀具沿螺旋朝深度方向渐进,从而达到进刀的目的,但螺旋下刀的切削路线较长,在比较狭窄的型腔加工中,往往因为切削范围过小无法实现螺旋下刀,有时需要采取较大的下刀进给或钻下刀孔等方法弥补,所以选择螺旋下刀时,要注意灵活运用。

3. 斜线下刀

斜线下刀时,在深度方向以斜线的方式切入工件来达到 Z 向进刀的目的。斜线下刀方式作为螺旋下刀方式的补充,通常用于因范围限制而无法实现螺旋小刀时的长条形的型腔加工。斜线下刀的主要参数有:斜线下刀的起始高度、切入斜线的长度、切入和反向切入角度。其实高度一般设在加工面上方 0.5～1 mm,切入切线的长度要根据型腔空间大小及铣削深度来确定,一般是斜线越长,进刀的切削路程就越长;切入角度越小,斜线数增多,切削路程加长;角度太大,又会产生不好的端刃切削的情况,一般选 5°～200°为宜。通常进刀切入角度和反向进刀切入角度取相同的值。

二、走刀路线

1. 圆形内轮廓

加工圆形内轮廓时,由于无法在轮廓延长线上进行进退刀,因此,可采用过渡圆的方式进行进刀,采用法向方式进行退刀,如图 3.3 所示;有时根据所用刀具也可从圆心开始,可先用钻头预钻一孔,以便进刀。

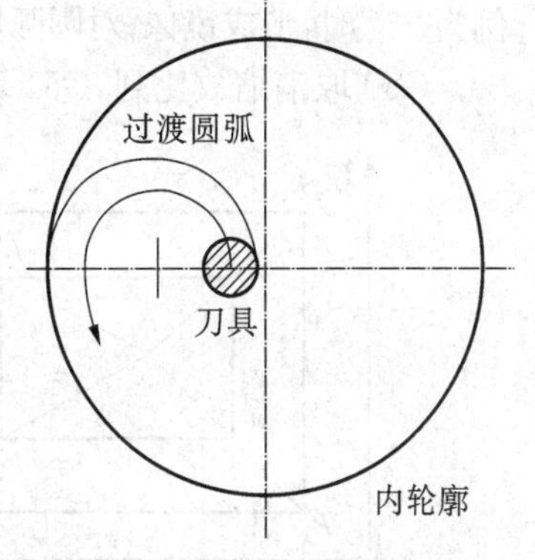

图 3.3　圆形内轮廓进刀路线

2. 矩形内轮廓

矩形内轮廓加工和圆形内轮廓加工相似,但走刀路径有三种:行切法、环切法和内行外环。

行切法从轮廓角边起刀,按 Z 形排刀,这种走刀编程简单,但行间在两端有残留。

环切法从中心起刀,或长边从(长－宽)/2 处起刀,环绕扩大切削,这种切削模式没有残留高度,但是走刀路线相对较长,编程复杂。

内行外环结合了前两种走刀路线的优点,先行切,最后环切去除残留高度。

3. 不规则形状内轮

对于不规则形状的内轮廓加工,程序要稍微复杂一些,通常可以通过修改刀补的方式进行余料的铣削,但是要注意刀补值的大小,防止出现过切现象。

4. 带孤岛的内轮廓

带岛屿的内轮廓编程时,不但要考虑轮廓形状,还要保证岛屿形状。为简化编程,编程员可先将腔的外形按内轮廓进行加工，再将岛屿按外轮廓进行加工，使剩余部分远离轮廓和岛屿。在加工时，要注意刀具大小，直径不能太大，尤其是来回修改刀具半径补偿进行粗、精加工时，要保证刀具不碰型腔的外轮廓和岛屿轮廓；如果在岛屿和边槽或两个岛屿之间出现残留，可用手动方法去除；为下刀方便，有时要先钻出下刀孔。

3.3.2 图形转换指令

1. 比例缩放指令——G50、G51

利用 G51 指令可对编程的形状放大和缩小（比例缩放），也可让图形按指定规律产生镜像变换，如图 3.4 所示。

编程格式：

沿所有轴以相同的比例缩放	沿各轴以不同的比例缩放	
G51 X__ Y__ Z__ P__;	G51 X__ Y__ Z__ I__ J__ K__;	缩放开始
…	…	缩放有效方式的程序段
G50;	G50;	缩放取消

在指令应用中，X__ Y__ Z__表示比例缩放中心的绝对坐标值；P 表示缩放比例，最小输入量为 0.0001，比例系数范围为：0.001～999.999，该指令以后的移动指令，均从比例中心点开始，实际移动量为原数值的 P 倍，P 值对偏移量没有影响；I__ J__ K__ 表示各轴对应的缩放比例，其范围为±0.001～±9.999，I、J、K 不能带小数点，比例为 1 时，输入 1000 即可，I、J、J 都要输入，不能省略。在应用比例缩放指令时，应注意：当各轴用不同的比例缩放，缩放比例为“－”时，形成镜像；对圆弧图形，各轴指定不同的缩放比例，刀具也不会走出椭圆轨迹。

G50 取消缩放比列，G51 和 G50 指令均为模态指令。

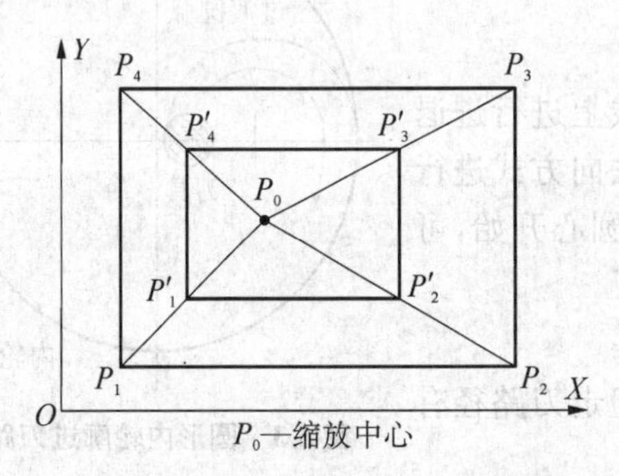

图 3.4 比例缩放($P_1P_2P_3P_4 \to P'_1P'_2P'_3P'_4$)

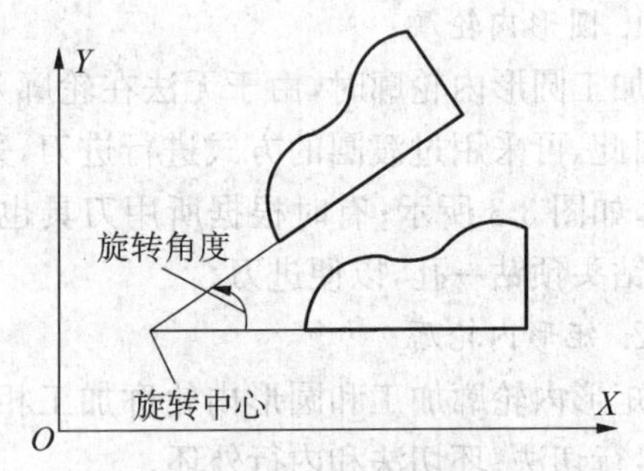

图 3.5 坐标系旋转

2. 坐标系旋转指令——G68、G69

利用坐标系旋转指令，可将工件按指定的旋转中心及方向旋转一定的角度（如图 3.5）；另外，如果工件的形状由许多相同的图形组成，则可将图形单元编成子程序，然后用主程序的旋转指令调用。这样可简化编程，省时、省存储空间。G68 表示开始旋转，G69 用于撤销旋转功能。

在 G17 指令有效时，编程格式：G68 X__ Y__ R__;	坐标系开始旋转
…	坐标系旋转方式的程序段
G69;	坐标系旋转取消指令

X＿ Y＿表示旋转中心的绝对坐标值，R 表示旋转角度，逆时针旋转为“＋”、顺时针旋转为“－”（对 FANUC 0i－MB 系统，No.5400＃0 设为“1”时为增量旋转角度，No.5400＃0 设为“0”时为绝对旋转角度）。旋转角度为－360°～＋360°，最小角度单位为 0.001°。

注意

坐标系旋转取消指令（G69）以后的第一个移动指令必须用绝对值编程；如果用增量值编程，将不执行正确的移动。

例 3.1　用 ϕ12 mm 立铣刀对图 3.6 所示槽轮的外轮廓进行粗、精加工。加工程序如下：

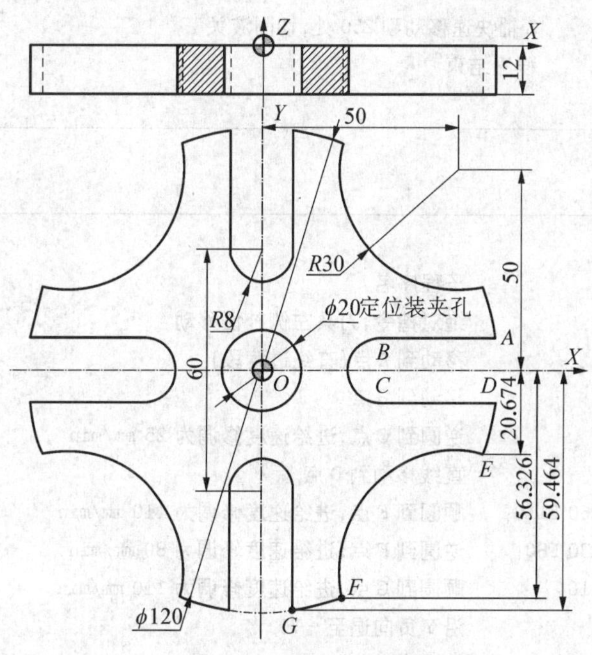

扫码可见加工仿真视频

图 3.6　坐标系旋转举例

主程序：

```
%
O3001                        主程序名
N10 G54  M3 S600;            主轴正转，转速 600 r/min，φ12 mm 立铣刀
N20 G90 G0 Z50;              刀具快速移动 Z50 处
N30 X80 Y0;                  快速到达起刀点上方
N40 Z1;                      快速下降到 Z1
N50 G10 L12 P1 R6.5;         给 D1 输入半径补偿值 6.5，精加工余量为 0.5 mm
N60 G1 Z-6 F50 M8;           以 50 mm/min 进给到 Z-6，进行第一层切削，切削液开
N70 M98 P3002;               调用 O3002 子程序 1 次粗加工图中 A～G 轮廓
```

```
N80 M98 P33003;              调用 O3003 子程序 3 次,采用旋转指令粗加工另外三个轮廓
N90 G69;                     取消旋转指令
N95 G90 G1 Z-12.5 F50;       绝对指令,刀具进给到 Z-12.5,进行第二层切削
N100 M98 P3002;              调用 O3002 子程序 1 次粗加工图中 A~G 轮廓
N110 M98 P33003;             调用 O3002 子程序 3 次,采用旋转指令粗加工另外三个轮廓
N120 G69;                    取消旋转指令,刀具不抬刀,仍然在 Z-12.5 处
N130 G10 L12 P1 R6;          给 D1 重新输入半径补偿值 6
N140 S1500;                  增大主轴转速到 1 500 r/min
N150 M98 P3002;              调用 O3002 子程序 1 次精加工图中 A~G 轮廓
N160 M98 P33003;             调用 O3003 子程序 3 次,采用旋转指令精加工另外三个轮廓
N170 G69;                    取消旋转指令
N175 G90 G1 Z50 M9;          Z 轴快速移动到 Z50 处,切削液关
N180 M30;                    程序结束
%
```

子程序一:

```
%
O3002                                子程序名
N10 G90 G41 X70 Y8 D2 F100;          绝对指令,刀具左侧补偿移动
N20 X59.464;                         移动到 A 点(直线过渡段)
N30 X30;                             移动到 B 点
N40 G3 Y-8 R8 F25;                   逆圆到 C 点,进给速度修调为 25 mm/min
N50 G1 X59.464 F100;                 直线移动到 D 点
N60 G2 X56.326 Y-20.674 R60 F110;    顺圆到 E 点,进给速度修调为 110 mm/min
N70 G3 X20.674 Y-56.326 R30 F80;     逆圆到 F 点,进给速度修调为 80 mm/min
N80 G2 X8 Y-59.464 R60 F110;         顺圆到 G 点,进给速度修调为 110 mm/min
N90 G1 Y-70 F100;                    沿 Y 负向退至-70
N100 G40 Y-80;                       取消半径补偿,沿 Y 负向退至-80(与旋转后的起刀点重合)
N110 M99;                            子程序结束并返回
%
```

子程序二:

```
%
O3003                                子程序名
N10 G91 G68 X0 Y0 R-90;              坐标系顺时针绕原点旋转增量 90°
N20 M98 P3002;                       调用 O3002 子程序 1 次
N30 M99;                             子程序结束并返回
%
```

3. 可编程镜像指令——G50.1、G51.1

用编程的镜像指令可实现坐标轴的对称加工,如图 3.7 所示。

在 G17 指令有效时,编程格式:G51.1 X__ Y__;	设置可编程镜像
…	一般采用调用子程序方式:M98 P__
G50.1 X__ Y__;	取消可编程镜像

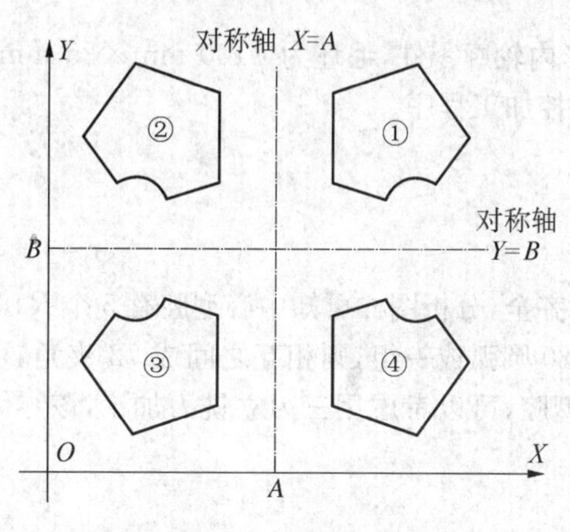

图 3.7　可编程的镜像

对图 3.7 的可编程镜像程序为:

```
%
O3004                           程序名
N10 G54  M3 S600  T1;           主轴正转,转速 600 r/min,换上刀具
N20 G90 G0  Z100;               刀具快速移动 Z100 处(在 Z 方向调入了刀具长度补偿)
N40 M98 P3005;                  调用 O3005 子程序(程序略)加工图 3.7 中的①
N50 G51.1 X 20;                 以 X=A 为对称轴,如果 A 为 20,B 为 20,设置可编程镜像
N60 M98 P3005;                  调用 O3005 子程序加工图 3.7 中的②
N70 G51.1 Y20;                  以 Y=B 为对称轴,再次设置可编程镜像
N80 M98 P3005;                  调用 O3005 子程序加工图 3.7 中的③
N90 G50.1 X20;                  取消 X=A 对称轴,Y=B 对称轴仍然有效
N100 M98 P3005;                 调用 O3005 子程序加工图 3.7 中的④
N110 G50.1 Y20;                 Y=B 对称轴也取消
N120  G90 Z0;                   取消长度补偿,Z 轴快速移动到机床坐标 Z0 处
N130 M30;                       程序结束
%
```

在指定平面内对某个轴镜像时,圆弧指令 G02 和 G03 被互换;刀具半径补偿 G41 和 G42 自动互换;加工方向自动反向。

另外在同时使用镜像、缩放及旋转时应注意:CNC 的数据处理顺序是从程序镜像到比例缩放和坐标系旋转,应按该顺序指定指令;取消时,按相反顺序。在比例缩放或坐标系旋转方式,不能指定 G50.1 或 G51.1。

3.4 项目实施

3.4.1 圆形内轮廓零件工艺设计与编程

如图 3.1 所示,为圆形内轮廓零件,毛坯为 ϕ100 mm×25 mm 的圆柱,材料为 45#钢,分析其加工工艺并编制数控加工程序。

一、加工工艺分析

1. 零件图工艺分析

该零件图纸标注尺寸齐全,分析图样可知中心型腔有 5 个 R10 圆弧和 5 个 R20 圆弧组成,每一个 R10 和一个 R20 圆弧成一组,则相互之间成 72°夹角,可以考虑用旋转坐标进行加工;外围内轮廓是圆形型腔,可以考虑用三刃立铣刀加工,该零件加工采用两轴以上联动的数控立铣床。

2. 确定装夹方案

根据零件特点,采用三爪卡盘装夹,工件底部放垫块。

3. 确定加工顺序及走刀路线

先用直径 ϕ16 mm 的三刃立铣刀粗加工圆形内轮廓,然后粗加工花朵形的内轮廓,粗加工结束后,先精加工圆形内轮廓,最后再精加工花朵形内轮廓。花朵形内轮廓采用坐标系旋转指令,各连接圆弧及基点的坐标如图 3.8 所示,中间残料可修改刀补进行铣削或自行设定轨迹去除余料。

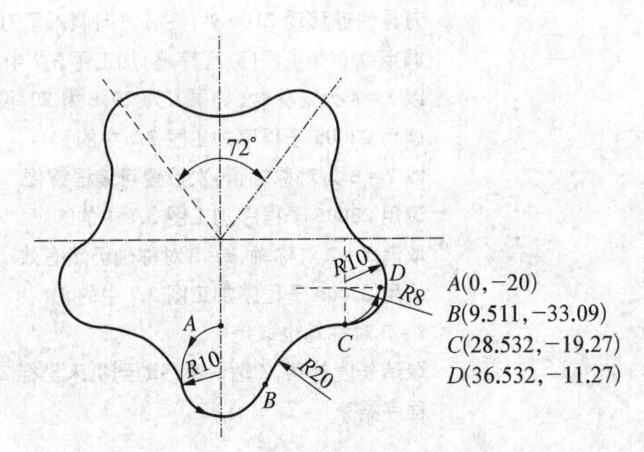

图 3.8 花朵形内轮廓走刀路线

4. 刀具的选择

根据零件结构特点和毛坯材料,选用直径为 ϕ16 mm 的三刃立铣刀。

5. 填写工艺文件

将各工步的加工内容、所用刀具和切削用量填入圆形内轮廓零件数控加工工序卡,见表 3.1所示。

表 3.1　圆形内轮廓零件数控加工工序卡片

××实习工厂	数控加工工序卡片		产品代号	零件名称		零件图号
			××××	圆形内轮廓零件		
工艺序号	程序编号	夹具名称	夹具编号	使用设备		车间
		平口钳		TK7650		
工步号	工步内容	刀具号	刀具规格	主轴转速(r/min)	进给速度(mm/min)	背吃刀量(mm)
1	粗加工圆形内轮廓留侧余量 0.2	T01	ϕ16 立铣刀	800	150	5
2	粗加工花朵形内轮廓留侧余量 0.2	T01	ϕ16 立铣刀	800	150	10
3	精加工圆形内轮廓	T01	ϕ16 立铣刀	1 500	100	0.2
4	精加工花朵形内轮廓	T01	ϕ16 立铣刀	1 500	100	0.2
编制		审核		批准		共　页　第　页

二、编制加工程序

工件坐标原点建立在工件表面的中心，圆形内轮廓零件的精加工主程序和子程序见表 3.2 和表 3.3 程序单。

表 3.2　圆形内轮廓的精加工主程序

加工程序	程序注释
O3005	程序名
N10 G90 G94 G21 G17 G40;	程序初始化
N20 G91 G28 Z0;	Z 向回参考点
N30 G54 G90 M03 S1000;	主轴转动，1 500 r/min
N40 G00 X0Y0 Z30 M08;	刀具快速定位到起到点，且在工件上方 30 mm
N50 G01 Z-5 F80;	背吃刀量 5 mm
N60 G41 G01 X-30 Y0 D01 F100;	建立刀补
N70 G03 X-50 Y0 R10;	过渡圆弧切入
N80 G03 X-50 Y0 I50 J0;	圆形内轮廓加工
N90 G40 G01 Y0 Y0;	取消刀补
N100 G01 Z8;	Z 向抬刀
N110 G00 X0 Y-25	快速定位到起刀点

续 表

加工程序	程序注释
N120 M98 P3006;	调用子程序 3006
N130 G68 X0 Y0 R72;	坐标旋转增量 72°
N140 M98 P3006;	调用子程序 3006
N150 G68 X0 Y0 R144;	坐标旋转增量 144°
N160 M98 P3006;	调用子程序 3006
N170 G68 X0 Y0 R216;	坐标旋转增量 216°
N180 M98 P3006;	调用子程序 3006
N190 G68 X0 Y0 R288;	坐标旋转增 288°
N200 M98 P3006;	调用子程序 3006
N210 G69;	取消旋转
N220 G00 Z50 M09;	退刀,关闭冷切削液
N230 G91 G28 Z0;	返回 Z 向参考点
N240 M30;	程序结束

表 3.3　花朵形内轮廓子程序

加工子程序	程序注释
O3006	子程序名
N10 G01 Z-10 F80;	Z 向下刀
N20 G41 G01 X0 Y-20 D01 F100;	建立刀补
N30 G03 X9.511 Y-33.09 R-10;	轮廓加工
N40 G02 X28.532 Y-19.27 R20;	轮廓加工
N50 G03 X36.532 Y-11.27 R8;	轮廓加工
N60 G40 G01 X0 Y0;	取消刀补
N70 M99;	返回主程序

3.4.2　矩形内轮廓零件工艺设计与编程

如图 3.2 所示,为矩形内轮廓零件,毛坯尺寸为 80 mm×80 mm×25 mm,材料为 45#钢,要求分析零件的加工工艺,填写工艺文件,编写零件的加工程序。

一、加工工艺分析

1. 夹具、量具、刀具的选择

该零件在装夹时采用精密平口钳装夹;测量时,选用游标卡尺测量相应的长度尺寸,半径规测量圆弧,万能量角器测量角度;矩形内轮廓拐角半径为 6 mm,所选刀具直径必须小于

12 mm，所以选 ϕ10 mm 键槽铣刀进行粗铣加工，用 ϕ10 mm 立铣刀进行精加工。

2. 加工工艺方案

先用直径 ϕ10 mm 的键槽铣刀粗加工 60 mm×60 mm 方形内轮廓，然后粗加工矩形轮廓，粗加工结束后，先精加工方形内轮廓，最后再精加工矩形内轮廓。矩形内轮廓采用坐标系旋转指令，各连接点的坐标和走刀轨迹如图 3.9 所示，中间残料可修改刀补进行铣削或自行设定环切轨迹去除余料，粗、精加工采用同一个加工程序，只需要修改刀具半径补偿就行。

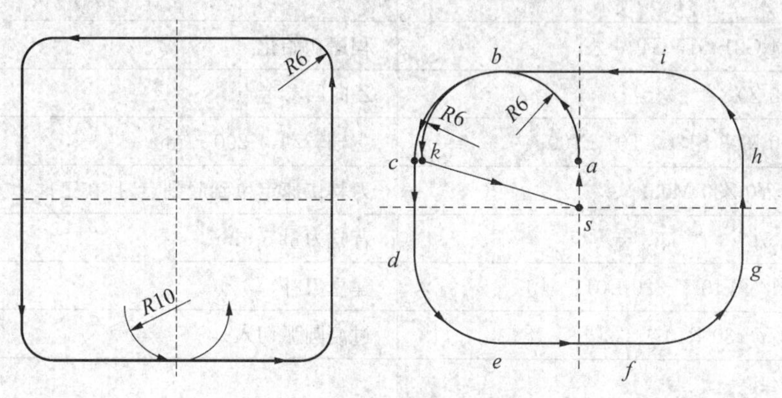

图 3.9 矩形内轮廓走刀轨迹

3. 填写工艺文件

将各工步的加工内容、所用刀具和切削用量填入矩形内轮廓零件数控加工工序卡，见表 3.4 所示。

表 3.4 矩形内轮廓零件数控加工工序卡片

××实习工厂	数控加工工序卡片		产品代号	零件名称		零件图号
			××××	矩形内轮廓零件		
工艺序号	程序编号	夹具名称	夹具编号	使用设备		车间
		平口钳		TK7650		
工步号	工步内容		刀具号	刀具规格	主轴转速 (r/min)	进给速度 (mm/min)	背吃刀量 (mm)
1	粗加工 60×60 方形内轮廓留侧余量 0.2		T01	ϕ10 立铣刀	600	150	5
2	粗加工矩形内轮廓留侧余量 0.2		T01	ϕ10 立铣刀	600	150	10
3	精加工 60×60 方形内轮廓		T01	ϕ10 立铣刀	1 200	100	0.2
4	精加工矩形内轮廓		T01	ϕ10 立铣刀	1 200	100	0.2
编制		审核		批准		共 页 第 页	

二、编制加工程序

编程原点建立在工件的几何中心上，Z 零点建立在工件上表面。

工件坐标原点建立在工件表面的中心，矩形内轮廓零件的精加工程序见表 3.5 程序单。

表 3.5　矩形内轮廓的精加工程序

加工程序	程序注释
O3007	程序名
N10 G90 G94 G21 G17 G40；	程序初始化
N20 G91 G28 Z0；	Z 向回参考点
N30 G54 G90 M03 S1200 T01 F100；	主轴转动，1 200 r/min
N40 G00 X0 Y0 Z30 M08；	刀具快速定位到起到点，且在工件上方 30 mm
N50 G01 Z－5；	背吃刀量 5 mm
N60 G41 G01 X－10 Y－20 D01；	建立刀补
N70 G03 X0 Y－30 R10；	过渡圆弧切入
N80 G01 X24；	
N90 G03 X30 Y－24 R6；	
N100 G01 Y24；	
N110 G03 X24 Y30 R6；	方形内轮廓加工
N120 G01 X－24；	
N130 G03 X－30 Y24 R6；	
N140 G01Y－24；	
N150 G03 X－24 Y－30 R6；	方形内轮廓加工
N160 G01 X0；	
N170 G03 X10 Y－20 R10；	过渡圆弧切出
N180 G40 G01 X0 Y0；	取消刀补
N190 G00 Z8；	Z 向抬刀
N200 G00 X5 Y2.5；	快速到达起刀点 S
N210 G68 X5 Y2.5 R－23；	指定旋转中心及旋转角度
N220 G01 Z－10；	背吃刀量 10 mm
N230 G91 G41 X0 Y4 D1；	增量指令并建立左刀补
N240 G03 X－6 Y6 R6；	过渡圆弧切入，进给速度修调
N250 G03 X－6.5 Y－6.5 R6.5；	bc 圆弧
N260 G01 Y－7；	cd 直线
N270 G03 X6.5 Y－6.5 R6.5；	de 圆弧

续　表

加工程序	程序注释
N280 G01 X12;	*ef* 直线
N290 G03 X6.5 Y6.5 R6.5;	*fg* 圆弧
N300 G01 Y7;	*gh* 直线
N310 G03 X-6.5 Y6.5 R6.5;	*hi* 圆弧
N320 G01 X-12;	*ib* 直线
N330 G03 X-6 Y-6 R6;	*bk* 圆弧切出
N340 G90 G40 G01 X5 Y2.5;	绝对编程,取消刀补并返回起刀点 S
N350 G00 Z50;	快速抬刀
N360 G69 M9;	取消旋转指令并关闭冷切削液
N370 G91 G28 Z0;	返回 *Z* 向参考点
N380 M30;	程序结束

3.5　拓展知识——SIEMENS 802D 系统型腔加工与图形变换指令

3.5.1　SIEMENS 802D 系统型腔加工指令

1. 圆弧槽——LONGHOLE

(1) 编程格式:LONGHOLE(RTP,RFP,SDIS,DP,DPR,NUM,LENG,CPA,CPO,RAD,STA1,INDA,FFD,FFP1,MID)

(2) 各参数具体含义见表 3.6 所示。

表 3.6　LONGHOLE 参数

RTP	后退平面(返回平面)(绝对)	CPO	圆弧圆心(绝对值),平面的第二坐标轴
RFP	参考平面(绝对)	RAD	圆弧半径(无符号输入)
SDIS	安全间隙(无符号输入)	STA1	起始角度
DP	槽深(绝对)	INDA	增量角度
DPR	相当于参考平面的槽深度(无符号输入)	FFD	深度切削进给率
NUM	槽的数量	FFP1	表面加工进给率
LENG	槽长(无符号输入)	MID	每次进给时的进给深度(无符号输入)
CPA	圆弧圆心(绝对值),平面的第一坐标轴		

使用此循环可以加工按圆弧排列的径向槽。和凹槽相比,该槽的宽度由刀具直径确定。

(3) LONGHOLE 循环的动作顺序。

① 使用 G0 到达循环中的起始点位置。在轴行程的当前平面中,移动到高度为返回平

面的待加工的第一槽的下一个终点，然后移动到安全间隙前的参考平面。

② 每个槽以来回运动铣削。使用 G1 和 FFP1 指令下编程的进给率在平面中加工。在每个反向点，使用 G1 和进给率切削下一个加工深度，直到到达最后的加工深度。

③ 使用 G0 抬刀到返回平面，然后按最短的路径移动到下一个槽的位置。

④ 最后的槽加工完后，刀具按 G0 移动到加工平面中的位置，该位置是最后到达的位置，然后循环结束。

(4) 编程举例：如图 3.10 所示，利用 LONGHOLE 指令完成长槽加工编程。

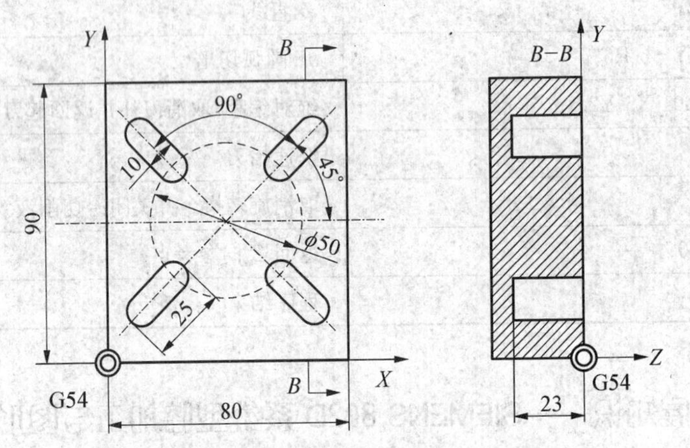

图 3.10　LONGHOLE 加工槽应用举例

用此程序加工 4 个长为 25 mm、相对深度 23 mm 的槽，这些槽分布在圆心点为 X40、Y45，半径为 20 mm 的 XY 平面的圆上。起始角是 45°，相邻角为 90°。最大切削深度为 5 mm，安全间隙 2 mm。程序编写为 SQ30.MPF。

SQ30.MPF	主程序名
N10 G90 G94 G40G17	机床坐标系，绝对编程，分进给，取消刀补，切削平面指定；安全指令
N20 G54 M3 S800 T1	主轴正转，转速 800 r/min，换 1 号刀，ϕ8 立铣刀
N30 G0 X0 Y0 Z50 M07	快速定位点，快速进刀，切削液开
N40 LONGHOLE(30, ,2, -23, ,4,25, 40,45,20,45,90,50,150,5)	循环调用
N50 G0G90Z100M9	快速抬刀，切削液关
N60 M5	主轴转停
N70 M30	程序结束

2. 圆弧槽——SLOT1

(1) 编程格式：SLOT1(RTP, RFP, SDIS, DP, DPR, NUM, LENG, WID, CPA, CPO, RAD, STA1, INDA, FFD, FFP1, MID, CDIR, FAL, VARI, MIDF, FFP2, SSF)

(2) 各参数具体含义见表 3.7 所示。

表 3.7　SLOT1 参数

RTP	后退平面(返回平面)(绝对)	STA1	起始角度
RFP	参考平面(绝对)	INDA	增量角度
SDIS	安全间隙(无符号输入)	FFD	深度切削进给率
DP	槽深(绝对)	FFP1	表面加工进给率
DPR	相当于参考平面的槽深度(无符号输入)	MID	每次进给时的进给深度(无符号输入)
NUM	槽的数量	CDIR	加工槽的铣削方向,值:2(用于 G2);3(用于 G3)
LENG	槽长(无符号输入)	FAL	槽边缘的精加工余量(无符号输入)
WID	槽宽(无符号输入)	VARI	加工类型,值:0＝完整加工;1＝粗加工;2＝精加工
CPA	圆弧圆心(绝对值),平面的第一坐标轴	MIDF	精加工时的最大进给深度
CPO	圆弧圆心(绝对值),平面的第二坐标轴	FFP2	精加工进给率
RAD	圆弧半径(无符号输入)	SSF	精加工速度

SLOT1 循环是一个综合的粗加工和精加工循环。用此循环可以加工环形排列的、定义了槽宽的径向槽。

(3) SLOT1 循环的动作顺序。

① 循环起始时,使用 G0 回到槽的右边位置。

② 通过以下步骤完成槽的加工:

◇　使用 G0 回到安全间隙前的参考平面。

◇　使用 G1 以及 FFD 中的进给率值进给至下一加工深度。

◇　使用 FFP1 中的进给率值在槽边缘上进行连续加工直至精加工余量,然后使用 FFR2 中的进给率值和主轴速度 SSF 并按 CDIR 下编程的加工方向沿轮廓进行精加工。

◇　始终在加工平面中的相同位置进行深度进给,直至到达槽的底部。

③ 将刀具退回到返回平面并使用 G0 移到下一槽。

④ 加工完最后的槽后,使用 G0 将刀具移到加工平面中的末端位置,循环结束。

(4) 编程举例:如图 3.11 所示,利用 SLOT1 指令完成圆弧槽的加工编程。

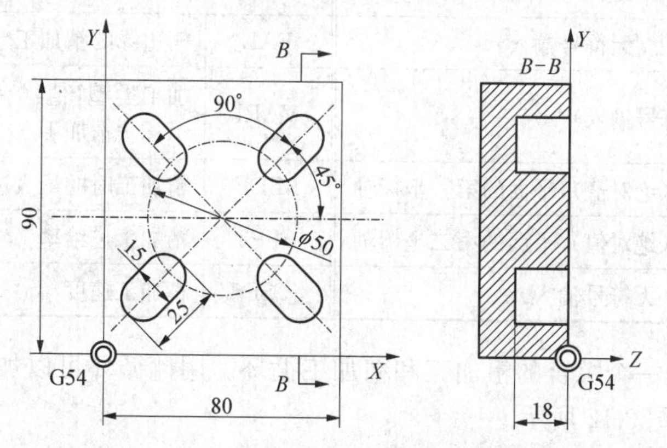

图 3.11　SLOT1 加工圆弧槽应用举例

用此程序加工 4 个长为 25 mm、深度 18 mm、宽度 15 mm 的槽。圆心点为 X40、Y45，半径为 20 mm，起始角是 45°，相邻角为 90°。最大切削深度为 5 mm，安全间隙 2 mm；精加工余量 0.2 mm；铣削方向 G2；精加工最大的深度 18 mm。程序编写为 SQ31.MPF。

程序	说明
SQ31.MPF	主程序名
N10 G53 G90 G94 G40 G17	机床坐标系，绝对编程，分进给，取消刀补
N20 G54 M3 S800 T1	工件坐标系建立，主轴正转，转速 800 r/min
N30 G00 X0 Y0 Z50 M07	快速进刀，切削液开
N40 SLOT1(30, ,2, - 18, ,4,25,15,40,45,20,45,90,50,150,5,2,0.2,0,18,0,0)	循环调用，对照参数表对应的参数定义，搞清其含义（如果 MIDF = 0，进给深度等于最后深度；如果未编程 FFP2、SSF，进给率 FFP1 有效）
N50 G0 G90 Z100 M9	快速抬刀，切削液关
N60 M5	主轴转停
N70 M30	程序结束

3. 圆弧槽——SLOT2

（1）编程格式：SLOT2(RTP,RFP,SDIS,DP,DPR,NUM,AFSL,WID,CPA,CPO,RAD,STA1,INDA,FFD,FFP1,MID,CDIR,FAL,VARI,MIDF,FFP2,SSF)

（2）各参数具体含义见表 3.8 所示。

表 3.8 SLOT2 参数

参数	含义	参数	含义
RTP	后退平面(返回平面)(绝对)	STA1	起始角度
RFP	参考平面(绝对)	INDA	增量角度
SDIS	安全间隙(无符号输入)	FFD	深度切削进给率
DP	槽深(绝对)	FFP1	表面加工进给率
DPR	相当于参考平面的槽深度(无符号输入)	MID	每次进给时的进给深度(无符号输入)
NUM	槽的数量	CDIR	加工槽的铣削方向，值：2(用于 G2)；3(用于 G3)
AFSL	槽长的角度(无符号输入)	FAL	槽边缘的精加工余量(无符号输入)
WID	槽宽(无符号输入)	VARI	加工类型，值：0＝完整加工；1＝粗加工；2＝精加工
CPA	圆弧圆心(绝对值)，平面的第一坐标轴	MIDF	精加工时的最大进给深度
CPO	圆弧圆心(绝对值)，平面的第二坐标轴	FFP2	精加工进给率
RAD	圆弧半径(无符号输入)	SSF	精加工速度

SLOT2 循环是一个综合的粗加工和精加工循环。用此循环可以加工分布在圆上的圆周槽。参数说明如图 3.12 所示。

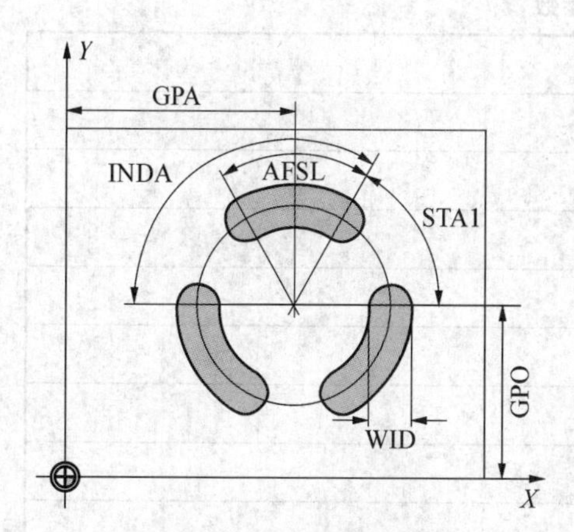

图 3.12　SLOT2 参数说明

图 3.13　SLOT2 加工圆弧槽应用举例

(3) SLOT2 循环的动作顺序。

① 循环起始时,使用 G0 移动到槽的起点位置。

② 加工圆周槽的步骤和加工 LONGHOLE 的步骤相同。

③ 完整地加工完一个圆周槽后,刀具退回到返回平面并使用 G0 接着加工下一槽。

④ 加工完所有槽后,使用 G0 将刀具移到加工平面中的终点位置,然后循环结束。

(4) 编程举例:如图 3.13 所示 SLOT2 加工圆弧槽应用举例。

在圆周上均布 3 个圆周槽,该圆周的中心是 X60Y65,半径是 40 mm。圆周槽的尺寸为:宽 15 mm,槽长角度为 70°,深 20 mm。起始角是 0°,增量角度是 120°;精加工余量是 0.2 mm,安全间隙是 2 mm,最大进给深度为 5 mm;精加工时的速度和进给率相同;执行精加工时的进给至槽深。程序编写为 SQ32.MPF。

程序	说明
SQ32.MPF	主程序名
N10 G53 G90 G94 G40 G17	机床坐标系,绝对编程,分进给,取消刀补,切削平面指定
N20 G54 M3 S700 T1	工件坐标系建立,主轴正转,转速 700 r/min,1 号刀
N30 G0 X60 Y65	快速定位点
N40 Z50 M7	快速进刀,切削液开
N50 SLOT2(10, ,2, - 20, ,3,70,15,60,	循环调用,对照参数表对应的参数定义,搞清其含义
65,40,0,120,50,150,5,2,0.2,0,20,0,0)	(如果未编程 FFP2、SSF,进给率 FFP1 有效)
N60 G0 G90 Z20 0M9	快速抬刀,切削液关
N70 M5	主轴转停
N80 M30	程序结束

4. 矩形槽——POCKET3

(1) 编程格式:POCKET3(RTP,RFP,SDIS,DP,LENG,WID,CRAD,PA,PO,STA,MID,FAL,FALD,FFP1,FFD,CDIR,VARI,MIDA,AP1,AP2,AD,RAD1,DP1)

(2) 各参数具体含义见表 3.9 所示。

表 3.9　POCKET3 参数

RTP	后退平面(返回平面)(绝对)
RFP	参考平面(绝对)
SDIS	安全间隙(无符号输入)
DP	槽深(绝对值)
LENG	槽长,带符号从拐角测量
WID	槽宽,带符号从拐角测量
CRAD	槽拐角半径(无符号输入)
PA	槽参考点(绝对值),平面的第一轴
PO	槽参考点(绝对值),平面的第二轴
STA	槽纵向轴和平面第一轴间的角度(无符号输入)范围值:0°≤STA＜180°
MID	最大的进给深度(无符号输入)
FAL	槽边缘的精加工余量(无符号输入)
FALD	槽底的精加工余量(无符号输入)
FFP1	端面加工进给率
FFD	深度进给率
CDIR	加工槽的铣削方向,值:0 顺铣;1 逆铣;2(用于 G2);3(用于 G3)
VARI	加工类型:个位值:1 粗加工;2 精加工 十位值:0 使用 G0 垂直于槽中心;1 使用 G1 垂直于槽中心;2 沿螺旋状;3 沿槽纵向轴摆动
MIDA	在平面的连续加工中作为数值的最大进给宽度
AP1	槽长的空白尺寸
AP2	槽宽的空白尺寸
AD	距离参考平面的空白槽深尺寸
RAD1	插入时螺旋路径的半径(相当于刀具中心点路径)或者摆动时的最大插入角
DP1	沿螺旋路径插入时每转(360°)的插入深度

POCKET3 循环可以用于粗加工和精加工循环,该循环指令可以加工出矩形槽。

POCKET3 循环粗加工时动作顺序:先用 G0 快速移动到槽中心点,然后再以 G0 回到安全间隙前的参考平面,随后根据所选的插入方式并考虑已编程的空白尺寸对槽进行加工。

POCKET3 循环精加工时动作顺序:从槽边缘开始精加工,直到到达槽底的精加工余量,然后对槽底进行精加工,如果其中某个精加工余量为零,则跳过此部分的精加工过程。

① 槽边缘精加工。精加工槽边缘时,刀具只沿槽轮廓切削一次。路径包括一个到达拐角半径的四分之一圆。此路径的半径通常为 2 mm,但如果空间较小,半径等于拐角半径和铣刀半径的差。如果在边缘上的精加工余量大于 2 mm,则应相应增加,接近半径。使用 G0

朝槽中央执行深度进给，同时使用 G0 到达接近路径的起始点。

② 槽底精加工。精加工槽底时，机床朝中央执行 G0 功能直至到达距离等于槽深＋精加工余量＋安全间隙处。从该点起，刀具始终垂直进给深度进给(因为具有副切削刃的刀具用于槽底的精加工)，底端面只加工一次。

连续加工槽时，可以考虑空白尺寸(如加工预制的零件时)，如图 3.14 所示。POCKET3 的参数说明，如图 3.15 所示。

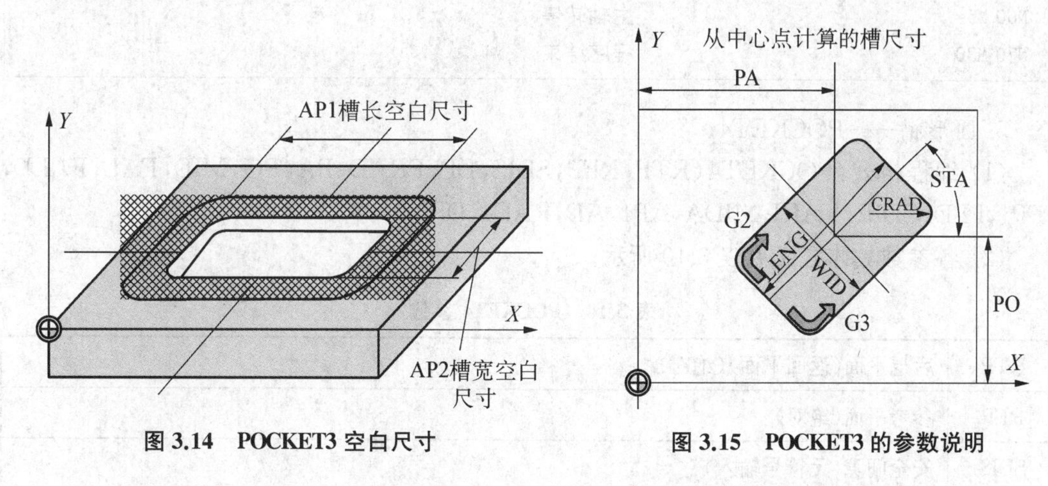

图 3.14　POCKET3 空白尺寸　　　图 3.15　POCKET3 的参数说明

(3) 编程举例：如图 3.16 所示，利用 POCKET3 指令完成矩形槽加工编程。

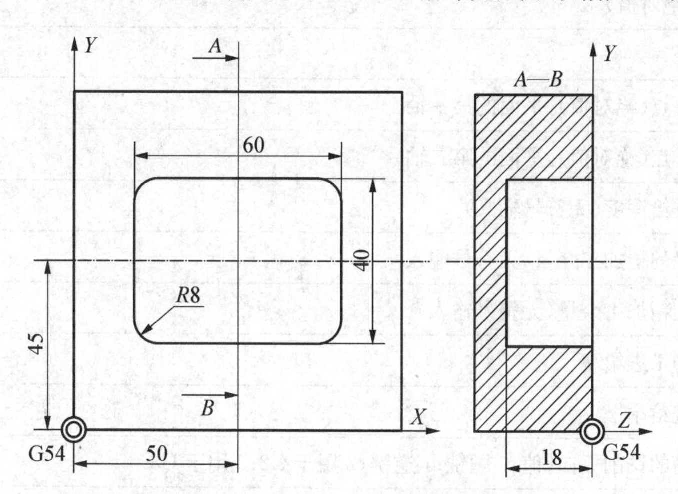

图 3.16　POCKET3 加工矩形槽应用举例

XY 平面中一个矩形槽，该槽中心是 *X*50*Y*45，槽长 60 mm，宽 40 mm，拐角半径为 8 mm，深度为 18 mm。该槽长度方向和 *X* 轴的角度为零，槽边缘精加工余量是 0.2 mm，槽底精加工余量是 0.2 mm，安全间隙是 1 mm，最大进给深度为 4 mm。加工方向取决于在顺铣过程中的主轴的旋转方向。刀具选用 $\phi 10$ 的键槽铣刀。程序编写为 SQ33.MPF。

SQ33.MPF	主程序名
N10 G53 G90 G94 G4 0G17	机床坐标系，绝对编程，分进给，取消刀补，切削平面指定

N20 G54 M3 S800 T1	工件坐标系建立,主轴正转,转速 800 r/min, 10 的键槽铣刀
N30 G0X50Y45 Z50 M07	快速进刀,切削液开
N40 POCKET3(10, ,1, -18,60,40,8, 50,45,0,4,0.2,0.2,200,50,0,11,5, 0,0,0,0,0)	循环调用
N50 G0 G90 Z100 M9	快速抬刀,切削液关
N60 M5	主轴转停
N70 M30	程序结束

5. 圆形槽——POCKET4

(1) 编程格式:POCKET4(RTP,RFP,SDIS,DP,PRAD,PA,PO,MID,FAL,FALD,FFP1,FFD,CDIR,VARI,MIDA,AP1,AD,RAD1,DP1)

(2) 各参数具体含义见表 3.10 所示。

表 3.10 POCKET4 参数

RTP	后退平面(返回平面)(绝对)
RFP	参考平面(绝对)
SDIS	安全间隙(无符号输入)
DP	槽深(绝对值)
PRAD	槽半径
PA	槽中心点(绝对值),平面的第一轴
PO	槽中心点(绝对值),平面的第二轴
MID	最大进给深度(无符号输入)
FAL	槽边缘的精加工余量(无符号输入)
FALD	槽底的精加工余量(无符号输入)
FFP1	端面加工进给率
FFD	深度进给率
CDIR	加工槽的铣削方向,值:0 顺铣;1 逆铣;2 用于 G2;3 用于 G3
VARI	加工类型:个位值:1 粗加工;2 精加工 十位值:0 使用 G0 垂直于槽中心,1 使用 G1 垂直于槽中心;2 沿螺旋状;3 沿槽纵向轴摆动
MIDA	在平面的连续加工中作为数值的最大进给宽度
AP1	槽半径的空白尺寸
AD	距离参考平面的空白槽深尺寸
RAD1	插入时螺旋路径的半径(相当于刀具中心点路径)
DP1	沿螺旋路径插入时每转(360°)的插入深度

POCKET4 循环可以用于粗加工和精加工循环。用此循环可以加工出平面中的圆形槽。

POCKET4 循环粗加工时动作顺序：使用 G0 回到平面的槽中心点，然后再同样以 G0 回到安全间隙前的参考平面。随后根据所选的插入方式并考虑已编程的空白尺寸对槽进行加工。

POCKET4 循环精加工时动作顺序：从槽边缘开始精加工，直到到达槽底的精加工余量，然后对槽底进行精加工，如果其中某个精加工余量为零，则跳过此部分的精加工过程。

① 槽边缘精加工。精加工槽边缘时，刀具只沿槽轮廓切削一次。路径包括一个到达拐角半径的四分之一圆。此路径的半径通常为 2 mm，但如果空间较小，半径等于拐角半径和铣刀半径的差。如果在边缘上的精加工余量大于 2 mm，则应相应增加接近半径。使用 G0 朝槽中央执行深度进给，同时使用 G0 到达接近路径的起始点。

② 槽底精加工。精加工槽底时，机床朝槽中央执行 G0 指令直至到达距离等于槽深＋精加工余量＋安全间隙处。从该点起，刀具始终垂直进行深度进给（因为具有副切削刃的刀具用于槽底的精加工），槽底端面只加工一次。对于圆形槽，空白处也是圆（半径小于槽的半径），因此，可以用 POCKET 4 循环加工圆形环槽，中间可留有圆形岛屿。

POCKET4 的参数说明，如图 3.17 所示。

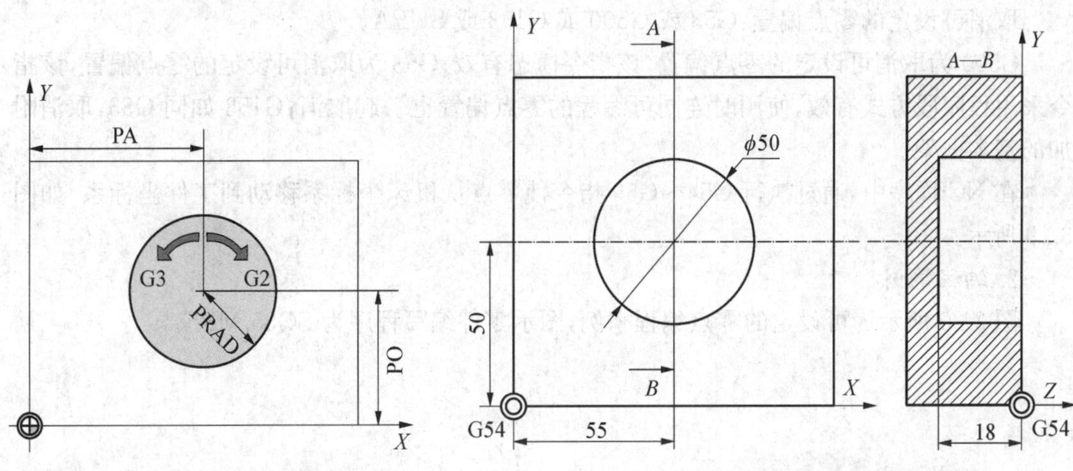

图 3.17　POCKET4 的参数说明　　　　图 3.18　POCKET4 加工圆形槽应用举例

③ 编程举例：如图 3.18 所示，利用 POCKET4 指令完成圆形槽加工编程。

加工 *XY* 平面的圆形槽，槽中心坐标是 *X*55*Y*50，圆槽直径 50 mm，深 18 mm。槽边缘精加工余量是 0.2 mm，槽底精加工余量是 0.2 mm，安全间隙是 1 mm，最大进给深度为 4 mm。加工方向采用逆铣加工，刀具选用 ϕ20 的键槽铣刀。程序编写为 SQ 34.MPF。

SQ34.MPF	主程序名
N10G53G90G94G40G17	机床坐标系，绝对编程，分进给，取消刀补，切削平面指定
N20 G54 M3 S600 T1	工件坐标系建立，主轴正转，转速 600 r/min，ϕ20 的键槽铣刀

N30 G0 X55 Y50 Z50 M7	快速定位点,切削液开
N40 POCKET4(10, ,1, -18,25,55,50, 4,0.2,0.2,200,50,1,21,10,0,0,2,3)	循环调用
N50 G0 G90 Z100 M9	快速抬刀,切削液关
N60 M5	主轴转停
N70 M30	程序结束

3.5.2 SIEMENS 802D 系统图形变换指令

一、可设定的零点偏置:G54 到 G59,G500,G53,G153

可设定的零点偏置可以设定工件零点在机床坐标系中的位置(工件零点以机床零点为基准偏移)。当工件装夹到机床上后测出偏移量,并通过操作面板输入到规定的数据区。程序可以通过选择相应的 G 功能 G54～G59 激活此值。

1. 编程格式

可设定的零点偏置调用:G54 或 G55～G59 中的任何一个。

取消可设定的零点偏置:G53 或 G500 或 G153 或 SUPA。

G500 为取消可设定的零点偏置,该指令模态有效;G53 为取消可设定的零点偏置,该指令采用程序段方式有效,使用时连同可编程的零点偏置也一起取消;G153 如同 G53,取消附加的基本框架。

在 NC 程序中,通过执行 G54～G59 指令使零点从机床坐标系移动到工件坐标系,如图 3.19 所示。

2. 编程举例

图 3.20 所示为可设定的零点编程举例,图示零件编写程序为 SQ35.MPF。

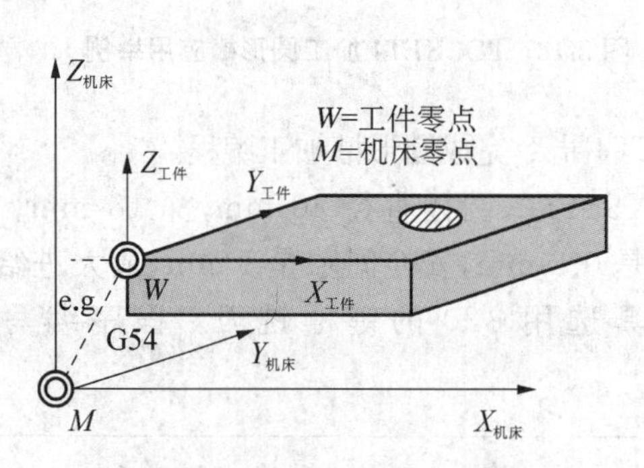

图 3.19 可设定的零点偏置

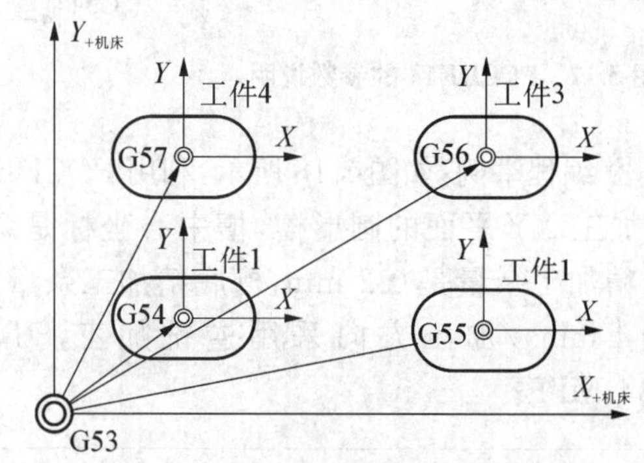

图 3.20 可设定的零点编程举例

SQ35.MPF	主程序名
M03 S1000 F100	
…	前段省略
N10 G54 G0 X0 Y0 Z5	调用第一可设定零点偏置
N20 L10	调用子程序,加工工件 1,在此作为 L10(省略)
N30 G55 G0 X0 Y0 Z5	调用第二可设定零点偏置
N40 L10	调用子程序,加工工件 2,在此作为 L10
N50 G56 G0 X0 Y0 Z5	调用第三可设定零点偏置
N60 L10	调用子程序,加工工件 3,在此作为 L10
N70 G57 G0 X0 Y0 Z5	调用第四可设定零点偏置
N80 L10	调用子程序,加工工件 4,在此作为 L10
N90G500 G0 X...	取消可设定零点偏置
…	后段省略

二、可编程的零点偏置:TRANS,ATRANS

如果工件上的不同位置有重复出现的形状或结构,或者选用了一个新的参考点,在这种情况下就需要使用可编程零点偏置。

1. 编程格式

TRANS　X... Y... Z...;	可编程的偏移,清除所有关于偏移、旋转、比例系数、镜像的指令
ATRANS　X... Y... Z...;	可编程的偏移,附加于当前的指令
TRANS;	不带数值,取消可编程的零点偏置,可设置的零点偏置仍处于有效状态
TRANS/ATRANS	指令均要求一个独立的程序段

2. 编程实例

如图 3.21 所示工件,相同的形状在同一个程序里出现过两次,将此形状的加工程序储存在子程序里。用平移命令来偏移工件的零点,然后调用子程序即可。

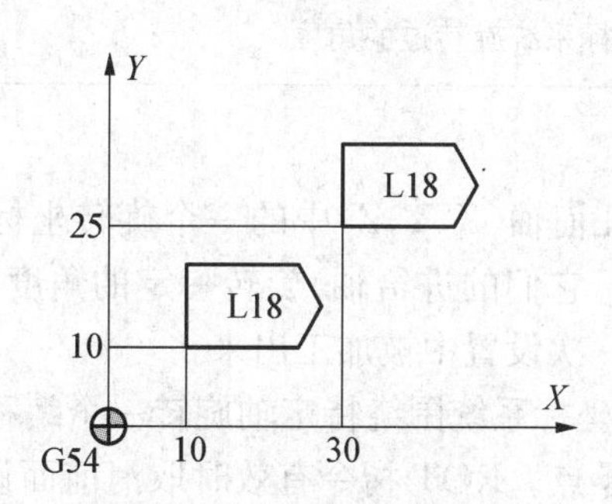

图 3.21　可编程零点平移举例

对图示零件编写程序如下:

SQ36.MPF	主程序名
N10 G53 G90 G94 G40 G17	机床坐标系,绝对编程,分进给,取消刀补,切削平面,安全指令
N20 G54 M3 S800 T1	工件坐标系建立,转速 800 r/min,主轴正转,换刀 1 号刀
N30 G0 X0 Y0 Z2	快速定位
N40 TRANS X10 Y10	绝对平移,将 G 54 工件坐标系平移到位置(10,10)
N50 L18	调用子程序;在此省略
N60 TRANS X30 Y25	绝对平移,将 G 54 工件坐标系平移到位置(30,25)
N70 L18	调用子程序
N80 TRANS	取消偏移,回到 G 54 工件坐标系中
N90 G0 G90 Z100	快速抬刀
N100 M5	主轴停转
N110 M30	主程序结束

三、可编程旋转:ROT,AROT

在当前的主平面 G17 或 G18 或 G19 中执行旋转,角度参数用“RPL=...”表示,单位为度。

1. 编程格式

ROT X... Y... Z...,ROT RPL=...;	可编程的旋转,清除所有偏移、旋转、比例系数、镜像的指令
AROT X... Y... Z...,AROT RPL=...;	可编程的旋转,附加于当前的指令
ROT;	没有设定值,取消可编程旋转
ROT/AROT	指令要求一个独立的程序段

2. 指令和参数的意义

ROT	相对于目前通过 G54t～G59 指令建立的工件坐标系的零点的绝对旋转
AROT	相对于目前有效的设置或编程的零点的相对旋转
X Y Z	在空间的旋转:旋转所绕的几何轴
RPL	在平面内的旋转:坐标系统旋转过的角度

3. 功能

ROT/AROT 可以围绕几何轴(X,Y,Z)中的一个旋转坐标系统,也可以在给定的平面内(G17～G19)(或围绕垂直于它们的进给轴)旋转一定的角度得到新的坐标系统。这使得倾斜的表面或几个工件边在一次设置中被加工出来。

绝对指令:ROT X Y Z 坐标系统围绕特定轴旋转一个编程的角度,旋转基点是上一次通过 G54～G59 设置的一个零点。ROT 指令有效时取消前面设置的所有的可编程的框架,如果附加在前面指令上旋转则用 AROT 编程。

相对指令:AROT X Y Z 旋转一个在轴方向参数编程的角度值,旋转基点是目前已经编程过的零点。

旋转方向:沿着第三坐标轴的正方向往负方向看过去,逆时针方向为正,反之为负。图

3.22 所示为不同的平面内旋转角正方向的定义。

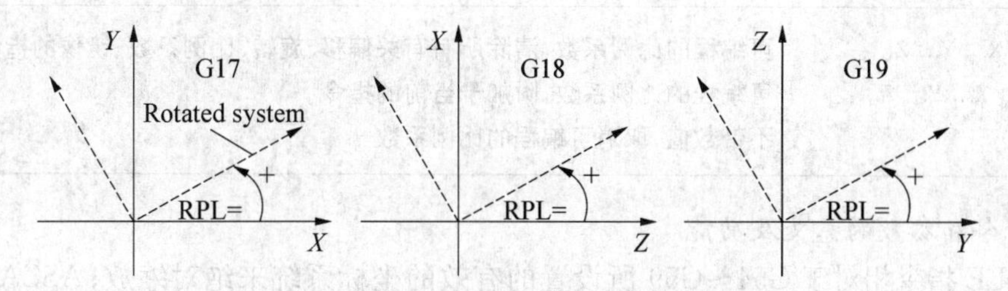

图 3.22　在不同的平面内旋转角正方向的定义

4. 编程举例

图 3.23 所示为可编程的偏移和旋转编程举例。

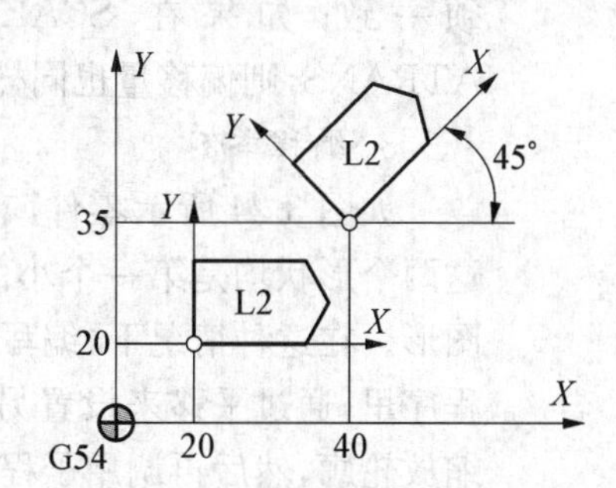

图 3.23　可编程的偏移和旋转编程举例

图示零件编写程序如下：

SQ37.MPF	主程序名
N10G53 G90 G94 G40 G17	机床坐标系，绝对编程，分进给，取消刀补，切削平面；安全指令
N20 G54 M3 S800 F100 T1	工件坐标系建立，转速 800 r/min，主轴正转，1 号刀；
N30 G0 X0 Y0 Z2	快速定位
N40 TRANS X20 Y20	绝对平移，将 G54 工件坐标系平移到位置(20,20)
N50 L2	调用子程序；在此省略
N60 TRANS X40 Y35	绝对平移，将 G54 工件坐标系平移到位置(40,35)
N70 AROT RPL = 45	附加旋转 45 度
N80 L2	调用子程序
N90 TRANS	取消偏移和旋转
N100 G0 G90 Z100	快速抬刀
N110 M5	主轴停转
N120 M30	主程序结束

四、可编程的比例系数：SCALE，ASCALE

用 SCALE 和 ASCALE 可以为所有坐标轴编程设置一个比例系数，按此比例使所给定的轴放大或缩小。

1. 编程格式

SCALE X… Y… Z…;	可编程的比例系数,清除所有有关偏移、旋转、比例系数、镜像的指令
ASCALE X… Y… Z…;	可编程的比例系数,附加于当前的指令
SCALE;	不带数值,取消可编程的比例系数

2. 命令和参数的意义及功能

SCALE 指令相对于 G54～G59 所设置的有效的坐标系统来绝对缩放;ASCALE 指令相对目前有效的设置或编程坐标系统进行相对缩放;X Y Z 是在特定轴方向的比例因子。SCALE/ASCALE 指令都要求一个独立的程序段。要注意的是:当缩放图形为圆形时,两个轴的比例系数必须一致;如果在 SCALE/ASCALE 有效时编程 ATRANS,则偏移量也同样被比例缩放。

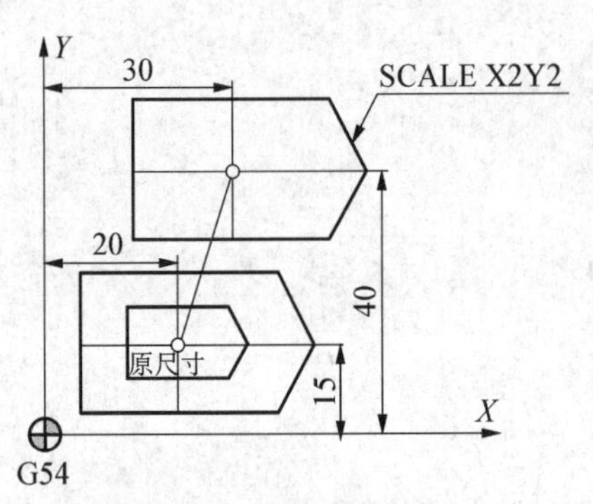

图 3.24 比例和偏移举例

3. 编程举例

如图 3.24 所示零件,有三个形状,两个形状相同,这两个形状均是第一个小的形状通过放大后所得到的图形。在这种情况下,编写小形状的加工程序储存在子程序里,通过平移来设置另两个工件零点,通过缩放来缩放轮廓,然后再调用子程序。

图示零件编写程序如下:

SQ38.MPF	主程序名
N10 G53 G90 G94 G40 G17	机床坐标系,绝对编程,分进给,取消刀补,切削平面;安全指令
N20 G54 M3 S800 T1	工件坐标系建立,转速 800 r/min,主轴正转,1 号刀
N30 G0 X0 Y0 Z2	快速定位
N40 TRANS X20 Y15	绝对平移,将 G54 工件坐标系平移到位置(20,15)
N50 L5	调用子程序;在此省略
N60 SCALE X2 Y2	X 轴和 Y 轴方向的轮廓放大 2 倍
N70 L5	调用子程序
N80 ATRANS X5 Y12.5	偏移值在两个坐标轴上各自被放大 2 倍,即 X 实际偏移 10,Y 偏移 25
N90 L5	调用子程序
N100 SCALE	单独程序段,取消比例系数
N110 TRANS	取消零点偏移
N120 G0 G90 Z100 M5	快速抬刀,主轴停转
N130 M30	主程序结束

五、可编程的镜像:MIRROR,AMIRROR

用 MIRROR 和 AMIRROR 可以以坐标轴镜像工件的几何尺寸。编程了镜像功能的坐标轴,其所有运动都以反向运动。

1. 编程格式

MIRROR X0 Y0 Z0;	可编程的镜像功能,清除所有有关偏移、旋转、比例系数、镜像的指令
AMIRROR X0 Y0 Z0;	可编程的镜像功能,附加于当前的指令
MIRROR;	不带数值,取消镜像功能

2. 命令和参数的意义及功能

MIRROR 指令相对 G54～G59 所设置的有效坐标系统来绝对镜像;AMIRROR 指令相对目前有效的设置或编程坐标系统进行相对镜像;X Y Z 是被改变的坐标轴的方向。MIRROR/AMIRROR 指令要求单独编写一个程序段。坐标轴的数值没有影响,但必须定义一个数值。MIRROR/AMIRROR 可以被用来在坐标轴上镜像工件形状,所有编程的平移运动在镜像以后可以在新的位置被执行。

在应用镜像功能指令时要注意:在镜像功能有效时刀具半径补偿(G41/G42)自动反向;在镜像功能有效时圆弧方向 G2/G3 自动反向。

3. 编程举例

如图 3.25 所示为镜像功能编程举例。图示零件编写程序如下:

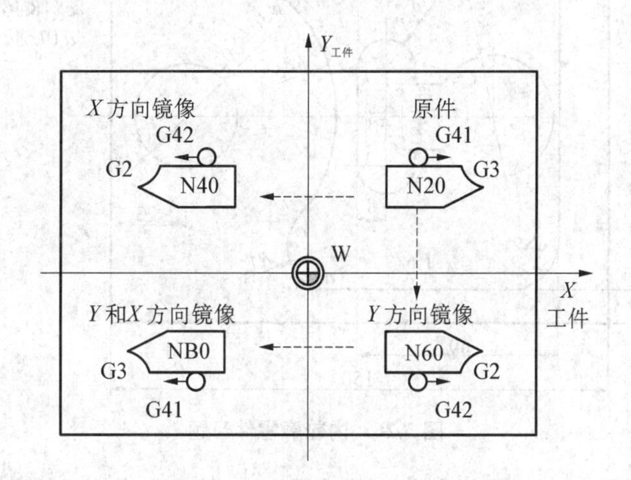

图 3.25　镜像功能编程举例

SQ39.MPF	主程序名
…	前段省略
N10 G17	X/Y 平面,Z 轴垂直该平面
N20 L10	调用子程序,轮廓编程,带 G41
N30 MIRROR X0	关于 Y 轴镜像
N40 L10	调用子程序,轮廓编程
N50 MIRROR Y0	关于 X 轴镜像
N60 L10	调用子程序,轮廓编程
N70 AMIRROR X0	在关于 X 轴镜像的基础上,再关于 Y 轴镜像,即对 X/Y 方向都镜像
N80 L10	调用子程序,轮廓编程

N90 MIRROR	取消镜像功能
…	后段省略

思考与练习题

1. 完成如图 3.26 所示零件内轮廓的编程和加工，毛坯尺寸为 150 mm×120 mm×25 mm 的 45＃钢，毛坯六面为已加工表面，要求分析加工步骤并编写数控铣削加工程序。

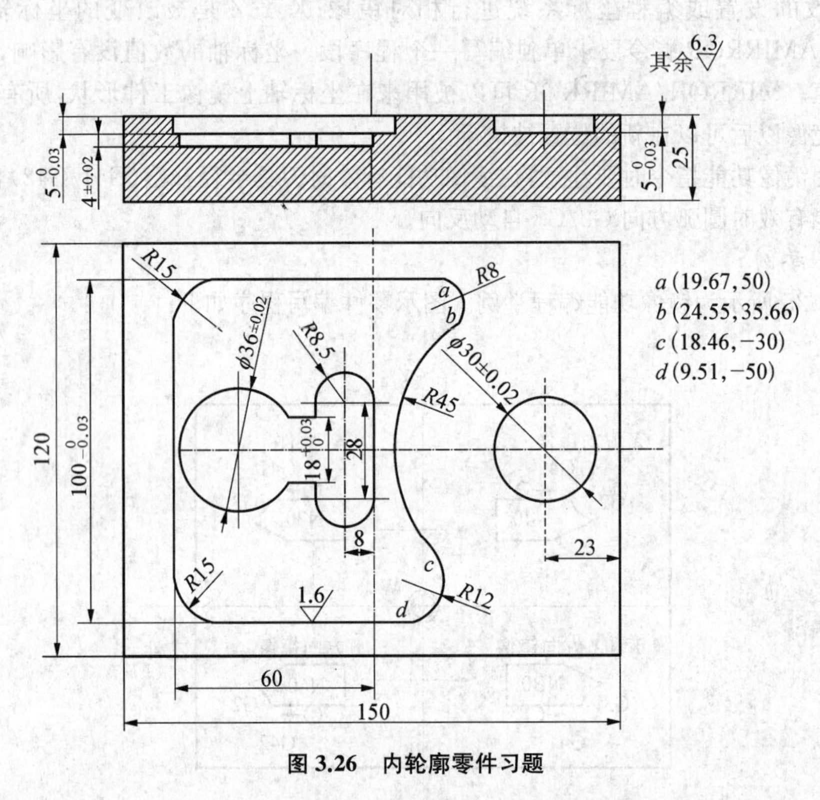

图 3.26 内轮廓零件习题

2. 试利用 SIEMENS 802D 系统指令编写图 3.26 所示零件加工程序。

项目 4

数控铣削宏程序加工编程与仿真

教学要求

能力目标	知识要点
能利用宏程序指令编写零件数控加工铣削程序	数控铣床宏程序指令

4.1 项目要求

完成图 4.1 所示零件中内外轮廓的编程和加工，毛坯尺寸为 90×95×25，材料为 45＃钢，要求以零件几何中心为编程原点进行编程。工件上六表面已加工。

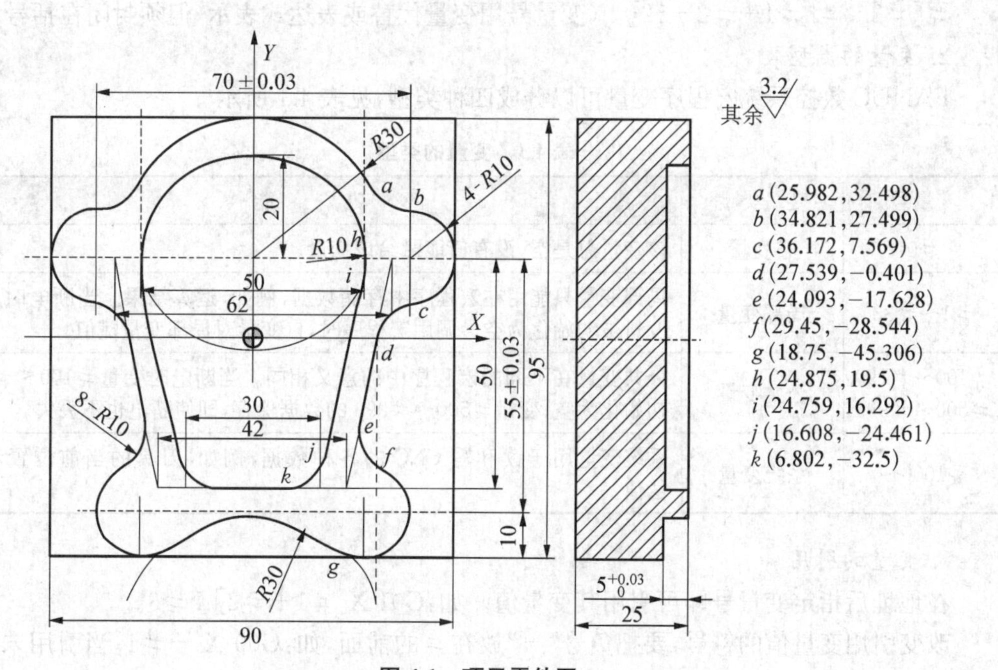

图 4.1 项目零件图

4.2 项目分析

(1) 零件图分析:该零件为内外轮廓零件,外轮廓由直线、多段圆弧连接组成,内轮廓中包含椭圆轮廓,椭圆加工需要采用宏程序编程指令。该零件加工有尺寸精度和表面加工质量要求。零件材料为45＃钢,材料硬度适中,便于加工。

(2) 完成本项目所需新的知识点:宏程序编程指令。

4.3 项目相关知识

4.3.1 宏程序

用户宏程序允许使用变量、算术和逻辑运算及条件转移,使得编制同样的加工程序更简便。对于不具备非圆二次曲线的加工功能的数控机床,往往也必须采用宏程序来编写带有非圆二次曲线轮廓的零件程序。本节以 FANUC 数控系统为例介绍宏程序的相关概念及程序编写。

一、变量

1. 变量的表示

变量用变量符号(＃)和后面的变量号指定。

例:＃1　　(变量号直接指定)

＃[＃3]、＃[＃1＋＃2－12]　(变量号用变量代替或表达式表示,但须封闭在括号中)

2. 变量的类型

FANUC 数控系统宏程序变量可以分成四种类型,见表 4.1 所示。

表 4.1　变量的类型

变量号	变量类型	功　　能
＃0	空变量	该变量总是空,没有值能赋给该变量。
＃1～＃33	局部变量	局部变量只能用在宏程序中存储数据,例如,运算结果。当断电时局部变量被初始化为空。调用宏程序时,自变量对局部变量赋值。
＃100～＃199 ＃500～＃999	公共变量	公共变量在不同的宏程序中的意义相同。当断电时变量＃100～＃199初始化为空;变量＃500～＃999的数据保存,即使断电也不丢失。
＃1000～	系统变量	系统变量用于读和写 CNC 的各种数据,例如,刀具的当前位置和补偿值。

3. 变量的引用

在地址后指定变量号即可引用其变量值。如:G01 X[＃1＋＃2] F＃3。

改变引用变量值的符号,要把负号“－”放在＃的前面,如:G00 X －＃1;当引用未定义的变量时,变量及地址字都被忽略,如:当变量＃1 的值是 0,并且变量＃2 的值是空时(未定义),G00 X＃1 Y＃2 的执行结果为 G00 X0。

在编程时,变量的定义、变量的运算只允许每行写一个,否则系统报警。

二、算术运算和逻辑运算

变量的算术运算和逻辑运算见表 4.2 所示。

表 4.2　算术运算和逻辑运算

功　能	格　式	备　注	功　能	格　式	备　注
定义	# i=# j		平方根 绝对值 舍入 上取整 下取整 自然对数 指数函数	# i=SQRT[# j] # i=ABS[# j] # i=ROUND[# j] # i=FUP[# j] # i=FIX[# j] # i=LN[# j] # i=EXP[# j]	四舍五入取整
加法 减法 乘法 除法	# i=# j+# k # i=# j−# k # i=# j*# k # i=# j/# k		或 异或 与	# i=# jOR# k # i=# jXOR# k # i=# jAND# K	逻辑运算一位一位地按二进制数执行
正弦 反正弦 余弦 反余弦 正切 反正切	# i=SIN[# j] # i=ASIN[# j] # i=COS[# j] # i=ACOS[# j] # i=ATN[# j] # i=ATAN[# j]/[# k]	角度以度表示,指定 65.5 度,表示 65°30′	从 BCD 转为 BIN 从 BIN 转为 BCD	# i=BIN[# j] # i=BCD[# j]	用于与 PMC 的信息交换(BIN:二进制;BCD:十进制)

1. 上取整和下取整

CNC 处理数值运算时,若操作后产生的整数绝对值大于原数的绝对值时为上取整;若小于原数的绝对值为下取整。对于负数的处理应注意。

例:#1=1.2,#2=−1.2,则#3=FUP[#1]=2;#3=FIX[#1]=1;#3=FUP[#2]=−2;#3=FIX[#2]=−1。

2. 运算次序

运算次序按照函数、乘和除运算(*、/、AND)、加和减运算(+、−、OR、XOR)的顺序。

3. 括号嵌套

方括号用于改变运算次序,可以使用 5 级,包括函数内部使用的括号。(注意:圆括号用于注释语句)

例:#1=SIN[[[#2+#3]*#4+#5]*#6]　(3 重括号)

4. 运算符

运算符见表 4.3 所示。

表 4.3　运算符

运算符	含义	运算符	含义
EQ	等于(=)	GE	大于或等于(≥)
NE	不等于(≠)	LT	小于(<)
GT	大于(>)	LE	小于或等于(≤)

5. 反三角函数的取值范围

(1) ＃ i＝ASIN[＃ j]　当参数 No.6004＃0 设为“0”时，运算结果取值范围为 90°～270°；当参数 No.6004＃0 设为“1”时，运算结果取值范围为－90°～90°。

(2) ＃ i＝ACOS[＃ j]　运算结果取值范围为 0°～180°。

(3) ＃ i＝ATAN[＃ j]/[＃ k]　当参数 No.6004＃0 设为“0”时，运算结果取值范围为 0°～360°；当参数 No.6004＃0 设为“1”时，运算结果取值范围为－180°～180°。

三、转移与循环指令

在程序中，使用 GOTO 语句和 IF 语句可以改变控制的流向。

1. 无条件转移(GOTO 语句)

转移到标有顺序号 N 的程序段。顺序号可以是数字，也可以是表达式。

编程格式：GOTO N　　(N 顺序号 1～99999)

例：GOTO 1、GOTO＃10

2. 条件转移(IF 语句)

IF 之后指定转移的条件表达式。

(1) 如果指定的条件表达式满足时，转移到标有顺序号 N 的程序段；如果不满足指定的条件表达式，则执行下个程序段。

```
编程格式:IF[条件表达式] GOTO N
条件式:＃j EQ ＃k 表示“=”
       ＃j NE ＃k 表示“≠”
       ＃j GT ＃k 表示“>”
       ＃j LT ＃k 表示“<”
       ＃j GE ＃k 表示“≥”
       ＃j LE ＃k 表示“≤”
```

例：如果变量＃1 大于 10，转移到程序段号 N80 的程序段。

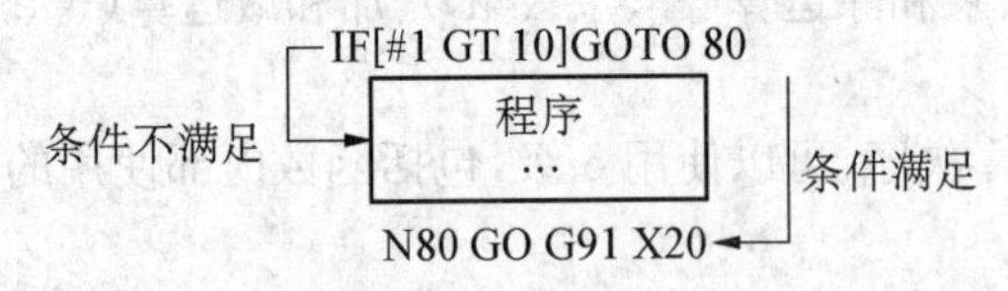

(2) 如果条件表达式满足，执行预先决定的宏程序语句。只执行一个宏程序语句。

编程格式：IF[条件表达式]THEN 宏程序语句

例：求 1 到 10 之和。

```
O4000
＃1=0
＃2=1
N1 IF[＃2GT 10] GOTO 2
＃1=＃1+＃2
```

```
#2 = #2 + 1
GOTO 1
N2 M30
```

3. 循环(WHILE 语句)

在 WHILE 后指定一个条件表达式。当指定条件满足时,执行从 DO m 到 END m 之间的程序,否则转到 END m 后的程序段。

```
编程格式:WHILE [条件表达式] DO m        m = 1,2,3
         …
         END m
```

DO 后的号和 END 后的号是指定程序执行范围的标号,标号值为 1,2,3。

循环语句的嵌套可以使用以下几种:

(1) 标号 1 到 3 可以根据要求多次使用。

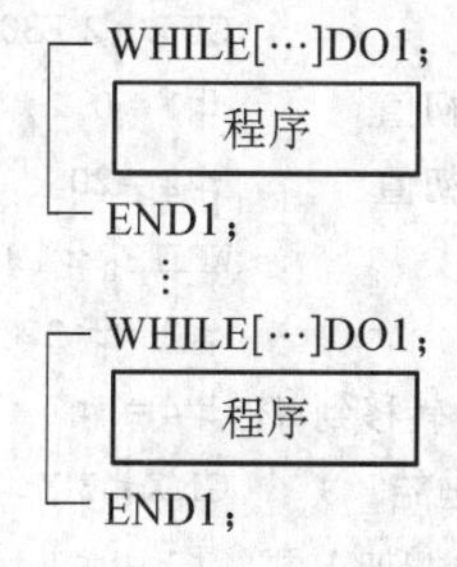

(2) 循环可以从里到外嵌套 3 级。

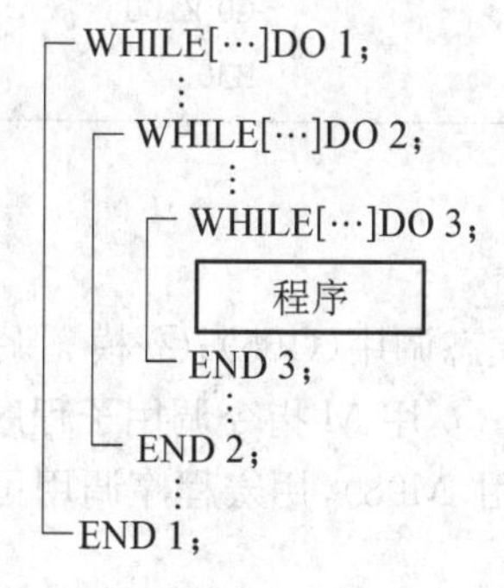

(3) 控制可以转到循环的外边。

```
WHILE[…]DO 1;
IF[…]GOTO n;
END 1;
Nn
```

例:用 G1 指令编写图 4.2 中 *AB* 圆弧的宏程序(不考虑刀具半径)。

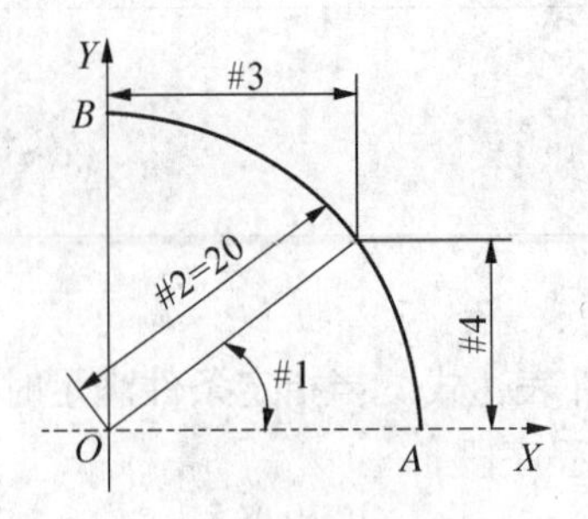

图 4.2　圆弧的宏程序

程序如下：

用 IF 语句		用 WHILE 语句	
O4001	程序名	O4002	程序名
G54 M3 S800	选择坐标系	G54 M3 S800	选择坐标系
G90 G0 X20 Y0　Z50	快速定位到 A 点上方	G90 G0 X20 Y0　Z50	快速定位到 A 点上方
Z2	主轴下降	Z2	主轴下降
G1 Z-2 F30	切入 Z-2	G1 Z-2 F30	切入 Z-2
＃1=0	被加数变量的初值	＃1=0	被加数变量的初值
＃2=20	存储数变量的初值	＃2=20	存储数变量的初值
N1 ＃3=＃2*COS[＃1]	计算变量	WHILE[＃1 LE 90] DO 1	角度小于等于 90 循环 DO 1
＃4=＃2*SIN[＃1]	计算变量	＃3=＃2*COS[＃1]	计算变量
IF[＃1 GT 90] GOTO 2	角度大于 90 时转移到 N2	＃4=＃2*SIN[＃1]	计算变量
G1 X＃3 Y＃4 F50	以 50 mm/min 进给	G1 X＃3 Y＃4 F50	以 50 mm/min 进给
＃1=＃1+1	计算和数(角度增加 1 度)	＃1=＃1+1	计算和数
GOTO 1	转移到 N1	END 1	循环到 END 1
N2 G0 Z100	快速上升	G0 Z100	快速上升
M30	程序结束	M30	程序结束

四、宏程序调用

宏程序的调用方法有：① 非模态调用(G65)；② 模态调用(G66、G67)；③ 用 G 指令调用宏程序；④ 用 M 指令调用宏程序；⑤ 用 M 指令调用子程序；⑥ 用 T 指令调用子程序。

宏程序调用不同于子程序调用(M98)，用宏程序调用可以指定自变量(数据传送到宏程序)，M98 没有该功能。

1. 非模态调用(G65)

> 编程格式:G65 P＿ L l＜自变量指定＞
>
> P＿:要调用的程序
>
> l:重复次数(1～9999 的重复次数，省略 L 值时，默认值为 1)
>
> 自变量:数据传递到宏程序(其值被赋值到相应的局部变量)

例：

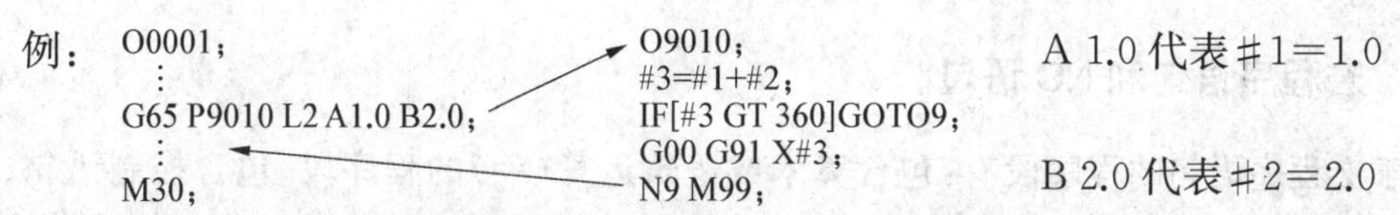

自变量的指定形式有两种。

自变量指定Ⅰ使用：除了G、L、O、N和P以外的字母，每个字母指定一次，见表4.4所示。

自变量指定Ⅱ使用：A、B、C和I_i、J_i和K_i（i为1～10），见表4.5所示。

根据使用的字母，自动地决定自变量的类型。任何自变量前编写指定G65。

表4.4　自变量指定Ⅰ

地址	变量号	地址	变量号	地址	变量号	地址	变量号	地址	变量号	地址	变量号	地址	变量号
A	♯1	I	♯4	D	♯7	H	♯11	R	♯18	U	♯21	X	♯24
B	♯2	J	♯5	E	♯8	M	♯13	S	♯19	V	♯22	Y	♯25
C	♯3	K	♯6	F	♯9	Q	♯17	T	♯20	W	♯23	Z	♯26

表4.5　自变量指定Ⅱ

地址	变量号	地址	变量号	地址	变量号	地址	变量号	地址	变量号	地址	变量号
A	♯1	I1	♯4	I3	♯10	I5	♯16	I7	♯22	I9	♯28
B	♯2	J1	♯5	J3	♯11	J5	♯17	J7	♯23	J9	♯29
C	♯3	K1	♯6	K3	♯12	K5	♯18	K7	♯24	K9	♯30
		I2	♯7	I4	♯13	I6	♯19	I8	♯25	I10	♯31
		J2	♯8	J4	♯14	J6	♯20	J8	♯26	J10	♯32
		K2	♯9	K4	♯15	K6	♯21	K8	♯27	K10	♯33

2. 模态调用（G66）

编程格式：G66 P__ L l＜自变量指定＞

…

G67

P__：要调用的程序

l：重复次数（1～9999的重复次数，省略L值时，默认值为1）

自变量：数据传递到宏程序（其值被赋值到相应的局部变量）

例：

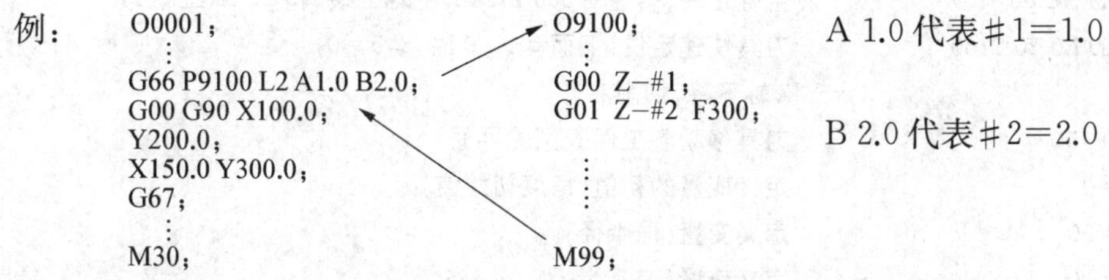

指定G67指令时，其后面的程序段不再执行模态宏程序调用。

五、宏程序语句和 NC 语句

属于宏程序语句的程序段有：包含算术或逻辑运算(=)的程序段；包含控制语句(如：GOTO、DO、END)的程序段；包含宏程序调用指令(如：用 G65、G66、G67 或其他 G 指令、M 指令调用宏程序)的程序段；除了宏程序语句以外的任何程序段都为 NC 语句。

4.3.2　宏程序的编程实例

数控系统不能同时处理宏程序中的坐标位置计算和半径补偿的计算，当数控系统在遇到宏程序的程序段时将取消半径补偿。因此，在编制宏程序时必须计算出刀具中心的轨迹，并且以此轨迹作为编程的轨迹。

1. 用立铣刀加工凸球面、用球铣刀加工凹球面的宏程序

例 4.1　在图 4.3 中，球面的半径为 SR20(＃2)，凸凹球面展角(最大为 90°)为67°(＃6)，图 4.3(a)中所用立铣刀的半径为 R10(＃3)，图 4.3(b)中所用球铣刀的半径为 R6(＃3)，球铣刀的刀位点在球心处，在对刀及编程时应注意。注意：球面台外圈部分应先切除。

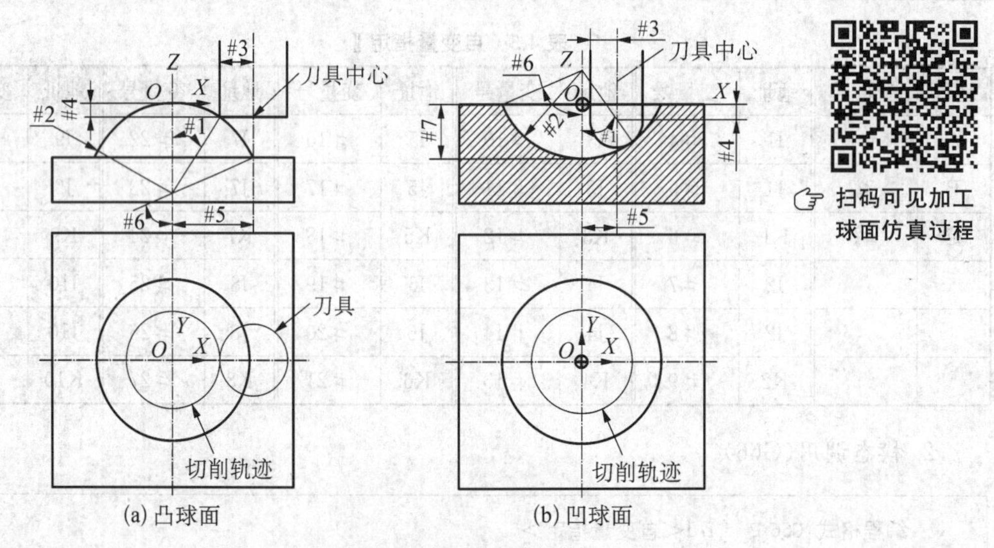

图 4.3　凸球面与凹球面宏程序编程

用立铣刀加工凸球面的宏程序如下。

```
%
O4003                   程序名
N10 G54 M3 S1500        主轴正转，转速 1 500 r/min，主轴上装有φ 20 mm 立铣刀
N20 G90 G0 X0 Y0 Z100   刀具快速定位(下面＃1 = 0 时，＃5 = 0)
N30 Z2M8                Z 轴下降，切削液开
N40 G1 Z0 F50           刀具移动到工件表面的平面
N50 ＃1 = 0             定义变量的初值(角度初始值)
N60 ＃2 = 20            定义变量(球半径)
N70 ＃3 = 10            定义变量(刀具半径)
```

```
N80 #6=67                      定义变量的初值(角度终止值)
N90 WHILE[#1LE67] DO1          循环语句,当#1≤67°时在N90～N160之间循环,加工球面
N100 #4=#2*[1-COS[#1]]         计算变量
N110 #5=#3+#2*SIN[#1]          计算变量
N120 G1 X#5 Y0 F200            每层铣削时,X方向的起始位置
N130 Z-#4 F50                  到下一层的定位
N140 G2 I-#5 F200              顺时针加工整圆
N150 #1=#1+1                   更新角度(加工精度越高,则角度的增量值应取得越小,这儿取1°)
N160 END1                      循环语句结束
N170 G0 Z100 M9                加工结束后返回到Z100,切削液关
N180 M30                       程序结束
%
```

用球铣刀加工凹球面的宏程序为：

```
%
O4004                          程序名
N10 G54  M3 S1500              主轴正转,转速1 500 r/min,主轴上装有φ12 mm球铣刀
N20 G90 G0 X8 Y0 Z100          刀具快速定位
N30 Z8 M8                      Z轴下降(注意球铣刀的刀位点,Z<6就会撞刀),切削液开
N40 #1=67                      定义变量的初值(角度初始值)
N50 #2=20                      定义变量(球半径)
N60 #3=6                       定义变量(刀具半径)
N70 #6=67                      定义变量的初值(角度终止值)
N80 #7=#2-#2*COS[#6]           计算变量
N90 G1 Z3 F50                  刀具向下切削
N100 WHILE[#GT 0]DO1           循环语句,当0<#1≤67°时在N130～N190之间循环,加工凹
                               球面
N110 #4=[#2-#3]*COS[#1]-
#2*COS[#6]                     计算变量
N120 #5=[#2-#3]*SIN[#1]        计算变量
N130 Z-#4 F50                  到上一层的定位
N140 G1 X#5 Y0                 每层铣削时,X方向的起始位置
N150 G3 I-#5 F200              逆时针加工整圆
N160 #1=#1-1                   更新角度
N170 END1                      循环语句结束
N180 G0 Z100 M9                加工结束后返回到Z100,切削液关
N190M30                        程序结束
%
```

2. 用键槽铣刀加工圆锥台的宏程序

例 4.2　在图4.4中,圆锥台上表面半径为R12、下表面的半径为R20,加工用键槽铣刀

的半径为 R8。注:圆锥台 R20 以外部分应先切除。

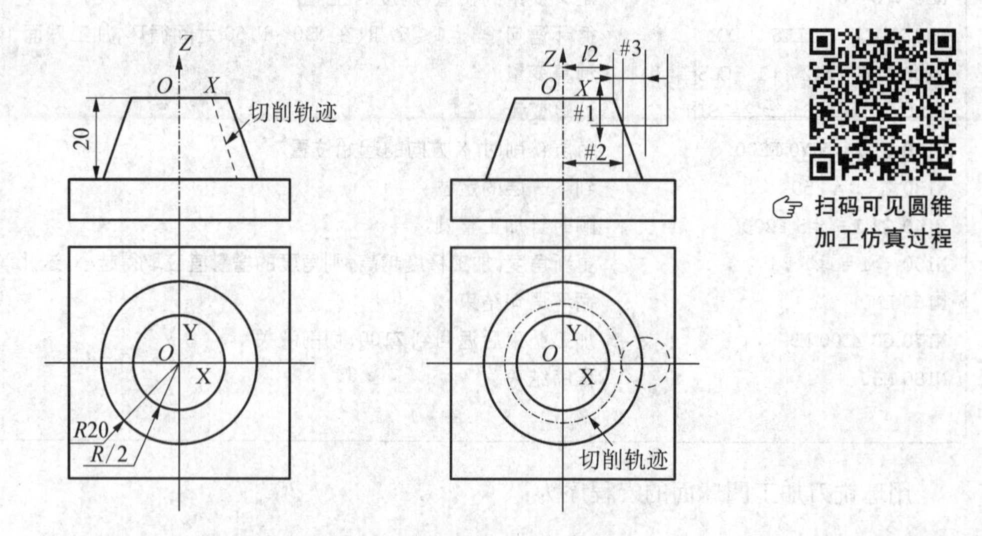

图 4.4　圆锥台的宏程序加工

编程时,采取沿着轮廓线斜向进刀,然后加工整圆的加工方案。定义 Z 坐标宏变量♯1、X 坐标宏变量为♯2、键槽铣刀半径宏变量为♯3。圆锥台面的宏程序如下:

程序	说明
%	
O4005	程序名
N10 G54 G90 M3 S2000 F50	主轴正转,转速 2 000 r/min,主轴安装ϕ 16 键槽铣刀,进给速度 50 mm/min
N20 G0 Z10 X20 Y0	刀具快速定位(下面♯1＝0 时,X＝♯2＝12＋♯3＝20)
N30 Z2 M8	Z 轴下降,切削液开
N40 ♯1＝0	定义 Z 变量的初值
N50 ♯2＝0	定义 X 变量的初值
N60 ♯3＝8	定义变量(刀具半径)
N70 WHILE[－♯1 LE 20] DO1	循环语句,当♯1≤20 时在 N80～N110 之间循环,加工圆锥台
N80 G01X[♯2＋♯3]Z♯1	沿轮廓线斜向进刀
N90 G02G17X[♯2＋♯3]Y0 I[－♯2－♯3]J0	加工整圆
N100 ♯1＝♯1－0.2	计算 Z 坐标
N110 ♯2＝12＋0.4＊[－♯1]	计算 X 坐标
N120 END1	循环语句结束
N130 G0 Z100 M9	加工结束后返回到 Z100,切削液关
N140 M30	程序结束
%	

3. 加工抛物线回转体的宏程序

抛物线也是一种常见的工件加工轮廓要素,其方程及编程点的计算式见表 4.6 所示。

表 4.6 抛物线方程及刀具中心编程点的计算式

图 形	方程及特性点
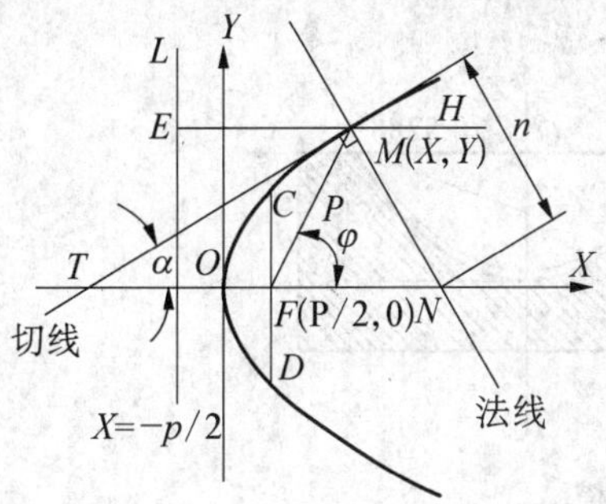	标准方程：$Y^2 = 2pX$ 极坐标方程：$\rho = \dfrac{p}{1-\cos\varphi}(=MF=ME)$ 顶点 $O(0,0)$，焦点 $F(p/2,0)$，准线 $L(X=-p/2)$ $\angle EMT = \angle FMT = \alpha = \varphi/2$ 法线 MN 长 $n = \dfrac{p}{\sin\alpha}$，曲率半径 $R = \dfrac{p}{\sin^3\alpha}$（顶点曲率半径 $R_O = p$）
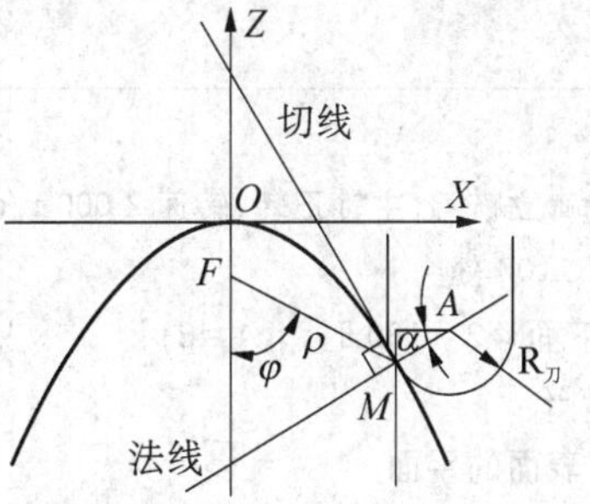	用球铣刀加工抛物线回转体： $X_A = X + R_刀 \times \cos\alpha = \dfrac{p}{1-\cos\varphi} \times \sin\varphi + R_刀 \times \cos(\varphi/2)$ $Z_A = Z + R_刀 \times \sin\alpha = -\dfrac{p}{1-\cos\varphi} \times \cos\varphi - p/2 + R_刀 \times \sin(\varphi/2)$
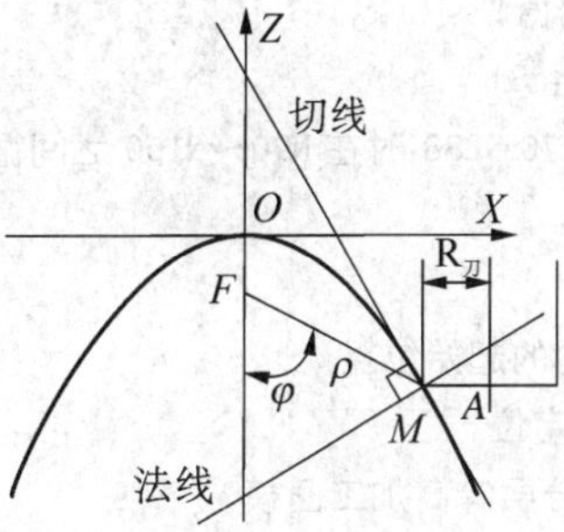	用立铣刀加工抛物线回转体： $X_A = X + R_刀 = \dfrac{p}{1-\cos\varphi} \times \sin\varphi + R_刀$ $Z_A = Z = -\dfrac{p}{1-\cos\varphi} \times \cos\varphi - p/2$
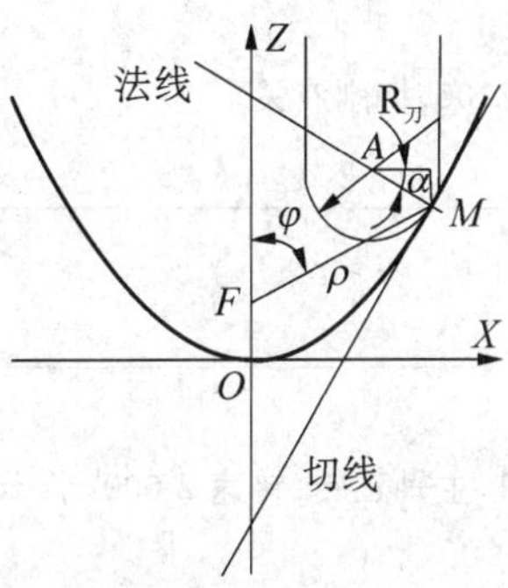	用球铣刀加工抛物线回转凹面： $X_A = X - R_刀 \times \cos\alpha = \dfrac{p}{1-\cos\varphi} \times \sin\varphi - R_刀 \times \cos(\varphi/2)$ $Z_A = Z + R_刀 \times \sin\alpha = \dfrac{p}{1-\cos\varphi} \times \cos\varphi + p/2 + R_刀 \times \sin(\varphi/2)$ 所选的球铣刀半径应满足 $R_刀 < R_O = p$

在由抛物线回转体与回转凹面组成的车灯模具中，凸模注出的为车灯的发光面。注塑件一般有一定的壁厚，此厚度应在回转凹面的加工中完成，此时可改变 $R_刀$ 来实现，编程时的

$R_{刀}$应为加工时使用的球铣刀半径减壁厚。

例 4.3 用 ϕ16 mm 的立铣刀加工如图 4.5(a)中的凸模,用 ϕ16 mm 的球铣刀加工图 4.5(b)中的凹模(注塑件的壁厚为 2 mm)。注意:R42.426 的圆柱台已加工好。

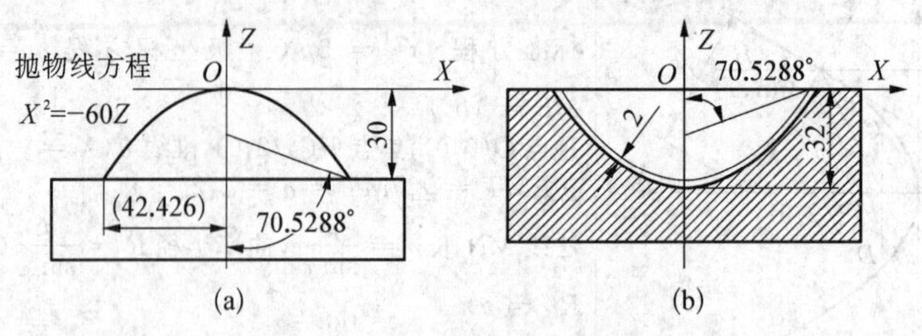

图 4.5 抛物线回转体凸、凹模

加工凸模的宏程序:

O4006	程序名
N10 G54 M3 S2000	主轴上装有ϕ 16 mm 立铣刀,主轴正转,转速 2 000 r/min
N20 G90 G0 Z100	刀具快速移动到 Z100 处
N30 X8 Y0	刀具快速定位(下面 #2 = 180 时,#4 = 8)
N40 Z2 M8	Z 轴下降,切削液开
N50 G1 Z0 F50	刀具移动到工件表面的平面
N60 #1 = 30	定义变量的初值(p)
N70 #2 = 180	定义变量(φ的初始值)
N80 #3 = 8	定义变量(刀具半径 8)
N90 WHILE[#2GE70.5288]DO1	循环语句,当 #2≥70.5288°时在 N90~N160 之间循环
N100 #4 = #1 * SIN[#2]/[1 - COS[#2]] + #3	计算变量
N110 #5 = - #1 * COS[#2]/[1 - COS[#2]] - #1/2	计算变量
N120 G1 X#4 Y0 F100	每层铣削时,X 方向的起始位置
N130 Z#5 F50	#1/2 到下一层的定位
N140 G2 I - #4 F200	顺时针加工整圆,分层等高加工凸模
N150 #2 = #2 - 1	更新角度
N160 END1	循环语句结束
N170 G0 Z100 M9	加工结束后返回到 Z100,切削液关
N180 M30	程序结束

加工凹模的宏程序:

O4007	程序名
N10 G54 M3 S2000	主轴上装有ϕ 16 mm 球铣刀,主轴正转,转速 2 000 r/min
N20 G90 G0 Z100	刀具快速移动到 Z100 处
N30 X0 Y0 Z10 M8	刀具定位,切削液开(注意球铣刀的刀位点,Z<8 就会撞刀)
N40 G1 Z - 24 F50	球铣刀向下切削到 Z - 24(下面 #2 = 180 时,#5 = - 24)
N50 #1 = 32	定义变量的初值(p)

N60 #2=180	定义变量(φ的初始值),从最低点开始向上进行等高铣削
N70 #3=6	定义变量(刀具半径-壁厚)
N80 WHILE[#2GE70.5288]DO1	循环语句,当#2≥70.5288°时在N80~N150之间循环
N90 #4=#1*SIN[#2]/[1-COS[#2]]-#3*COS[#2/2]	计算变量
N100 #5=#1*COS[#2]/[1-COS[#2]]+#1/2+#3*SIN[#2/2]-32	计算变量
N110 G1 Z#5 F50	到上一层的定位
N120 X#4 Y0 F100	每层铣削时,X方向的起始位置
N130 G3 I-#4	逆时针加工整圆,分层等高加工凹模
N140 #2=#2-1	更新角度
N150 END1	循环语句结束
N160 G0 Z100 M9	加工结束后返回到Z100,切削液关
N170 M30	程序结束

加工操作时,在铣削开始(即中心部分)时,应把进给倍率调得较小,随着加工半径的增大,进给倍率再逐渐调大,以免没有进行进给倍率的修调而断刀。

4. 加工椭圆的宏程序

椭圆方程及编程时各点的计算式见表4.7所示。

表4.7 椭圆方程及刀具中心编程点的计算式

图 形	方程及特性点
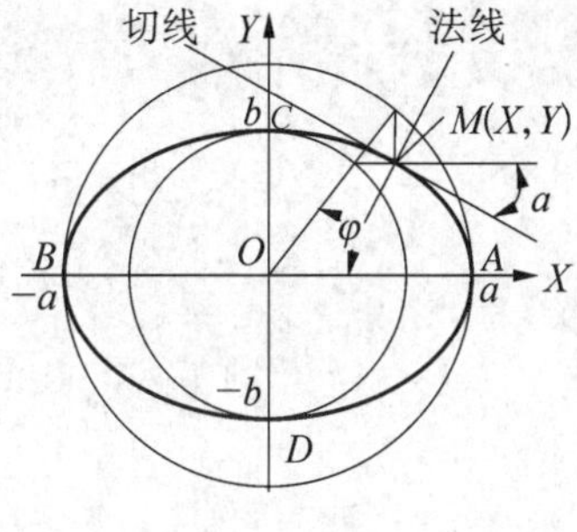	标准方程:$\frac{X^2}{a^2}+\frac{Y^2}{b^2}=1$ 参数方程:$\begin{cases}X=a\times\cos\varphi\\Y=b\times\sin\varphi\end{cases}$ 中心$O(0,0)$,顶点$A,B(\pm a,0)$ $C,D(0,\pm b)$ 焦距$=2c$ $c=\sqrt{a^2-b^2}$ $\tan\alpha=\frac{b}{a}\times\frac{\cos\varphi}{\sin\varphi}$
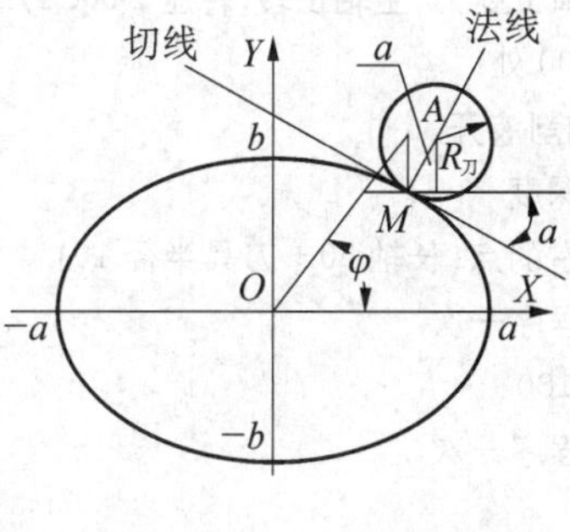	加工椭圆外形: $X_A=X+R_{刀}\times\sin\alpha=a\times\cos\varphi+R_{刀}\times\sin\alpha$ $Y_A=Y+R_{刀}\times\cos\alpha=b\times\sin\varphi+R_{刀}\times\cos\alpha$ 在$\varphi=0°$及$180°$时,$\tan\alpha=\infty$,所以在编程时应避开这两个角度

续 表

图　　形	方程及特性点
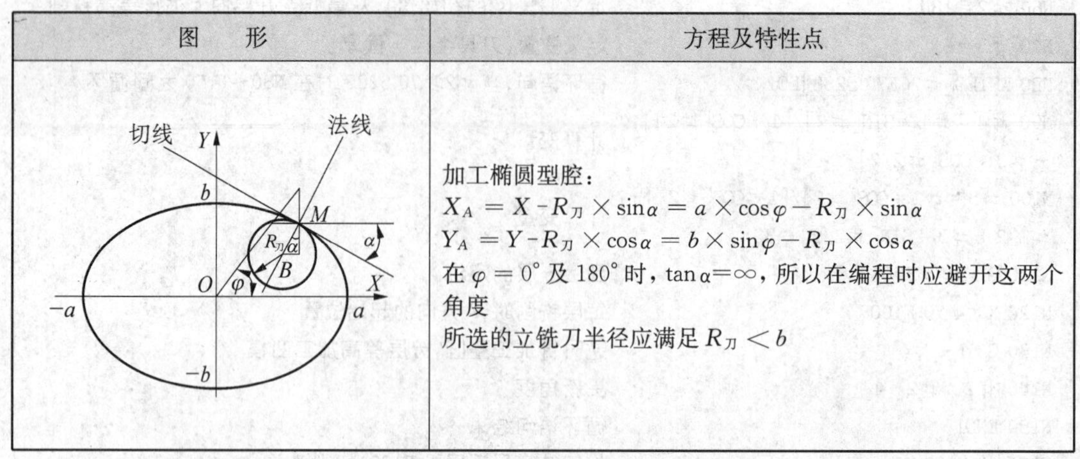	加工椭圆型腔： $X_A = X - R_刀 \times \sin\alpha = a \times \cos\varphi - R_刀 \times \sin\alpha$ $Y_A = Y - R_刀 \times \cos\alpha = b \times \sin\varphi - R_刀 \times \cos\alpha$ 在 $\varphi = 0°$ 及 $180°$ 时，$\tan\alpha = \infty$，所以在编程时应避开这两个角度 所选的立铣刀半径应满足 $R_刀 < b$

由于反正切函数的正、负问题，为避免出现程序错误，不管参数 No.6004＃0 怎样设置，在编写椭圆的宏程序时只编写 0°～180°的部分，另一半采用旋转的指令完成。

例 4.4　用 ϕ20 mm 的立铣刀加工如图 4.6 所示的椭圆台阶面(长轴为 50、短轴为 30)。

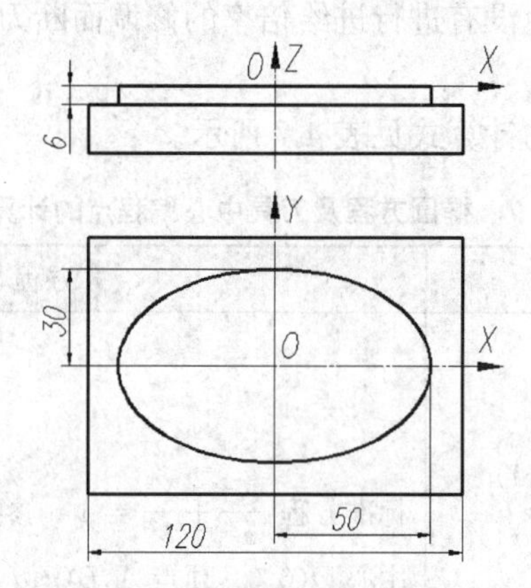

图 4.6　椭圆的宏程序加工

采用宏程序编写椭圆加工子程序，供主程序调用。

主程序如下。

O4008	主程序名
N10 G54 M3 S1000	主轴上装有ϕ 16 mm 立铣刀，主轴正转，转速 1 000 r/min
N20　G90 G0 Z100	刀具快速移动 Z100 处
N30 X70 Y0 Z3 M8	刀具快速定位，切削液开
N40 G1 Z－6 F50	刀具进给到加工深度
N50 X60 F100	进给到椭圆的最右的点(长轴 50＋刀具半径 10)
N60 M98 P4009	调用 O4009 的子程序一次
N70 G68 X0 Y0 R180	绕坐标原点旋转 180°
N80 M98 P4009	调用 O4009 的子程序一次
N90 G69	取消旋转指令

N100 G0 Z100 M9	加工结束后返回到 Z100,切削液关
N110 M30	程序结束

子程序:

O4009	子程序名
N10 #1=1	定义变量初值(角度从 1°开始)
N20 WHILE[#1LE179]DO1	循环语句,当#1≤179°时在 N20～N80 之间循环
N30 #2=ATAN[[30*COS[#1]]/[50*SIN[#1]]]	计算变量
N40 #3=50*COS[#1]+10*SIN[#2]	计算变量
N50 #4=30*SIN[#1]+10*COS[#2]	计算变量
N60 X#3 Y#4	加工的点
N70 #1=#1+1	更新角度
N80 END1	循环语句结束
N90 X-60 Y0	加工到椭圆最左端
N100 M99	子程序结束并返回到主程序

4.4 项目实施

4.4.1 加工工艺分析

1. 夹具、量具、刀具的选择

该零件在装夹时采用精密平口钳装夹;测量时,选用游标卡尺测量相应的长度尺寸,半径规测量圆弧,根据零件轮廓中的圆弧大小,选用直径为 ϕ16 mm 的立铣刀进行粗精加工。

2. 加工工艺方案

零件包含了平面、圆弧表面、椭圆面、内外轮廓的加工,复杂程度一般。加工时,先用直径ϕ16 mm 的立铣刀粗精外轮廓,再对内轮廓进行粗精加工。

数控编程加工中,遇到非圆曲线组成的工件轮廓或三维曲面轮廓时,可以用宏程序或参数编程方法,用一系列微小直线或圆弧来近似表示这一非圆弧曲线。分成的线段越小,就越能逼近该轮廓,从而满足该曲线轮廓的精度要求。椭圆的表示方法可以用标准方程表示,也可以用参数方程表示。当采用参数方程进行程序编制时,要知道椭圆的极角 θ 的变化量,但图纸上所给定的角度值一般不是编程所需的极角值,极角的表示方法如图 4.7 所示。以椭圆的中心为圆心,分别以椭圆长半轴 a 和短半轴 b 为半径作辅助圆。E 点为椭圆上的任意一点,G、F 为过 E 点分别作 X 轴、Y 轴平行线与辅助圆的交点,编写椭圆程序时,必须知道该点的极角,然后根据椭圆参数方程即可计算出椭圆曲线上“点”的位置。在

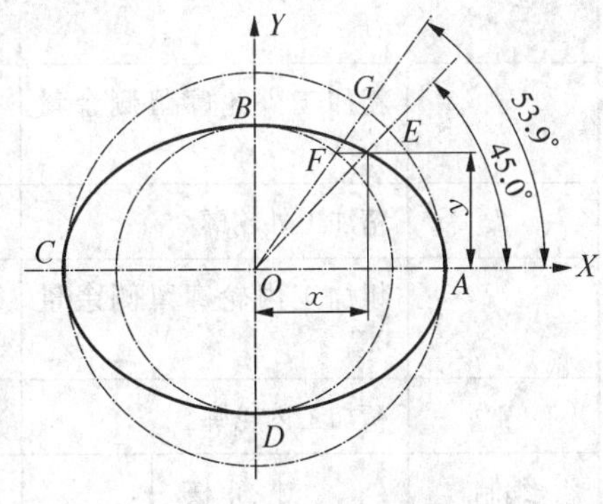

图 4.7　极角示意图

图 4.7 上所标注的 45°并不是真正意义上的极角，而是 53.9°。如果图纸上没有给定极角，用反三角函数求解即可，$\theta=\arccos(x/a)$，$\theta=\arcsin(y/b)$。本项目中内外轮廓加工，将表面对称中心作为工件坐标系的原点，外轮廓加工轨迹如图 4.8 所示，内轮廓加工轨迹如图 4.9 所示。

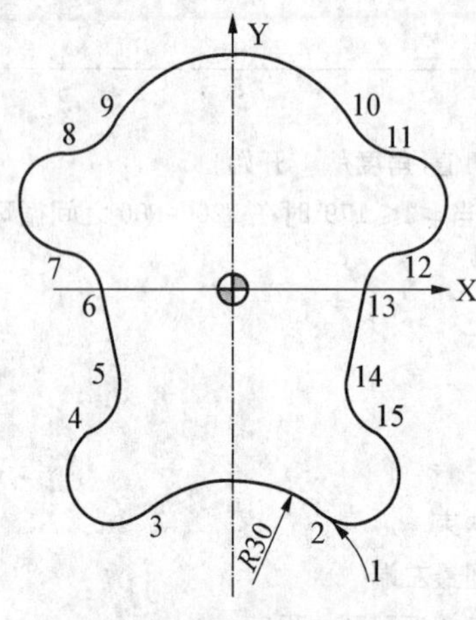

图 4.8　外轮廓走刀轨迹

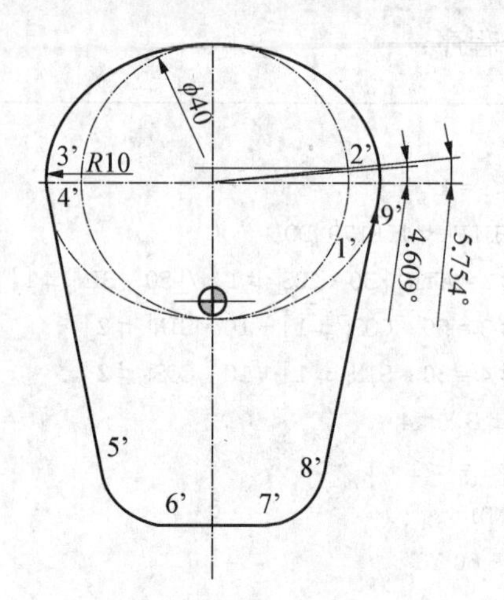

图 4.9　内轮廓加工轨迹

外轮廓中的 1→2 为切入引线，内轮廓中的 1′→2′为 $R10$ 的圆弧切入引线，要注意的是在内轮廓中，2→3 为椭圆轨迹，极角从 5.754°～174.246°，而不是 4.609°～175.391°；3′→4′为 $R10$ 的圆弧，图形左右对称。

3. 填写工艺文件

将各工步的加工内容、所用刀具和切削用量填入内外轮廓零件数控加工工序卡，见表 4.8所示。

表 4.8　内外轮廓零件数控加工工序卡片

××实习工厂	数控加工工序卡片		产品代号	零件名称		零件图号
			××××	矩形内轮廓零件		
工艺序号	程序编号	夹具名称	夹具编号	使用设备		车间
		平口钳		TK7650		
工步号	工步内容	刀具号	刀具规格	主轴转速（r/min）	进给速度（mm/min）	背吃刀量（mm）
1	粗加工外轮廓留侧余量 0.2	T01	ϕ16 立铣刀	600	150	5
2	精加工外轮廓	T01	ϕ16 立铣刀	1 000	80	0.2
3	粗加工内轮廓留侧余量 0.2	T01	ϕ16 立铣刀	600	150	5
4	精加工内轮廓	T01	ϕ16 立铣刀	1 000	80	0.2
编制		审核		批准		共　页　第　页

4.4.2 加工程序编制

1. 编程坐标系原点的选择

以工件上表面几何中心作为编程原点。

2. 程序编制

项目零件外轮廓参考程序：

加工程序	程序注释
O4010	程序名
N10 G90 G94 G21 G17 G40;	程序初始化
N20 G54 M03 S600 T01 F100;	主轴正转,600 r/min
N30 G00 X30Y-60 Z30 M08;	刀具快速定位到起刀点,且在工件上方 30 mm
N40 G01 Z-5 F80;	背吃刀量 5 mm
N50 G41 G01 X27.82 Y-57.5 D01;	移动到 1 点的过程中建立刀补
N60 G03 X-18.75 Y-45.306 R30;	1→3 加工 R30 的圆弧
N70 G02 X-29.45 Y-28.545 R-10;	3→4 加工 R10 圆弧,圆心角大于 180°,半径取负值
N80 G03 X-24.093 Y-17.628 R10;	4→5 加工 R10 圆弧
N90 G01 X-27.539 Y-0.401;	5→6 直线段
N100 G03X-36.172Y7.569 R10;	6→7 逆时针圆弧
N110 G02 X-34.821 Y27.498 R-10;	7→8 顺时针 R10 圆弧,圆心角大于 180°
N120 G03 X-25.982 Y32.498 R10;	8→9 逆时针 R10 圆弧
N130 G02 X25.982 R30;	9→10 顺时针 R30 圆弧
N140 G03 X34.821 Y27.499 R10;	10→11 逆时针 R10 圆弧
N150 G02 X36.172 Y7.569 R-10;	11→12 顺时针 R10 圆弧,圆心角大于 180°
N160 G03 X27.539 Y-0.401 R10;	12→13 逆时针 R10 圆弧
N170 G01 X24.093 Y-17.628;	13→14 直线段
N180 G03 X29.45 Y-28.544 R10;	14→15 逆时针 R10 圆弧
N190 G02 X18.75 Y-45.306 R-10;	15→2 顺时针 R10 圆弧,圆心角大于 180°
N200 G00 Z50 M09;	Z 向退刀,关闭冷切削液
N210 G40 G01 X30 Y-60;	取消刀补
N220 M30;	程序结束

项目零件内轮廓参考程序：

加工程序	程序注释
O4011	程序名
N10 G90 G94 G21 G17 G40;	程序初始化
N20 G54 M03 S600 T01 F100;	主轴正转,600 r/min
N30 G00 X0 Y17.5 Z30 M08;	刀具快速定位到起刀点,且在工件上方 30 mm
N40 G01 Z-5 F50;	背吃刀量 5 mm
N50 G41 G01 X19.881 Y9.552 D01;	刀具移动到 1'过程中建立刀补
N60 G03 X24.875 Y19.5 R10;	1'→2'过渡圆弧切入到 2'点

```
N70 #1=5.754;                          定义椭圆切削起点
N80 #2=25*COS[#1];                     计算椭圆 X 坐标
N90 #3=17.5+20*SIN[#1];                计算椭圆 Y 坐标
N100 G01X#2 Y#3                        加工 2'→3'椭圆
N110 #1=#1+1;                          角度递增赋值
N120 IF[#1LE174.246] GOTO 80;          判断角度
N140 G03 X-24.759 Y16.292 R10;         3'→4'加工逆时针 R10 圆弧
N150 G01 X-16.608 Y-24.461;            4'→5'直线段
N160 G03 X-6.802 Y-32.5 R10;           5'→6'逆时针 R10 圆弧
N170 G01 X6.802;                       6'→7'直线段
N180 G03 X16.608 Y-24.461 R10;         7'→8'逆时针 R10 圆弧
N190 G01 X24.759 Y16.292;              8'→9'直线段
N200 G40 G01 X0 Y17.5                  取消刀具半径补偿
N210 G00 Z50 M09                       退刀,关闭冷切削液
N220 M30;                              程序结束
```

4.5 拓展知识——SIEMENS 802D 系统参数编程

4.5.1 SIEMENS 802D 系统变量与跳转指令

一、常用字符集和运算符号

在编程中可以使用字母、数字和一些特殊字符。字母为 A～Z,且大写字母和小写字母没有区别;数字为 0～9;特殊字符见表 4.9 所示。

表 4.9 特殊字符

<table>
<tr><td rowspan="7">可打印的特殊字符</td><td>( )</td><td>圆括号</td><td rowspan="4">可打印的特殊字符</td><td>:</td><td>主程序,标志符结束</td></tr>
<tr><td>[ ]</td><td>方括号</td><td>“ ”</td><td>引号</td></tr>
<tr><td>＜</td><td>小于</td><td>_</td><td>字母下划线</td></tr>
<tr><td>＞</td><td>大于</td><td>;</td><td>注释标志符</td></tr>
<tr><td>=</td><td>赋值,相等部分</td><td rowspan="2">不可打印的特殊字符</td><td>LF</td><td>程序段结束符</td></tr>
<tr><td>/</td><td>除号,跳跃符</td><td>空格</td><td>字之间的分隔符,空白字</td></tr>
<tr><td>.</td><td>小数点</td><td></td><td></td><td></td></tr>
</table>

运算功能符号见表 4.10 所示。

表 4.10　运算功能符号

序号	符　号	意　义	序号	符　号	意　义
1	+	加号	9	ACOS(　)	反余弦
2	−	减号	10	ATAN2(，)	反正切(第二矢量作为角度参考)−180°～+180°
3	*	乘号			
4	/	除号	11	SQRT(　)	平方根
5	SIN(　)	正弦	12	POT(　)	平方值
6	COS(　)	余弦	13	ABS(　)	绝对值
7	TAN(　)	正切	14	TRUNC(　)	取整(小数点后舍去)
8	ASIN(　)	反正弦	15	ROUND(　)	圆整(四舍五入)

二、R 参数和程序跳转

1. 计算参数 R

计算参数 R 在程序运行时由控制器计算或设定所需要的数值，也可以通过操作面板设定参数数值。如果参数已经赋值，则它们可以在程序中对由变量确定的地址进行赋值。

如果值已经被指定给算术参数，那么它们就可以在程序中被指定给其他 NC 地址，这些地址字的值将是可变的。

(1) 编程格式：R0＝…～R299＝…

(2) 赋值范围：

算术参数赋值：±(0.000 0001～9999 9999)(8 位，十进制位，带符号和小数点)

整数值小数点可省略，正号也可以省去。例：R0＝3.567 8；R1＝−37.3；R2＝2；R3＝−7；R4＝−45 678.123。

用指数表示法可以赋值更大的数值范围：±(10^{-300}～10^{+300})。指数的值书写在 EX 字符后面，最大的总的字符个数为 10(包括符号和小数点)，EX 值的范围为−300 到+300。

举例：R0＝−0.1EX－6；　　意义：R0＝−0.000 001；

R1＝1.823EX8；　　意义：R1＝182 300 000。

在一个程序段内可以有几个赋值或几个表达式赋值。

(3) 给其他的地址赋值。

通过给其他的 NC 地址分配计算参数或参数表达式，可以增加 NC 程序的通用性，可以用数值、算术表达式或 *R* 参数对任意 NC 地址赋值，但对地址 N、G 和 L 例外。当赋值时，在地址字后面书写字符“＝”，也可以赋一个带负号的值，给轴地址字赋值时必须在一个单独的程序段内。

举例：N10 G0 X＝R1；　　给 X 轴赋值

在计算参数时也遵循通常的数学运算规则。

(4) 编程举例。

R 参数编程实例：

程序	说明
N10 R1 = R1 + 1	由原来的 R1 加上 1 后赋值给新的 R1
N20 R1 = R2 + R3　R4 = R5 - R6　R7 = R8 * R9　R10 = R11/R12	加、减、乘、除运算
N30 R13 = SIN(25.3)	R13 等于正弦 25.3 度
N40 R14 = R1 * R2 + R3	乘除优先于加减，R14 = (R1 * R2) + R3
N50 R14 = R3 + R2 * R1	与 N40 一样
N60 R15 = SQRT(R1 * R1 + R2 * R2)	$R15 = \sqrt{R1^2 + R2^2}$

坐标轴赋值编程实例：

```
N10 G1 G91 X = R1 Z = R2 F300
N20 Z = R3
N30 X = - R4
N40 Z = - R5
```

2. 程序跳转目标标记符

程序跳转目标标记符(或程序段号)用于标记程序中所跳转的目标程序段，用跳转功能可以实现程序运行的分支。标记符可以自由选取，但必须由 2～8 个字母或数字组成，其中开始两个字符必须为字母或下划线。跳转目标程序段标记后面必须为冒号。标记符位于程序段首。如果程序段有段号，则标记符紧跟着段号。在一个程序段中，标记符不能有其他含义。

编程举例：

程序	说明
N10 MAP:G1 X...Y...	MAP 为标记符，跳转目标程序段
…	
CSB:G1 X...Y...	CSB 为标记符，跳转目标程序段，但没有段号
…	

3. 绝对跳转

NC 程序在运行时按顺序执行程序段。程序在运行时可以通过插入程序跳转指令改变执行顺序。跳转目标只能是有标记符的程序段，此程序段必须位于该程序之内。绝对跳转指令必须占用一个独立的程序段。

(1) 编程格式和意义

程序	说明
GOTOF　Label;	向前跳转(向程序结束的方向跳转)
GOTOB　Label;	向后跳转(向程序开始的方向跳转)

Label:为所选标记符或程序段号的字符串。

(2) 编程举例

程序	说明
N10 LAB1:G0 G54 X0 Y0 Z200 D1 S1000 M3	LAB1 为标记符，跳转目标程序段
N20 G0 X1000 Y500	
N30 X0 Y0	

```
…
N80GOTOB LAB1                    跳转到标记 LAB1
```

4. 有条件跳转

用 IF 语句表示有条件跳转。如果满足跳转条件，则进行跳转。跳转目标只能是有标记符的程序段，此程序段必须位于该程序之内。有条件跳转指令必须占用一个独立的程序段，在一个程序段中可以有多个条件跳转指令。

(1) 编程格式和意义

```
IF  条件  GOTOF  Label;          条件满足后，向前跳转(向程序结束的方向跳转)
IF  条件  GOTOB  Label;          条件满足后，向后跳转(向程序开始的方向跳转)
```

比较运算符号见表 4.11 所示。

表 4.11　比较运算符

运算符号	意义	运算符号	意义
＝＝	等于	＜	小于
＜＞	不等于	＞＝	大于或等于
＞	大于	＜＝	小于或等于

(2) 编程举例

```
N10 IF R1 GOTOF LAB2                     R1 不等于零时，跳转到 LAB2 程序段
…
N100 IF R1>1 GOTOF LAB3                  R1 大于 1 时，跳转到 LAB3 程序段
…
N1000 IF R45 = = R7 + 1 GOTOB BJF3       R45 等于 R7 加 1 时，跳转到 BJF3 程序段
```

利用 R 参数和程序跳转功能结合编程可以实现较复杂的程序编制。它同其他的数控系统(如 FANUC 系统、华中系统)的宏指令编程是一致的，只是它们采用的地址单元不同。宏指令采用＃加数字表示地址单元。如：＃100＝＃100＋10。它就相当于：R100＝R100＋10。

4.5.2　SIEMENS 802D 系统的宏程序应用

例 4.5　五边形零件加工

在尺寸为 $\phi60\times30$ 圆柱体上加工如图 4.10 所示五边形，材质为 45＃钢。

分析：该零件为五条相等的直线段围成的凸台，且每条线段的终点与起点间的角度差为 72°，同时它的各个顶点均在直径 60 mm 的圆周上。依据此规律，利用变量编制程序，选用 $\phi16$ mm 平底刀进行加工。

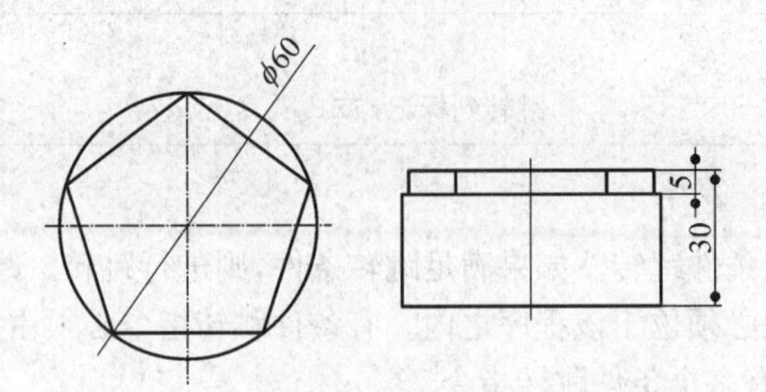

图 4.10　五边形加工

加工程序	程序注释
SQ40.MPF	程序名
N10 G90 G54 M03 S600 F100	主轴转动,600 r/min
N20 G00 X45 Y0 Z15 M08	刀具快速定位到起刀点,且在工件上方 15 mm
N30 R1 = 30	五边形外接圆半径
N40 R2 = 18	第一边起始角度值
N50 R3 = 72	各边起始角度与终止角度的差值
N60 R4 = 5	边数
N70 G0 X = R1 * COS(R2)	进给到加工点的位置
N80 Y = R1 * SIN(R2)	
N90 G01 Z - 5 F50	Z 方向进给
N100 MA1:R2 = R2 + R3	角度递增
N110 R4 = R4 - 1	边数减少
N120 G42 G01 X = R1 * COS(R2) Y = R1 * SIN(R2) D1	建立刀补,并加工轮廓
N130 IF R4 >= 0 GOTOB MA1	条件判断语句
N140 G40 X45 Y0	取消刀补
N150 G00 Z50 M09	Z 向退刀
N160 M05	
N170 M02	

例 4.6　椭圆形加工

在尺寸为 65 mm×45 mm×15 mm 方料上加工如图 4.11 所示椭圆,材质为 45#钢。

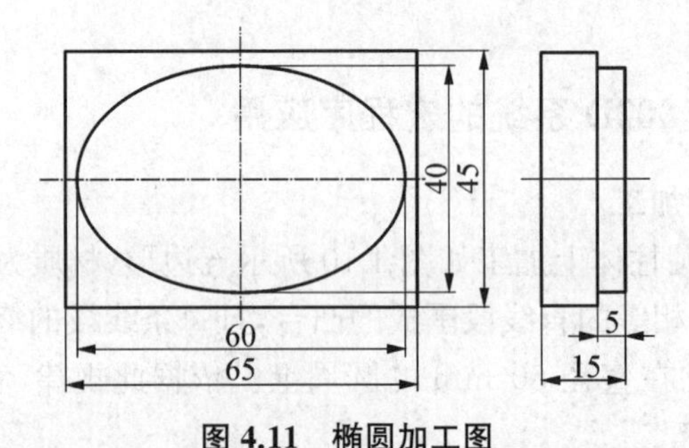

图 4.11　椭圆加工图

分析:该零件加工内容为椭圆,是由非圆曲线组成。利用三角函数求出椭圆上的各个坐标,然后把各点连在一起形成椭圆,这样从根本上保证了椭圆的加工精度。选用 ϕ16 mm 平底刀进行加工。

加工程序	程序注释
SQ41.MPF	程序名
N10 G90 G54 M03 S600 F100	主轴转动,600 r/min
N20 G00 X60 Y0 Z15 M08	刀具快速定位到起刀点,且在工件上方 15 mm
N30 R1 = 30	椭圆长半轴长度
N40 R2 = 20	椭圆短半轴长度
N50 R3 = 1	起始角度
N60 R4 = 360	终止角度
N70 MA1:R3 = R1 * COS(R3)	计算 X 方向值
N80 R6 = R2 * SIN(R3)	计算 Y 方向值
N90 G42 G01 X = R5 Y = R6 F100	
N100 Z - 5	Z 方向进给
N110 R3 = R3 + 1	角度递增
N120 IF R3＜ = R4 GOTOB MA1	条件判断语句
N130 G40 G01X60Y0	取消刀补
N140 G00 Z50 M09	Z 向退刀
N150 M05	
N160 M02	

例 4.7　孔口倒圆角加工

在尺寸为 130×130×15 圆柱体上加工如图 4.12 所示孔口倒角,材质为 45＃钢。

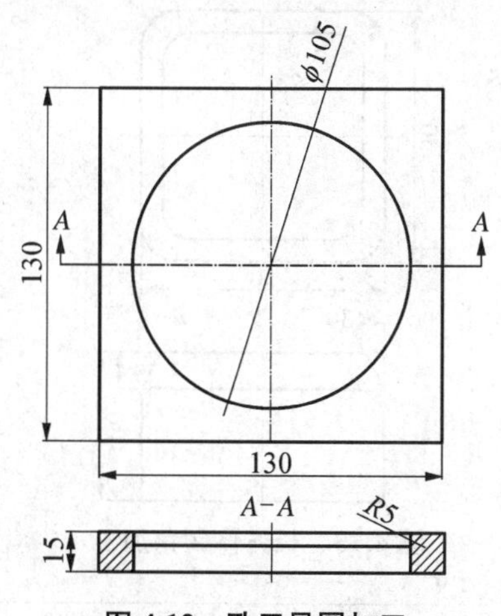

图 4.12　孔口导圆加工

分析:该零件加工内容为孔口倒圆角,对孔口 X、Z 方向的值与孔口倒角半径建立勾股定理。利用此关系,结合机床参数运算规律,编制程序进行加工。选用 ϕ16 mm 平底刀进行加工。

加工程序	程序注释
SQ42.MPF	程序名
N10 G90 G54 M03 S600 F100	主轴转动,600 r/min
N20 G00 X0 Y0 Z15 M08	刀具快速定位到起刀点,且在工件上方 15 mm
N30 R1 = 5	孔半径
N40 R2 = 0	X 方向初始值
N50 MA1:R3 = SQRT(R1 * R1 - R2 * R2)	计算 Z 方向值
N60 R5 = (105/2) + R2	计算 X 方向值
N70 G1 Z = - R3 F100	Z 方向进给
N80 G41 G01X = R5 Y0 D1	左刀补
N90 G3 I = - R5 J0	
N100 R2 = R2 + 0.5	计算 X 方向增量值
N110 IF R2< = R1 GOTOB MA1	判定条件语句
N120 G40 G00X0 Y0	取消刀补
N130 Z50 M09	Z 向退刀
N140 M05	
N150 M02	

例 4.8　倒斜角加工

在尺寸为 50×50×30 方料上加工如图 4.13 所示倒角,材料为 45＃钢。

分析:该零件加工内容为长方体的倒角,将零件 X、Z 方向的距离通过正切关系联系起来。通过 Z 方向值的增加求出相应的 X 方向值。选用 ϕ16 mm 平底刀进行加工。

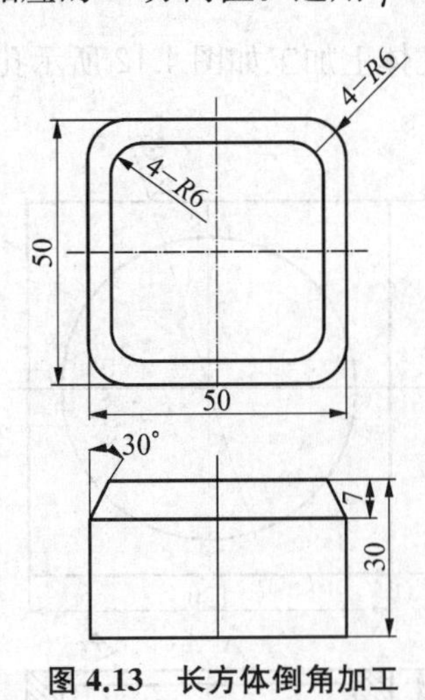

图 4.13　长方体倒角加工

加工程序	程序注释
SQ43.MPF	程序名
N10 G90 G54 M03 S600 F100	主轴转动,600 r/min
N20 G00 X0 Y - 45 Z15 M08	刀具快速定位到起刀点,且在工件上方 15 mm
N30 R1 = 50/2	矩形边长的一半

```
N40 R2 = 7                                   Z 方向高度
N50 R3 = 30                                  倒角角度
N60 R4 = 6                                   圆弧半径
N70 R7 = 0                                   Z 方向初始高度
N80 MA1:R5 = R1 - R4                         计算直线长度
N90 R6 = R7 * TAN(R3)                        计算 X 方向递减量
N100 G1 Z = R7 F100                          Z 方向变量高度
N110 G41 G01 X0 Y = - R1                     轮廓加工
N120 X = - R5
N130 G2 X = - R1 Y = - R5 CR = R4
N140 G1 Y = R5
N150 G2 X = - R5 Y = R1 CR = R4
N160 G1 = R5
N170 G2 X = R1 Y = R5 CR = R4
N180 G1 Y = - R5
N190 G2 X = R5 Y = - R1 CR = R4
N200 G1 X0
N210 G40 G1 X0 Y - 45                        取消刀补
N220 R1 = R1 - R6                            计算直线长度
N230 R7 = R7 + 0.5                           计算 Z 方向高度
N240 IF R7< = R2 GOTOB MA1 R7< = R2          跳至 MA1 循环
N250 G00 Z50 M09                             Z 向退刀
N260 M05                                     主轴停止
N270 M02                                     程序结束
```

思考与练习题

完成图 4.14 所示零件轮廓编程和加工，毛坯尺寸为 150×120×20，材料为 45＃钢。注：六面为已加工表面。

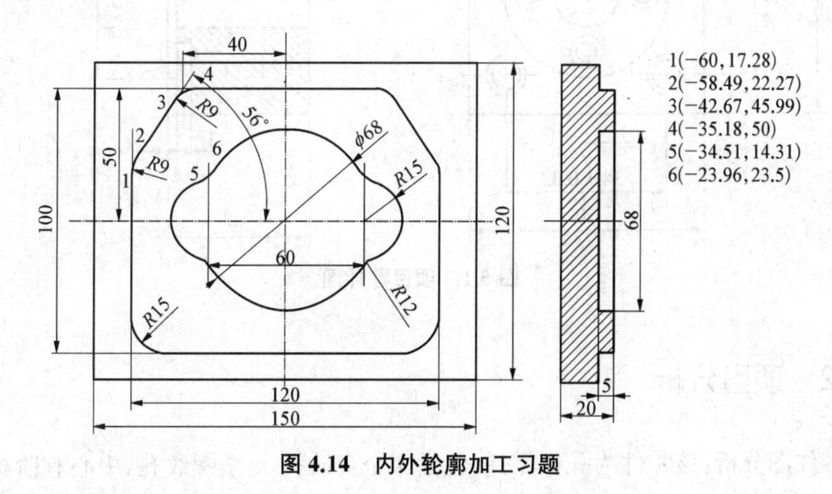

图 4.14　内外轮廓加工习题

项目 5

孔加工编程与仿真

教学要求

能力目标	知识要点
能正确选用孔加工固定循环指令进行孔加工编程	孔加工固定循环指令

5.1 项目要求

完成图 5.1 所示零件中所有孔的编程和仿真加工，毛坯尺寸为 50×50×30，材料为 45＃钢，编写程序要求如下：以几何中心为编程原点，工件上表面已加工，只要求进行孔的加工。

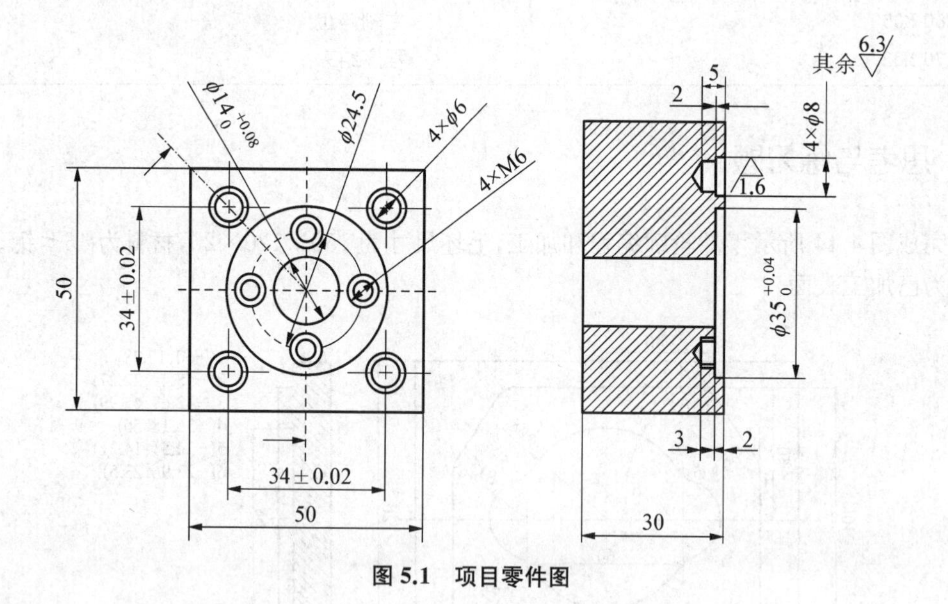

图 5.1 项目零件图

5.2 项目分析

(1) 零件图分析：该零件为孔类零件，包括 4 个台阶孔、4 个螺纹孔，中心有阶梯盲腔；该零件为对称零件；尺寸精度表面加工质量要求较高；材料为45＃钢，材料硬度适中。

（2）完成本项目所需新的知识点：孔加工方法、孔刀具的选择和孔加工指令等。

5.3 项目相关知识

5.3.1 孔加工固定循环概述

在数控铣床与加工中心上进行孔加工时，需要完成快速接近工件、工进速度孔加工及孔加工完成后快速返回等固定动作，通常采用系统配备的固定循环功能进行编程。固定循环功能用一个程序段即可完成孔加工的全部动作。

FANUC 0i－M系统常用的固定循环指令有镗孔、钻孔和攻螺纹等，见表5.1所示。

表5.1 孔加工固定循环

G代码	孔加工行程（$-Z$）	孔底动作	返回行程（$+Z$）	用　途
G73	断续进给		快速进给	高速深孔往复排屑钻
G74	切削进给	主轴正转	切削进给	攻左旋螺纹
G76	切削进给	主轴准停刀具移位	快速进给	精镗
G80				取消指令
G81	切削进给		快速进给	钻孔
G82	切削进给	暂停	快速进给	钻孔
G83	断续进给		快速进给	深孔排屑钻
G84	切削进给	主轴反转	切削进给	攻右旋螺纹
G85	切削进给		切削进给	镗削
G86	切削进给	主轴停转	切削进给	镗削
G87	切削进给	刀具移位主轴启动	快速进给	背镗
G88	切削进给	暂停、主轴停转	手动操作后快速返回	镗削
G89	切削进给	暂停	切削进给	镗削

孔加工固定循环通常包括六个基本动作。固定动作及图形符号如图5.2所示。图中实线表示切削进给，虚线表示快速运动，R平面为在孔口时快速运动与进给运动的转换位置。六个基本动作分别为：

（1）动作1：在XY平面定位。刀具快速定位到孔加工初始点位置。

（2）动作2：快速移动到R平面。刀具从初始点快速进给到R平面，在进行多孔加工时，应特别注意R平面的位置选择。

（3）动作3：孔加工。以切削进给方式执行孔加工的动作。

(4) 动作 4:孔底动作。刀具进给到孔底时有暂停、主轴定向停止、刀具偏移等动作。

(5) 动作 5:返回到 R 平面。

(6) 动作 6:快速返回到初始点。

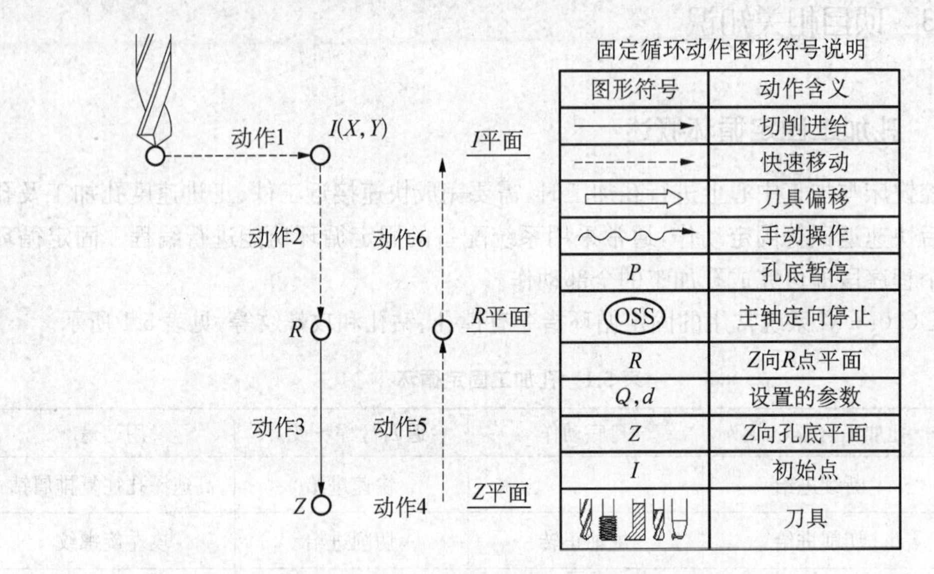

图 5.2 固定循环指令的工作动作及图形符号

5.3.2 孔加工固定循环编程格式

一、固定循环的编程格式

固定循环的编程总体格式如下:

```
G90/G91  G98/G99  G73～G89  X_  Y_  Z_  R_  Q_  P_  F_  K_
```

1. 坐标编程选择指令 G90/G91

G90 为绝对编程,G91 为增量编程。如果采用绝对编程,R 与 Z 一律取其终点坐标值;采用增量编程时,R 是指自初始点到 R 平面的距离,Z 指平面 R 到孔底平面的距离。在循环指令中,X、Y 坐标与 Z 坐标可以分别用 G90 或 G91 指定,因为 X、Y 与 Z 的动作是在不同的基本动作中完成的。

2. 返回点平面选择指令 G98/G99

G98 指令返回初始平面,G99 指令返回 R 平面。

3. 孔加工方式选择指令 G73～G89

G73～G89 是模态指令,因此,多孔加工时该指令只需指定一次,以后的程序段给出孔的位置即可。

4. 孔加工参数

X、Y 指定孔在 XY 平面的坐标位置(增量坐标值或绝对坐标值)。

Z——指定孔底坐标值。在增量方式时,为 R 平面到孔底的距离;在绝对值方式时,是

孔底的绝对 Z 坐标值。

R——在增量方式时，为起始点到 R 平面的距离；在绝对方式时，为 R 平面的绝对坐标值。

Q——在 G73、G83 中用来指定每次进给的深度；在 G76、G87 指令中表示刀具的退刀量。它始终是一个正的增量值，与绝对还是增量编程无关。

P——孔底暂停时间，以整数表示。最小单位为 1 ms。

F——切削进给的速度。在图 5.2 中，循环操作 3 的速度由 F 指定，而循环动作 5 的速度则由选定的循环方式确定。

5. 重复次数

K 表示重复加工次数(1～6 加工动作)，最大值为 9999。如果不指定 K，则只进行一次循环。$K=0$ 时，孔加工数据将被存入，但机床不执行加工动作。在增量方式(G91)时，如果有孔距相同的若干相同孔，采用重复次数来编程是很方便的，在编程时要采用 G91、G99 方式。

例如，当指令为 G91 G81 X50.0　Z－20.0　R－10.0　K6　F200 时，其运动轨迹如图 5.3 所示。如果是在绝对值方式中，则不能钻出 6 个孔，仅仅在第一个孔处往复钻 6 次，结果是 1 个孔。

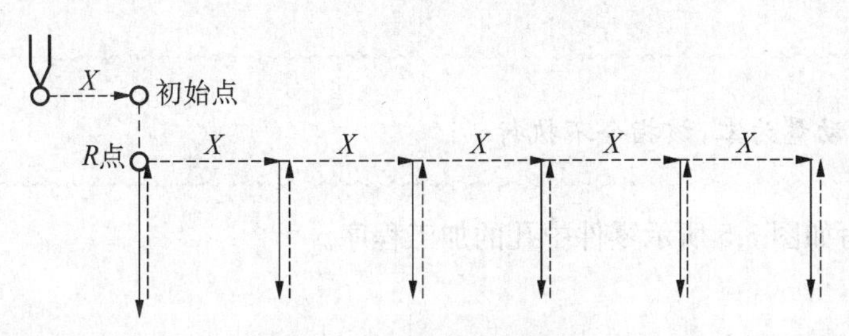

图 5.3　重复次数的使用

固定循环中的参数(Z、R、Q、P、F)是模态的。所以当变更固定循环时，可用的参数可以继续使用，不需重设，但中间如果隔有 G80 或 01 组 G 指令，则参数均被取消。

二、固定循环撤销指令 G80

使用 G80 指令后，固定循环被取消，孔加工数据全部清除，R 点和 Z 点也被取消。

三、定点钻孔循环(中心钻)指令 G81

定点钻孔循环(中心钻)指令 G81 格式如下：

```
{G98} G81  X_  Y_  Z_  R_  F_
{G99}
```

G81 钻孔动作循环，用作一般的钻孔、中心钻点钻中心孔。切削进给执行到底孔，然后刀具从孔底快速移动退回，包括 X、Y 坐标定位，快进，工进和快速返回等动作。

当 G81 指令和 M 代码在同一程序段中指定时，在第一定位动作的同时执行 M 代码，然后系统处理下一个动作。当指定重复次数 K 时，只对第一个孔执行 M 代码，对第二或以后的孔不执行 M 代码。

在固定循环方式中，刀具偏置被忽略。

G81 指令动作循环如图 5.4 所示。

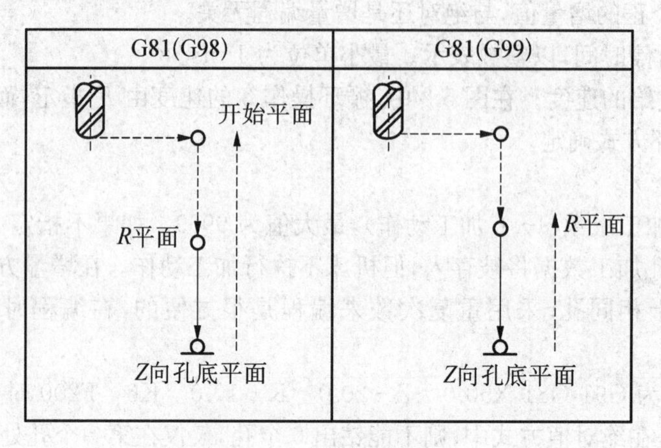

图 5.4 G81 钻孔循环

注意

如果 Z 的移动量为零，该指令不执行。

例 5.1 编写如图 5.5 所示零件中孔的加工程序。

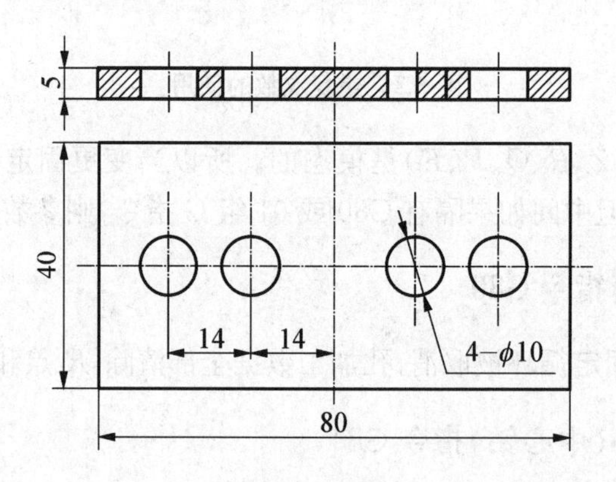

图 5.5 孔零件

以工件上表面中心为编程坐标系原点，采用 G81 指令，程序如下：

```
O5001;
N10G54 G40 G80 G17 G90 G49 G69;           取消固定循环，选择 G54 坐标系
N20 G00 Z100;
N30 M03 S400;
N40 G00 X28Y0;                            定位至第一个孔位置
```

```
N50 Z10;                              初始平面位置
N60 G99 G81 Z-10 R5 F50;              钻第一个孔(通孔)
N70 X14;                              钻第二个孔(通孔)
N80 X-14;                             钻第三个孔(通孔)
N90 X-28;                             钻第四个孔(通孔)
N100 G80;                             取消钻孔循环
N110 G00 Z100;
N120 X0 Y0;
N130 M05;
N140 M30;
```

四、深孔钻孔指令 G83 和 G73

在数控加工中常遇到深孔的加工,如定位销孔、螺纹底孔、挖槽加工预钻孔等。深孔加工,孔越深,阻力越大,钻头容易变形,因此,在进行深孔钻削时,要考虑排屑、冷却钻头和使加工周期最小化的问题。大多数的数控系统都提供了深孔加工指令,在 FANUC0i-M 系统中用于深孔钻削加工的指令有 G73 和 G83。深孔通常是指孔的深度与孔径比值大于 5 的孔。

1. 高速排屑钻孔循环指令 G73

格式:

$$\begin{Bmatrix} G98 \\ G99 \end{Bmatrix} G73\ X\_\ Y\_\ Z\_\ R\_\ Q\_\ F\_\ K\_$$

其中:X、Y——孔在 XY 平面上的位置坐标

Z——钻孔深度

R——循环起点

F——切削进给率

Q——每次切削进给的切削深度(q)

K——重复加工次数

G73 用于深孔钻削,在钻孔时采取 Z 方向间断进给,有利于断屑和排屑,适合深孔加工。图 5.6 所示为高速深孔加工的工作过程。其中:Q 为每次的钻孔深度;d 为排屑退刀量,由系统参数设定,到达点 Z 的最后一次钻孔深度是若干个 Q 之后的剩余量,小于或等于 Q。

2. 排屑钻孔循环指令 G83

格式:

$$\begin{Bmatrix} G98 \\ G99 \end{Bmatrix} G83\ X\_\ Y\_\ Z\_\ R\_\ Q\_\ F\_$$

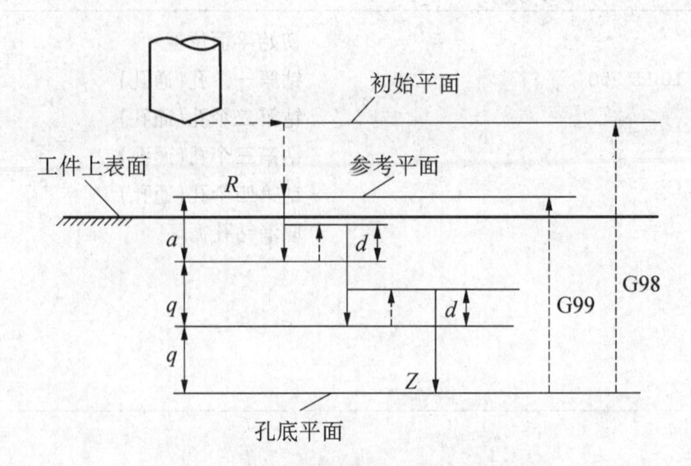

图 5.6　G73 高速深孔钻循环指令动作

其中：X、Y——孔在 XY 平面上的位置坐标；

Z——钻孔深度；

R——循环起点；

F——切削进给率；

Q——为每次切削进给的切削深度（必须用增量值指定，且为正值，负值被忽略）。

G83 指令动作循环如图 5.7 所示。如果 Z、Q 的移动量为零，该指令不执行。

深孔加工动作是通过 Z 轴方向的间断进给，即采用啄钻的方式，实现断屑与排屑的。虽然 G73 和 G83 指令均能实现深孔加工，而且指令格式也相同，但二者在 Z 向的进给动作是有区别的。

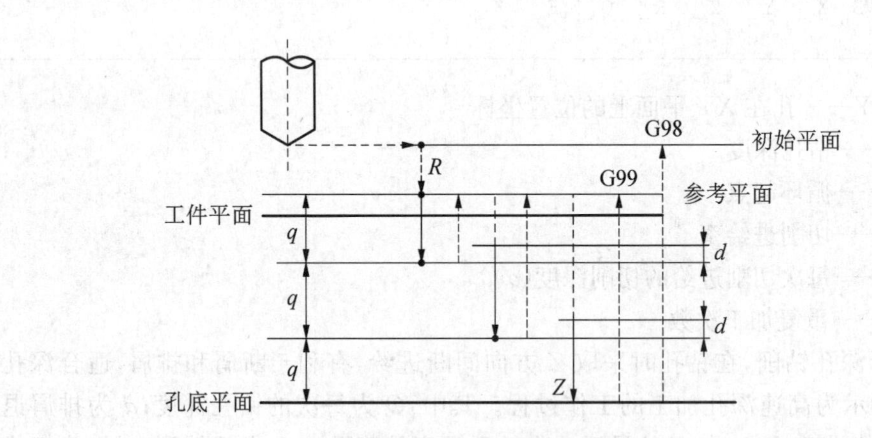

图 5.7　G83 深孔钻循环指令动作

从图 5.6 和图 5.7 可以看出，执行 G73 指令时，每次进给后刀具退回一个 d 值（由系统参数设定）；而 G83 指令则每次进给后均退回至 R 点，即从孔内完全退出，然后再钻入孔中。深孔加工与退刀相结合可以破碎切屑，令其切屑能从钻槽顺利排出，并且不会造成表面的损伤，可避免钻头的过早磨损。

G73 指令虽然能保证断屑，但排屑主要是依靠钻屑在钻头螺旋槽中的流动来保证的。因此深孔加工，特别是长径比较大的深孔（孔深与直径之比大于 5），为保证顺利打断并排出切屑，应优先采用 G83 指令。

例 5.2　完成如图 5.8 所示孔的加工程序编制。

本例中，孔深/孔径≈2，采用 G73 指令进行孔加工，程序如下：

```
O5002;
N10 G40 G80 G17 G90 G49 G69;
N20 G00 Z100;
N30 G54 M03 S400;
N40 X28 Y0;
N50 Z10;
N60 G99 G73 Z-25 R3 Q5 F100;
N70 X14;
N80 X-14;
N90 X-28;
N100 G80;
N110 G00 Z100;
N120 X0 Y0;
N130 M05;
N140 M30;
```

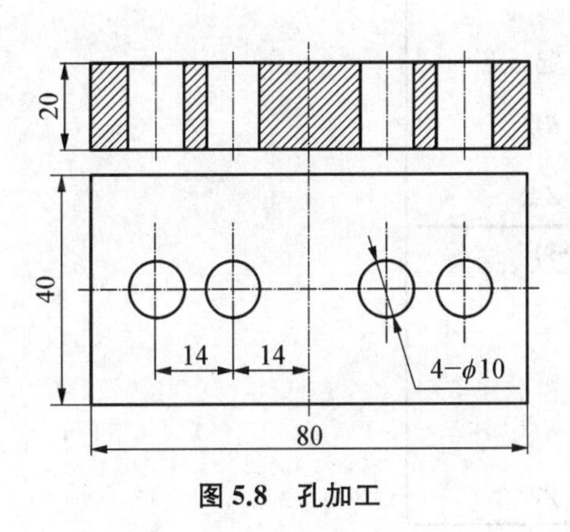

图 5.8　孔加工

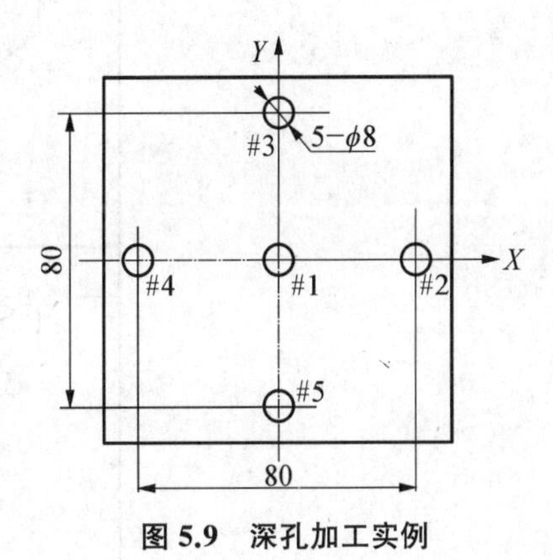

图 5.9　深孔加工实例

例 5.3　编写如图 5.9 所示(盲孔)的加工程序，孔径 $\phi 8$ mm，孔深为 55 mm。

本例中，孔深/孔径≈7，属于深孔加工。利用 G83 指令进行深孔钻削加工，每一孔加工完后，以 G99 方式返回到 R 平面。设定孔口表面的 Z 向坐标为 0，R 平面的坐标为 20，每次切深量 Q 为 5，系统设定退刀排屑量 d 为 2。

其加工程序如下：

```
O5003;
N10 G54 G90 G1 Z60 F1000;              //选择 G54 加工坐标系，到 Z 向起始点
N20 M03 S600;                          //主轴启动
N30 G99 G83 X0 Y0 Z-55 R30 Q5 F50;     //选择高速深孔钻方式加工 1 号孔
```

```
N40 X40 Y0;                              //选择高速深孔钻方式加工 2 号孔
N50 X0 Y40;                              //选择高速深孔钻方式加工 3 号孔
N60 X-40 Y0;                             //选择高速深孔钻方式加工 4 号孔
N70 X0 Y-40;                             //选择高速深孔钻方式加工 5 号孔
N80 G80 G01 Z60 F1000;                   //取消固定循环,返回 Z 向起始点
N90 M05;                                 //主轴停
N100 M30;                                //程序结束并返回起点
```

五、铰(镗)孔循环指令 G85

格式：

$$\begin{Bmatrix} G98 \\ G99 \end{Bmatrix} G85\ \ X\_\ \ Y\_\ \ Z\_\ \ R\_\ \ F\_\ \ K\_$$

G85 指令的动作如图 5.10 所示。在执行 G85 时，刀具以切削进给方式加工到孔底，然后以切削进给方式返回到 R 平面。该指令常用于铰孔和扩孔加工，也可用于粗镗孔加工。

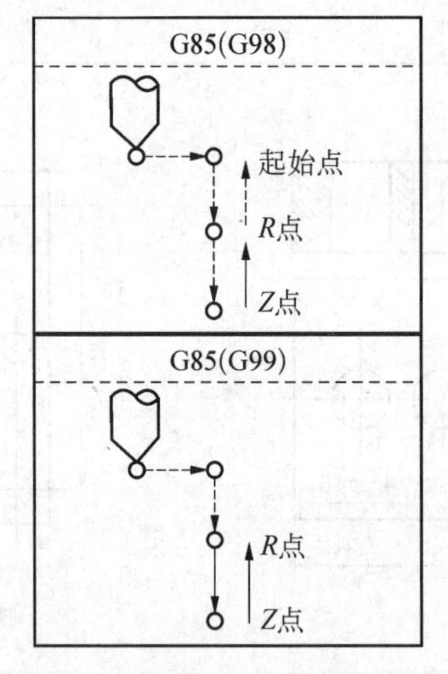

图 5.10　G85 铰(镗)孔循环指令动作

六、镗孔

1. 粗镗孔循环指令

(1) 镗孔指令 G86

格式：

$$\begin{Bmatrix} G98 \\ G99 \end{Bmatrix} G86\ \ X\_\ \ Y\_\ \ Z\_\ \ R\_\ \ F\_$$

该指令与G81类似，进给到孔底后，主轴停转，返回到 R 平面（G99方式）或初始点（G98方式）后主轴再重新启动，但是G86指令在镗孔结束返回时是快速移动，镗刀刀尖会在孔壁划出一条螺旋线，这对质量要求比较高的孔壁不太适合。动作示意图如图5.11所示。

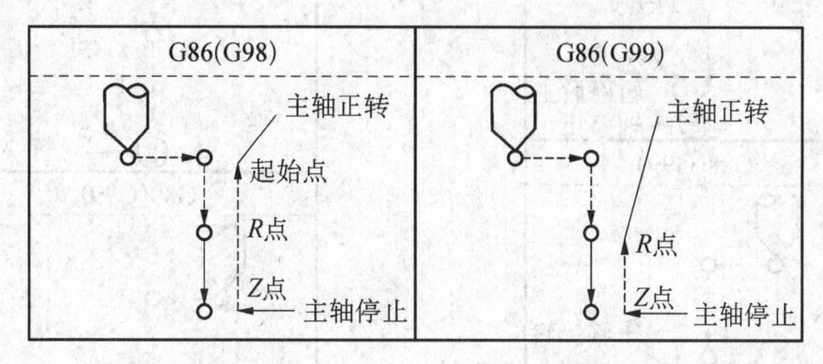

图5.11　G86镗孔循环指令动作

(2) 镗孔指令G88

格式：

```
{G98} G88 X_ Y_ Z_ R_ P_ F_ K_
{G99}
```

该指令 X、Y 轴定位后，以快速进给移动到 R 点。接着由 R 点进行镗孔加工。镗孔加工完，则暂停并停止主轴，返回时必须通过手动方式，此时，可以使刀具做微量的水平移动，刀具离开孔壁后沿轴向上升，手动结束后按循环起动继续执行。镗孔动作如图5.12所示。

(3) 镗阶梯孔循环指令G89

格式：

```
{G98} G89 X_ Y_ Z_ R_ P_ F_ K_
{G99}
```

该指令与G85类似，从 Z 到 R 为切削进给，但在孔底时有暂停动作，适合阶梯孔加工，加工动作如图5.13所示。

2. 精镗孔加工指令G76

所谓精镗孔加工就是指将工件上原有的孔进行扩大或精密化。它的特征是修正下孔的偏心，获得精确的孔的位置，取得高精度的圆度、圆柱度和表面光洁度。所以，镗孔加工作为一种高精度加工法往往被使用在最后的工序上。例如，各种机器的轴承孔以及各种发动机的箱体、箱盖的加工等。G76指令只能用于具备主轴准停功能的加工中心上，其格式如下。

```
{G98} G76 X_ Y_ Z_ R_ Q_ P_ F_
{G99}
```

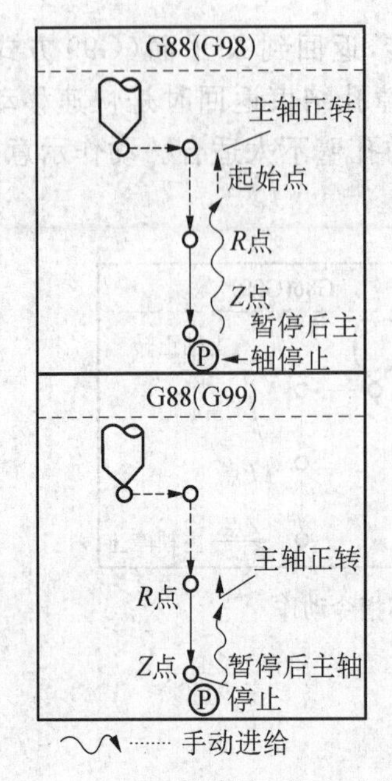

图 5.12 G88 镗孔循环指令动作

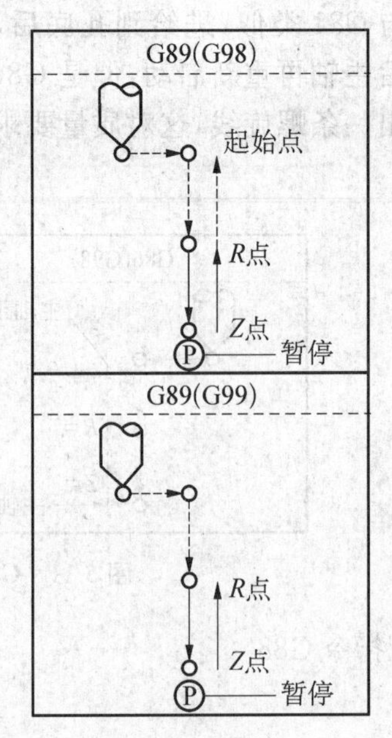

图 5.13 G89 镗阶梯孔循环指令动作

其中：XY——孔在 XY 平面上的位置坐标；

Z——镗孔深度；

R——R 平面；

F——切削进给率；

Q ——偏移量，表示主轴停止时，主轴先定位角度，刀尖做微量偏移的值。

G76 指令加工时从上往下镗孔切削，切削完毕定向停止，并在定向的反方向上偏移一个 Q 后返回。退刀位置由 G98 或 G99 决定。其中准停偏移量 Q 一般总为正值(0.5～1 mm)，偏移方向可以是$+X$，$-X$、$+Y$ 或$-Y$，由系统参数选定。图 5.14、5.15 为 G76 精镗孔循环指令动作和主轴准停示意图。

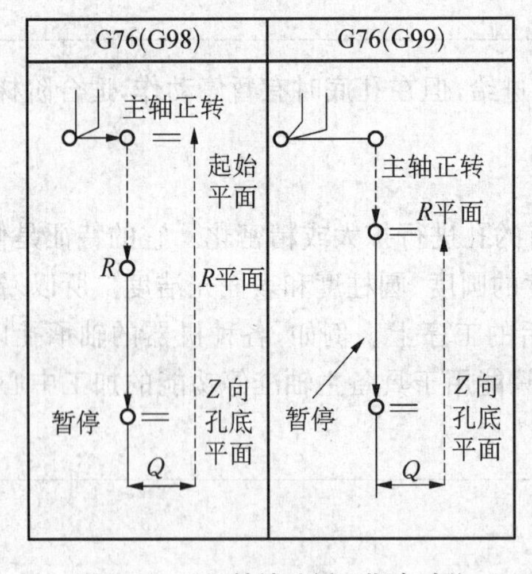

图 5.14 G76 精镗孔循环指令动作

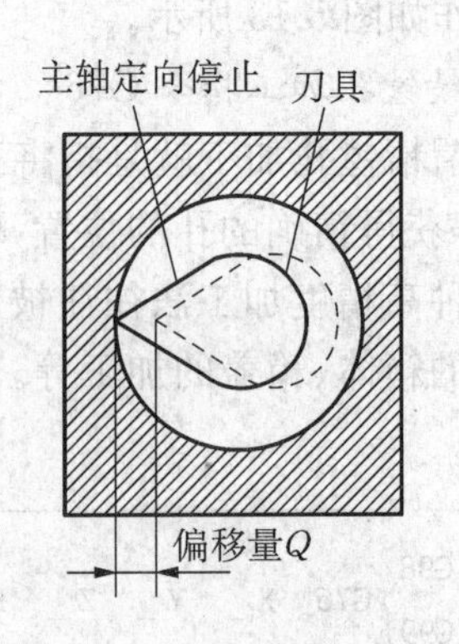

图 5.15 主轴准停示意图

例 5.4　编写如图 5.16 所示零件镗孔程序。

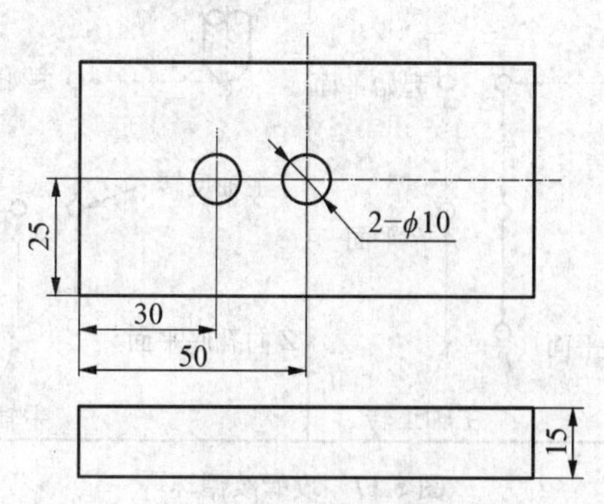

图 5.16　镗孔例图

程序编制如下：

```
O5004;
N10 G17 G40 G80 G90 G49 G69;
N20 G00 G91 G30 X0 Y0 Z0;
N30 G00 G90 G54 X30 Y25 S600;
N40 G43 Z10 H01 M13;
N50 G98 G76 Z-20 R5 Q0.5 F60;
N60 X50;
N70 G00 G80 Z50;
N80 G91 G28 Y0;
N90 M30;
```

七、攻丝加工

1. 攻螺纹(左螺纹)循环指令 G74

格式：

```
{G98
{G99}G74  X_  Y_  Z_  R_  Q_  P_  F_  K_
```

G74 循环指令为左旋螺纹攻螺纹指令，用于加工左旋螺纹。执行该指令时，主轴反转，在 G17 平面快速定位后快速移至 *R* 点，执行攻螺纹指令到达孔底，然后再主轴正转退回到 *R* 点，主轴恢复反转，完成攻螺纹动作。在用 G74 攻丝之前应先进行换刀并使主轴反转。在 G74 攻螺纹期间速度修调无效。该指令的动作示意图如图 5.17 所示。

2. 攻右旋螺纹 G84 指令

格式：

```
{G98
{G99}G84  X_  Y_  Z_  R_  P_  F_  K_
```

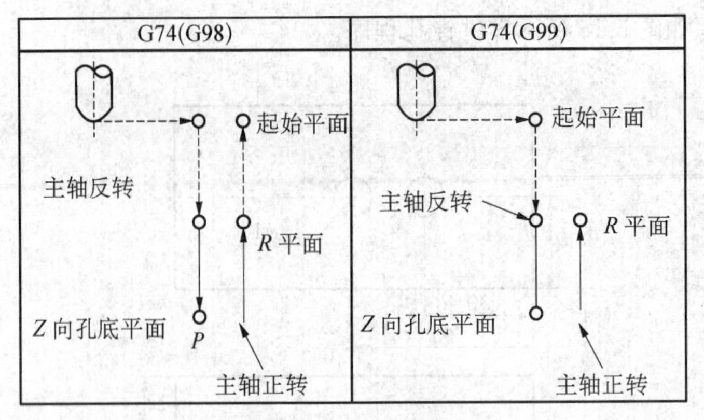

图 5.17　攻螺纹循环

G84 循环指令为右旋螺纹攻螺纹指令，用于加工右旋螺纹。执行该指令时，主轴正转，在 G17 平面快速定位后快速移至 R 点，执行攻螺纹指令到达孔底，然后再主轴反转退回到 R 点，主轴恢复正转，完成攻螺纹动作。该指令的动作示意图如图 5.18 所示。在 G84 指定的攻螺纹循环中，进给速度 F 值根据主轴转速 S 与螺纹导程 λ（单线螺纹时为螺距）来计算（$F=S\times\lambda$），攻螺纹期间进给倍率无效且不能使进给停止，即使按下进给保持按钮，加工也不停止，直到完成该固定循环后才停止进给。

图 5.18　G84 循环

5.4　项目实施

5.4.1　确定加工工艺方案

一、选择加工设备

零件加工精度要求较高，需要加工的孔大小不同，所需的刀具较多，从经济性和生产效率来考虑，选用三轴联动的数控加工中心。

二、选择刀具及切削用量

由于零件材料为 45＃钢，可加工性能较好，钻孔加工选用高速钢刀具便足够，精镗孔加工选用精镗刀。刀具的选用见表 5.2 所示，切削用量的选择切削用量的选择见表 5.3 所示。

表 5.2　刀具卡片表

序号	刀　具					切削用量		
	编号	名称	加工表面	半径补偿	长度补偿	主轴转数（r/min）	背吃刀量（mm）	进给量（mm/r）
1	T01	ϕ3 中心钻	钻中心孔					
2	T02	ϕ6 麻花钻	加工孔 ϕ14 和 4－ϕ6					

续 表

序号	刀 具					切削用量		
	编号	名称	加工表面	半径补偿	长度补偿	主轴转数（r/min）	背吃刀量（mm）	进给量（mm/r）
3	T03	ϕ10 麻花钻	加工 ϕ14 的孔					
4	T04	ϕ13.5 麻花钻	加工 ϕ14 的孔					
5	T05	ϕ10 的键槽铣刀	粗加工 ϕ35 的孔					
6	T06	ϕ8 的平底钻头	加工 ϕ8 的沉孔					
7	T07	ϕ14 的铰刀	加工 ϕ14 的孔					
8	T08	ϕ35 的微调镗刀	精加工 ϕ35 的孔					
9	T09	ϕ5.1 麻花钻	加工 4 - M6 的底孔					
10	T10	M6 的丝锥	4 - M6 孔攻丝					
编制		校对		审核		共 页	第 页	

三、确定装夹方案

零件外形为规则的方形，适宜平口钳装夹。

四、确定工艺过程

1. 加工工艺的安排

(1) 工序安排。由于零件已进行过表面加工，再根据需要加工孔的分布情况，此工件能一次装夹完成孔的加工，即孔加工只需一道工序完成。

(2) 工步安排。由零件尺寸要求、表面质量、零件材料、工件变形等因素考虑，在加工此零件时，应先进行 ϕ14 和 ϕ35 台阶孔粗加工，再进行台阶孔加工，然后进行 ϕ14 和 ϕ35 的精加工，最后进行 M6 螺纹孔加工(遵循先面后孔原则)。具体见表 5.3 所示。

2. 钻孔加工路线

对钻孔加工来说，只要求定位精度较高，定位过程尽可能快，而刀具相对于工件的运动路线无关紧要。因此，应按空程最短来安排加工路线。但零件图中孔位精度要求较高的有四个孔，则应注意在安排孔加工顺序时，防止将机床坐标轴的反向间隙带入而影响孔位精度。如图 5.19(a)中，在加工孔Ⅳ时，X 方向的反向间隙将会影响Ⅲ、Ⅳ两孔的孔的定位精度；如果采用

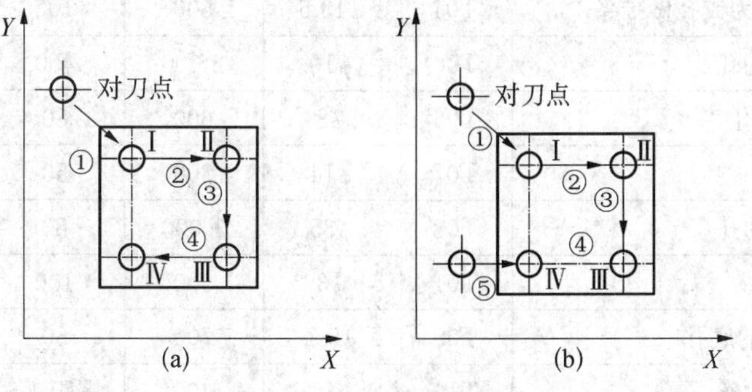

图 5.19 孔加工路线安排

5.19(b)所示的加工路线,可使各孔的定位方向一致,避免引入反向间隙,提高了孔的定位精度。

五、填写工序卡片

<table>
<tr><td colspan="2">数控加工工序卡</td><td>工序号</td><td></td><td>机床</td><td colspan="2">VMC800L</td></tr>
<tr><td rowspan="2">序号</td><td rowspan="2">工步内容</td><td rowspan="2">主轴转数
(r/min)</td><td rowspan="2">背吃刀量
(mm)</td><td rowspan="2">进给量
(mm/min)</td><td colspan="2">刀　具</td></tr>
<tr><td>名称</td><td>编号</td></tr>
<tr><td>1</td><td>中心钻钻中心孔</td><td>500</td><td>1.5</td><td>100</td><td>$\phi 3$</td><td>T01</td></tr>
<tr><td>2</td><td>钻 $\phi 14$ 的底孔和 4-$\phi 6$ 的孔</td><td>800</td><td></td><td>60</td><td>$\phi 6$</td><td>T02</td></tr>
<tr><td>3</td><td>钻 $\phi 14$ 的底孔</td><td>600</td><td></td><td>100</td><td>$\phi 10$</td><td>T03</td></tr>
<tr><td>4</td><td>钻 $\phi 14$ 的孔,为铰孔做准备</td><td>500</td><td></td><td>100</td><td>$\phi 13.5$</td><td>T04</td></tr>
<tr><td>5</td><td>粗加工 $\phi 35$ 的孔</td><td>2 000</td><td>2(余量 0.3)</td><td>400</td><td>$\phi 10$</td><td>T05</td></tr>
<tr><td>6</td><td>加工 $\phi 8$ 的沉孔</td><td>600</td><td></td><td>80</td><td>$\phi 8$</td><td>T06</td></tr>
<tr><td>7</td><td>铰 $\phi 14$ 的孔</td><td>300</td><td></td><td>50</td><td>$\phi 14$</td><td>T07</td></tr>
<tr><td>8</td><td>精加工 $\phi 35$ 的孔</td><td>1 000</td><td></td><td>80</td><td>$\phi 35$</td><td>T08</td></tr>
<tr><td>9</td><td>钻中心孔</td><td>500</td><td></td><td>100</td><td>$\phi 3$</td><td>T01</td></tr>
<tr><td>10</td><td>加工 4-M6 的底孔</td><td>700</td><td></td><td>50</td><td>$\phi 5.1$</td><td>T09</td></tr>
<tr><td>11</td><td>4-M6 的孔攻丝</td><td>300</td><td></td><td>螺距 1.5</td><td>M6</td><td>T10</td></tr>
<tr><td>编制</td><td>校对</td><td></td><td>审核</td><td></td><td>共　页</td><td>第　页</td></tr>
</table>

表 5.3　数控加工工艺卡片

<table>
<tr><td colspan="2">夹具名称</td><td colspan="2">夹具编号</td><td colspan="2">使用设备</td><td colspan="2">车间</td></tr>
<tr><td colspan="2">平口钳</td><td colspan="2"></td><td colspan="2">VMC800L</td><td colspan="2"></td></tr>
<tr><td>工步号</td><td>工步内容</td><td>刀具号</td><td>刀具规格
(mm)</td><td>主轴转速
(r/min)</td><td>进给速度
(mm/min)</td><td>切削深度
(mm)</td><td>余量
(mm)</td></tr>
<tr><td>1</td><td>中心钻钻中心孔</td><td>T01</td><td>$\phi 3$</td><td>500</td><td>100</td><td>1.5</td><td></td></tr>
<tr><td>2</td><td>钻 $\phi 14$ 的底孔和 4-$\phi 6$ 的孔</td><td>T02</td><td>$\phi 6$</td><td>800</td><td>60</td><td></td><td></td></tr>
<tr><td>3</td><td>钻 $\phi 14$ 的底孔</td><td>T03</td><td>$\phi 10$</td><td>600</td><td>100</td><td></td><td></td></tr>
<tr><td>4</td><td>钻 $\phi 14$ 的孔,为铰孔做准备</td><td>T04</td><td>$\phi 13.5$</td><td>500</td><td>100</td><td></td><td></td></tr>
<tr><td>5</td><td>粗加工 $\phi 35$ 的孔</td><td>T05</td><td>$\phi 10$</td><td>2 000</td><td>400</td><td>2</td><td>0.3</td></tr>
<tr><td>6</td><td>加工 $\phi 8$ 的沉孔</td><td>T06</td><td>$\phi 8$</td><td>600</td><td>80</td><td></td><td></td></tr>
<tr><td>7</td><td>铰 $\phi 14$ 的孔</td><td>T07</td><td>$\phi 14$</td><td>300</td><td>50</td><td></td><td></td></tr>
<tr><td>8</td><td>精加工 $\phi 35$ 的孔</td><td>T08</td><td>$\phi 35$</td><td>1 000</td><td>80</td><td></td><td></td></tr>
<tr><td>9</td><td>钻中心孔</td><td>T01</td><td>$\phi 3$</td><td>500</td><td>100</td><td></td><td></td></tr>
<tr><td>10</td><td>加工 4-M6 的底孔</td><td>T09</td><td>$\phi 5.1$</td><td>700</td><td>50</td><td></td><td></td></tr>
<tr><td>11</td><td>4-M6 的孔攻丝</td><td>T10</td><td>M6</td><td>300</td><td>螺距 1.5</td><td></td><td></td></tr>
</table>

5.4.2 加工程序编制

一、编程坐标系原点的选择

以工件上表面几何中心作为编程原点。

二、程序编制

项目零件钻、扩孔加工参考程序见表 5.4 所示。

表 5.4 钻、扩孔加工参考程序

孔加工程序	加工程序	程序注释
	O5005	程序名
(钻中心孔程序略)钻 ϕ14 的底孔和 4-ϕ6 的孔	G90 G94 G80 G21 G17 G80 G49;	程序保护头
	G91 G28 Z0;	返回到换刀点
	M06 T02;	自动换 2 号刀具
	G90 G00 G43 Z50.0 H02;	刀具移动到工件上方 50 mm,并调用 2 号长度补偿号
	G54 G00 X-30.0 Y17.0;	建立加工坐标系并快速移到(-30,17)位置
	M03 S800 M08;	主轴正转,转速为 800 r/min ,且冷却液开
	G99 G81 X-17.0 Y17.0 Z-8.0 R5.0 F60;	钻孔(-17.0,17.0)
	X17.0;	钻孔(17.0,17.0)
	Y-17.0;	钻孔(17.0,-17.0)
	G00 X-30.0;	为消除反向间隙所移动的距离
	G99 G81 X-17.0 Z-8.0 R5.0 F60;	钻孔(-17.0,-17.0)
	G83 X0 Y0 Z-37.0 R5.0 Q5.0 F60;	钻孔(0, 0)
钻 ϕ14 的底孔	G80 M05;	固定循环取消
	G91 G28 Z0 M09;	返回到换刀点并关冷却液
	M06 T03;	自动换 3 号刀
	G90 G43 G00 Z50.0 H03;	
	M03 S600 M08;	
	G99 G83 X0 Y0 Z-37.0 R5.0 Q5.0 F100;	
	G80 M05;	
钻 ϕ14 的孔,为铰孔做准备	G91 G28 Z0 M09;	
	M06 T04;	
	G90 G43 G00 Z50.0 H04;	
	M03 S500 M08;	

续 表

孔加工程序	加工程序	程序注释
	O5005	程序名
钻 ϕ14 的孔，为铰孔做准备	G99 G83 X0 Y0 Z-37.0 R5.0 Q5.0 F100；	
	G80 M05；	
粗加工 ϕ35 的孔	G91 G28 Z0 M09；	
	M06 T05；	
	G90 G43 G00 Z50.0 H05；	
	M03 S2000 M08；	
	X0 Y0；	
	Z5.0；	
	G01 Z-2.0 F500；	
	G01 X-10.0 F400；	
	G02 I10.0 F300；	
	G01 X-12.2 F400；	
	G02 I12.2 F300；	
	G01 Z5.0 M05；	
加工 ϕ8 的沉孔	G91 G28 Z0 M09；	
	M06 T06；	
	G90 G43 G00 Z50.0 H06；	
	M03 S600 M08；	
	G99 G81 X-17.0 Y17.0 Z-2.0 R5.0 F60；	
	X17.0；	
	Y-17.0；	
	G00 X-30.0；	
	G99 G81 X-17.0 Z-2.0 R5.0 F80；	
	G80 M05；	
铰 ϕ14 的孔	G91 G28 Z0 M09；	
	M06 T07；	
	G90 G43 G00 Z50.0 H07；	
	M03 S300 M08；	
	G98 G85 X0 Y0 Z-37.0 R5.0 F50；	
	G80 M09 M05；	
	M05；	主轴停止
	M30；	程序结束

项目零件镗孔、攻丝的参考程序见表 5.5 所示。

表 5.5　镗孔、攻丝加工参考程序

钻孔程序	加工程序	程序注释
	O5006	程序名
镗 ϕ35 的孔	G90 G94 G80 G21 G17 G80 G49;	程序保护头
	G91 G28 Z0;	返回到换刀点
	M06 T08;	自动换 8 号刀具
	G90 G00 G43 Z50.0 H08;	刀具移动到工件上方 50 mm,并调用 8 号长度补偿号
	G54 G00 X0 Y0;	建立加工坐标系并快速移到(0,0)位置
	M03 S1000 M08;	主轴正转,转速为 800 r/min 且冷却液开
	G99 G76 Z-15.0 R5.0 Q1000 P1000 F80;	镗孔(0,0)
	G80 M05;	固定循环取消
	G91 G28 Z0 M09;	返回到换刀点并关冷却液
	M06 T09;	
钻 4-M6 的底孔	G90 G00 G43 Z50.0 H09;	
	M03 S700 M08;	
	G99 G81 X-12.25 Y0 Z-11.0 R5.0 F50;	
	X0.Y 12.25;	
	X12.25 Y0;	
	X0 Y-12.25;	
	G80 M05;	
	G91 G28 Z0 M09;	
攻 4-M6 螺纹	M06 T10;	
	G90 G00 G43 Z50.0 H10;	
	M03 S300 M08;	
	G99 G84 X-12.25 Y0 Z-5.0 R5.0 F1.5;	
	X0. Y12.25;	
	X12.25 Y0;	
	G98 X0 Y-12.25;	
	G80 M09;	
	M05;	主轴停止
	M30;	程序结束

5.4.3 仿真加工

本项目仿真加工过程扫描二维码即可见。

☞ 扫码可见仿真加工过程

5.5 拓展知识——SIEMENS 802D 数控系统孔加工循环指令

5.5.1 孔加工固定循环概述

SIEMENS 802D 系统的孔加工固定循环通过 CYCLE81～CYCLE89 指令来调用，见表 5.6 所示。

表 5.6 孔加工固定循环一览表

指令代码	加工动作 （$-Z$ 方向）	孔底部动作	退刀动作 （$+Z$ 方向）	用　途
CYCLE81	切削进给	—	快速进给	普通钻孔循环
CYCLE82	切削进给	暂停	快速进给	钻孔、锪孔循环
CYCLE83	间歇进给	—	快速进给	深孔往复排屑钻循环
CYCLE84	攻螺纹进给	暂停、主轴反转	退刀速度可设定	刚性攻螺纹循环
CYCLE840	攻螺纹进给	暂停、主轴反转	切削进给	柔性攻螺纹循环
CYCLE85	切削进给	—	切削进给	精镗孔循环
CYCLE86	切削进给	准停、平移	快速进给	精镗孔循环
CYCLE87	切削进给	M0、M5	手动	镗孔循环
CYCLE88	切削进给	暂停、M0、M5	手动	镗孔循环
CYCLE89	切削进给	暂停	切削进给	精镗阶梯孔循环

一、孔加工循环动作

西门子数控系统孔加工固定循环通常由 4 个动作组成，主要是 Z 轴方向的动作和孔底的动作，具体如下：

动作 1——快速进给到安全平面：刀具从初始平面快速进给定位到平面(SDIS)。

动作 2——孔加工：以切削进给方式执行孔加工的动作。

动作 3——孔底动作：包括暂停、主轴准停、刀具移位等动作。

动作 4——返回到返回(RTP)平面：孔加工完成后，根据需要指定刀具退回的平面位置。

二、固定循环的调用

1. 非模态调用

孔加工固定循环的非模态调用格式如下所示：

```
CYCLE81～89(RTP, RFP,SDIS, DP, DPR,…)
```

例如：

```
N10 G0 X30 Y40;
N20 CYCLE81 (RTP, RFP, SDIS, DP, DPR);
N30 G0 X0 Y0;
```

采用此种格式时，该循环指令为非模态指令，只有在指定的程序段 N20 内执行循环动作。刀具在 N30 处不执行循环动作。

2. 模态调用孔加工固定循环

模态调用格式如下：

```
MCALL  CYCLE81～89 (RTP, RFP, SDIS, DP,DPR,…)
MCALL;(取消模态调用)
```

例如：

```
N10 G0X30 Y40
N20 MCALL CYCLE81 (RTP, RFP, SDIS, DP, DPR)
N30 G0 X0 Y0
N40 MCALL
```

采用此种格式后，只要不取消模态调用，则刀具每执行一次移动量，将执行一次固定循环调用，如上例中的 N30 程序段表示刀具移动到位置(0,0)后将再执行一次固定循环，直至取消。

三、固定循环的平面

固定循环的平面包括返回平面(RTP)、加工开始平面(RFP＋SDIS)、参考平面(RFP)和孔底平面(DP 或 DPR)，如图 5.20 所示。

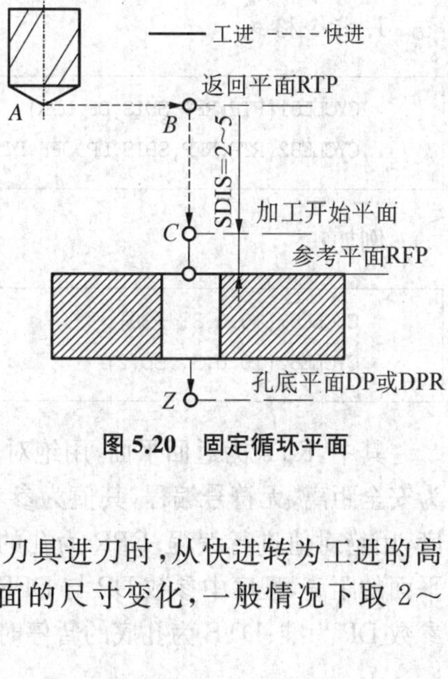

图 5.20　固定循环平面

1. 返回平面(RTP)

返回平面是为安全下刀而规定的一个平面。返回平面可以设定在任意一个安全高度上，当使用一把刀具加工多个孔时，刀具在返回平面内任意移动将不会与夹具、工件凸台等发生干涉。RTP 的数值编程人员根据加工实际情况而定。

2. 加工开始平面(RFP＋SDIS)

该平面类似于 FANUC 系统中的 R 参考平面，是刀具进刀时，从快进转为工进的高度平面。该平面距工件表面的距离主要考虑工件表面的尺寸变化，一般情况下取 2～5 mm。

3. 参考平面(RFP)

参考平面是指孔深在 Z 轴方向上的工件表面的起始测量位置平面，该平面一般设在工件的上表面，参考平面等于加工开始平面减安全间隙。请注意与 FANUC 固定循环中的 R 参考平面相区别。

4. 孔底平面(DP 或 DPR)

加工盲孔时，孔底平面就是孔底的 Z 向高度。而加工通孔时，除要考虑孔底平面的位置外，还要考虑刀具的超越量(如图 5.20 中 Z 点)，以保证所有孔深都加工到给定尺寸。

四、孔加工循环中参数的赋值

1. 直接赋值

在编写孔加工固定循环时，参数直接用数字编写，如 CYCLE81(30,0,3,－30)。

注意数值的先后顺序不能随意编写，要与指令中的参数相对应。

2. 变量赋值

在编写孔加工固定循环时，先对变量赋值，然后在程序中直接调用变量。

例如：

```
DEF  REAL  RTP,RFP,SDIS,DP,DPR;
N10 RTP = 30  RFP = 0  SDIS = 3  DP = - 30  DPR = - 30;
……
N50 CYCLE81(RTP,RFP,SDIS,DP,DPR);
```

5.5.2 孔加工循环指令

一、钻孔循环 CYCLE81 与锪孔循环 CYCLE82

1. 指令格式

```
CYCLE81(RTP,RFP,SDIS,DP,DPR);
CYCLE82(RTP,RFP,SDIS,DP,DPR,DTB);
```

例如：

```
CYCLE81(10,0,3,-30);
CYCLE82(10,0,3,,30,2);
```

其中，RTP 为返回平面，用绝对值进行编程；RFP 为参考平面，用绝对值进行编程；SDIS 为安全距离，无符号编程，其值为参考平面到加工开始平面的距离；DP 为最终的孔加工深度，用绝对值进行编程；DPR 为孔的相对深度，无符号编程，其值为最终孔加工深度与参考平面的距离，程序中参数 DP 与 DPR 只用指定一个就可以了，如果两个参数同时指定，则以参数 DP 为准；DTB 为孔底的暂停时间。

2. 动作说明

CYCLE81 孔加工动作如图 5.21 所示，执行该循环，刀具从加工开始平面切削进给执行到孔底，然后刀具从孔底快速退回至返回平面。

CYCLE82 动作类似于 CYCLE81，只是在孔底增加了进给后的暂停动作，如图 5.22 所示。因此，在盲孔加工中，提高了孔底的精度。该指令常用于锪孔或台阶孔的粗加工。

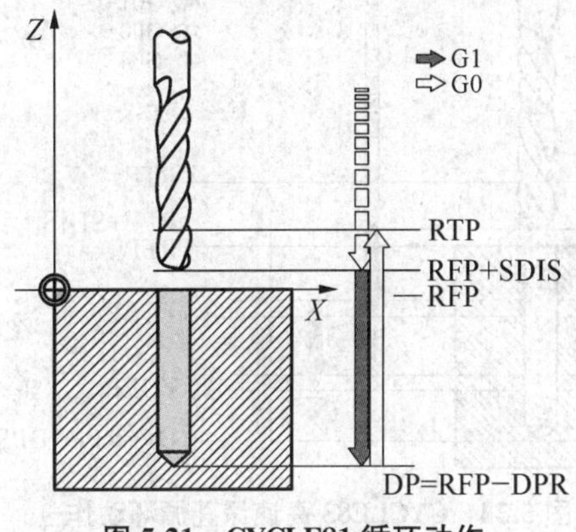

图 5.21　CYCLE81 循环动作

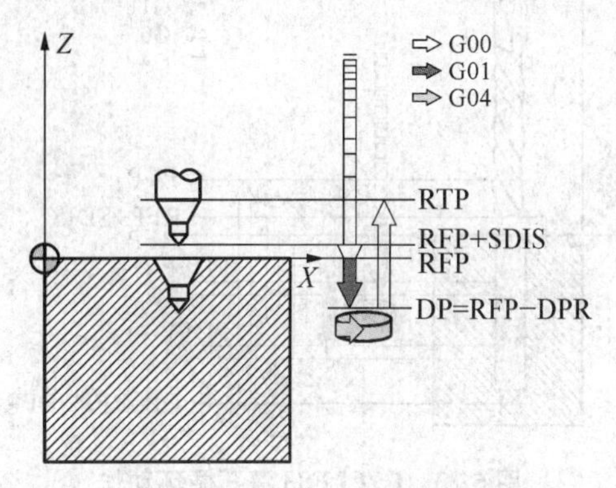

图 5.22　CYCLE82 循环动作

二、深孔往复排屑钻循环 CYCLE83

1. 指令格式

指令格式

```
CYCLE83(RTP,RFP,SDIS,DP.DPR,FDEP,FDPR,DAM,DTB,DTS,FRF,VARI);
```

例如：

```
CYCLE83(30,0,3,－30,－5,5,2,1,1,1,0);
```

指令中参数 RTP，RFP，SDIS，DP，DRP，DTB 同 CYCLE82；FDEP 为起始钻孔深度，用绝对值表示；FDPR 为相对于参考平面的起始孔深度，用增量值表示；DAM 为相对于上次钻孔深度的 Z 向退回量，无符号；DTS 为起始点处用于排屑的停顿时间；FRF 为起始钻孔深度与进给系数(系数不大于 1)；VARI 为排屑与断屑类型的选择，VARI＝0 为断屑，VARI＝1 为排屑。

2. 动作说明

当 VARI＝1 时，CYCLE83 孔加工动作如图 5.23 所示，该循环指令通过 Z 轴方向的间歇进给来实现断屑与排屑的目的。刀具从加工开始平面 Z 向进给 FDPR 后暂停断屑；然后快速回退到加工开始平面；暂停排屑后再次快速进给到 Z 向距上次切削孔底平面 DAM 处，从该点处，快进变成工进，工进距离为 FDRP＋DAM，如此循环直到加工至孔深，回退到返回平面，完成孔的加工。此加工方式多用于精度较高的深孔加工。

当 VARI＝0 时，CYCLE83 孔加工动作如图 5.24 所示，该循环指令通过 Z 轴方向的间隙进给来实现断屑与排屑的目的。刀具从加工开始平面 Z 向进给 FDPR 后暂停断屑；然后快速回退 DAM 的距离暂停排屑，从该点处以工进速度继续加工孔，工进距离为 FDRP＋DAM，如此循环，直到加工至孔深，回退到返回平面完成孔的加工。此加工方式多用于一般精度深孔的高速加工。

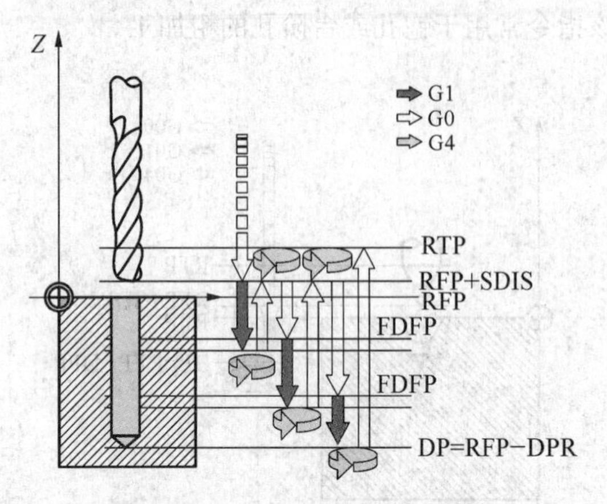

图 5.23　CYCLE83 深孔循环动作

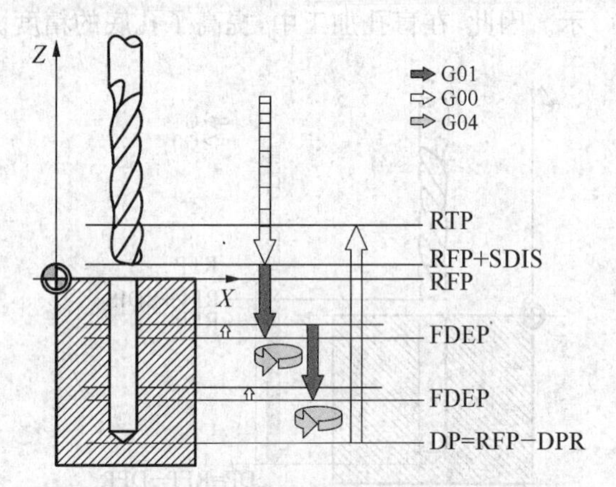

图 5.24　CYCLE83 高速深孔循环动作

三、刚性攻螺纹循环 CYCLE84 与柔性攻螺纹循环 CYCLE840

1. 指令格式

指令格式

```
CYCLE84(RTP,RFP,SDIS,DP,DPR,DTB,SDAC.MPIT,PIT,POSS,SST,SST1);
CYCLE840(RTP,RFP,SDIS,DP,DPR,DTB,SDR,SDAC,ENC,MPIT,PIT);
```

指令中 RTP,RFP,SDIS,DP,DRP,DTB 参数参照 CYCLE82；SDAC 为主轴返回后的旋转方向，取 3,4,5，分别代表 M3,M4,M5；MPIT 为标准螺距，取值范围为 3～48，符号代表旋转方向；PIT 为螺距，由数值决定，符号代表旋转方向；POSS 为主轴的准停角度；SST 为攻螺纹进给速度；SST1 为退回速度；SDR 为返回时的主轴旋转方向，取 3,4,5，分别代表 M3,M4,M5；ENC 表示是否带编码器攻螺纹，ENC＝0 为带编码器，ENC＝1 为不带编码器。

2. 动作说明

CYCLE84 循环为刚性攻螺纹循环，动作如图 5.25 所示。执行该循环时，根据螺纹的旋向选择主轴的旋转方向；在 G17 平面快速定位后快速移动到加工开始平面；执行攻螺纹到达孔底；主轴以攻螺纹的相反旋转方向退回到返回平面，完成攻螺纹动作；主轴旋转方向回到 SDAC 状态。

CYCLE840 动作与 CYCLE84 基本类似，只是 CYCLE840 在刀具到达最后钻孔深度后回退时的主轴旋转方向由 SDR 决定，动作如图 5.26 所示。

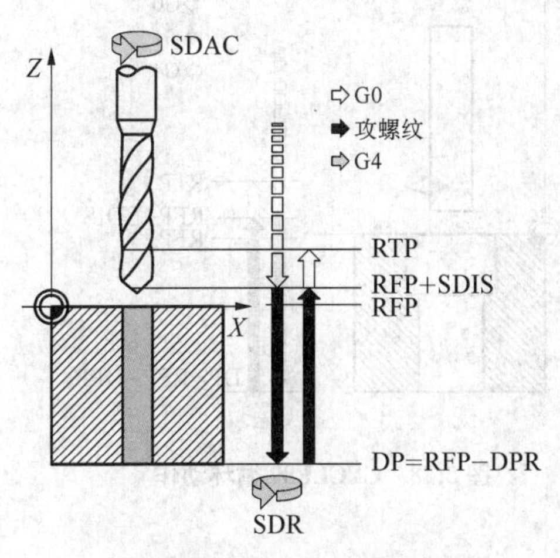

图 5.25　CYCLE84 循环动作

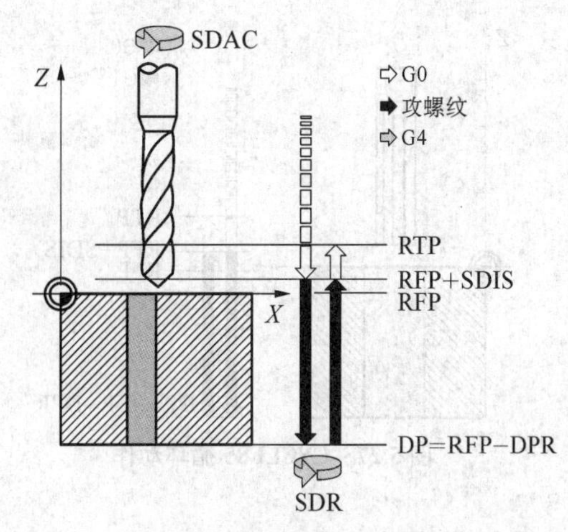

图 5.26　CYCLE840 循环动作

在 CYCLE84 与 CYCLE840 攻螺纹期间，进给倍率、进给保持均被忽略。

四、精镗孔循环Ⅰ型(CYCLE85、CYCLE89)

1. 指令格式

```
CYCLE85(RTP,RFP,SDIS,DP,DPR,DTB,FFR,RFF);
CYCLE89(RTP,RFP,SDIS,DP,DPR,DTB);
```

例如：

```
CYCLE85(10,0,2,-30,  ,0,100,200);
CYCLE89(10,0,2,-30,  ,2);
```

指令中 RTP，RFP，SDIS，DP，DPR，DTB 参数意义同 CYCLE82；FFR 为刀具切削进给时的进给速率；RFF 为刀具从最后加工深度退回加工开始平面时的进给速率。

2. 动作说明

该循环的孔加工动作如图 5.27 所示。当执行 CYCLE85 循环时，刀具以切削进给方式加工到孔底；然后以切削进给方式返回到加工开始平面；再以快速进给方式回到返回平面。因此，该指令除可用于较精密的镗孔外，还可用于铰孔、扩孔的加工。

CYCLE89 动作与 CYCLE85 动作基本类似，不同的是 CYCLE89 动作在孔底增加了暂停，动作如图 5.28 所示。因此，该指令常用于阶梯孔的精加工。

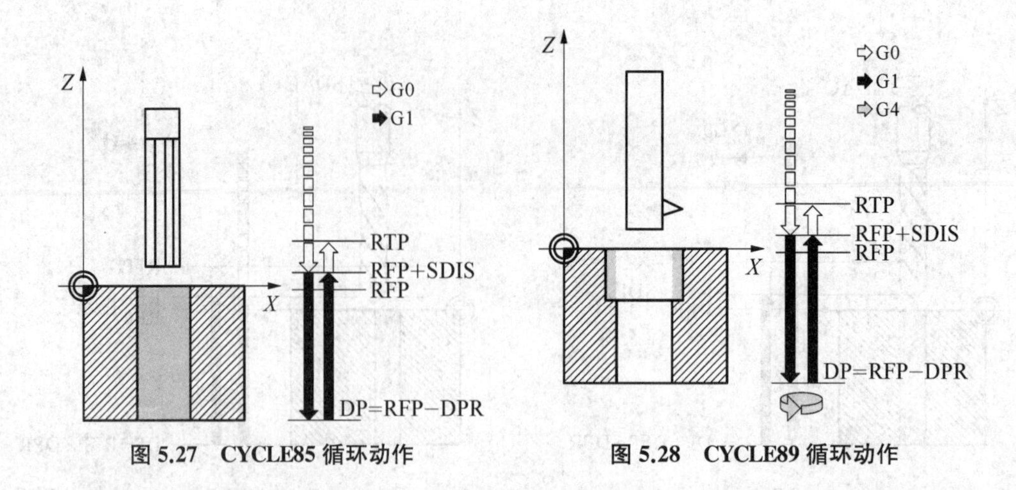

图 5.27　CYCLE85 循环动作　　图 5.28　CYCLE89 循环动作

五、镗孔循环Ⅱ型(CYCLE87、CYCLE88)

1. 指令格式

```
CYCLE87(RTP,RFP,SDIS,DP,DPR,SDIR);
CYCLE88(RTP,RFP,SDIS,DP,DRP,DTB,SDIR);
```

指令中 RTP,RFP,SDIS,DP,DRP,DTB 参数同 CYCLE82;SDIR 表示主轴旋转方向,取 3、4,分别代表 M3、M4。

2. 动作说明

孔加工动作如图 5.29 所示,执行 CYCLE87 循环,刀具以切削进给方式加工到孔底;主轴在孔底位置停转,程序暂停;在 G17 平面内手动移动刀具退出工件表面;按下机床面板上的循环启动按钮,主轴快速返回平面;主轴恢复 SDIR 转向。此种方式虽能相应提高孔的加工精度,但加工效率较低。

CYCLE88 的加工动作与 CYCLE87 基本相同,区别在于 CYCLE88 动作在孔底增加了暂停功能,如图 5.30 所示。

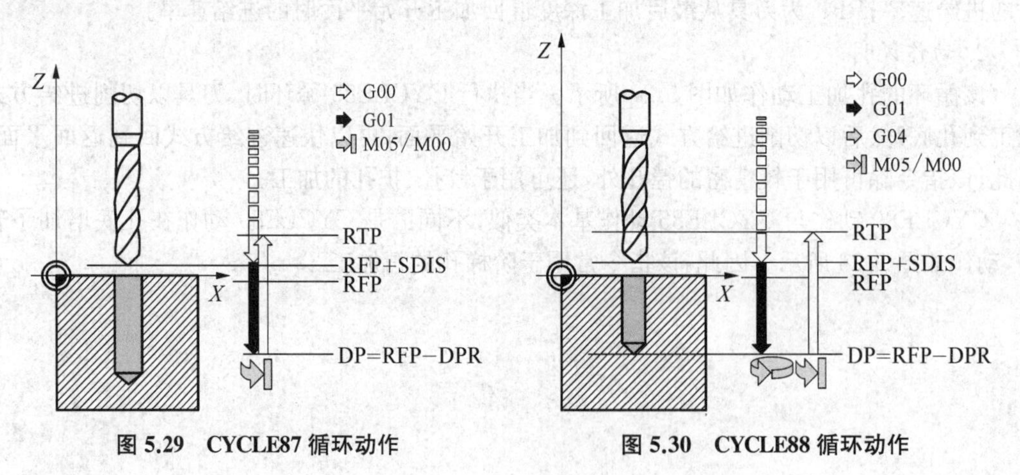

图 5.29　CYCLE87 循环动作　　图 5.30　CYCLE88 循环动作

六、精镗孔(镗孔Ⅲ)循环(CYCLE86)

1. 指令格式

```
CYCLE86(RTP,RFP,SDIS,DP,DRP,DTB,SDIR,RPA,RPO,RPAP,POSS);
```

例如:

```
CYCLE86(30,0,2,-30,0,3,3,0,2,0);
```

指令中RTP,RFP,SDIS,DP,DRP,DTB参数同CYCLE82;SDIR:主轴旋转方向,取3、4,分别代表M3、M4;RPA为平面中第一轴(如G17平面中的X轴)方向的让刀量,该值用带符号增量值表示;RPO为平面中第二轴(如G17平面中的Y轴)方向的让刀量,该值用带符号增量值表示;RPAP为镗孔轴上的返回路径,该值用带符号增量值表示;POSS为固定循环中用于规定主轴的准停位置,其单位为(°)。

2. 动作说明

CYCLE86孔加工动作如图5.31所示。执行CYCLE86循环,刀具以切削进给方式加工到孔底;实现主轴准停;刀具在加工平面第一轴方向移动RPO,在第二轴方向移动RPA(如图5.32所示),使刀具脱离工件表面,保证刀具退出时划伤工件表面;主轴快速退回至加工开始平面;然后主轴快返回平面的循环程序起点;主轴恢复SDIR旋转方向。该指令主要用于精密镗孔加工。

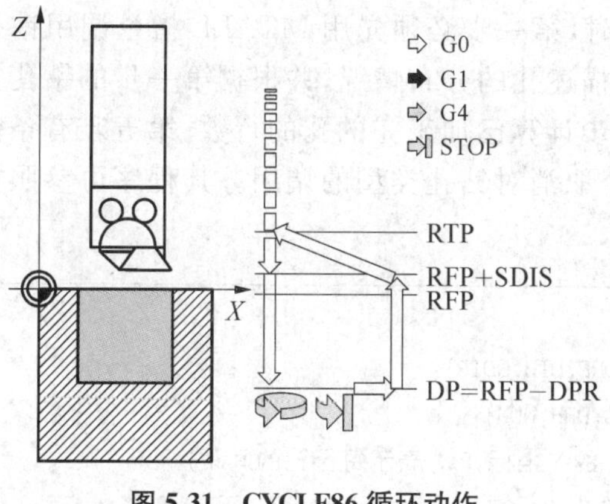

图5.31 CYCLE86循环动作

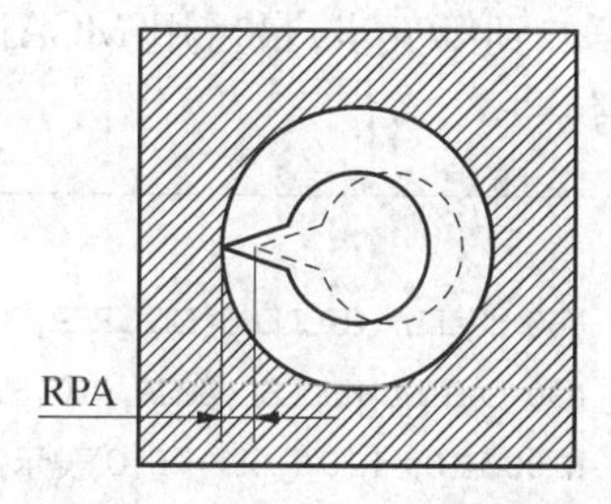

图5.32 平移量RPA的位置

5.5.3 钻孔样式循环

一、线性孔的钻孔样式循环(HOLES1)

1. 功能及作用

线性孔钻孔样式循环(HOLES1)与钻孔类固定循环(如CYCLE83)联用可用来加工沿

直线均布的一排孔,通过简单变量计算及循环调用可加工矩形均布的网格孔。

2. 指令格式

```
HOLES1(SPCA,SPCO,STA1,FDIS,DBH,NUM);
```

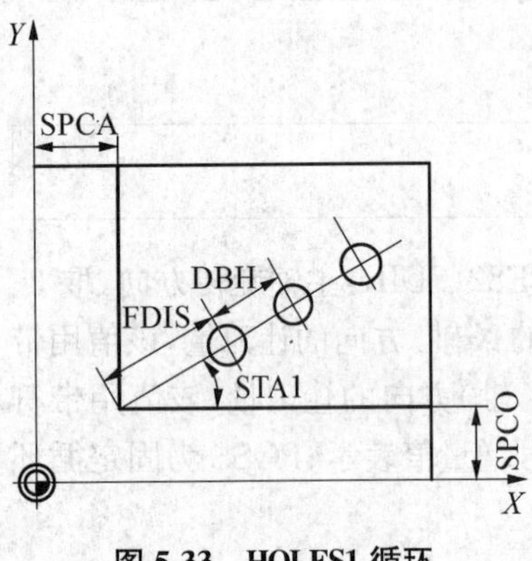

图 5.33　HOLES1 循环

指令中,SPCA 为线性孔参考点的横坐标;SPCO 为排孔参考点的纵坐标;STA1 为线性孔的中心线与横坐标的夹角;FDIS 为第一个孔到参考点的距离(无符号输入);DBH 为孔间距(无符号输入);NUM 为孔数,如图 5.33 所示。

3. 指令说明

(1) 用线性孔指令加工沿一条直线均布的孔时,第一步必须先用 MCALL 指令调用任一种钻孔类型(如 CYCLE81);第二步再用排孔指令描述孔的分布情况并根据第一步的钻孔类型钻孔;最后用 MCALL 指令取消对钻孔类型的调用。其程序可参照如下格式编写:

```
N10 MCALL CYCLE81(RTP,RFP,SDIS,DP,DPR);
N20 HOLES1(SPCA,SPCO,STA1,FDIS,DBH,NUM);
N30 MCALL;
… …
```

(2) 用线性孔指令加工矩形网格孔时,第一步必须先用 MCALL 指令调用钻孔类型(如 CYCLE88);第二步再用线性孔指令描述孔的分布情况,并根据第一步的钻孔类型钻孔;第三步计算下一行孔的坐标值;第四步计算已加工完的孔的行数;第五步有条件循环执行第二到第五步;最后用 MCALL 指令取消对钻孔类型的调用。其程序可参照如下格式编写:

```
……
N80 MCALL  CYCLE88(RTP,RFP,SDIS,DP,DRP,DTB,SDIR);
N90 LABEL1:HOLES1(SPCA,R10,STA1,FDIS,DBH,NUM);
N100 R10=R10+R11;(R10 表示上一行孔的 Y 坐标,R11 表示每行孔的间距)
N110 R12=R12+1;(R12 表示已加工完的孔的行数)
N120 IF R12<R13  GOTO LABEL1;(R13 表示孔的总行数)
N130 MCALL;
……
```

4. 程序示例

例 5.5　用 HOLES1 指令加工如图 5.34 所示的网格孔,网格孔分布在 XY 平面内,总共 6 行,每行 7 个孔,孔间距为 12,行间距为 10,参考点坐标为(30,20)。

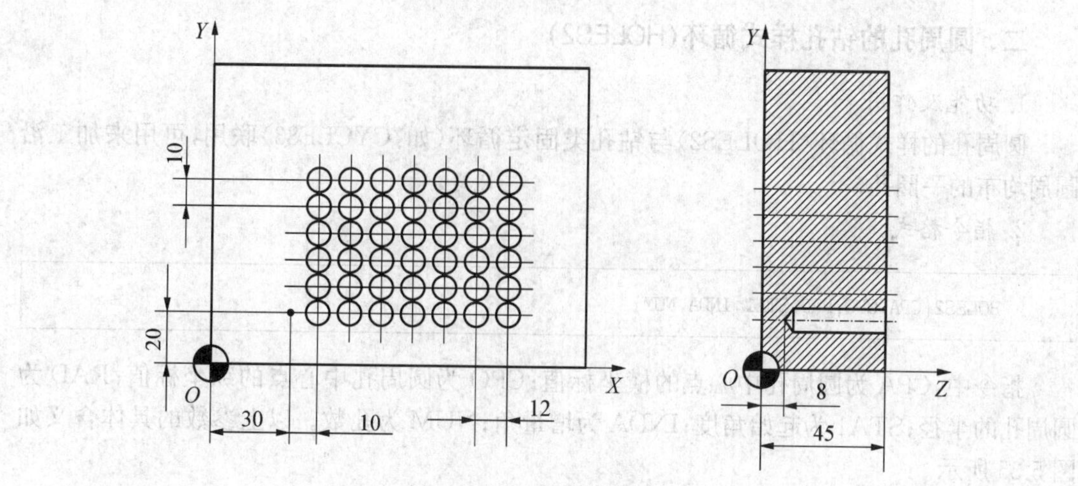

图 5.34 网格孔加工

参考程序如下：

```
SQ01
R10 = 30                                  (第一行孔的参考点的横坐标)
R11 = 20                                  (第一行孔的参考点的纵坐标)
R12 = 0                                   (起始角度)
R13 = 10                                  (第一行中第一个孔到参考点的距离)
R14 = 12                                  (孔的列间距)
R15 = 7                                   (一行中孔的个数)
R16 = 6                                   (总行数)
R17 = 0                                   (孔已加工完的行数)
R18 = 10                                  (孔的行间距)
N10 G0 G17 G90 G94 G71 G54 F100
N20 T1  M6
N30 G00 X = R10 Y = R11 Z60 D1
N40 S600 M3
N50 M08
N60 MCALL  CYCLE81(55,45,2,8)
N70 LABEL1:HOLES1(R10,R11,R12,R13,R14,R15)
N80 R11 = R11 + R18
N90 R17 = R17 + 1
N100 IF R17<R16  GOTO  LABEL1
N110 MCALL
N120 G00 Z100
N130 M05
N140 M09
N150 M30
```

二、圆周孔的钻孔样式循环(HOLES2)

1. 功能及作用

圆周孔的样式循环(HOLES2)与钻孔类固定循环(如:CYCLE83)联用,可用来加工沿圆周均布的一圈孔。

2. 指令格式

```
HOLES2(CPA,CPO,RAD,STA1,INDA,NUM)
```

指令中,CPA 为圆周孔中心点的横坐标值;CPO 为圆周孔中心点的纵坐标值;RAD 为圆周孔的半径;STA1 为起始角度;INDA 为增量角;NUM 为孔数。以上参数的具体含义如图 5.35 所示。

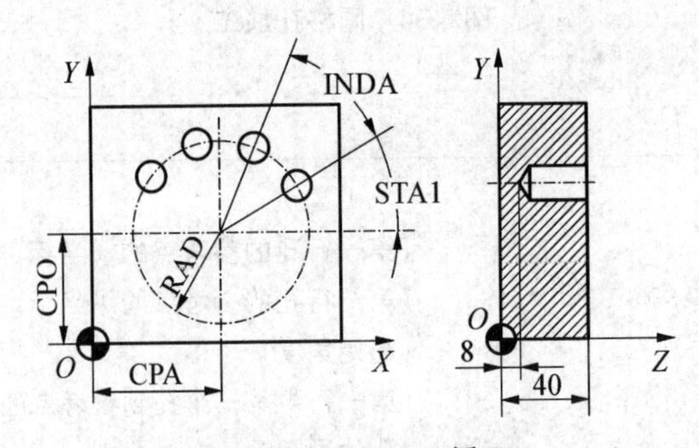

图 5.35 HOLES2 循环

3. 程序示例

例 5.6 用 CYCLE82 及 HOLES2 来加工如图 5.36 所示的 4 个孔。设 CPA=60,CPO=45,STA1=40,INDA=30,RAD=40。

```
……
N60 MCALL CYCLE82(50,40,2,8,,1);
N70 HOLES2(60,45,40,40,30,4);
N80 MCALL;
……
```

思考与练习题

完成图 5.36 所示零件中所有孔的加工编程和仿真,毛坯尺寸为 150 mm×100 mm×20 mm。

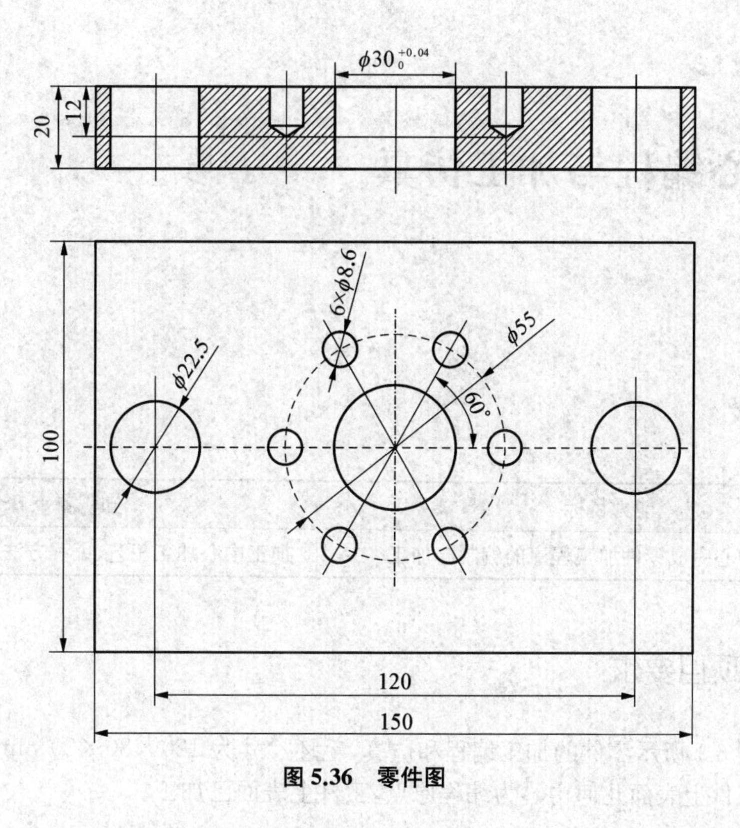

图 5.36　零件图

项目 6 加工中心编程与加工仿真

教学要求

能力目标	知识要点
能利用加工中心完成零件加工程序的编制与加工	加工中心加工工艺、编程方法和操作

6.1 项目要求

完成如图 6.1 所示零件的加工编程和仿真，毛坯尺寸为 120×80×20 mm，材料为 45＃钢。要求以工件上表面几何中心为编程原点，工件上表面已加工。

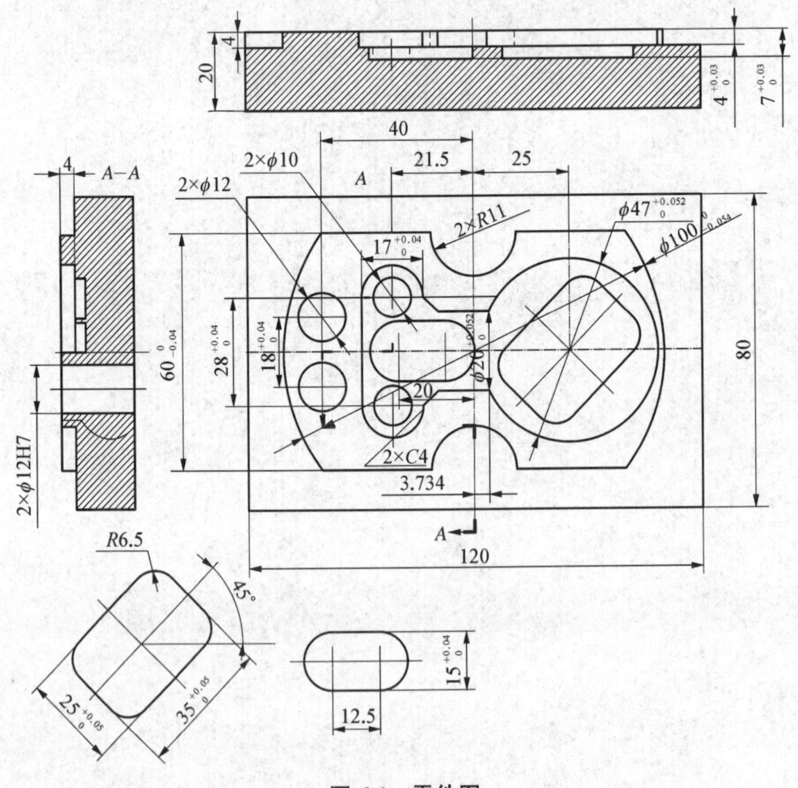

图 6.1 零件图

6.2 项目分析

(1) 零件图分析:该零件为基本对称零件,除内外轮廓加工还有孔加工,零件结构较复杂,所用材料为45#钢,材料硬度适中,零件加工尺寸精度要求较高,适合采用加工中心进行加工。

(2) 完成本项目所需新的知识点:加工中心相关工艺知识。

6.3 项目相关知识

6.3.1 加工中心的工艺特点

加工中心是一种功能比较全的数控机床,能进行铣削、钻削、铰削、镗削和螺纹切削等加工。相对普通机床而言,加工中心带有刀库,可实现自动换刀,具有许多显著的工艺特点。

1. 加工精度高且稳定

在加工中心上加工,工序高度集中,一次装夹即可加工出零件上大部分甚至全部表面,避免了工件多次装夹所产生的装夹误差,能获得较高的相互位置精度。同时,加工中心多采用半闭环,甚至全闭环的位置补偿功能,有较高的定位精度和重复定位精度,在加工过程中产生的尺寸误差能及时得到补偿,与普通机床相比,能获得较高的尺寸精度。

2. 效率高

一次装夹能完成较多表面的加工,减少了多次装夹工件所需要的辅助时间。同时,减少了工件在机床与机床之间、车间与车间之间的周转次数和运输工作量。

3. 表面质量好

加工中心主轴转速和各轴进给量均是无级调速,有的甚至具有自适应功能,能随刀具和工件材质及刀具参数变化,把切削参数调整到最佳数值,从而提高了各加工表面的质量。

6.3.2 加工中心的主要加工对象

加工中心适宜于形状复杂、加工内容多、要求较高、需用多种类型的普通机床和众多的工艺装备,且经多次装夹和调整才能完成加工的零件。主要加工对象有下列几种。

一、既有平面又有孔系的零件

加工中心具有自动换刀装置,在一次装夹中,可以完成零件上平面的铣削、孔系的钻削、镗削、铰削、铣削及攻螺纹等多工步加工。加工的部位可以在一个平面上,也可以在不同的平面上。五面体加工中心一次安装可以完成除装夹面以外的五个面加工。因此,既有平面又有孔系的零件是加工中心的首选加工对象,这类零件常见的有箱体类零件和盘、套、板类零件。

1. 箱体类零件

箱体类零件一般都要进行多工位孔系及平面加工,精度要求较高,特别是形状精度和位置精度要求较严格，通常要经过铣、钻、扩、镗、铰、攻螺纹等工步，需要刀具较多，在普通机床上加工难度大，工装套数多，需多次装夹找正，手工测量次数多，精度不易保证。在加工中心上一次装夹可完成普通机床的60%～95%的工序内容，零件各项精度一致性好，质量稳定，生产周期短。

2. 盘、套、板类零件

这类零件端面上有平面、曲面和孔系，径向也常分布一些径向孔。加工部位集中在单一端面上的盘、套、板类零件宜选择立式加工中心，加工部位不是位于同一方向表面上的零件宜选择卧式加工中心。

二、结构形状复杂、普通机床难加工的零件

当待加工零件表面由复杂曲面组成时，需要多坐标联动才能完成加工，这在普通机床上是难以甚至无法完成的，加工中心是加工这类零件的最有效设备。常见的典型零件有以下几类：

1. 凸轮类

这类零件有各种曲线的盘形凸轮、圆柱凸轮、圆锥凸轮和端面凸轮等，加工时，可根据凸轮表面的复杂程度，选用三轴、四轴或五轴联动的加工中心。

2. 整体叶轮类

整体叶轮常见于航空发动机的压气机、空气压缩机、船舶水下推进器等，这类零件除了一般曲面的加工特点外，还有许多难加工点，如：通道狭窄，刀具很容易与加工表面和邻近曲面产生干涉。

3. 模具类

常见的模具有锻压模具、铸造模具、注塑模具及橡胶模具等。采用加工中心加工模具，由于工序高度集中，动模、静模等关键件的精加工基本上是在一次安装中完成全部机加工内容，尺寸累计误差及修配工作量小。同时模具的可修复性强，互换性好。

三、外形不规则的异形零件

异形零件是指支架、拨叉类外形不规则的零件，大多要进行点、线、面多工位混合加工。由于外形不规则，在普通机床上只能采用工序分散的原则进行加工，周期较长。如果采用加工中心多工位点、线、面混合加工特点，可以一次完成大部分甚至全部工序内容。

四、周期性投产的零件

用加工中心加工零件时，所需工时主要包括基本时间和准备时间，其中，准备时间占很大比例。如工艺准备、程序编制、零件首件试切等，这些时间往往是单件基本时间的几十倍。采用加工中心可以将这些准备时间的内容存储起来，以后可以反复调用。这样对周期性投产的零件，生产周期可以大大缩短。

五、加工精度要求较高的中小批量零件

加工中心具有加工精度高、尺寸稳定的特点，对加工精度要求较高的中小批量零件，选择加工中心加工，容易获得所要求的尺寸精度和形状位置精度，并可得到很好的互换性。

六、新产品试制中的零件

在新产品定型前，需经反复试验和改进。选择加工中心试制，可省去许多通用机床加工所需的试制工装。当零件被修改时，只需修改相应的程序或者适当调整夹具、刀具，节省了费用，缩短了试制周期和成本。

6.3.3　加工中心选刀与换刀指令

加工中心具有刀库，在加工过程中具有自动换刀功能。

1. 选刀指令 T

格式：T××；“××”表示目标刀具号。

2. 换刀指令 M06

当执行带有 M06 的程序段时，执行换刀动作。

选刀和换刀通常分开进行。为提高机床利用率，选刀动作与机床加工动作重合。换刀指令 M06 必须在用新刀具进行切削加工的程序段之前，而下一个选刀指令 T 常紧跟在这次换刀指令之后。

多数加工中心规定换刀点在机床 Z 轴零点（$Z0$），要求在换刀前用准备功能指令（G28）使主轴自动返回 $Z0$ 点。

接到 T××指令后立即自动选刀，并使选中的刀具处于换刀位置，接到 M06 指令后执行换刀动作，一方面将主轴上的刀具取下送回刀库，另一方面又将换刀位置的刀具取出装到主轴上，实现换刀。

例：

```
…
N02 G28 Z0 T02；Z 轴回零并选 T02 号刀
N03 M06T03；换上 T02 号刀，并选择 T03 号刀
…
```

6.4　项目实施

图 6.1 所示零件为内外轮廓类零件。内外轮廓由多段直线和圆弧连接组成；零件上有两个槽特征，其中矩形槽为旋转槽；还有 4 个沉头孔加工。零件毛坯尺寸为 120 mm×80 mm×20 mm，材料为 45＃钢，工件六面已加工好。

6.4.1　加工工艺分析

1. 夹具、量具、刀具的选择

该零件在装夹时采用精密平口钳装夹，装夹时，用等高垫块垫在下方，使上表面高出钳口约 7～8 mm；测量时，选用游标卡尺测量相应的尺寸；根据零件外轮廓中的圆弧大小所选刀具直径必须小于 22 mm，本项目选用 $\phi16$ mm 立铣刀进行外轮廓粗精加工；内轮廓加工

时，刀具直径必须小于 13 mm，本项目选用 ϕ12 mm 键槽铣刀。

2. 加工工艺方案

该零件加工包含了内外轮廓的加工、槽加工和孔加工。用直径 ϕ16 mm 的立铣刀粗、精加工外轮廓；用 ϕ12 mm 键槽铣刀粗、精加工深 4 mm 的内型腔和 45° 旋转型腔；内型腔加工好后采用 ϕ10 mm 键槽铣刀加工月牙型槽和两个 ϕ10 mm 的沉孔；在加工 ϕ12 mm 的通孔时，先选用 ϕ4 mm 中心钻钻孔定位，然后用 ϕ11.8 mm 麻花钻钻通孔，最后用 ϕ12 mmH7 的铰刀进行精加工。本项目中内外轮廓加工，将表面对称中心作为工件坐标系的原点，外轮廓加工轨迹如图 6.2 所示，内轮廓、矩形槽和月牙槽的加工轨迹如图 6.3、图 6.4 所示。

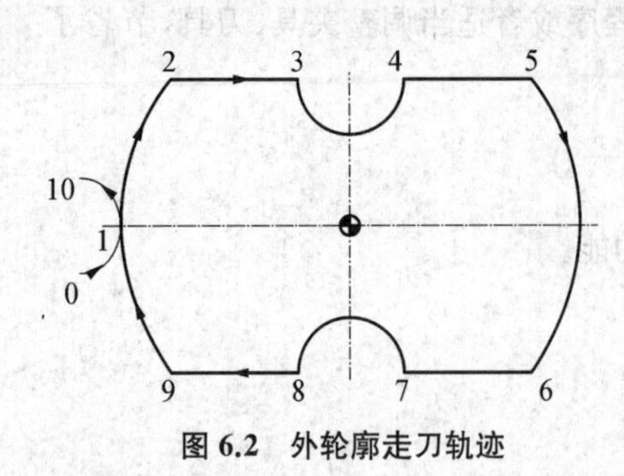

图 6.2　外轮廓走刀轨迹

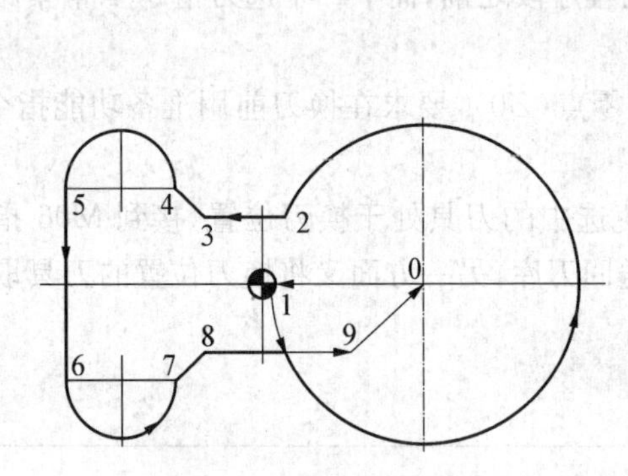

图 6.3　内轮廓加工轨迹

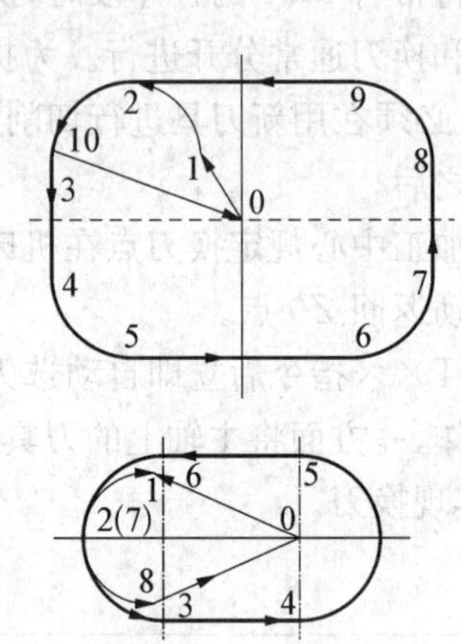

图 6.4　矩形槽和月牙型槽加工轨迹

3. 填写工艺文件

将各工步的加工内容、所用刀具和切削用量填入内外轮廓零件数控加工工序卡，见表 6.1所示。

表 6.1　内外轮廓零件数控加工工序卡片

<table>
<tr><td rowspan="2"></td><td colspan="2" rowspan="2">数控加工工序卡片</td><td>产品代号</td><td>零件名称</td><td>零件图号</td></tr>
<tr><td></td><td></td><td></td></tr>
<tr><td>工艺序号</td><td>程序编号</td><td>夹具名称</td><td>夹具编号</td><td>使用设备</td><td>车间</td></tr>
<tr><td></td><td></td><td>平口钳</td><td></td><td>FANUC 0i - MB
加工中心</td><td></td></tr>
</table>

工步号	工步内容	刀具号	刀具规格	主轴转速 (r/min)	进给速度 (mm/min)	背吃刀量 (mm)
1	粗加工外轮廓留侧余量 0.2	T01	ϕ16 立铣刀	800	200	4
2	精加工外轮廓	T01	ϕ16 立铣刀	800	200	0.2

续　表

工步号	工步内容		刀具号	刀具规格	主轴转速（r/min）	进给速度（mm/min）	背吃刀量（mm）
3	粗加工内轮廓留侧余量 0.2		T02	ϕ12 键槽刀	800	200	4
4	粗加工旋转矩形槽		T02	ϕ12 键槽刀	800	200	7
5	精加工内轮廓		T02	ϕ12 键槽刀	800	80	0.2
6	精加工旋转矩形槽		T02	ϕ12 键槽刀	800	80	0.2
7	粗加工月牙槽侧余量 0.1		T03	ϕ10 键槽刀	1 000	50	7
8	精加工月牙型槽		T03	ϕ10 键槽刀	1 000	50	0.1
9	加工 2 个 ϕ10 孔		T03	ϕ10 键槽刀	1 000	20	7
10	钻中心孔定位		T04	ϕ4 中心钻	1 500	50	4
11	用钻头钻通孔		T05	ϕ11.8 麻花钻	800	100	通孔
12	精加工通孔		T06	ϕ12 铰刀	300	100	通孔
编制		审核		批准		共　页　第　页	

6.4.2　加工程序编制

1. 编程坐标系原点的选择

以工件上表面几何中心作为编程原点。

2. 程序编制

项目零件外轮廓参考程序如下：

```
%
O6001;                              主程序名
N10 M6 T1;                          换上 1 号刀,φ16 mm 立铣刀
N20 G54 G90 G0 G43 H1 Z200;         刀具快速移动到 Z200 处(在 Z 方向调入了刀具长度补偿)
N30 M3 S800 F200;                   主轴正转,转速 800 r/min
N40 X-70 Y0;                        快速定位
N50 Z2 M8;                          主轴下降,切削液开
N60 G1 Z-4 F50;                     主轴进给下降到 Z-5
N70 G10 L12 P2 R8.2;                给定 D2,指定刀具半径补偿量 8.2(精加工余量 0.2)
N80 M98 P6002;                      调用 O6002 子程序一次粗加工
N90 G10 L12 P2 R7.98;               重新给定 D2,指定刀具半径补偿量 7.98(考虑公差)
N100 M98 P6002;                     调用 O6002 子程序一次精加工
N110 G0 Z200 M9;                    快速抬刀,切削液关
N120 G49 G90 Z0;                    取消刀具长度补偿,Z 轴快速移动到机床坐标 Z0 处
N130 M5;                            主轴停转
N140 M6 T2;                         换上 2 号刀,φ12 mm 键槽铣刀
```

N150 G0 G43 H2 Z200;	刀具快速移动到 Z200 处(在 Z 方向调入了刀具长度补偿)
N160 M3 S800 F200;	主轴正转,转速 800 r/min
N170 X25 Y0;	快速定位
N180 Z2 M8;	主轴下降,切削液开
N190 G10 L12 P3 R6.2;	给定 D3,指定刀具半径补偿量 6.2(精加工余量 0.2)
N200 G0 Z-4;	快速返回到 Z-4
N210 M98 P6003;	调用 O6003 子程序一次,粗加工大的凹槽
N220 G1 Z0 F60;	进给到 Z0
N230 M98 P26004;	调用 O6004 子程序二次,粗加工旋转凹槽
N240 G1 Z1 F80;	进给到 Z1
N250 G10 L12 P3 R5.97;	重新给定 D3,指定刀具半径补偿量 5.97(考虑公差)
N260 G1 Z-4;	进给到 Z-4
N270 M98 P6003;	调用 O6003 子程序一次,精加工大凹槽
N280 G1 Z-3.5;	进给到 Z-3.5
N290 M98 P6004;	调用 O6004 子程序一次,精加工旋转凹槽
N300 G0 Z200 M9;	快速抬刀,切削液关
N310 G49 G90 Z0;	取消刀具长度补偿,Z 轴快速移动到机床坐标 Z0 处
N320 M5;	主轴停转
N330 M6 T3;	换上 3 号刀,ϕ10 mm 键槽铣刀
N340 G0 G43 H3 Z200;	刀具快速移动到 Z200 处(在 Z 方向调入了刀具长度补偿)
N350 M3 S1000 F50;	主轴正转,转速 1 000 r/min
N360 X-7.5 Y0;	快速定位
N370 Z2 M8;	主轴下降,切削液开
N380 G10 L12 P4 R5.1;	给定 D4,指定刀具半径补偿量 5.1(精加工余量 0.1)
N390 G1 Z-7 F20;	进给到 Z-7
N400 M98 P6005;	调用 O6005 子程序一次,粗加工月牙型槽
N410 G10 L12 P4 R4.98;	重新给定 D4,指定刀具半径补偿量 4.98(考虑公差)
N420 M98 P6005;	调用 O6005 子程序一次,精加工月牙型槽
N430 G0 Z20;	快速上升到 Z20
N440 G99 G89 X-21.5 Y14 Z-7 R2 P1000 F20;	用键槽铣刀加工 2×ϕ10 孔(在孔底暂停 1 秒)
N450 G98 Y-14;	
N460 G0 Z200 M9;	快速抬刀,切削液关
N470 G49 G90 Z0;	取消刀具长度补偿,Z 轴快速移动到机床坐标 Z0 处
N480 M5;	主轴停转
N490 M6 T4;	换上 4 号刀,ϕ4 mm 中心钻
N500 G0 G43 H4 Z200;	刀具快速移动到 Z200 处(在 Z 方向调入了刀具长度补偿)
N510 M3 S1500;	主轴正转,转速 1 500 r/min
N520 G99 G81 X-40 Y9 Z-4 R3 F50 M8; N530 G98 Y-9;	点钻 2×ϕ12H7 孔中心,切削液开
N540 G49 G90 Z0 M9;	取消刀具长度补偿,Z 轴快速移动到机床坐标 Z0 处,切削液关
N550 M5;	主轴停转

```
N560 M6 T5;                                  换上 5 号刀,φ11.8 mm 麻花钻
N570 G0 G43 H5 Z200;                         刀具快速移动到 Z200 处(在 Z 方向调入了刀具长度补偿)
N580 M3 S800;                                主轴正转,转速 800 r/min
N590 G99 G83 X-40 Y-9 Z-25 R3 F100 M8;
N600 G98 Y9;                                 深孔往复钻孔
N610 G49 G90 Z0 M9;                          取消刀具长度补偿,Z 轴快速移动到机床坐标 Z0 处,切削液关
N620 M5;                                     主轴停转
N630 M6 T6;                                  换上 6 号刀,φ12 mmH7 机用铰刀
N640 G0 G43 H6 Z200;                         刀具快速移动到 Z200 处(在 Z 方向调入了刀具长度补偿)
N650 M3 S300;                                主轴正转,转速 800 r/min
N660 G99 G89 X-40 Y9 Z-22 R2
P1000 F100 M8;                               铰 2×φ12 mmH7 孔
N670 G98 Y-9;
N680 G49 G90 Z0 M9;                          取消刀具长度补偿,Z 轴快速移动到机床坐标 Z0 处,切削液关
N690 M30;                                    主程序结束
%
```

加工外轮廓的子程序:

```
%
O6002;                                       子程序名
N10 G41 G1 X-60 Y-10 D2;                     刀具半径左补偿,刀具到达 0 点
N20 G03 X-50 Y0 R10;                         走圆弧 R10 过渡段 0→1
N30 G01 G02 X-40 Y30 R50;                    加工 R50 圆弧 1→2
N30 G01 X-11;                                加工直线 2→3
N40 G3 X11 R11 F90;                          加工 R11 圆弧 3→4
N50 G1 X40 F200;                             加工直线 4→5
N60 G2 Y-30 R50;                             加工 R50 圆弧 5→6
N70 G1 X11;                                  加工直线 6→7
N80 G3 X-11 R11 F90;                         加工 R11 圆弧 7→8
N90 G1 X-40 F200;                            加工直线 8→9
N100 G2 X-50 Y0 R50;                         加工 R50 圆弧 9→1
N110 G3 X-60 Y10 R10;                        走圆弧 R10 过渡段 1→0'
N120 G40 G01 X-70 Y0;                        取消刀具半径补偿
N130 M99;                                    子程序结束并返回主程序
%
```

加工 4 mm 深的内轮廓子程序:

```
%
O6003;                                       子程序名
N10 G41 G1 X1.5Y0 D3 F60;                    直线 0→1 建立刀具半径左补偿
```

```
N20 G03 X3.734 Y10 R-23.5;          加工 R23.5 圆弧 1→2,圆心角大于 180,半径为负
N30 G1 X-9;                         加工直线 2→3
N40 X-13 Y14;                       加工直线 3→4
N50 G3 X-30 R8.5 F20;               加工 R8.5 圆弧 4→5
N60 G1 Y-14 F60;                    加工直线 5→6
N70 G3 X-13 R8.5 F20;               加工 R8.5 圆弧 6→7
N80 G1 X-9 Y-10 F60;                加工直线 7→8
N90 X13.734;                        加工直线 8→9,向外延长 10 mm
N100 G40 G1 X25 Y0;                 取消刀具半径补偿
N110 M99;                           子程序结束并返回主程序
%
```

旋转槽的子程序:

```
%
O6004;                              子程序名
N10 G90 G68 X25 Y0 R45;             绕 X25Y0 逆时针旋转 45°
N20 G91 Z-3.5 F30;                  考虑到加工内轮廓后中间还有残料,所以增量向下进给
                                    3.5 mm,连续调用 2 次
N30 G41 X-4 Y6 D3 F60;              直线 0→1 进行刀具半径左补偿
N40 G3 X-6.5 Y6.5 R6.5;             1→2 走 1/4 圆弧过渡段
N50 X-7 Y-7 R7;                     加工 R7 圆弧 2→3
N60 G1 Y-11;                        加工直线 3→4
N70 G3 X7 Y-7 R7;                   加工 R7 圆弧 4→5
N80 G1 X21;                         加工直线 5→6
N90 G3 X7 Y7 R7;                    加工 R7 圆弧 6→7
N100 G1 Y11;                        加工直线 7→8
N110 G3 X-7 Y7 R7;                  加工 R7 圆弧 8→9
N120 G1 X-21;                       加工直线 9→2
N130 G3 X-6.5 Y-6.5 R6.5;           2→10 走 1/4 圆弧过渡段
N140 G40 G1 X17 Y-6;                取消刀具半径补偿,返回到 0 点
N150 G90 G69;                       取消旋转
N160 M99;                           子程序结束并返回主程序
%
```

加工月牙型腔的子程序:(注意切入点的选择,选择不当会在引入半径补偿时产生过切)

```
%
O6005;                              子程序名
N10 G91 G41 G1 X-14 Y6 D4 F50;      走直线 0→1 进行刀具半径左补偿,采用增量编程
N20 G3 X-6 Y-6 R6 F10;              1→2 走 1/4 圆弧 R6 过渡段
N30 X7.5 Y-7.5 R7.5 F20;            加工 R7.5 圆弧 2→3
```

```
N40 G1 X12.5 F50;                    加工直线 3→4
N50 G3 Y15 R7.5 F20;                 加工 R7.5 圆弧 4→5
N60 G1 X-12.5 F50;                   加工直线 5→6
N70 G3 X-7.5 Y-7.5 R7.5 F20;         加工 R7.5 圆弧 6→7
N80 X6 Y-6 R6 F50;                   7→8 走 1/4 圆弧 R6 过渡段
N90 G90 G1 G40 X-7.5 Y0;             8→0 取消刀具半径补偿
N100 M99;                            子程序结束并返回主程序
%
```

6.4.3　仿真加工

本项目零件的仿真加工过程见视频。

扫一扫可见仿真加工过程

6.5　拓展知识——SIEMENS 802D 系统加工中心编程

6.5.1　SIEMENS 802D 系统加工中心编程

用 SIEMENS 802D 系统指令完成如图 6.1 所示零件加工程序的编制。毛坯尺寸为 120×80×20，材料为 45＃钢。要求以零件上表面几何中心为编程原点，工件上表面已加工。

1. 确定加工工艺方案

该零件在装夹时采用精密平口钳装夹，装夹时，用等高垫块垫在下方，使上表面高出钳口约 7～8 mm；测量时，选用游标卡尺测量相应的尺寸；根据零件外轮廓中的圆弧大小，选用 ϕ16 mm 立铣刀进行外轮廓粗精加工；内轮廓加工时，刀具直径必须小于 13 mm，选用 ϕ12 mm 键槽铣刀。本零件的加工工序安排如下：

(1) 铣削深 4 mm 的外轮廓，选用 ϕ16 mm 的立铣刀。

(2) 铣削深 4 mm 的内轮廓，选用 ϕ16 mm 的立铣刀。

(3) 铣削深 7 mm 的月牙型腔和旋转矩形槽，选用 ϕ12 mm 键槽铣刀。

(4) 铣削 2×ϕ10 mm 的孔，选用 ϕ10 键槽铣刀。

(5) 钻孔 2×ϕ4 mm 中心定位孔，选用 ϕ4 中心钻。

(6) 钻 2×ϕ11.8 mm 的通孔，选用 ϕ11.8 钻头。

(7) 铰孔 2×ϕ12H7 通孔，选用 ϕ12H7 铰刀。

本项目中内外轮廓加工，将表面对称中心作为工件坐标系的原点，外轮廓加工轨迹如图 6.5 所示，内轮廓、矩形槽和月牙型槽的加工轨迹如图 6.6、图 6.7 所示。

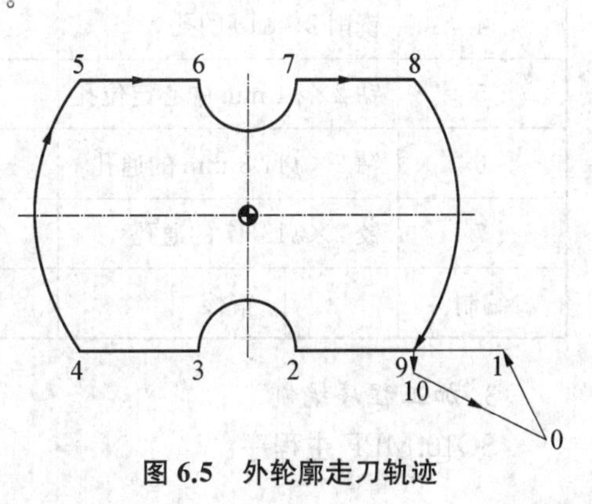

图 6.5　外轮廓走刀轨迹

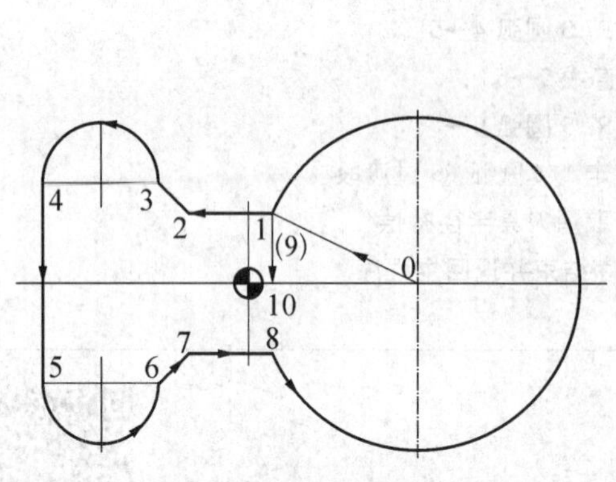

图 6.6 内轮廓加工轨迹

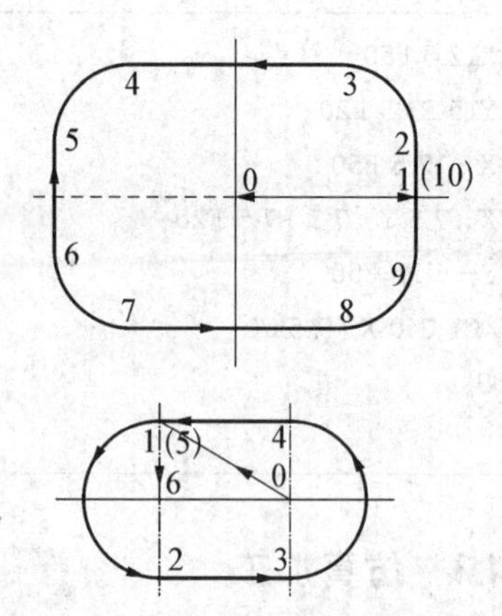

图 6.7 矩形槽和月牙型槽加工轨迹

2. 填写工艺文件

将各工步的加工内容、所用刀具和切削用量填入内外轮廓零件数控加工工序卡,见表 6.2 所示。

表 6.2 内外轮廓零件数控加工工序卡片

××实习工厂	数控加工工序卡片		产品代号		零件名称	零件图号
			××××		加工中心综合零件加工	
工艺序号	程序编号	夹具名称	夹具编号		使用设备	车间
		平口钳			西门子 802D 加工中心	
工步号	工步内容	刀具号	刀具规格	主轴转速(r/min)	进给速度(mm/min)	刀具补偿号
1	铣削外轮廓	T01	ϕ16 立铣刀	600	60	D1
2	铣削内轮廓	T01	ϕ16 立铣刀	600	60	D1
3	铣削月牙型槽和矩形槽	T02	ϕ12 键槽刀	800	50	D2
4	铣削 2×ϕ10 的孔	T03	ϕ10 键槽刀	1 000	20	D3
5	钻 2×ϕ4 mm 中心定位孔	T04	ϕ4 中心钻	1 500	30	D4
6	钻 2×ϕ11.8 mm 的通孔	T05	ϕ11.8 钻头	600	30	D5
7	铰 2×ϕ12H7 的通孔	T06	ϕ12H7 铰刀	300	30	D6
编制	审核	批准	共 页 第 页			

3. 加工程序编制

SQ10.MPF 主程序:

SQ10.MPF	主程序名
N10 G53 G90 G94 G40 G17	分进给,绝对编程,切削平面,取消刀补,机床坐标系
N20 T1 M6	换 1 号刀;ϕ 16 立铣刀
N30 M41	低速挡开;小于 800 r/min
N40 G54 S600 M3	主轴正转,转速 600 r/min
N50 G00 X60 Y50 D1	工件坐标系建立,刀具长度补偿值加入,快速定位
N60 Z50	快速进刀
N70 M7	切削液开
N80 Z2	快速进刀
N90 L1	调用子程序 L1,铣削轮廓外形
N100 G0 G90 Z50	快速抬刀
N110 G0 X25 Y0	工件坐标系建立,刀具长度补偿值加入,快速定位
N120 L2	调用子程序 L2,铣削内型腔上层
N130 G0 G90 Z50	快速抬刀
N140 M9	切削液关
N150 M5	主轴转停
N160 T2 M6	换 2 号刀;ϕ 12 键槽铣刀
N170 G54 S800 M3	主轴正转,转速 800 r/min
N180 G0 X-7.5 Y0 D2	工件坐标系建立,刀具长度补偿值加入,快速定位
N190 Z50	快速进刀
N200 M7	切削液开
N210 L3	调用子程序 L3,铣削月牙型槽
N220 G0 X25 Y0	快速定位点
N230 TRANS X25 Y0	坐标平移
N240 AROT RPL=45	坐标系旋转 45°
N250 L4	调用子程序 L4,铣削矩形凹槽
N260 G0 Z50	快速抬刀
N270 ROT	取消坐标旋转
N280 TRANS	取消坐标偏移
N290 M9	切削液关
N300 M5	主轴转停
N310 T3 M6	换 3 号刀;ϕ 10 键槽铣刀
N320 M42	高速挡开;大于 800 r/min
N330 G54 S1000 M3 F30	主轴正转,转速 600 r/min,进给速度 30 mm/min
N340 G0 X-21.5 Y14 D3	工件坐标系建立,刀具长度补偿值加入,快速定位
N350 Z50	快速进刀
N940 M7	切削液开
N950 MCALL CYCLE81 (10, ,3, -7,0)	模态调用钻孔循环
N960 X-21.5 Y14	定位钻孔位置点 1
N970 X-21.5 Y-14	定位钻孔位置点 2
N980 MCALL	取消模态调用
N990 G0 G90 Z50	快速抬刀

```
N1000 M9                                      切削液关
N1010 M5                                      主轴转停
N360 T4 M6                                    换 4 号刀;φ4 中心钻
N370 M42                                      高速挡开;大于 800 r/min
N380 G54 S1500 M3 F30                         主轴正转,转速 1 500 r/min,进给速度 30 mm/min
N390 G0 X-40 Y9 D4                            工件坐标系建立,刀具长度补偿值加入,快速定位
N400 Z50                                      快速进刀
N410 M7                                       切削液开
N420 MCALL CYCLE81(10, ,3,-4,0)               模态调用钻孔循环
N430 X-40 Y9                                  定位钻孔位置点 1
N440 X-40 Y-9                                 定位钻孔位置点 2
N450 MCALL                                    取消模态调用
N460 G0 G90 Z50                               快速抬刀
N470 M9                                       切削液关
N480 M5                                       主轴转停
N490 T5 M6                                    换 5 号刀;φ11.8 钻头
N500 M41                                      低速挡开;小于 800 r/min
N510 G54 S600 M3 F30                          主轴正转,转速 600 r/min,进给速度 30 mm/min
N520 G0 X-40 Y9 D5                            工件坐标系建立,刀具长度补偿值加入,快速定位
N530 Z50                                      快速进刀
N540 M7                                       切削液开
N550 MCALLCYCLE83 (10,5,3,-22,0,-5,3,0,1,0.8,1)   模态调用钻孔循环
N560 X-40 Y9                                  定位钻孔位置点 1
N570 X-40 Y-9                                 定位钻孔位置点 2
N580 MCALL                                    取消模态调用
N610 G0 G90 Z50                               快速抬刀
N620 M9                                       切削液关
N630 M5                                       主轴转停
N1020 T6 M6                                   换 6 号刀;φ12H7 铰刀
N1030 M41                                     低速挡开;小于 800 r/min
N1040 G54 S300 M3 F30                         主轴正转,转速 300 r/min,进给速度 30 mm/min
N1050 G0X-40 Y9 D6                            工件坐标系建立,刀具长度补偿值加入,快速定位
N1060 Z50                                     快速进刀
N1070 M7                                      切削液开
N1080 MCALL CYCLE85(10,0,3,-22,0,1,30,100)    模态调用钻孔循环
N1090 X-40 Y9                                 定位钻孔位置点 1
N1100 X-40 Y-9                                定位钻孔位置点 2
N1110 MCALL                                   取消模态调用
N1120 G0 G90 Z50                              快速抬刀
N1130 M9                                      切削液关
N1140 M5                                      主轴转停
N1150 M30                                     程序结束
```

L1.SPF 轮廓外形精加工子程序：

L1.SPF	子程序名
N10 G0 X70 Y-50	快速定位点 0
N20 Z2	快速进给
N30 G01 Z-4 F500	进刀到切削深度
N40 G01 G41 X60 Y-30 F60	激活刀具半径补偿,0→1 实现刀具半径左补偿切入轮廓
N50 X11	直线 1→2 轮廓加工
N60 G3 X-11 Y-30 CR=11	圆弧 2→3 轮廓加工
N70 G01 X-40	直线 3→4 轮廓加工
N80 G2 X-40 Y30 CR=50	圆弧 4→5 轮廓加工
N90 G1 X-11	直线 5→6 轮廓加工
N100 G3 X11 CR=11	圆弧 6→7 轮廓加工
N110 G1 X40	直线 7→8 轮廓加工
N120 G2 X40 Y-30 CR=50	圆弧 8→9 轮廓加工
N130 G1 Y-35	直线 9→10 轮廓切出
N140 G0 Z50	快速抬刀
N150 G0 G40 X70 Y-50	取消刀具半径补偿快速回退起始点
N160 M17	子程序结束返回

L2.SPF 整个内型腔上层精加工子程序：

L2.SPF	子程序名
N10 G0 X25 Y0	直线到达 0 点,快速定位点
N20 Z2	快速进给
N30 G01Z-4 F30	进刀到切削深度
N40 G01 G41 X3.734 Y10 F60	激活刀具半径补偿,直线 0→1 实现刀具半径右补偿切入轮廓
N50 X-9	直线 1→2 轮廓加工
N60 X-13 Y14	直线 2→3 轮廓加工
N70 G3 X-30 Y14 CR=8.5	圆弧 3→4 轮廓加工
N80 G1 Y-14	直线 4→5 轮廓加工
N90 G3 X-13 Y-14 CR=8.5	圆弧 5→6 轮廓加工
N100 G1 X-9 Y-10	直线 6→7 轮廓加工
N110 X3.734	直线 7→8 轮廓加工
N120 G3 X3.734 Y10 CR=-23.5	圆弧 8→9 轮廓加工
N1301 G01 Y0	直线 9→10 轮廓加工
N140 G01 Z2 F200	工进抬刀
N150 G0 G40 Z50	取消刀具半径补偿快速回退抬刀
N160 M17	子程序结束返回

L3.SPF 凹槽键圆形精加工子程序：

L13.SPF	子程序名
N10 G0 X-7.5 Y0	快速定位点 0
N20 G01 Z-7 F20	切削到切削深度
N30 G01 G41 X-20 Y7.5 F50	激活刀具半径补偿,直线 0→1 实现刀具半径左补偿切入轮廓
N40 G3 X-20 Y-7.5 CR=7.5	圆弧 1→2 轮廓加工
N50 G1 X-7.5	直线 2→3 轮廓加工
N60 G3 X-7.5 Y7.5 CR=7.5	圆弧 3→4 轮廓加工
N70 G1 X-20	直线 4→5 轮廓加工
N80 G01 Y0	直线 5→6 工进抬刀
N90 G0 Z50	快速抬刀
N100 G0 G40 X0 Y0	取消刀具半径补偿快速回退起始点
N110 M17	子程序结束返回

L4.SPF 凹槽键矩形精加工子程序：

L4.SPF	子程序名
N10 G0 X0 Y0	快速定位点 0
N20 Z-2	快速进给
N30 G01 Z-7 F20	进刀到切削深度
N40 G01 G41 X17.5 Y0 F50	激活刀具半径补偿,直线 0→1 实现刀具半径左补偿切入轮廓
N50 Y5.5	直线 1→2 轮廓加工
N60 G3 X10.5 Y12.5 CR=7	圆弧 2→3 轮廓加工
N70 G1 X-10.5	直线 3→4 轮廓加工
N80 G3 X-17.5 Y5.5 CR=7	圆弧 4→5 轮廓加工
N90 G1 Y-5.5	直线 5→6 轮廓加工
N100 G3 X-10.5 Y-12.5 CR=7	圆弧 6→7 轮廓加工
N110 G1 X10.5	直线 7→8 轮廓加工
N120 G3 X17.5 Y-5.5 CR=7	圆弧 8→9 轮廓加工
N130 G1 Y0	直线 9→10 轮廓加工
N140 G1 G40 X0 F100	直线 10→1 取消刀具半径补偿回到起始点
N150 G0 Z100	快速抬刀
N160 M17	子程序结束返回

思考与练习题

完成如图 6.8 所示零件加工程序的编制,毛坯尺寸为 100 mm×100 mm×15 mm。

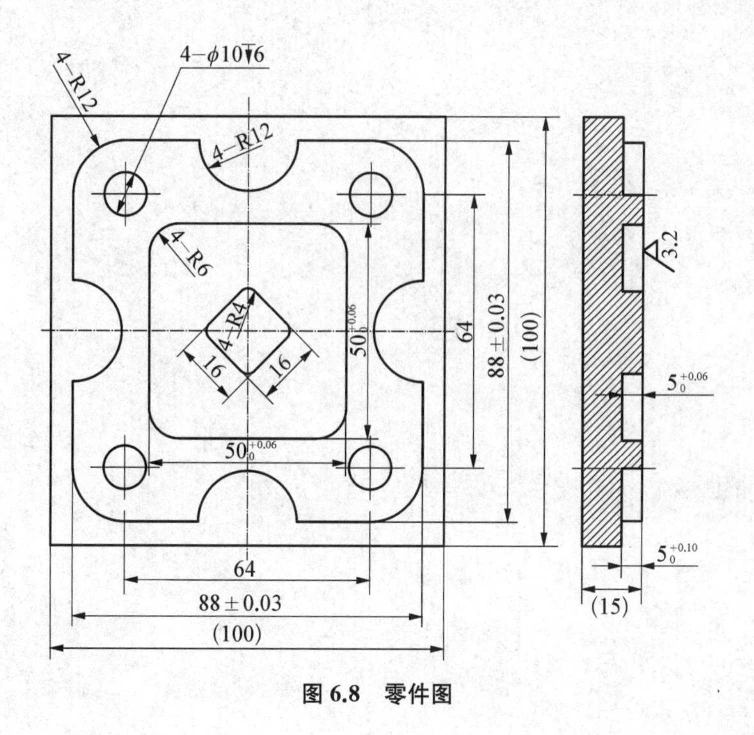
4—R12
4—ϕ10▼6
4—R12
4—R6
4—R4
16
16
$50_{0}^{+0.06}$
$50_{0}^{+0.06}$
64
88±0.03
(100)
64
88±0.03
(100)
3.2
$5_{0}^{+0.06}$
$5_{0}^{+0.10}$
(15)

图 6.8　零件图

第四篇

数控编程加工仿真软件操作

项目 1

FANUC 0i－T 系统数控车床仿真软件编程与操作

教学要求

能力目标	知识要点
掌握数控车床的基本操作方法	仿真软件操作界面;数控车床操作面板
掌握数控车床上零件加工操作方法	1. 试切法对刀(工件坐标系的建立) 2. 数控车床的基本操作

1.1 项目要求

完成如图 1.1 所示零件的数控编程与仿真加工。零件材料为 45＃钢,毛坯为尺寸 $\phi35\times200$ 的圆棒料。

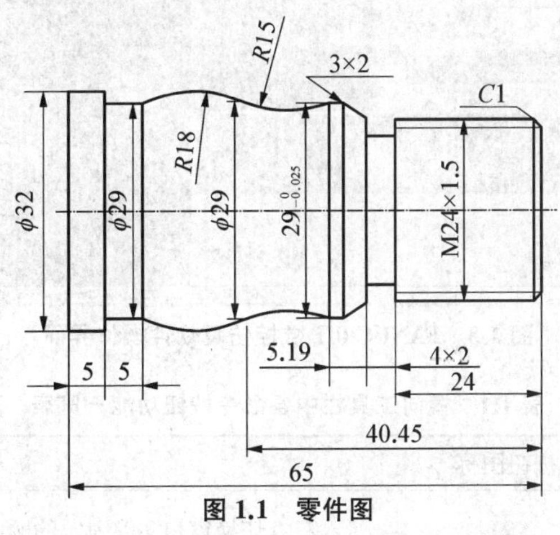

图 1.1 零件图

1.2 项目分析

(1) 零件图分析:该零件为典型的轴类零件(含螺纹),加工顺序是先车削工件外圆,再切削螺纹退刀槽,最后车削螺纹。

(2) 完成本项目所需新的相关知识点:数控车仿真软件基本操作方法。

1.3 项目相关知识

1.3.1 斯沃数控仿真软件简介

双击斯沃数控仿真软件桌面图标，则弹出如图1.2所示对话框，通过下拉菜单选择“Fanuc 0iT”，即进入FANUC 0iT数控车仿真软件操作界面，如图1.3所示。单击页面上右上角按钮即可退出系统。

在仿真软件操作时，需要频繁使用相关的命令，其中常用的命令按钮都显示在了横向工具栏和竖向工具栏中。横向工具栏和纵向工具栏中各命令按钮功能见表1.1和表1.2所示。

图1.2 斯沃数控仿真软件对话框

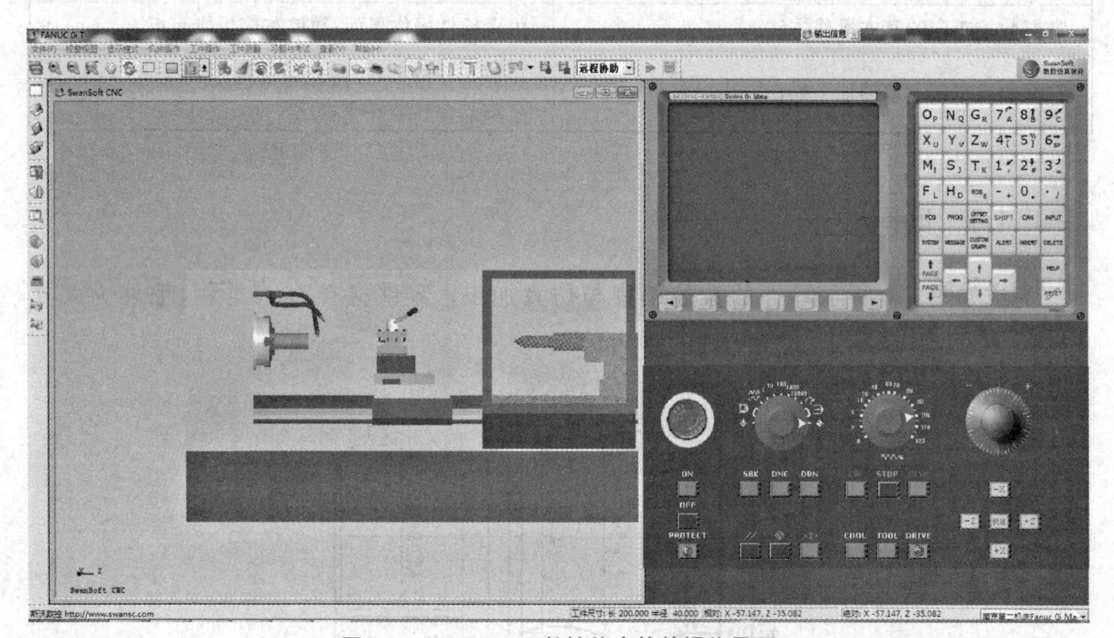

图1.3 FANUC 0iT数控仿真软件操作界面

表1.1 横向工具栏中各命令按钮功能一览表

序号	按钮图标	功　能
1		切换窗口（以固定的顺序来改变屏幕显示界面）
2		放大、缩小、缩放屏幕
3		平移
4		旋转屏幕

续 表

序号	按钮图标	功 能
5		显示二维
6		切换平面 *XZ*、*YZ*、*XY*
7		全屏
8		显示车床(机床罩壳切换显示)
9		工件测量
10		声控
11		显示坐标
12		铁屑显示
13		显示冷却液
14		显示毛坯
15		工件
16		截面
17		显示透明
18		显示刀架
19		刀位号
20		显示刀具
21		显示透明刀具
22		显示刀具轨迹
23		录制参数设置
24		开始录制
25		停止录制
26	远程协助	远程协助、示教、录制、重播功能选择与使用

表 1.2 纵向工具栏介绍

序号	按钮图标	功　能
1		新建、打开、保存、另存文件
2		参数设置
3		刀具管理
4		切换工件显示模式
5		工件设置
6		快速模拟加工
7		关闭舱门
8		毛坯夹紧位置正向微调
9		毛坯夹紧位置负向

1.3.2　FANUC 0iMate 数控车床操作面板和操作键盘

1. FANUC 0iMate 操作面板

FANUC 0iT 数控系统车床操作面板因厂家不同而有所变化，图 1.4(a)为 FANUC 0iT 标准面板。在实际使用时，可根据机床实际情况选择相应的面板。本项目以南京第二机床 FANUC 0iMate 面板为例。选择斯沃数控仿真软件界面右下角的 FANUC 0i-T标准面板 下拉菜单中的南京第二机床 FANUC 0iMate 面板，如图 1.4(b)所示。面板中各按钮或者旋钮的功能见表 1.3 所示。

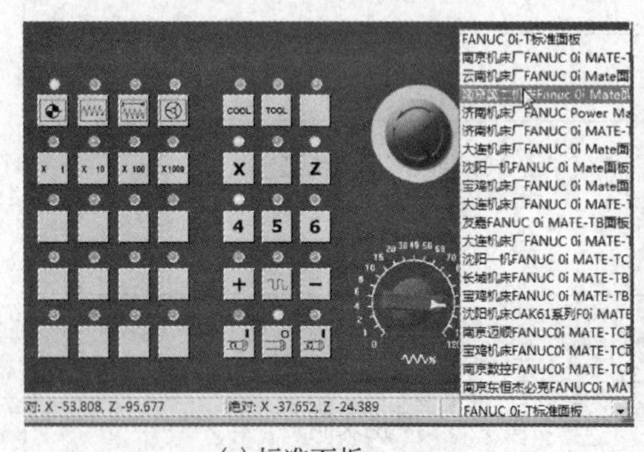

(a) 标准面板

(b) 南京第二机床FANUC 0iMate系统面板

图 1.4　FANUC 0iT 面板选择

表 1.3　操作面板按键介绍

按键图标	按键名称	功能介绍
	急停	按下急停按钮,机床移动立即停止,并且所有的转动都会关闭
 ON	NC 系统启动	启动数控系统
 OFF	NC 系统关闭	关闭数控系统
 PROTECT	程序保护	用于保护程序
 SBK	单步	按下此键,运行程序每次执行一条数控指令
 DNC	文件传输	文件传输允许
 DRN	空运行	机床进入空运行状态
 STOP	主轴控制	主轴正转(CW)/主轴停止(STOP)/主轴反转(CCW)
	复位	点击此按键,程序停止执行,数控系统复位
	循环停止	程序运行停止,在数控程序运行中,按下此键停止程序运行
	循环启动	程序运行开始
 COOL	冷却液	开启/关闭冷却液
 TOOL	手动换刀	手动选择刀具
 DRIVE	机床锁住	锁定机床
	模式选择	通过旋钮选择不同的操作模式,置光标于旋钮上,点击鼠标左键选择
	EDIT 模式	按下此键,系统进入程序编辑状态,用于直接通过操作面板输入数控程序和编辑程序
	MDI 模式	按下此键,系统进入 MDI 模式,手动输入程序并执行指令
	JOG 模式	机床处于手动模式,可以手动连续移动机床
 1 10 100 1000 10000	单步进给量控制	单步进给时每一步移动的距离,1 为 0.001 毫米,10 为 0.01 毫米,100 为 0.1 毫米,1 000 为 1 毫米

续　表

按键图标	按键名称	功能介绍
	MEM 模式	按下此键,系统进入自动加工模式
	REF 模式	机床处于回零模式
	进给倍率选择	将光标置于此旋钮,单击鼠标左键或右键可调节进给速度倍率
	手轮脉冲	光标置于手轮上,按鼠标左键,移动鼠标,手轮顺时针转,机床往正方向移动,手轮逆时针转,机床往负方向移动
+X　+Z	正方向移动	手动状态下,单击该键系统将向所选轴正向移动;在参考点状态时,单击该按钮将所选轴回零
-X　-Z	负方向移动	手动状态下,单击该按钮系统将向所选轴负向移动
快速	快速	按下此键,机床为手动快速状态

2. 数控系统显示屏和操作键盘

在仿真界面右上部分是数控系统显示屏和操作键盘,如图 1.5 所示。用操作键盘结合显示屏可以进行数控系统操作。操作键盘中各个键的功能见表 1.4 所示。

图 1.5　数控系统显示屏和操作键盘

表 1.4　操作键盘按键介绍

按键图标	按键名称	功能介绍
	数字/字母键	将光标移至此区域,可输入相应的字符、字母和数字
EOB E	回车换行键	结束一行程序的输入并且换行

续　表

按键图标	按键名称	功能介绍
POS	位置显示	位置显示有三种方式,用 PAGE 按钮选择
PROG	数控程序显示与编辑	将光标置于此按键,点击进入数控程序显示与编辑页面
OFFSET SETTING	参数输入	按第一次进入坐标系设置页面,按第二次进入刀具补偿参数页面,进入不同的页面以后,用 PAGE 按钮切换
SHIFT	上挡键	选中此按键后,再点击数字/字母键,即可输入上标或下标的字符或字母
CAN	修改键	消除输入域内的数据
INPUT	输入键	把输入域内的数据输入参数页面或者输入一个外部的数控程序
SYSTEM	系统参数	点击此按键,进入系统参数设置页面
MESSAGE	信息显示	信息页面,如"报警"等
CUSTOM GRAPH	图形参数设置	点击此按键,进入图形参数设置页面
ALERT	替代键	用输入的数据代替光标所在的数据
INSERT	插入键	把输入域中的数据插入到当前光标之后的位置
DELETE	删除键	删除光标所在的数据;或删除一个数控程序;或删除全部数控程序
↑ PAGE　PAGE ↓	翻页键	将光标置于 ↑ PAGE 向上翻页;将光标置于 PAGE ↓ 向下翻页
← ↑ ↓ →	光标移动	点击按键,光标将向按键上箭头所指方向向上、向下、向左或向右移动
HELP	帮助	点击此按键,进入系统帮助页面
RESET	复位	点击此按键,数控系统为复位状态

1.3.3 数控系统基本操作

1. 启动机床

按下控制面板上 NC 启动按钮，数控系统上电。松开急停按钮，使数控系统进入可操作模式。

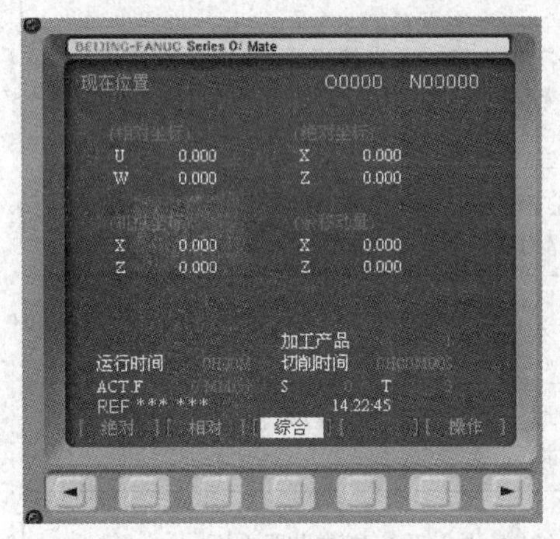

图 1.6 回参考点

2. 回参考点

用鼠标点击模式选择中的 (REF)，即进入回参考点模式。选择“X”轴和“Z”轴，按住按钮＋Z或＋X，即回参考点。观察显示屏中机械坐标 X、Z 都为零，表示已回参考点，如图 1.6 所示。

3. 手动移动机床

(1) 快速移动。这种方法用于较长距离的移动。

点击模式选择中的 (JOG 模式)，机床进入手动模式。按住方向控制按钮 +X、+Z、-X 或 -Z，即可使机床台面向着各轴以较快速度运动，松开后停止运动，也可以按下 快速 按钮，使机床各轴以更快的速度移动。

(2) 单步控制。这种方法用于较近距离的移动。

用鼠标选择任一单步控制控制量 1 10 100 1000 10000，然后按照需求，点击方向控制按钮 +X、+Z、-X 或 -Z，每按一次，刀具沿着对应的方向移动一步。

(3) 手轮脉冲控制。这种方法可用于微量调整。

用鼠标选择选择任一单步控制控制量 1 10 100 1000 10000，选择方向控制按钮 +X、+Z、-X 或 -Z，旋转手摇脉冲旋钮，可使机床刀具沿着对应轴运动。在实际生产中，使用手摇可使操作者容易调整自己的工作位置。

4. 开、关主轴

单击模式按键在“JOG” 位置，按 或 按钮开机床主轴，按 STOP 关机床主轴。

5. 启动程序加工零件

选择一个数控程序，单击模式按键 。数控程序运行控制开关中的“循环启动”按钮 。

6. 试运行程序

试运行程序时，机床和刀具不切削零件，仅运行程序。其操作步骤如下：单击机床锁 DRIVE，选择一个数控程序如 O001 后，按 调出程序，按 按钮，程序开始执行。

7. 单步运行

置单步开关 SBK 于“ON”位置，数控程序运行过程中，每按一次 执行一条指令。

8. 选择一个数控程序

如要选择“O0007”程序，选择模式按钮 (EDIT)，按 PROG 键入字母“O”和 7 键入数字“7”，按下 O检索 对应软键或 INSERT 键，则程序“O0007”显示在屏幕上（程序名中前面的 0 可以省略）。

9. 删除一个数控程序

选择模式在 (EDIT)位置，按 PROG 键入字母“O”，按 7 键入字母“7”，键入要删除的程序的号码：“O7”，按 DELETE，“O7”NC 程序被删除。

10. 删除全部数控程序

选择模式在 (EDIT)。按 PROG，按 7 键入字母“O”，键入“9999”，按 DELETE 全部数控程序被删除。

11. 搜索一个指定的代码

搜索指定代码是在当前数控程序内进行。一个指定的代码可以是一个字母或一个完整的代码，例如：“N0010”，“M”，“F”，“G03”等等。操作步骤如下：在“MEN” 或“EDIT” 模式下，按 PROG 选择一个 NC 程序，输入需要搜索的字母或代码，按 CURSOR ↓ 开始在当前数控程序中搜索。

12. 编辑 NC 程序(删除、插入、替换操作)

选择模式按钮 (EDIT)，选择 PROG，输入被编辑的 NC 程序名如“O7”，按 INSERT 即可编辑。

13. 移动光标

移动光标的方法有两个：(一) 按 PAGE PAGE↓ 或 ↑PAGE 翻页，按 CURSOR ↓ 或 ↑ 移动光标；(二) 用搜索一个指定的代码的方法移动光标。

14. 输入数据

用光标点击数字/字母键，数据被输入到输入域。SHIFT 用来切换同一按键上字符输入。CAN 键用于删除输入域内的数据。

15. 删除、插入、替代

按 DELETE 键，删除光标所在的代码；按 INSERT 键，把输入域的内容插入到光标所在代码后面；按 DELETE 键，把输入域的内容替代光标所在的代码。

16. 通过操作面板手工输入 NC 程序

选择模式按钮 (EDIT)，按 PROG 键，进入程序页面。此时，可以输入程序名，比如依次按 O 7，则键入“O7”程序名。按 INSERT 键，即进入程序输入界面。键入的程序名不可以与已有程序名的重复。在输入程序时，每次可以输入一个代码或者一行程序代码。每行代码输入完成后，用回车换行键 EOB 结束一行的输入后换行，再继续输入。

17. 从计算机输入一个数控程序

单击模式按钮 DNC，用 232 电缆线连接 PC 机和数控机床，选择数控程序文件传输。按 PROG 键切换到 PROGRAM 页面，输入程序编号“Oxxxx”。按 INPUT 键，读入数控程序。

18. 输入零件原点参数

选择模式按钮 (EDIT)或 (MEN)。按 键进入参数设定页面,按"坐标系"下对应的软键。用 和 键在 N01~N03 坐标系页面和 N04~N06 坐标系页面之间切换。N01~N06 分别对应 G54~G59,如图 1.7 所示。用 CURSOR 和 选择坐标系,并将光标移动对应的 X 或 Z 位置上,通过键盘输入数据。按 键,把输入域中间的内容输入到所指定的位置。

19. 输入刀具补偿参数

单击模式按钮 (EDIT)或 (MEN),按 键进入参数设定页面,按"【 补正 】"对应软键进入补偿输入界面,补偿分【磨耗】和【形状】,通过对应的软键进行选择,如图 1.8 所示。用 和 键选择补偿号。用 CURSOR 和 键选择补偿参数编号。输入补偿值到长度 X 方向、Z 方向补偿、半径补偿以及刀尖方位号。

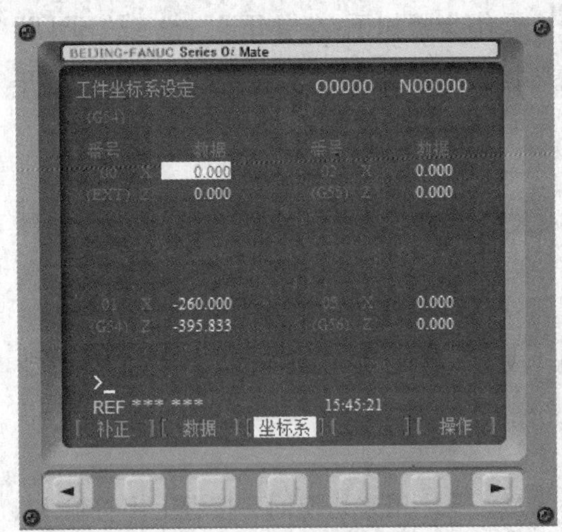

图 1.7 输入零件原点参数

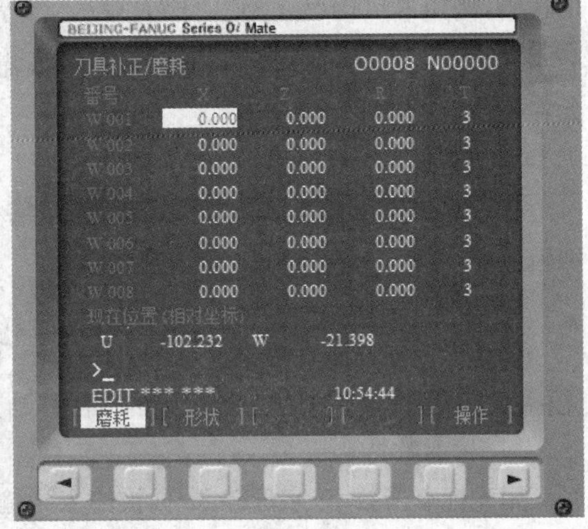

图 1.8 刀具补偿参数输入界面

1.4 项目实施

1.4.1 零件的加工工艺

图样零件为典型的轴类零件(含螺纹),加工尺寸精度和表面粗糙度要求较高,需要精加工。加工时,加工工艺路线为车端面—从右至左粗加工外轮廓—从右至左精加工外轮廓—切槽—加工螺纹—切断。

1.4.2 刀具的选择和切削参数的确定

1. 刀具的选择

(1) 车端面、粗精车外圆:55°菱形外圆车刀(刀具号 T1);

(2) 切槽和切断:4 mm 宽割刀(刀具号 T2);
(3) 螺纹加工:60°螺纹刀(刀具号 T3)。

2. 切削参数的确定

切削参数见表 1.5 所示。

表 1.5　切削参数表

序号	加工内容	刀具号	刀具类型	主轴转速(r/min)	进给速度(mm/min)
1	粗车外圆	T1	55°菱形外圆车刀	800	150
2	精车外圆	T1	55°菱形外圆车刀	1 000	80
3	切槽	T2	4 mm 宽割刀	300	80
4	车外螺纹	T3	60°螺纹刀	500	1.5

1.4.3　工艺路线安排和指令选择

(1) 切端面:手动方式;
(2) 粗车外轮廓:G73 循环指令;
(3) 精车外轮廓:G70 循环指令;
(4) 割槽 ϕ20×4:G01 指令;
(5) 车 M24×1.5 外螺纹:G76 螺纹复合循环指令;
(6) 切断:手动方式。

1.4.4　FANUC - 0i 系统加工程序编制

以工件右端面中心为编程原点。

```
O1101                                  程序名
N010 G99 M03 S800 F0.2
N020 T0101                             调用 T1 外圆车刀
N030 G00 X35 Z2
N040 G73 U6 R5                         粗车循环
N050 G73 P60 Q170 U0.5 W0 F0.2
N060 G01 X22
N070 G01 X24 Z-1
N080 G01 X24 Z-28
N090 G01 X25
N100 X29 Z-31
N110 X29 Z-33.19
N120 G02 X29 Z-40.45 R15
N130 G03 X29 Z-55 R18
N140 G01 X29 Z-60
N150 G01 X32
N160 G01 Z-65
```

```
N170 X35
N180 G70 P60 Q170 F0.1 S1000              精车循环
N190 G00 X150
N200 G00 Z150
N210 T0202                                调用 T2 车刀
N220 M03 S300 F0.2
N230 G00 X35 Z-28
N240 G01 X20 F0.1
N250 G01 X35
N260 G00 X150 Z150
N270 T0303                                调用 T3 螺纹刀
N280 M03 S500 F0.2
N290 G00 X25 Z2
N300 G76 P10160 Q80 R0.1                  螺纹切削循环
N310 G76 X22.05 Z-24 R0 P930 Q350 F1.5
N320 G00 X150 Z150
N330 M05
N340 M02                                  程序结束
```

1.4.5 仿真加工

1. 启动机床

按下控制面板上 NC 启动按钮，数控系统上电。将"急停"按钮旋至状态。

2. 回参考点

将模式旋钮旋至，依次单击 +X 和 +Z，当机床屏幕显示绝对坐标为"X0.000 Z0.000"，完成回参考点操作，如图 1.9 所示。

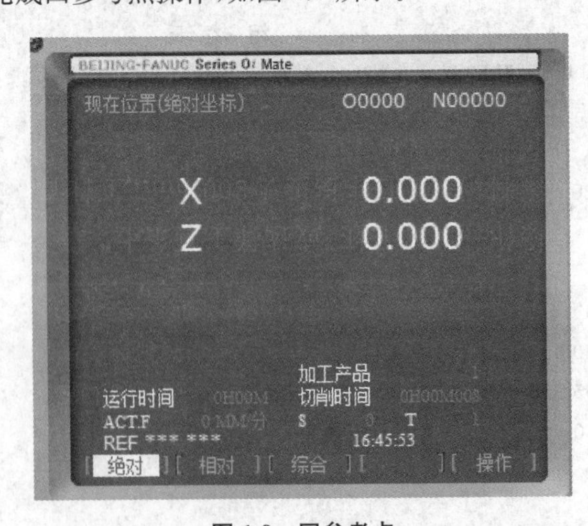

图 1.9 回参考点

3. 毛坯尺寸设置

单击菜单栏中“工件操作—设置毛坯”或选择工具条上“ ”，弹出设置毛坯尺寸对话框。设置毛坯类型为棒料，设置工件长度为200 mm，工件直径为35 mm，如图 1.10 所示。

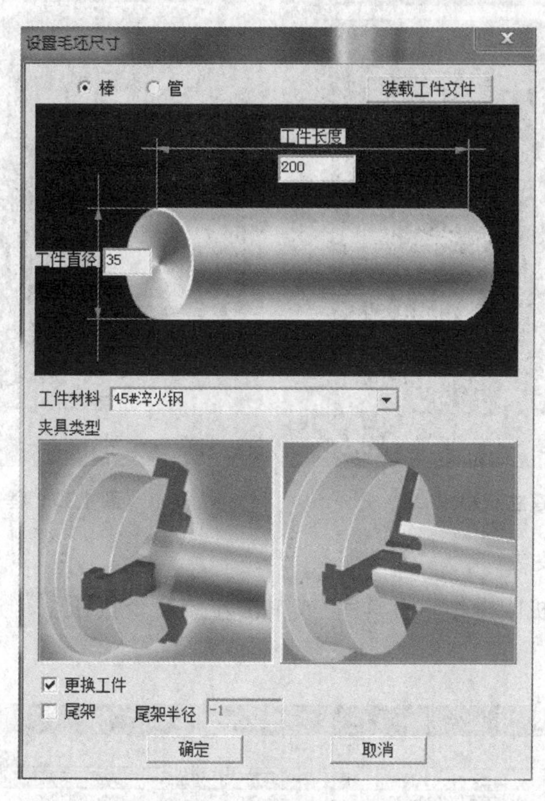

图 1.10 设置毛坯尺寸

设置完毕后，单击“确定”退出，所设置的毛坯尺寸将被保存，同时毛坯被安装在机床卡盘上。

4. 程序输入

(1) 打开程序写保护，将 PROTECT 旋至 PROTECT 位置。

(2) 单击机床操作面板上 (EDIT)编辑按钮，在系统面板上按下 PROG，进入程序编辑功能区，并单击“DIR”下方灰色软键，程序编辑界面如图 1.11 所示。

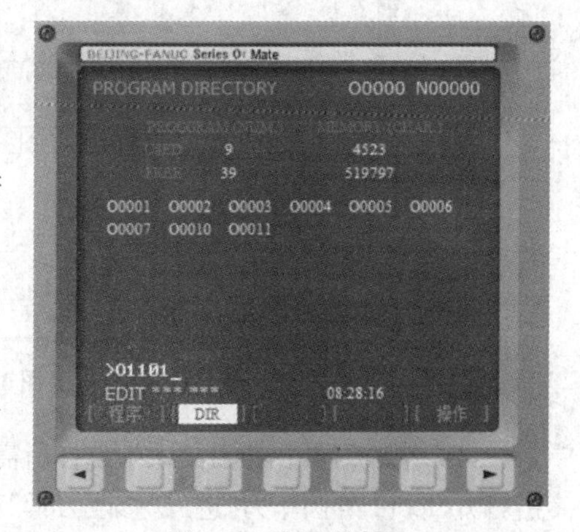

图 1.11 程序编辑区

(3) 利用 MDI 键盘输入程序名“O1101”(要求不能与已有程序名重复)，单击 INSERT，机床屏幕将显示一个新的程序，如图 1.12 所示。

(4) 在新程序 O1101 中进行程序输入。输入程序第一段代码“G99M03S800F0.2”后，单击“INSERT”按钮将数据输入机床屏幕上，单击 EOB 输入分号换行，如图 1.13 所示。其余程序段以类似方式依次输入即可。（也可以将该程序输入记事本，另存为 *.NC 文件，然后将该文件导入）

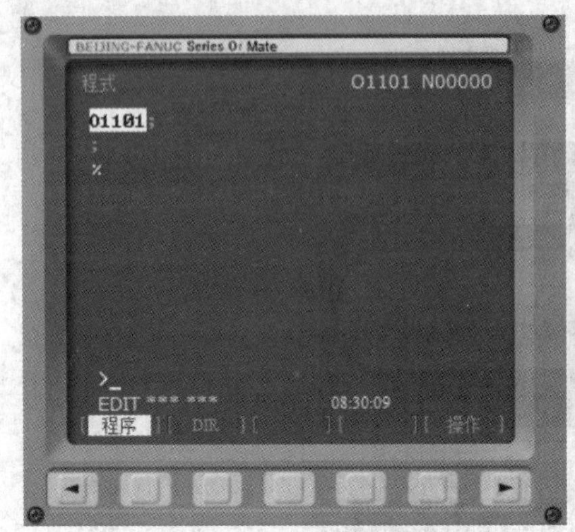

图 1.12　建立新程序

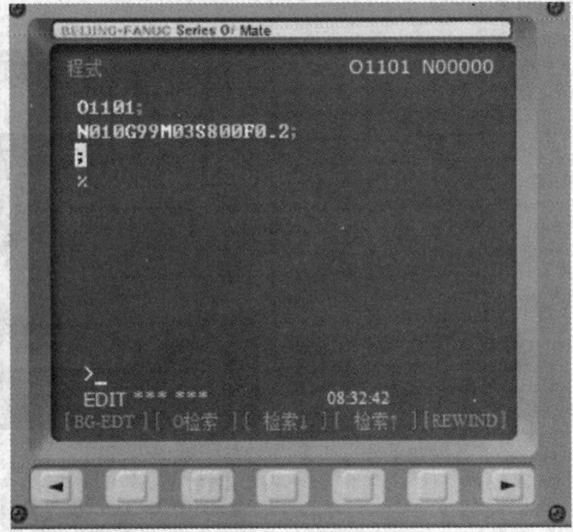

图 1.13　程序编辑界面

5. 刀具的定义与安装

(1) 单击菜单栏“机床操作—刀具库”或单击左侧命令按钮 进入刀具管理界面，如图 1.14 所示。

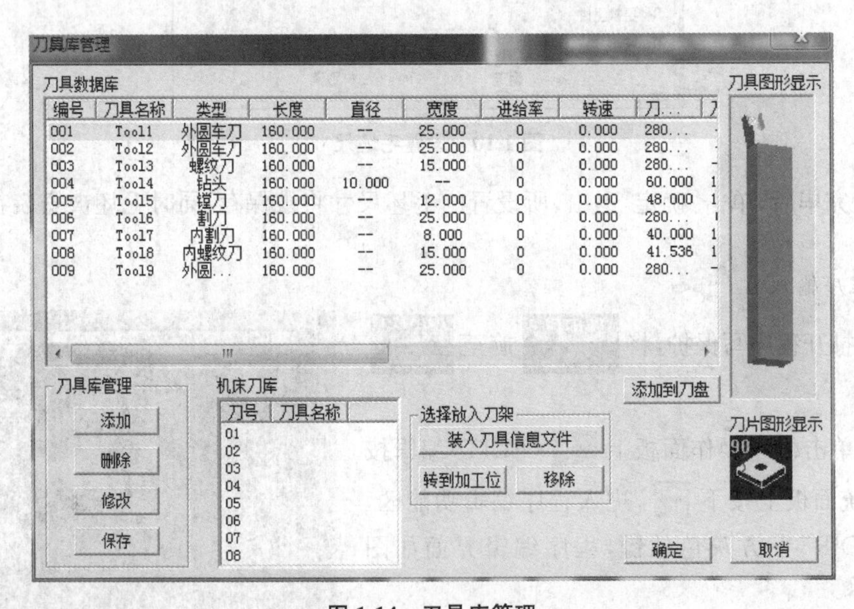

图 1.14　刀具库管理

(2) 修改刀具。在刀具库中选择所需刀具，如编号 001 的刀具为外圆车刀，用鼠标左键双击打开 Tool1 外圆车刀，进入“修改刀具”对话框，如图 1.15 所示。选择刀片类型为 55°菱形，设置刀片边长 12 mm，刀片厚度 3 mm，刀杆长度 160 mm。点击“确定”按钮，完成外圆车刀设置。

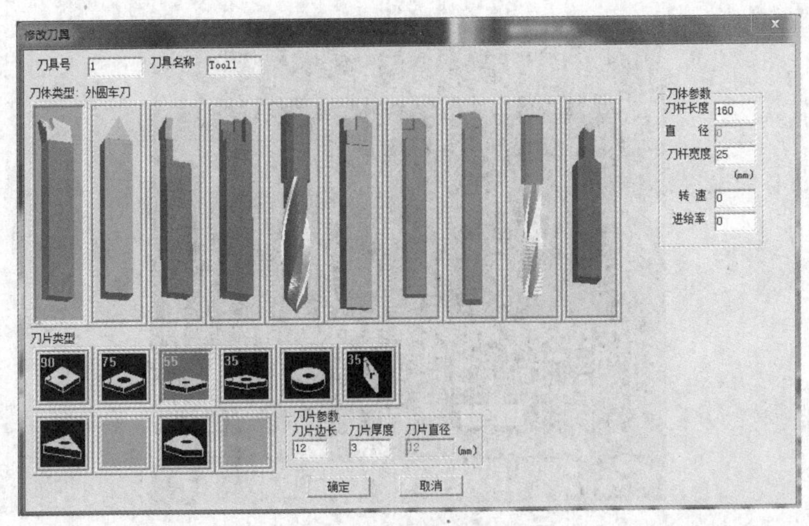

图 1.15　修改刀具参数

(3) 刀具安装。按住鼠标左键将 Tool1 拖到机床刀库 01 号刀位，将修改后的外割刀 Tool6 和螺纹刀 Tool3 分别拖到 02 号和 03 号刀位。安装后如图 1.16 所示。

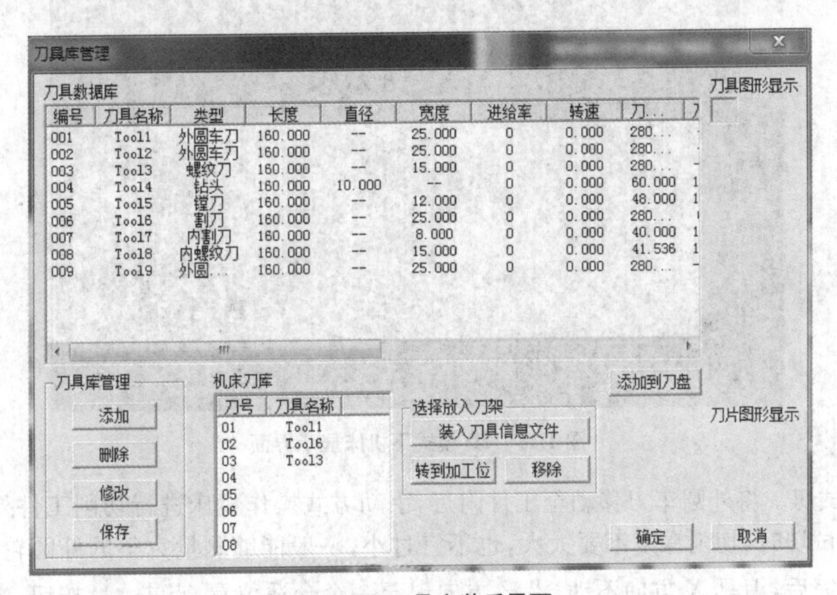

图 1.16　刀具安装后界面

6. 对刀

斯沃数控车床仿真软件对刀方法有两种：一种是快速定位对刀，另外一种是试切法对刀。快速定位法对刀过程较简单，在此仅介绍试切法对刀。下面以外圆车刀为例，介绍试切法对刀的一般过程。

(1) 选刀。选择“MDI”模式，进入手动编程页面，输入程序使主轴正转，调用 01 号刀外圆车刀，如图 1.17 所示。

(2) 调整图形显示界面。单击菜单栏 □，机床、工件、刀具以二维模式显示，如图 1.18 所示。

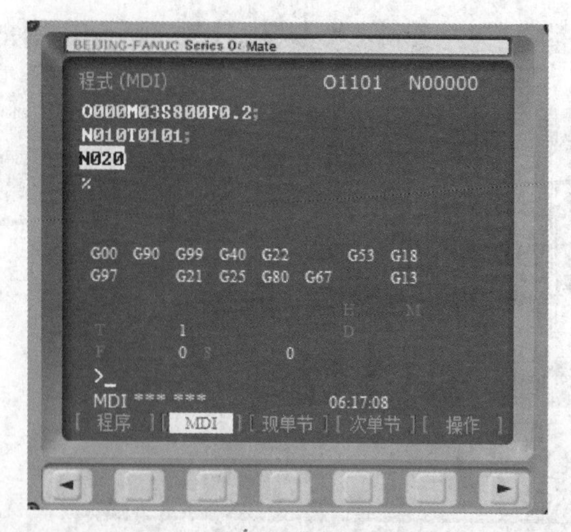

图 1.17 MDI 模式程序编辑

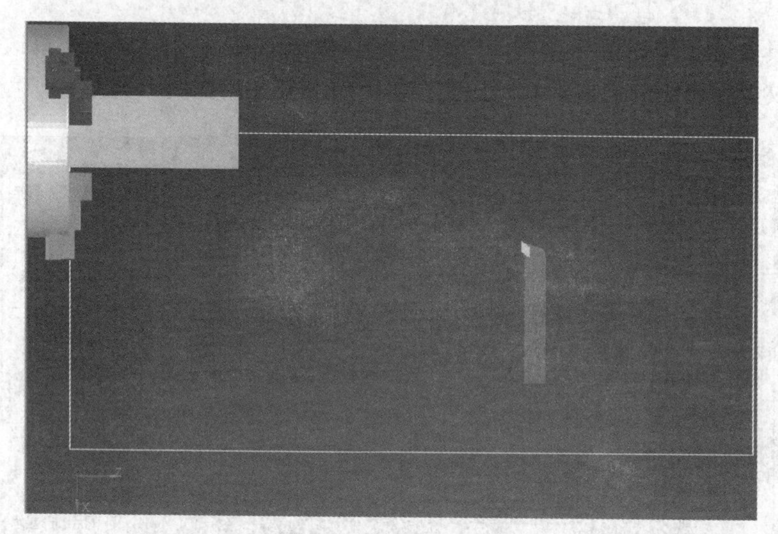

图 1.18 2D 模式下机床显示界面

(3) 试切。将外圆车刀移动至工件附近,手动方式操作机床进行切削工件外圆(在实际机床上试切时,切削深度不要太大,也不宜过小,一般能够测量完整的外圆轮廓即可)。外圆车削完后,刀具 X 方向不动,沿 Z 方向退至一个合适位置,点击 STOP 按钮,主轴停转。单击菜单栏"工件测量-测量进入"或单击命令按钮 ,选择工件测量进入测量界面,用红色十字光标选择右端面箭头所示两点,已加工外圆柱直径值显示在屏幕上,如图 1.19 所示。

退出测量界面,单击 OFFSET SETTING ,按机床屏幕下方按钮"补正—形状",将光标移至番号 G001 中的 X 处,输入 X33.36,单击[测量],完成 X 方向对刀,如图 1.20 所示。

用车刀车右端面,加工完后 X 向退刀,Z 向不动。将光标移至番号 G001 中的 Z 处,输入 Z0,单击[测量],则 Z 向对刀完成。至此,1 号刀对刀完毕。

2 号刀和 3 号刀的对刀过程同 1 号刀。

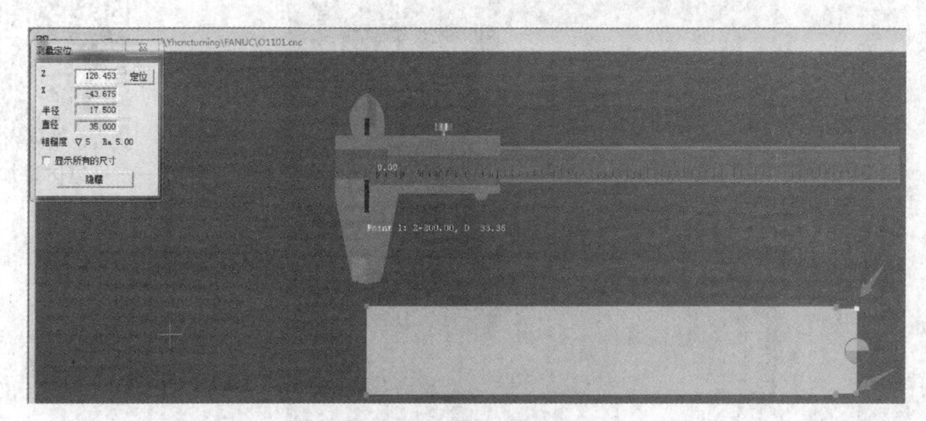

图 1.19　测量工件直径

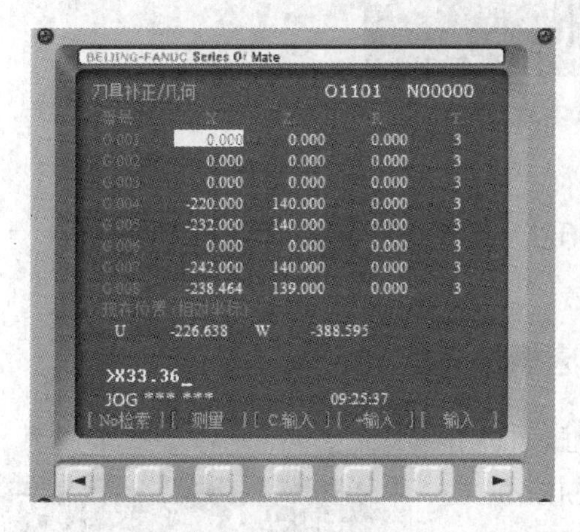

(a) *X* 方向测量值输入

(b) *X* 方向对刀结果

图 1.20　*X* 方向对刀

(4) 刀具校验。在 (MDI)模式下输入验刀程序：

```
M03 S800 F0.2;
T0101;
G01 X35 Z0;
M30;
```

点击 ，运行后如图 1.21 所示。

图 1.21　校验刀具

(5) 其余刀具按照同样的方法完成对刀。

7. 自动加工

在将模式旋钮旋至 (EDIT)模式，调出程序 O1101。单击 (MEN)按钮，然后单击 按钮，程序执行，自动加工开始。加工完成后零件如图 1.22 所示。

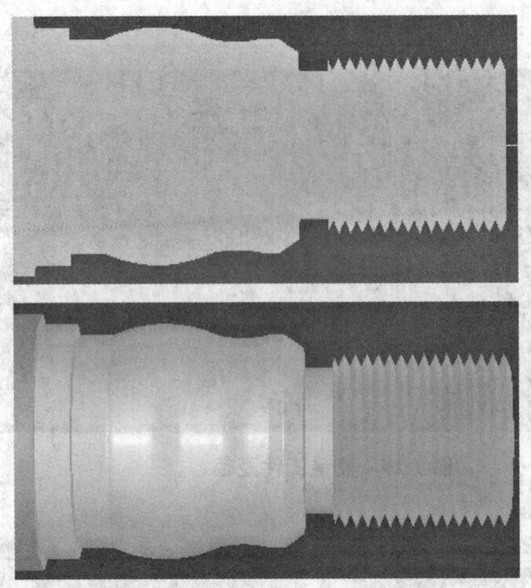

扫一扫可见仿真加工视频

图 1.22　加工零件 2D 图与 3D 图

1.5　拓展知识——SIEMENS 802D 系统数控车床编程与操作

1.5.1　SIEMENS 802D 系统数控车床操作面板

双击图标，弹出如图 1.23 所示对话框，通过下拉菜单选择“SIEMENS 802DT”，即进入 SIEMENS 802DT 数控车床仿真软件操作界面。单击页面右上角  按钮即可退出系统。

图 1.23　数控系统选择

1. 操作面板按键介绍

在弹出的 SIEMENS 802DT 数控车床仿真软件操作界面右下侧(如图 1.24)，选择 SIEMENS 802DT 机床操作面板，如图 1.25 所示。SIEMENS 802DT 机床操作面板主要用于控制机床的运动和选择机床运行状态，由模式选择按钮、数控程序运行控制开关等多个部分组成，见表 1.6 所示。

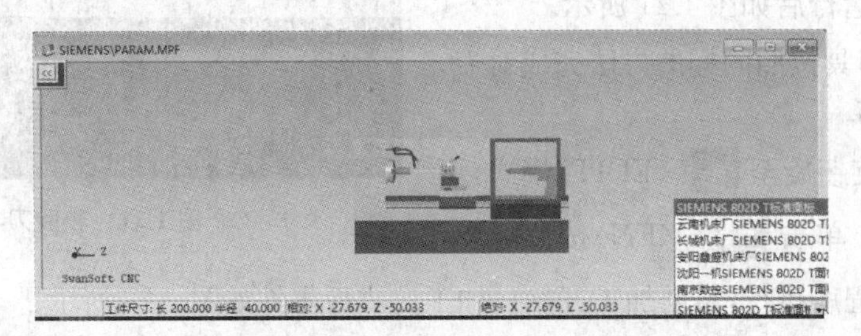

图 1.24　数控机床操作面板选择

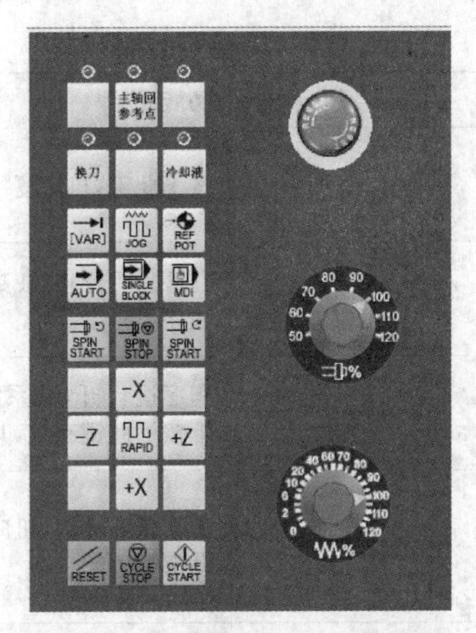

图 1.25　SIMENS 802D 车床操作面板

表 1.6　操作面板按键介绍

按键图标	按键名称	功能介绍
REF POT	REF,回原点	按下此键,机床处于回零模式
JOG	JOG,手动	机床处于手动模式,可以手动连续移动
[VAR]	VAR	增量选择
MDI	MDI	用于直接通过操作面板输入数控程序和编辑程序
SINGLE BLOCK	SINGL	自动加工模式中,单步运行
AUTO	AUTO	进入自动加工模式
SPIN START　SPIN STOP　SPIN START	主轴控制	从左至右分别为:正转、停止、反转
+X　-X	*X* 轴方向键	在 JOG 模式下,控制 *X* 轴的正负向移动
+Z　-Z	*Z* 轴方向键	在 JOG 模式下,控制 *Z* 轴的正负向移动
RAPID	快速	按下此键,机床为快速移动状态

续 表

按键图标	按键名称	功能介绍
	复位键	按下此键，机床复位
	循环停止	程序运行停止，在数控程序运行中，按下此键停止程序运行
	循环启动	程序运行开始；系统处于“AUTO”或“MDI”状态下按下此键有效，其他模式下使用无效
	急停	按下急停按钮，机床移动立即停止，并且所有的转动都会关闭
	主轴倍率选择	将光标置于此旋钮，单击鼠标左键或右键可调节主轴转速倍率
	进给倍率选择	将光标置于此旋钮，单击鼠标左键或右键可调节进给速度倍率

2. 操作键盘介绍

图 1.26 所示为显示屏和操作键盘界面，通过两者结合可以实现数控编程与系统操作。操作键盘各按键功能见表 1.7 所示。键盘中的数字/字母键用于输入数据到输入区，系统自动判别取字母还是取数字。

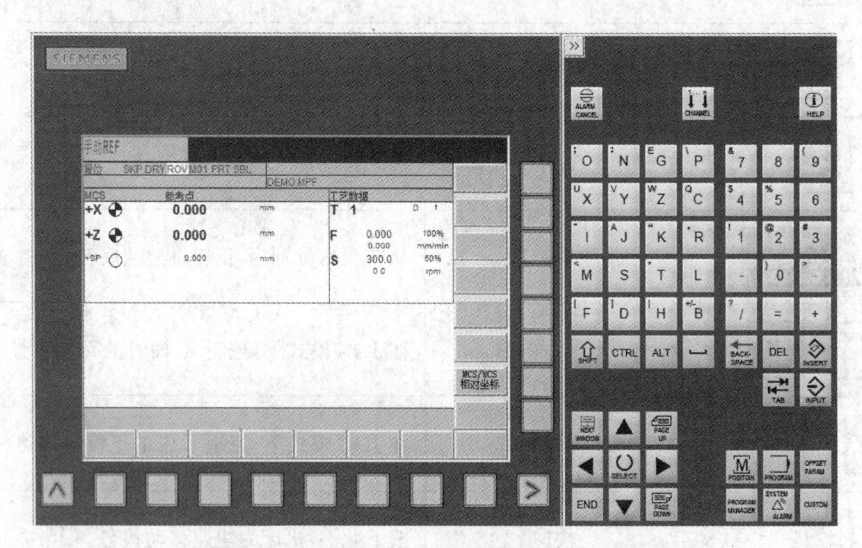

图 1.26　SIEMENS 802DT 数控系统操作界面

表 1.7　按键图标及功能

按键	功能	按键	功能	按键	功能	按键	功能
^	返回键	>	菜单扩展键	ALARM CANCEL	报警应答键	1…n CHANNEL	通道转换键
HELP	信息键	CTRL	控制键	SHIFT	上挡键	ALT	ALT 键
␣	空格键	BACK-SPACE	删除键(退格键)	DEL	删除键	INSERT	插入键
TAB	制表键	INPUT	回车/输入键	NEXT WINDOW	未用	OFFSET PARAM	参数操作键
PAGE UP	翻页键	M POSITOIN	加工操作区域键	▲	光标键	SELECT	选择/转换键
PAGE DOWN	翻页键	PROGRAM	程序操作区域键	▼	光标键	{ 9	数字、符号键
U X	字母键	PROGRAM MANAGER	程序管理操作键	◀	光标键	} 0	数字、符号键
V Y	字母键	SYSTEM ALARM	报警/系统操作键	▶	光标键		

1.5.2　SIEMENS 802D 系统数控车床基本操作

1. 开机

接通 CNC 和机床电源，系统启动以后进入“加工”操作区 JOG 运行方式，出现“回参考点窗口”，如图 1.27 所示。

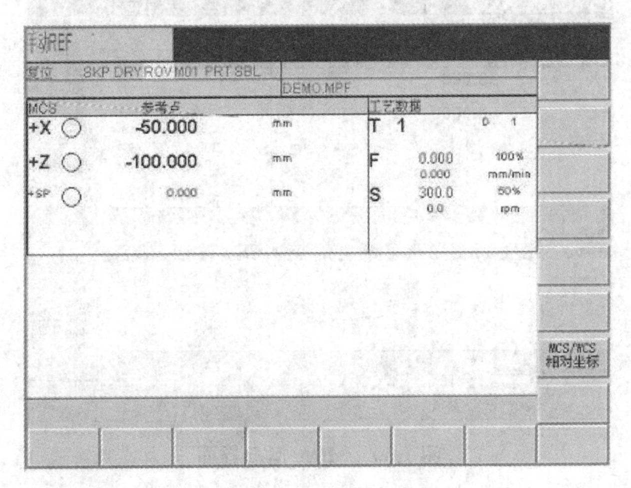

图 1.27　开机界面

2. 回参考点

(1) 按 键,按顺序点击 +X 、+Z ,即可自动回参考点。

(2) 在"回参考点"窗口中显示该坐标轴是否回参考点。当对应坐标轴后的 ○ 变成 ,表示回参考点成功,如图 1.28 所示。

3. "JOG"运行方式

在 JOG 运行方式下,可以使各坐标轴以点动方式运行。选择 JOG 运行方式,操作相应的方向键 +X 、-X 、+Z 和 -Z ,可以使坐标轴向对应的方向运行。在选择"VAR"以步进增量方式运行时,坐标轴以增量方式运行。

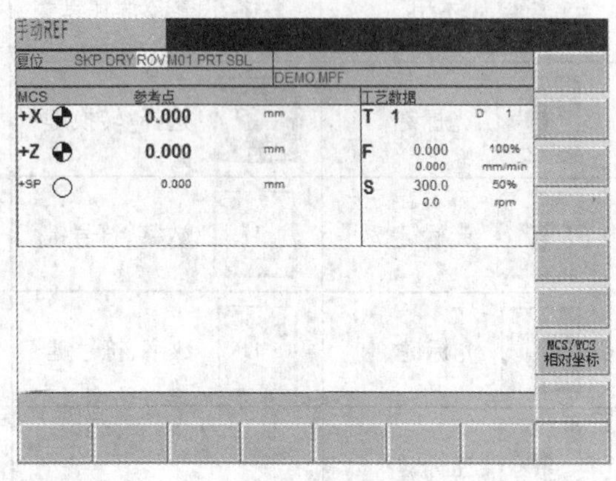

图 1.28 回参考点

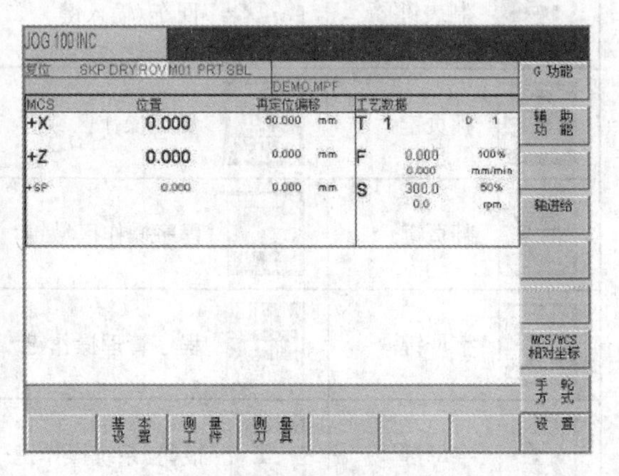

图 1.29 VAR 步进增量方式运行

4. MDI(MDA)运行方式

按下机床操作面板上的 MDI 按键,通过操作面板输入程序段,按下循环启动键 CYCLE START ,执行输入的程序段。

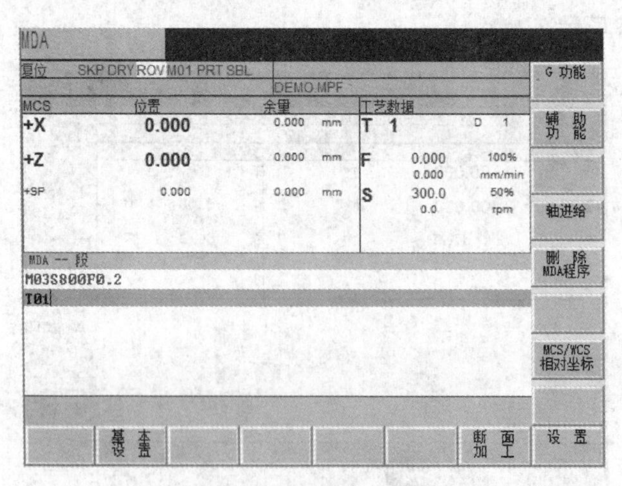

图 1.30 MDA 运行界面

5. 参数设定

在 CNC 进行工作之前，必须通过参数的输入和修改对机床、刀具等进行调整。刀具参数包括刀具几何参数、磨损量参数和刀具型号参数。

按“参数操作区”键后，打开刀具补偿参数窗口，显示所用的刀具清单。可通过光标键和“上一页”、“下一页”键选出所要的刀具，通过光标选择相应输入对象，通过键盘输入相应数值参数值，按输入键确认。

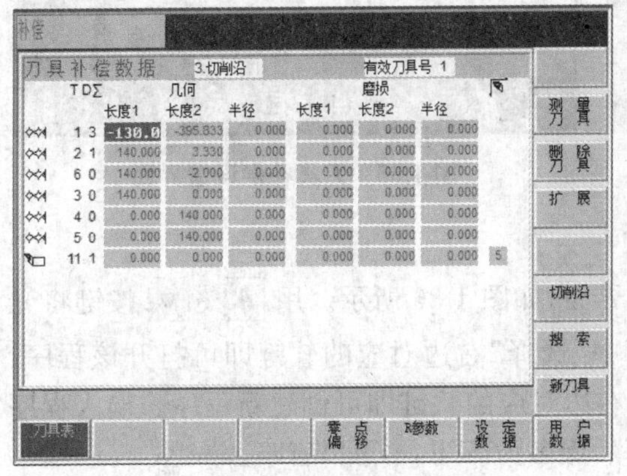

图 1.31 刀具参数设置

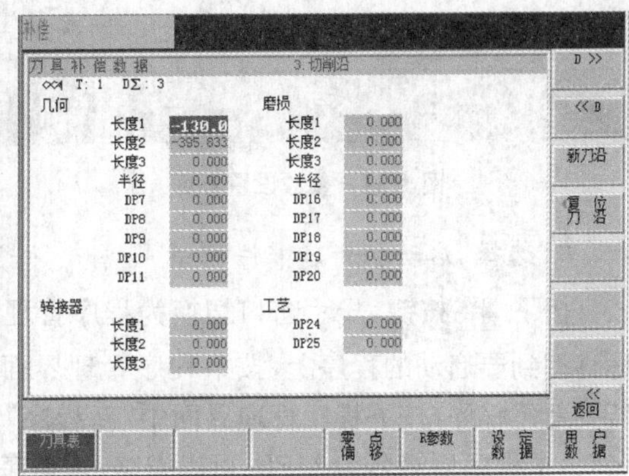

图 1.32 刀具补偿参数设置

6. 建立新刀具

按下图 1.31 中“新刀具”右侧对应软键，在弹出界面中选择“车削刀具”，在之后界面中填入相应的刀具号，按确认键确认输入，如图 1.33 所示。

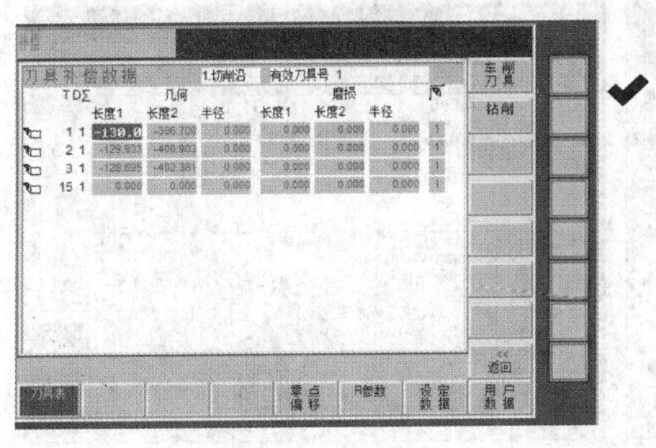

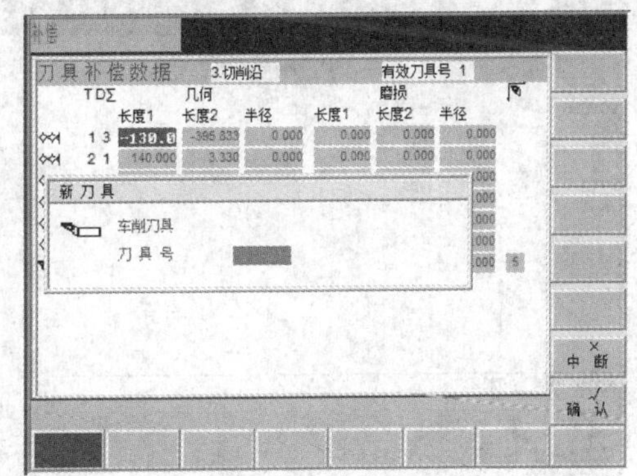

图 1.33 新建刀具

7. 确定刀具补偿(对刀)

在手动模式(JOG)下，通过操作面上的 换刀 按钮，换入要进行补偿的刀具。在键盘区，按下参数设置键 OFFSET PARAM，切换至如图 1.34 所示界面，依次选择“测量刀具”、“手动测量”，弹出如图 1.35 所示界面。移动刀具在 X、Z 方向分别进行试切，试切测量结果分别设置在“长度 1”(输入测量结果到 ϕ)和“长度 2”(输入测量结果到 Z0)中。

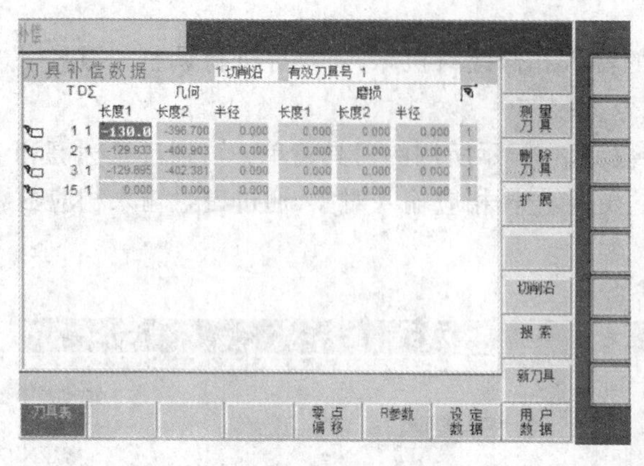

图 1.34　参数设置界面

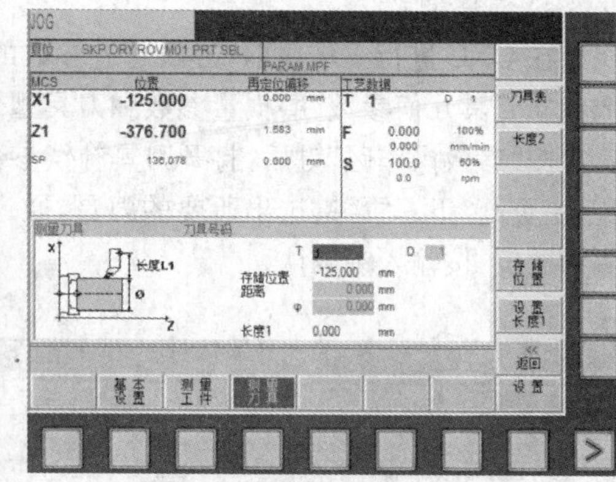

图 1.35　刀具补偿设置界面

8. 选择、启动和新建零件程序

按下 按键，显示窗口切换为程序管理界面，如图 1.36 所示。用 、 按键将光标移动到要启动的程序上，按下程序管理界面中“选择”右边对应的软键即可打开该程序。若要新建程序，按下程序管理界面中“新程序”右边对应的软键即可创建新程序。输入程序名时，主程序后缀名为 MPF，可以省略；子程序后缀名为 SPF，不可以省略。

9. 自动运行程序

在选择打开要执行的程序后，若要自动执行该程序，则先按自动运行方式 键，再按 键即可自动运行该加工程序，如图 1.37 所示。如果要单步运行该程序，则按自动运行方式 键后，还需要按下 键，之后再按 键即可以单步方式运行该加工程序。

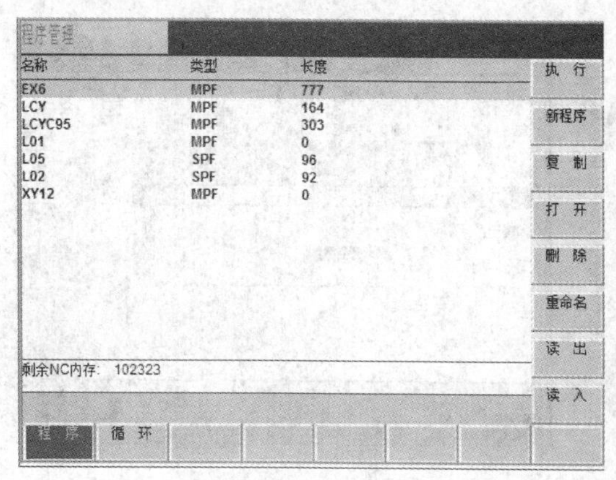

图 1.36　程序管理界面

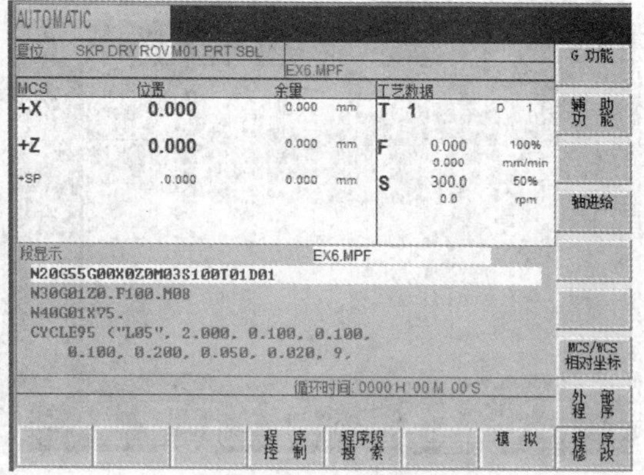

图 1.37　程序自动运行界面

10. 零件程序的修改

按下 按键，显示窗口切换为程序管理界面，用 、 按键将光标移动到要修改的程序上，按下程序管理界面中“选择”右边对应的软键打开该程序后即可以对该程序进行修改，如图 1.38 所示。

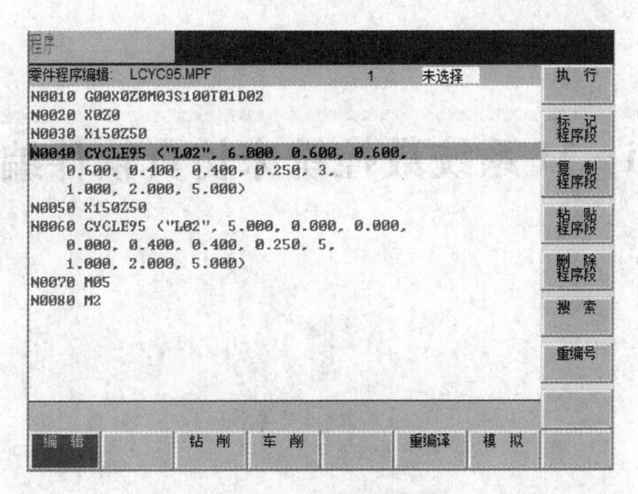

图 1.38　程序编辑界面

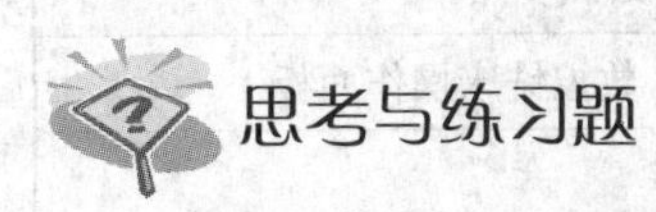

思考与练习题

完成图 1.39 所示零件的编程和仿真加工,毛坯尺寸为 $\phi 35$ mm 的铝棒。

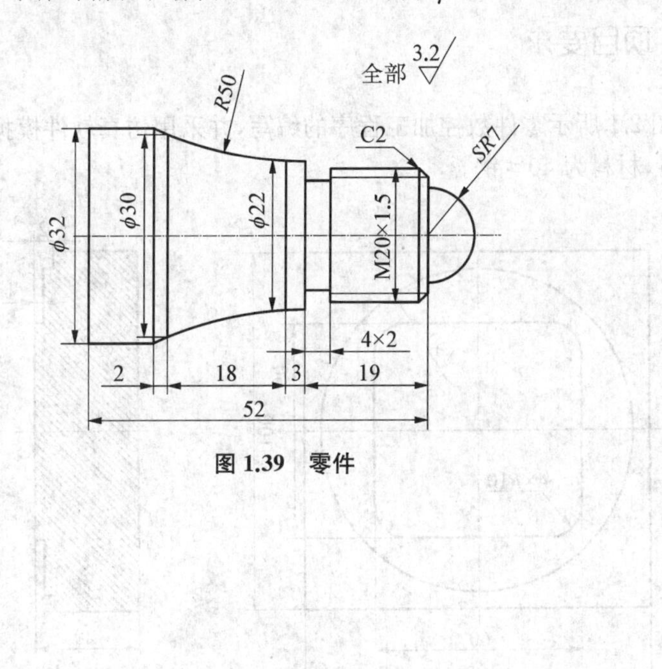

图 1.39　零件

项目 2

FANUC 0i－M 系统数控铣床仿真软件编程与操作

教学要求

能力目标	知识要点
掌握数控铣床的基本操作方法	仿真软件操作界面，数控铣床操作面板
掌握铣床对刀操作方法	对刀操作

2.1 项目要求

完成如图 2.1 所示零件数控加工程序的编写，并采用仿真软件模拟加工。毛坯为 100×100×20 方料，材料为 40＃钢。

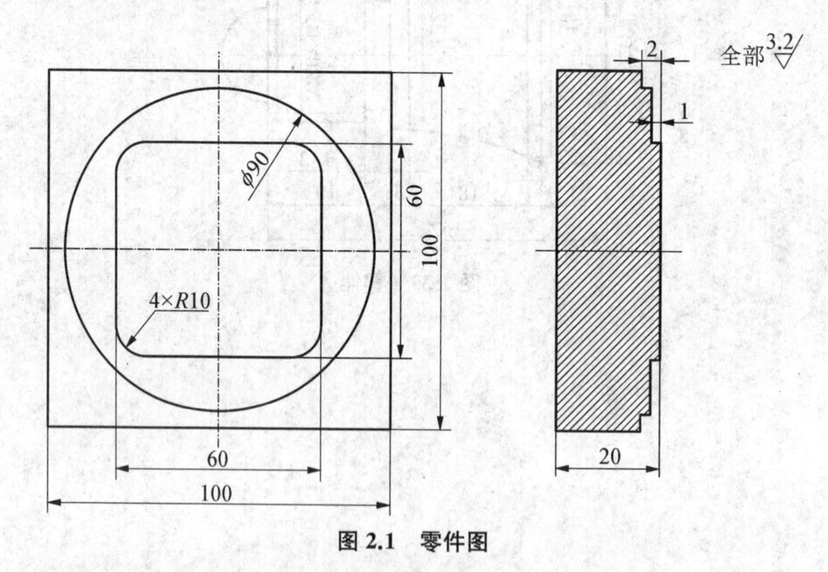

图 2.1 零件图

2.2 项目分析

(1) 零件图分析：该零件为凸台外轮廓加工，零件轮廓分别由直线和圆弧、整圆组成，表

面粗糙度全部为 R_a 3.2 μm，无形位公差要求，整体加工要求不高。

(2) 完成本项目所需知识点：数控铣床仿真软件的操作方法。

2.3　项目相关知识

2.3.1　斯沃数控仿真软件简介

1. 斯沃数控仿真软件的进入和退出

双击斯沃数控仿真软件桌面图标，则屏幕显示如图 2.2 所示。通过下拉菜单选择“FANUC 0iM”，即进入 FANUC 0i－M 数控铣床仿真软件操作界面，如图 2.3 所示。单击页面上右上角×按钮即可退出系统。

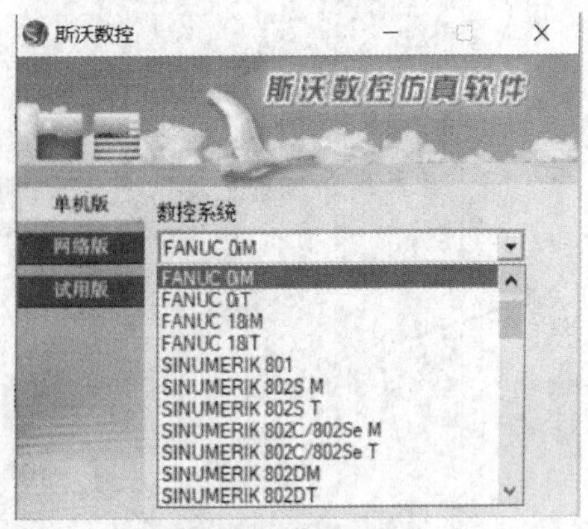

图 2.2　系统软件进入

本项目以南京第二机床 FANUC 0i－M 面板为例。选择斯沃数控仿真软件界面右下角的下拉菜单中的 南京二机FANUC 0i-M面板 ，面板中各按钮或者旋钮的功能见第四篇项目 1 表 1.3 所示。

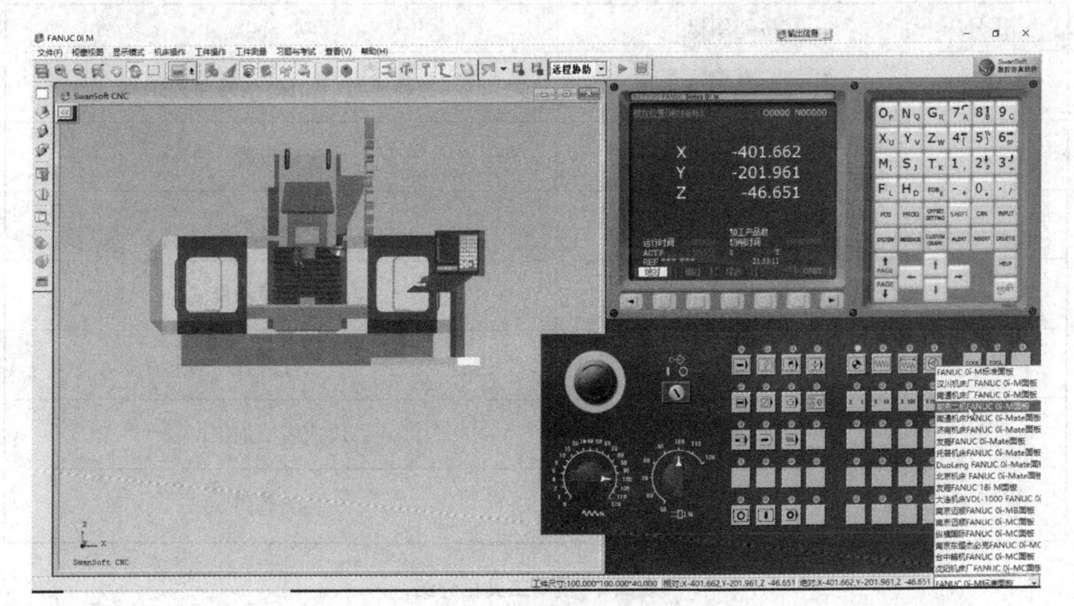

图 2.3　操作面板选择

2. FANUC 0i－M 数控铣床仿真软件的工作窗口

数控铣床仿真软件的工作窗口分为标题栏区、菜单区、工具栏区、机床显示区、机床操作面板区、数控键盘、显示屏，如图 2.3 所示。

(1) 菜单栏。菜单栏包含了文件、视窗视图、机床操作、工件操作、工件测量、习题与考试、查看和帮助菜单。每个菜单下集成了若干工具命令。

(2) 工具栏区。工具栏分为纵向和横向两个。纵向工具栏图标及其主要功能见表 2.1 所示，横向工具栏图标及其主要功能见表 2.2 所示。

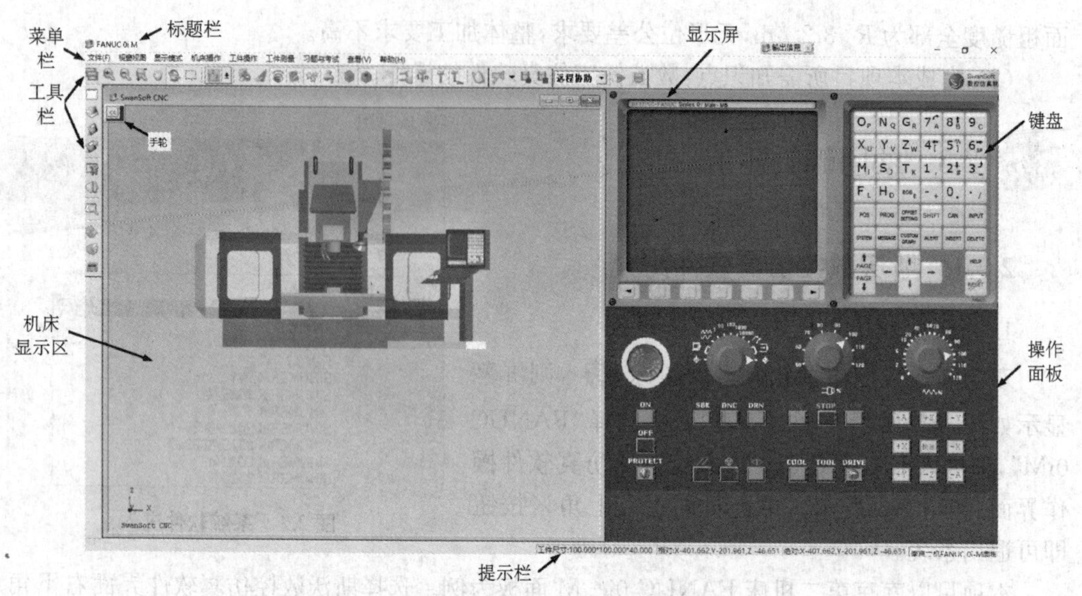

图 2.4　FANUC0i－M 数控仿真系统工作窗口

表 2.1　纵向工具栏介绍

序号	按钮图标	功　能
1		新建、打开、保存、另存文件
2		参数设置
3		刀具管理
4		切换工件显示模式
5		工件设置
6		快速模拟加工
7		关闭舱门

表 2.2　横向工具栏介绍

序号	按钮图标	功　能
1		切换窗口（以固定的顺序来改变屏幕显示界面）
2		放大、缩小、缩放屏幕
3		平移
4		旋转屏幕

续　表

序号	按钮图标	功　能
5		显示二维
6		切换平面 *XZ*、*YZ*、*XY*
7		全屏
8		床身显示模式
9		工件测量
10		声控
11		显示坐标
12		铁屑显示
13		显示冷却液
14		显示毛坯
15		工件
16		显示透明刀具
17		刀具交换装置(ACT)显示
18		刀位号
19		显示刀具
20		显示刀具轨迹
21		考试与帮助
22		录制参数设置
23		开始录制
24		停止录制
25	远程协助	远程协助、示教、录制、重播功能选择与使用

(3) 机床操作面板介绍。南京二机 FANUC0i－M 面板中各按键功能同南京二机 FANUC0i－T 面板功能一致，在此不再赘述。

(4) 数控系统操作区介绍。南京二机 FANUC0i－M 数控系统操作键盘如图 2.5 所示，其各按键功能同南京二机 FANUC0i－T 数控系统操作键盘各按键功能一致。图 2.5 左半图为数控系统显示屏。

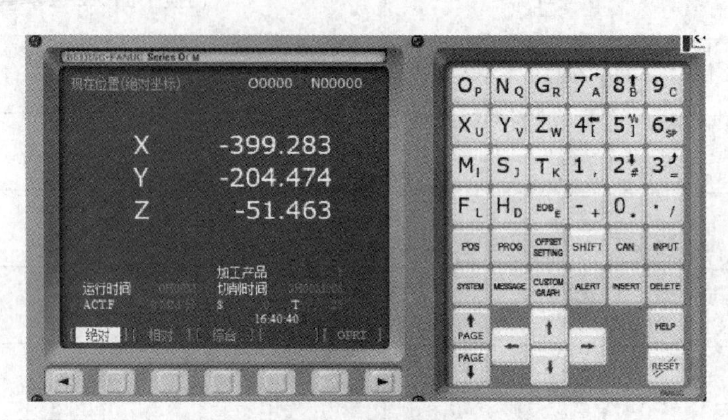

图 2.5 数控系统操作键盘和显示屏

2.3.2 FANUC0i－M 数控铣床仿真软件的基本操作

一、编辑数控程序

1. 插入漏写的字符

① 利用打开程序的方法，打开所要编辑的程序。

② 利用光标和页面变换键，使光标移动到所需要插入位置前面的字。如将光标移动到“G2 X123.685 Y198.36 F100”中“Y198.36”位置。

③ 输入如 R50→ INSERT ，该程序段就变为：“G2 X123.685 Y198.36 R50 F100”。

2. 删除输入错误的、不需要的字

在输入加工程序过程中输入了错误的、不需要的字，必须要删除。主要有两种情况：

① 第一种情况　在未按 INSERT 前就发现错误，连续按 CAN 键进行回退清除。

② 第二种情况　在按 INSERT 后发现有错误(程序段已输入到系统内存中)，则把光标移动到所需删除的字处，按 DELETE 进行删除。

3. 修改输入错误的字

在程序输入完毕后，经检查发现在程序段中有输入错误的字，则必须要修改。

① 利用光标移动键使光标移动到所需要修改的字(如“G2 X12.869 Y198.36 R50 F100;”，其中在该程序段中 X12.869 需改为 X123.869)。

② 具体修改方法为：先输入正确的字，再按 ALERT 进行替换；或先按 DELETE 删除错误的

字，输入正确的字，再按 INSERT 键插入。

③ 处理完毕后，按 RESET 键，使程序复位到起始位置。

4. 删除内存中的程序

① 删除一个程序的操作：

按<EDIT>→ PROG ，输入 0××××(要删除的程序名)，按 DELETE 删除该程序。

② 删除所有程序的操作：

按<EDIT>→ PROG ，输入 0—9999，按 DELETE ，删除内存中的所有程序。

二、输入工件原点参数

选择模式按键 EDIT 或 AUTO，按 OFFSET SETTING 键进入参数设定页面，如图 2.6 所示，按“坐标系”用 PAGE：PAGE↑ 和 PAGE↓ 键在 No1～No3 坐标系页面和 No4～No6 坐标系页面之间切换，No1～No6 分别对 G54～G59。用 CURSOR：↑ 和 ↓ 键选择坐标系。输入地址字(X/Y/Z)和数值到输入域。方法参考“输入数据”操作，按 INPUT 键，把输入域中间的内容输入到所指定的位置。

三、输入刀具补偿参数

按 OFFSET SETTING 键进入参数设定页面，如图 2.7 所示。按“补正”，移动光标到对应位置，输入相应的补偿值到长度补偿 H 或半径补偿 D 中。

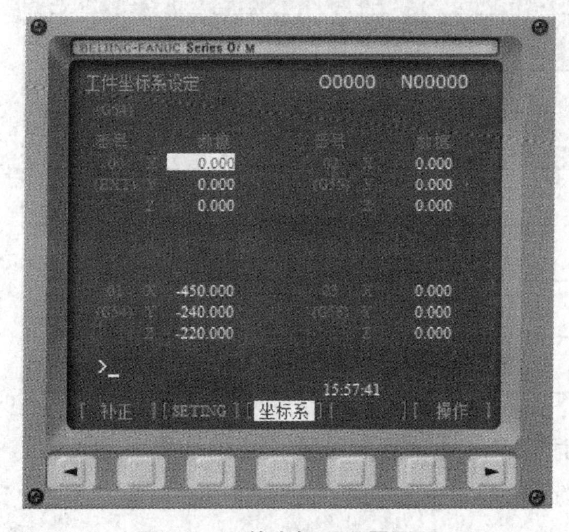

图 2.6 工件坐标系设置页面

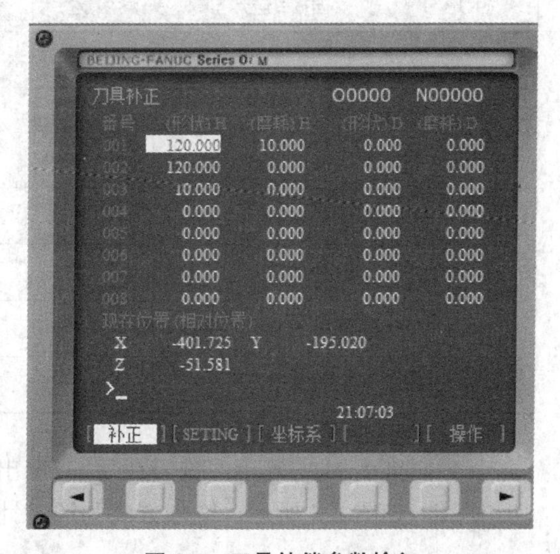

图 2.7 刀具补偿参数输入

四、MDI 手动数据输入

选择模式按键 MDI，按 PROG ，选择“MDI”，输入程序按 INSERT ，程序编完后，按数控程序运行控制开关中的 按钮运行。

五、运行数控程序

选择好要运行的程序，选择模式按键 MEM，按数控程序运行控制开关中的 按钮运行程序。

2.4 项目实施

2.4.1 确定加工工艺方案

(1) 加工方案的确定。根据图样可知，加工内容为平面加工，采用立铣刀加工，加工分粗铣、精铣两个过程。

(2) 确定装夹方案。该零件为单件生产，毛坯为长方体，选用平口虎钳装夹。工件上表面高出钳口 10 mm 左右。

(3) 确定加工工艺。加工工艺表见表 2.3 所示。

表 2.3 数控加工工艺卡片

<table>
<tr><td colspan="4" rowspan="2">数控加工工艺卡片</td><td>产品名称</td><td>零件名称</td><td>材料</td><td>零件图号</td></tr>
<tr><td></td><td></td><td>硬铝</td><td></td></tr>
<tr><td>工序号</td><td colspan="2">程序编号</td><td>夹具名称</td><td>夹具编号</td><td colspan="2">使用设备</td><td></td></tr>
<tr><td></td><td colspan="2"></td><td>平口虎钳</td><td></td><td colspan="2"></td><td></td></tr>
<tr><td>工步号</td><td>工步内容</td><td>刀具号</td><td>主轴转速
(r/min)</td><td>进给速度
(mm/min)</td><td>背吃刀量
(mm)</td><td>侧吃刀量
(mm)</td><td>备注</td></tr>
<tr><td>1</td><td>粗铣方形外轮廓</td><td>T01</td><td>1 000</td><td>100</td><td>0.7</td><td></td><td></td></tr>
<tr><td>2</td><td>精铣方形外轮廓</td><td>T01</td><td>1 200</td><td>80</td><td>1</td><td>0.3</td><td></td></tr>
<tr><td>3</td><td>粗铣圆形外轮廓</td><td>T01</td><td>1 000</td><td>100</td><td>1.7</td><td></td><td></td></tr>
<tr><td>4</td><td>精铣圆形外轮廓</td><td>T01</td><td>1 200</td><td>80</td><td>2</td><td>0.3</td><td></td></tr>
</table>

(4) 进给路线的确定。铣刀在切入、切出时沿零件外轮廓曲线延长线的切线方向切入、切出工件，如图 2.8 所示。铣削方向为顺时针铣削。

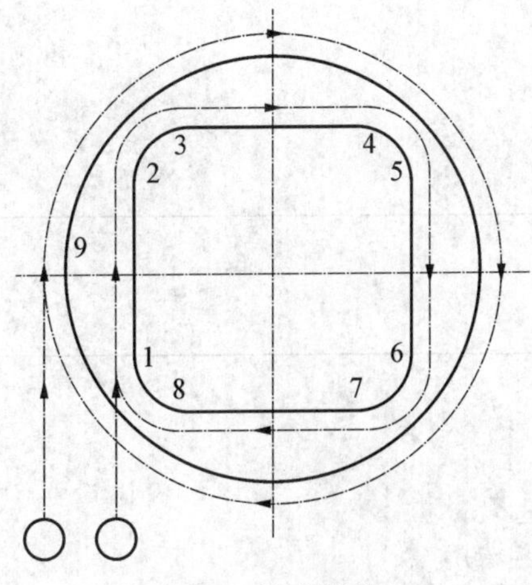

图 2.8　铣削路线

2.4.2　加工程序编制

1. 工件坐标系建立

根据工件坐标系建立原则，将此零件的工件坐标系建立在工件上表面几何中心点处。

2. 基点坐标的计算

数控机床具有刀具半径补偿功能，因此，编程中只需计算工件轮廓上基点坐标，不需要计算实际刀具轨迹。各基点坐标值见表 2.4 所示。

表 2.4　各基点坐标值

基点	坐标(X,Y)	基点	坐标(X,Y)
1	(−30,−20)	6	(30,−20)
2	(−30,20)	7	(20,−30)
3	(−20,30)	8	(−30,−30)
4	(20,30)	9	(−45,0)
5	(30,20)		

3. 参考程序

圆形轮廓加工程序：

```
O2001
G0 G54 G90 Z100
M03 S1000
X-50 Y-60
Z10
G01 Z-2 F200
G01 G41 D1 X-45 Y0
```

```
G02 I45
G01 G40 X-50 Y-60
G0 Z100
M30
```

方形轮廓加工程序：

```
O2002
G0 G54 G90 Z100
M03 S1000
X-40 Y-60
Z100
G1 Z-1 F100
G01 G41 D1 X-30 Y-20 F200
G01 Y20
G02 X-20 Y30 R10
G01 X20
G02 X30 Y20 R10
G01 Y-20
G02 X20 Y-30 R10
G01 X-20
G02 X-30 Y-20 R10
G01 G40 X-40 Y-60
G0 Z100
M30
```

2.4.3 仿真加工

1. 开机

按下控制面板上 NC 启动按钮  ，旋起急停按钮，开启机床。

2. 回零

系统提示“请回机床参考点”，将模式旋钮  旋至 ，按下  ，铣床沿 X 方向回零；按下“  ”铣床沿 Y 方向回零；按下“ ”，铣床沿 Z 方向回零。回零之后，屏幕显示如图 2.9 所示。

3. 程序编辑

(1) 打开程序写保护，将  旋至  。

(2) 单击机床操作面板上 (EDIT)编辑按钮，在系统面板上按下  ，进入程序编

辑功能区,并单击“DIR”下方灰色软键,程序编辑界面如图 2.10 所示。

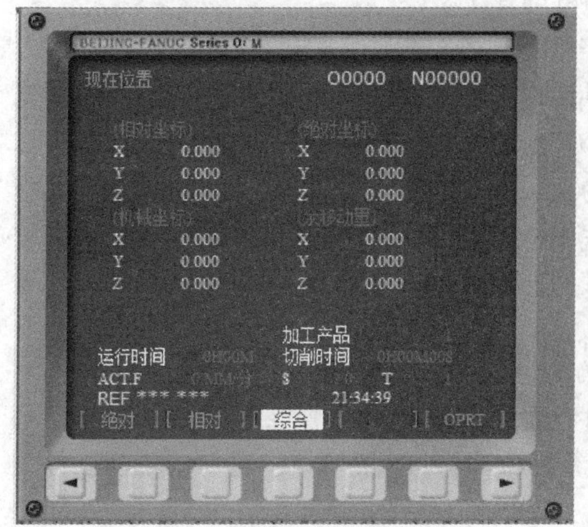

图 2.9　机床回零点显示

图 2.10　程序编辑页面

(3) 输入程序名 O2001,单击 INSERT ,进入程序编辑窗口,输入一段代码后,单击“INSERT”按钮将数据输入机床屏幕上。每一行程序结束后单击 EOB 输入分号换行,如图 2.11 所示,按照同样方法调入 O2002 程序。

(4) 调用程序

① 选择模式按键“EDIT”,点 PROG 键,点 DIR 键,显示本仿真软件的所有程序名,如图 2.12所示。

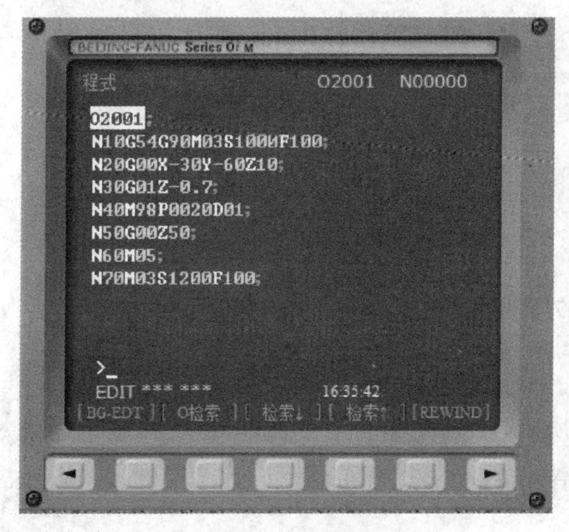

图 2.11　编辑程序

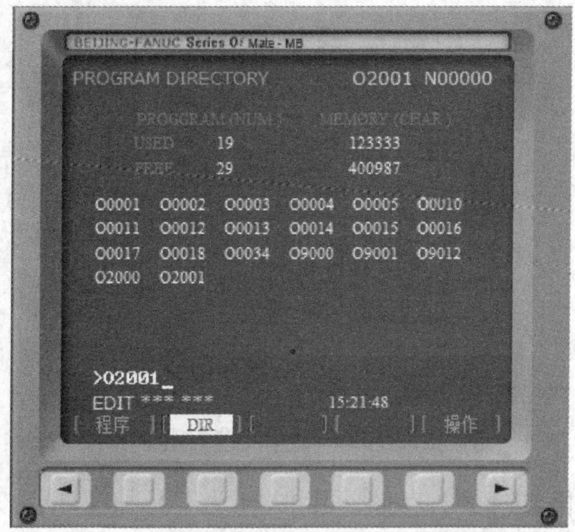

图 2.12　调用程序

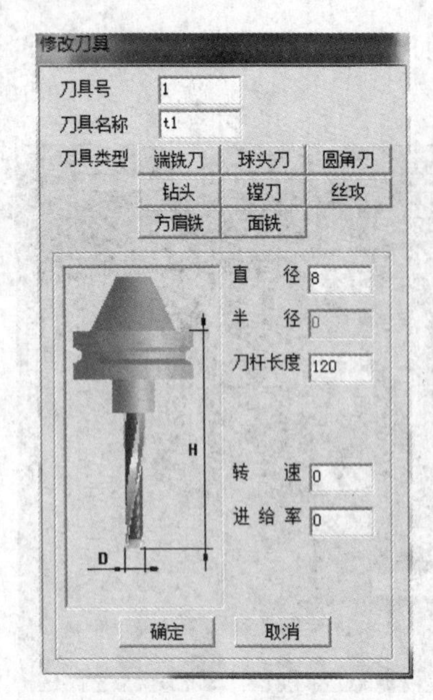

图 2.13　修改刀具参数

② 在提示“＞”处输入程序号“O2001”，点击 INSERT ，即可调用已编辑好的程序。

4. 刀具选择

点选刀具选择工具条 ，进入刀具库管理界面，用鼠标点选“端铣刀”所在行，并双击，弹出修改刀具对话框，修改刀具直径为 ϕ8 mm，如图 2.13 所示。将修改后的刀具拖放至机床刀库中所用刀位号处，如图 2.14 所示。注意刀位号与程序中使用的刀位号必须一致，本例中将端铣刀放置在 1 号刀位。

5. 毛坯确定

点选工件设置工具条，选择设置毛坯，在弹出的对话框中，设置毛坯参数，如图 2.15 所示。注意勾选更换工件复选框。

6. 工件装夹

点击工件设置工具条，选择“工件装夹”，弹出“装夹设置”对话框。选择装夹方式为平口钳装夹，如图 2.16 所示。

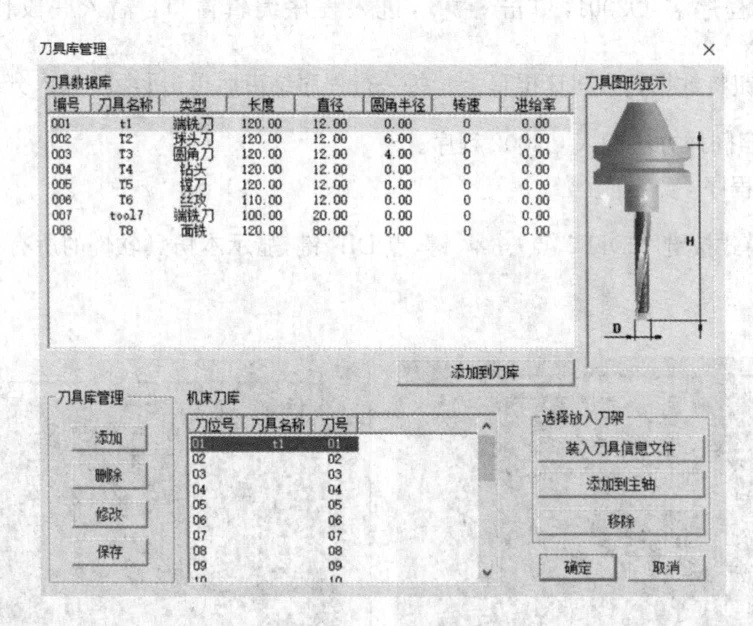

图 2.14　刀具选择

7. 刀具参数的设置

点击“OFFSET”键，点选补正，如图 2.17 所示，将光标移动至参数修改位置，输入补偿值，按 INPUT 存储。其中，H 为刀具长度，D 为刀具半径。

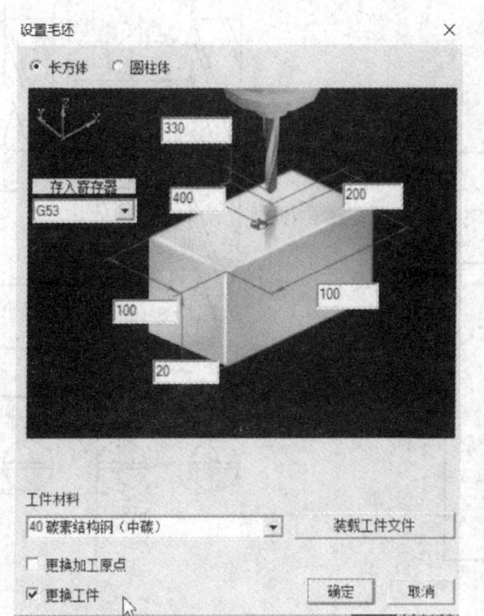

设置毛坯
工件装夹
工件放置
基准芯棒选择
寻边器选择
冷却液调整

图 2.15　工件参数设置

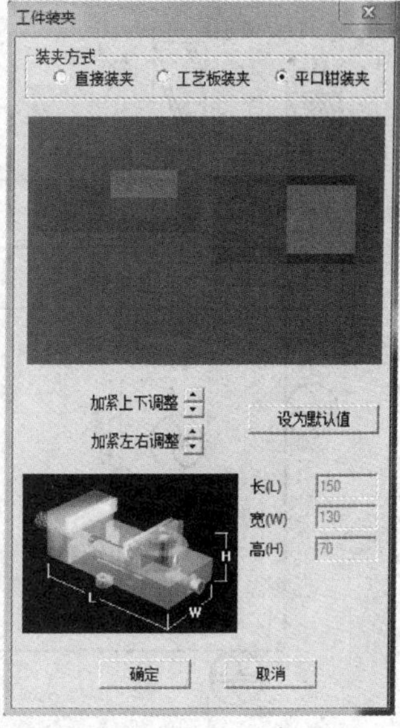

图 2.16　装夹方式设置

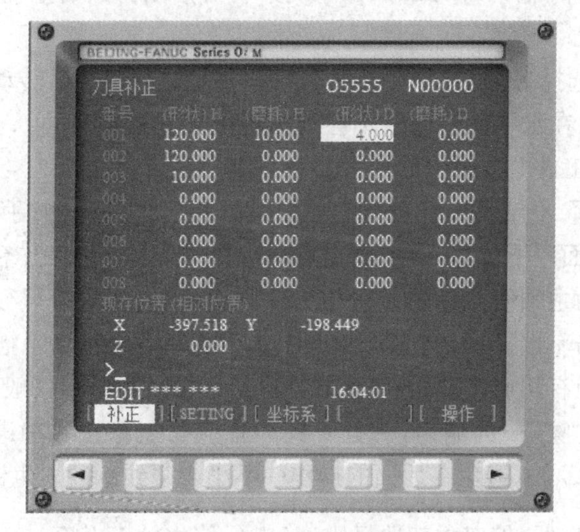

图 2.17　刀具参数设置

注意

输入的参数应与所用刀具号的相关参数一致，磨耗值须设为 0。

8. 工件坐标系设置

本例采用试切法来完成工件坐标系的设置。通过手摇脉冲发生器操作移动工作台及主轴，使旋转的刀具与工件的前（后）、左（右）侧面及工件的上表面（图 2.18 中 1～5 这五个位置）做极微量的接触切削（产生切削或摩擦声），分别记下刀具在做极微量切削时所处的机床（机械）坐标值（或相对坐标值），对这些坐标值做一定的数值处理后就可以设定工件坐标系了。

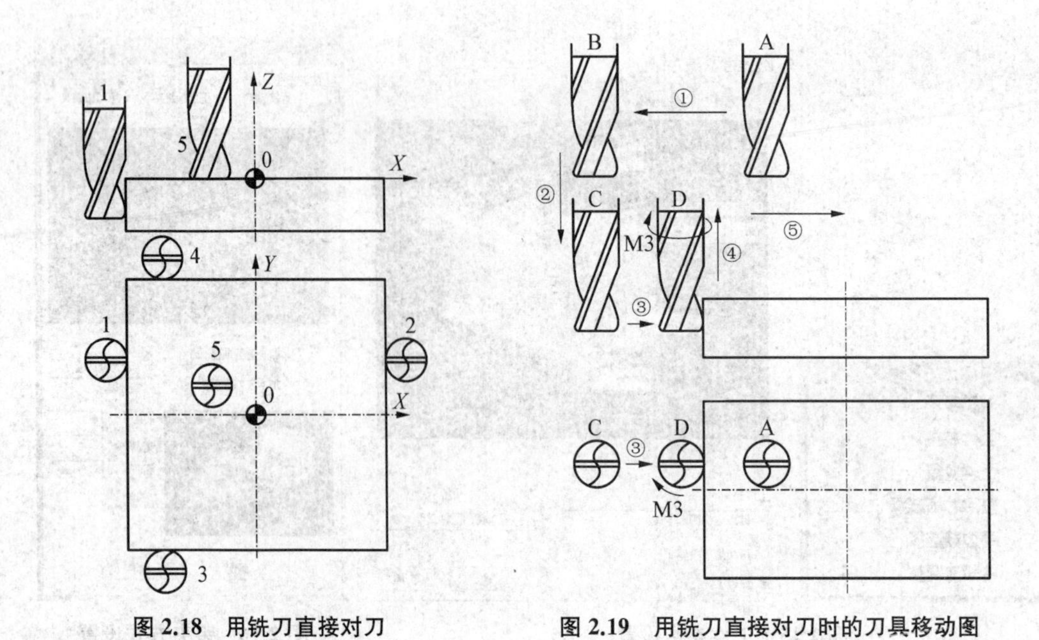

图 2.18 用铣刀直接对刀

图 2.19 用铣刀直接对刀时的刀具移动图

(1) 在 MDI 方式下,输入 M03S1000F60,按“循环启动”,激活主轴旋转与停止手动操作功能。

(2) 在手持盒上选择 Z 轴(选择坐标轴,倍率可以选择×100),转动手摇脉冲发生器,使主轴上升一定的位置(在水平面移动时不会与工件及夹具碰撞即可);分别选择 X、Y 轴,移动工作台使主轴处于工件上方适当的位置。

(3) 手持盒上选择 X 轴,移动工作台,使刀具处在工件的外侧;手持盒上选择 Z 轴,使主轴下降至工件上表面以下位置;手持盒上重新选择 X 轴,移动工作台,当刀具接近工件侧面时,用手动方式转动主轴使刀具的刀刃与工件侧面相对,感觉刀刃很接近工件时,启动主轴使主轴转动,进给倍率选择×10 或×1,此时应一格一格地转动手摇脉冲发生器,注意观察有无切屑(一旦发现有切屑,应马上停止脉冲进给)或注意听声(一般刀具与工件微量接触时会发出“嚓”、“嚓”、“嚓”…的响声,一旦听到声音应马上停止脉冲进给),完成 X 方向试切。在手持盒上选择 Z 轴(避免在后面的操作中不小心碰到脉冲发生器而出现意外),抬刀。

转动手摇脉冲发生器(倍率重新选择为×100),使主轴上升至一定高度;按 OFFSET SETTING ,选择“工件坐标系”,进入工件坐标系设定页面,如图 2.21 所示。按 ↓ 将光标移至 G54 X,在数据输入区输入 X-54,按<测量>存储坐标。此时,X 轴对刀完成。

(4) Y 轴的对刀操作参考上面的方法进行,如图 2.22 和图 2.23 所示。

(5) 在用刀具进行 Z 轴对刀时,刀具应处在今后切除部位的上方(如图 2.19 中 A),转动手摇脉冲发生器,使主轴下降,待刀具比较接近工件表面时,启动主轴转动,进给倍率选小,一格一格地转动手摇脉冲发生器,当发现切屑或观察到工件表面切出一个圆圈时,停止手摇脉冲发生器的进给,在工件坐标系设定页面,将 G54 Z 设定为 Z0,如图 2.24 和图 2.25 所示。至此,完成通过试切法设置工件坐标系。

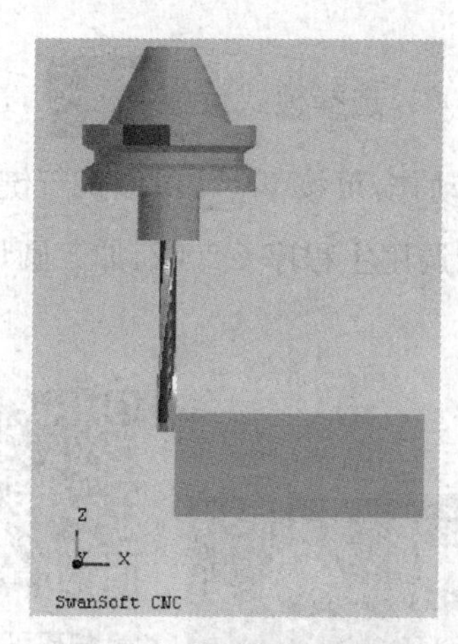

图 2.20　*X* 轴负向对刀

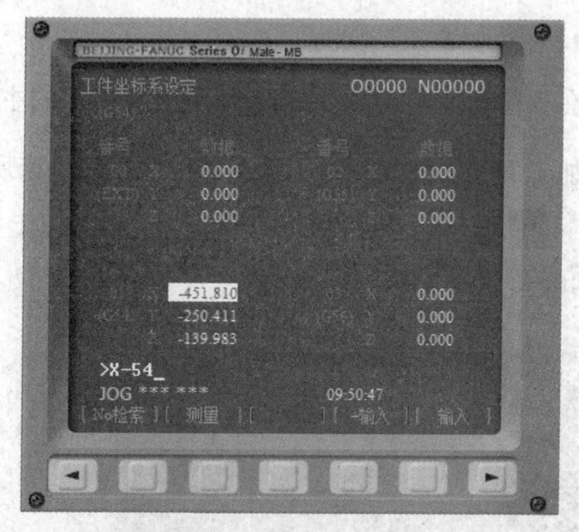

图 2.21　工件坐标系 *X* 轴坐标设定

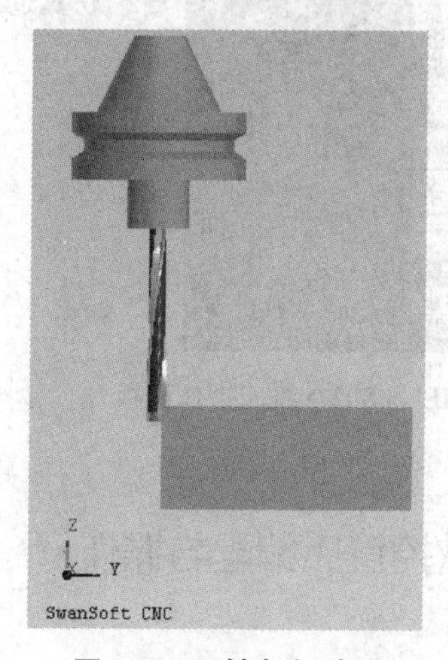

图 2.22　*Y* 轴负向对刀

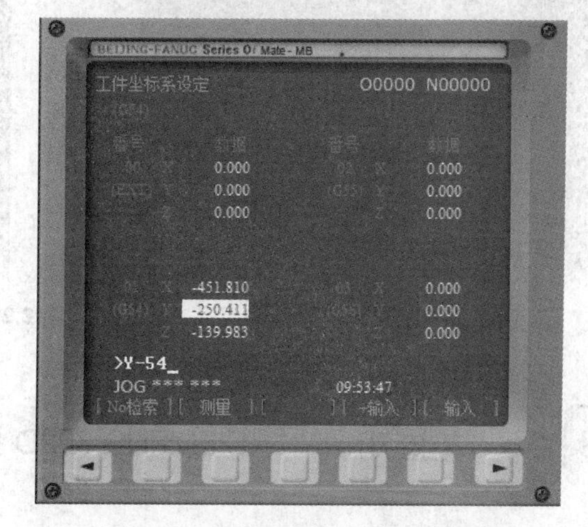

图 2.23　工件坐标系 *Y* 轴坐标设定

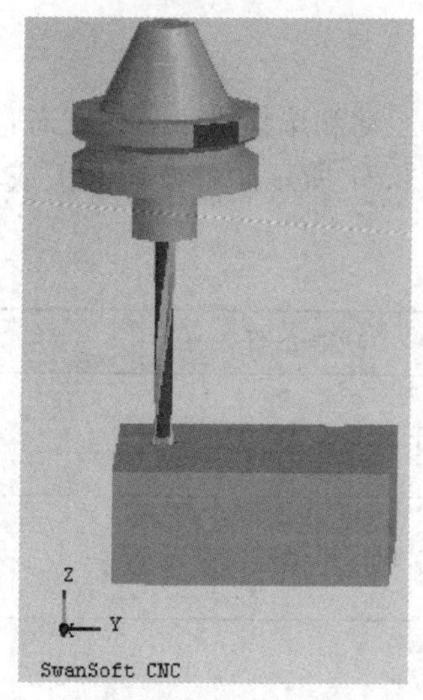

图 2.24　*Z* 轴对刀

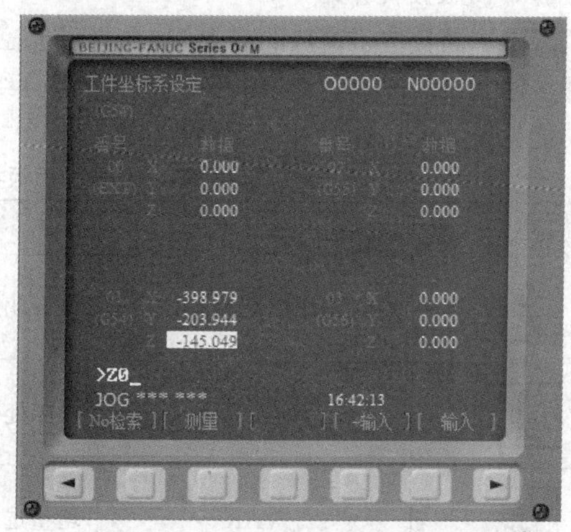

图 2.25　工件坐标系 *Z* 轴坐标设定

9. 自动加工

在程序管理模式 EDIT 下，调用出要加工的主程序 O2001，选择模式旋钮 ，进入自动加工 MEM 模式。为了看清每一程序段机床所执行的动作，可按下 单段执行键，然后按下 循环起动键，加工方形轮廓。参考以上操作步骤调用主程序 O2002，加工圆形轮廓，如图 2.26 所示。

图 2.26　加工完成零件图

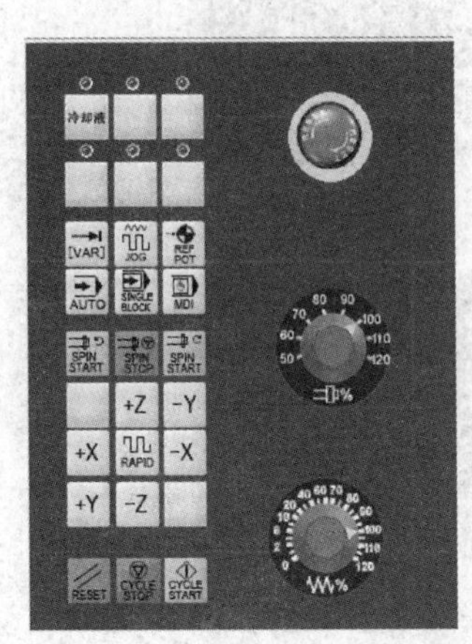

图 2.27　SIEMENS 802D 铣床操作面板

扫码可见
仿真过程

2.5　拓展知识——SIEMENS 802D 系统数控铣床编程与操作

2.5.1　SIEMENS 802D 系统数控铣操作面板

1. 操作面板按键介绍

机床操作面板位于窗口的右上侧，主要用于控制机床的运动和选择机床运行状态，由模式选择按钮、数控程序运行控制开关等多个部分组成，如图 2.27 所示。各按钮开关或者旋钮的功能见表 2.5 所示。

表 2.5　操作面板按键介绍

按键图标	按键名称	功能介绍
REF POT	REF，回原点	按下此键，机床处于回零模式
JOG	JOG，手动	机床处于手动模式，可以手动连续移动
[VAR]	VAR	增量选择

续 表

按键图标	按键名称	功能介绍
MDI	MDI	用于直接通过操作面板输入数控程序和编辑程序
SINGLE BLOCK	SINGL	自动加工模式中,单步运行
AUTO	AUTO	进入自动加工模式
SPIN START SPIN STOP SPIN START	主轴控制	从左至右分别为:正转、停止、反转
+X -X	*X* 轴方向键	在 JOG 模式下,控制 *X* 轴的正负向移动
+Y -Y	*Y* 轴方向键	在 JOG 模式下,控制 *Y* 轴的正负向移动
+Z -Z	*Z* 轴方向键	在 JOG 模式下,控制 *Z* 轴的正负向移动
RAPID	快速	按下此键,机床为快速移动状态
RESET	复位键	按下此键,机床复位
CYCLE STOP	循环停止	程序运行停止,在数控程序运行中,按下此键停止程序运行
CYCLE START	循环启动	程序运行开始;系统处于"AUTO"或"MDI"状态下按下此键有效,其他模式下使用无效
	急停	按下急停按钮,机床移动立即停止,并且所有的转动都会关闭
	主轴倍率选择	将光标置于此旋钮,单击鼠标左键或右键可调节主轴转速倍率
	进给倍率选择	将光标置于此旋钮,单击鼠标左键或右键可调节进给速度倍率

2. 操作键盘介绍

操作键盘用于输入字符和选择操作命令等,与显示屏结合可以进行数控系统操作,操作键盘结构布局如图 2.28 右半部分所示。

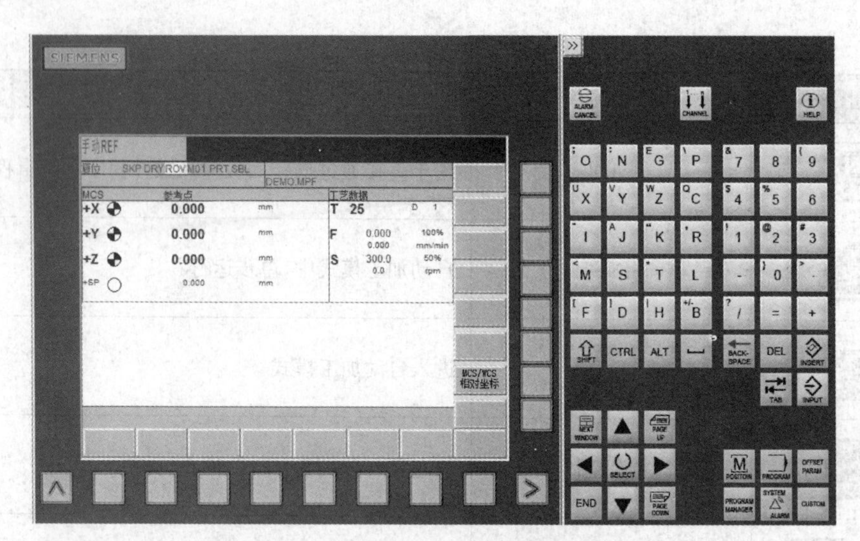

图 2.28　IEMENS 802D 数控系统操作键盘

表 2.6　操作面板按键介绍

按键图标	按键名称及功能介绍
O … N … B 7 … 8 … 0	数字/字母键:用于输入数据到输入区,系统自动判别取字母还是取数字
SHIFT	上挡键:用于切换字符输入,如 ;O 中“;”或者“O”的输入
CTRL	控制键
ALT	ALT 键
⌴	空格键
BACK-SPACE	删除键(退格键)
DEL	删除键
INSERT	插入键
TAB	制表键
INPUT	回车/输入键

续　表

按键图标	按键名称及功能介绍
NEXT WINDOW	未用
PAGE UP　PAGE DOWN	翻页键
▲ ▼ ◀ ▶	光标键
SELECT	选择/转换键:当光标后有 时使用
>	菜单扩展键
^	返回键
ALARM CANCEL	报警应答键
1… n CHANNEL	通道转换键
HELP	信息键
M POSITOIN	加工操作区域键
PROGRAM	程序操作区域键
OFFSET PARAM	参数操作区域键
PROGRAM MANAGER	程序管理操作区域键
SYSTEM ALARM	报警/系统操作区域键

2.5.2　数控机床基本操作

1. 开机

接通机床电源，系统启动后进入“手动(JOG)REF 参考点”模式，如图 2.29 所示。

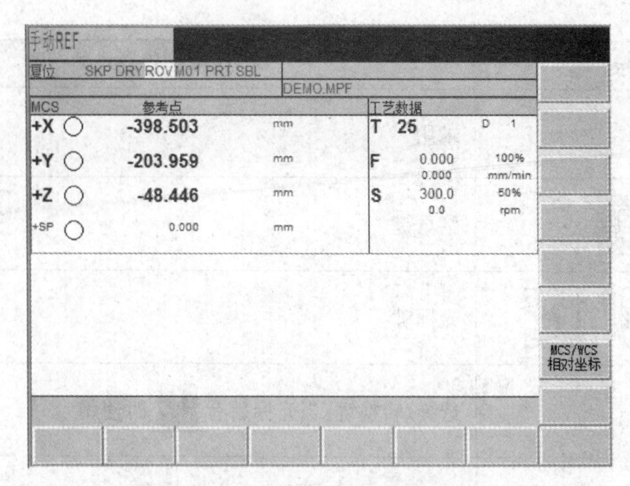

图 2.29 手动回参考点模式窗口

2. 回参考点——“加工”操作区

“回参考点”只有在“JOG”模式下可以进行，操作步骤如下。

(1) 按 [REF POT] 键，按顺序点击 [+X] [+Y] [+Z]，即可自动回参考点。

(2) 在“回参考点”窗口中显示该坐标轴是否回参考点。

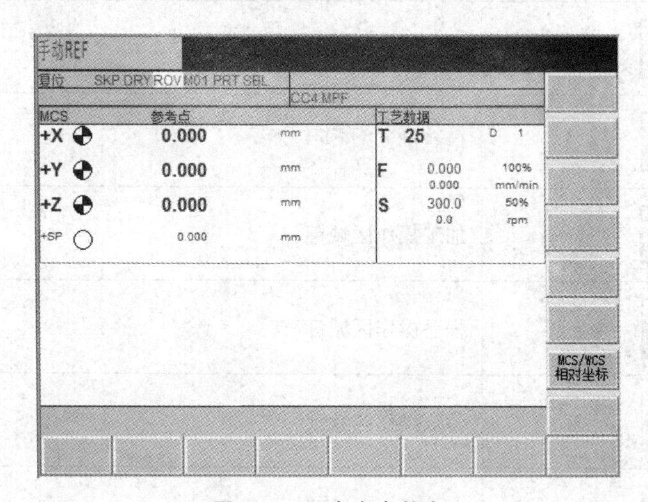

图 2.30 回参考点状态

3. “JOG”模式——“加工”操作区

在“JOG”模式中，可以手动移动机床各轴，操作步骤如下：

(1) 选择 [JOG] JOG 模式。选择按下方向键 [-X] [-Y] [-Z] [+X] [+Y] [+Z] 可以移动对应的坐标轴，移动速度由进给旋钮控制。

(2) 如果按下 [RAPID] 键，则坐标轴以快速速度移动。

(3) 连续按步进增量选择键 [VAR]，在显示屏幕左上方循环显示增量的距离：1INC，

10INC,100INC,1 000INC (1INC＝0.001 mm)。选择对应的增量后,机床各轴以选定的增量移动。

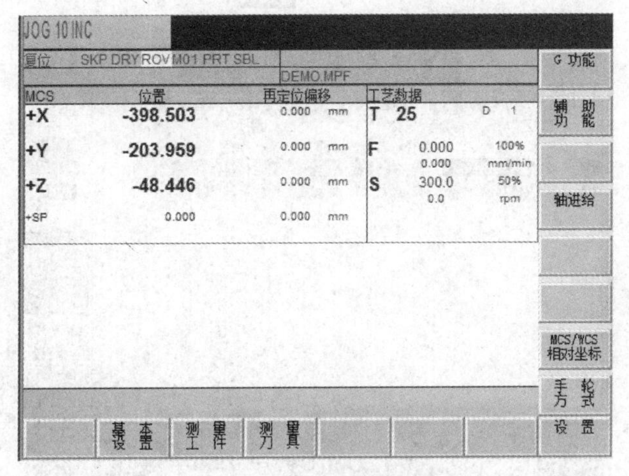

图 2.31　"JOG"状态图

4. MDA 模式(手动输入)——"加工"操作区

在"MDA"模式下,可以编制一个零件程序段加以执行,操作步骤如下:

(1) 选择机床操作面板上的 MDI 键 MDI 。

(2) 通过操作面板输入程序段。

(3) 按循环启动键 CYCLE START 执行输入的程序段。

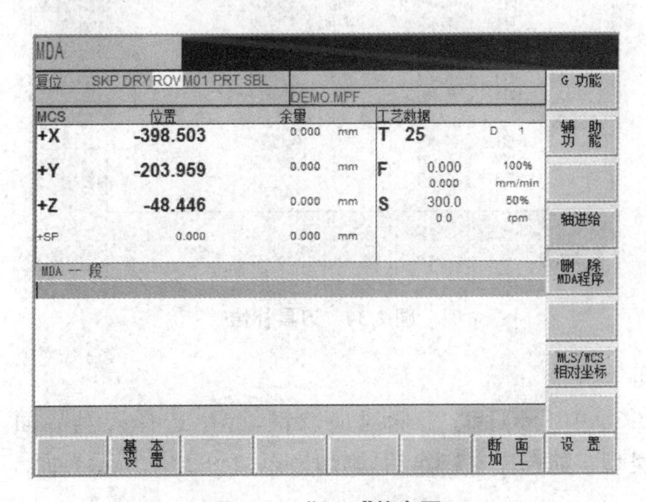

图 2.32　"MDI"状态图

5. 输入刀具参数及刀具补偿参数——"参数"操作区

刀具参数包括刀具几何参数、磨损量参数和刀具型号参数,操作步骤如下:

(1) 按 OFFSET PARAM 键后,选择 刀具表 键,打开刀具补偿参数窗口,显示所用的刀具清单。

(2) 可通过光标键和“上一页”“下一页”键选出所要的刀具。移动光标到刀具对应的参数输入位置，输入相应的刀具参数值，按输入键 INPUT 确认，如图 2.33 所示。

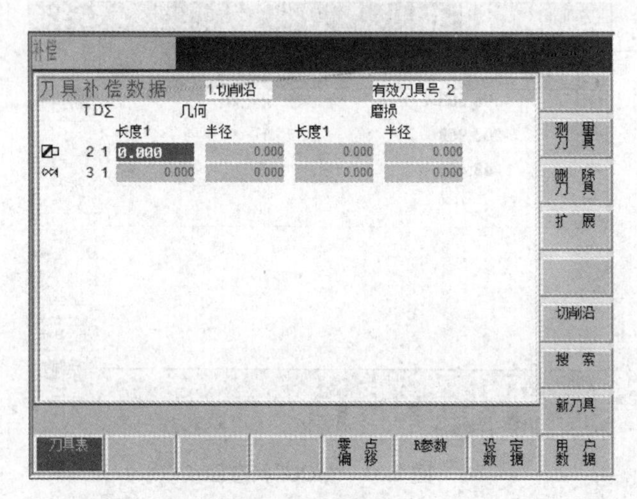

图 2.33 刀具清单

对于一些特殊刀具可以使用 扩 展 键，输入其对应的刀具参数，如图 2.34 所示。

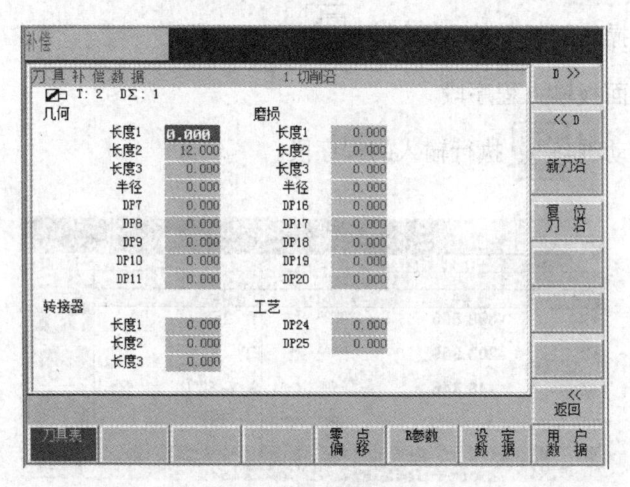

图 2.34 刀具补偿

6. 建立新刀具

(1) 按下图 2.35 中 新刀具 右侧对应软键，弹出选择刀具界面，可选择 铣刀 或 钻削 两种刀具类型。如选择 铣刀 后，则切换至如图 2.36 所示界面。

(2) 输入对应参数后，按确认键 确认 确认输入，在刀具清单中自动生成新刀具。

7. 计算零点偏置值

在“JOG”模式下，计算零点偏置值的操作步骤如下：

(1) 设当前机床坐标为工件原点位置：按软键“测量工件” 测量工件 ，显示屏幕转换到如图 2.37 所示界面。

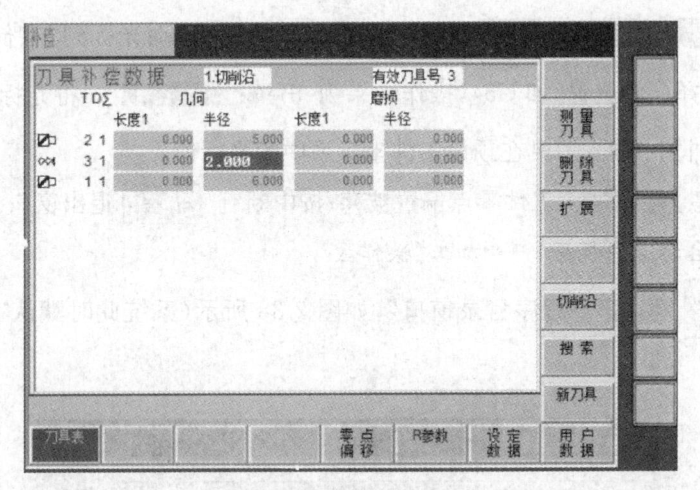

图 2.35　新刀具

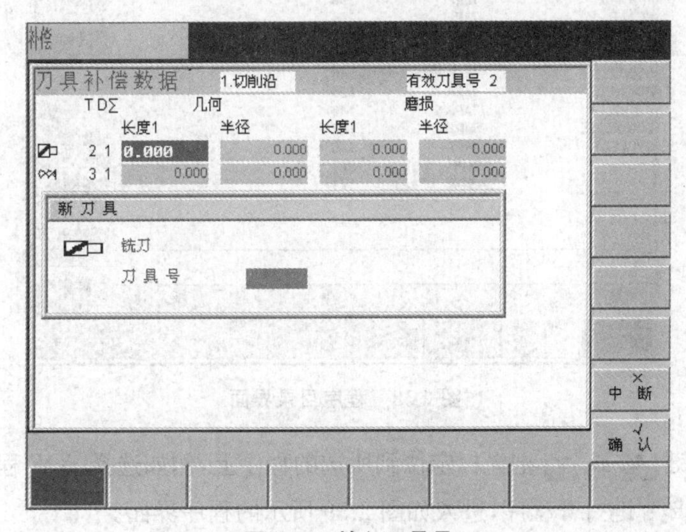

图 2.36　输入刀具号

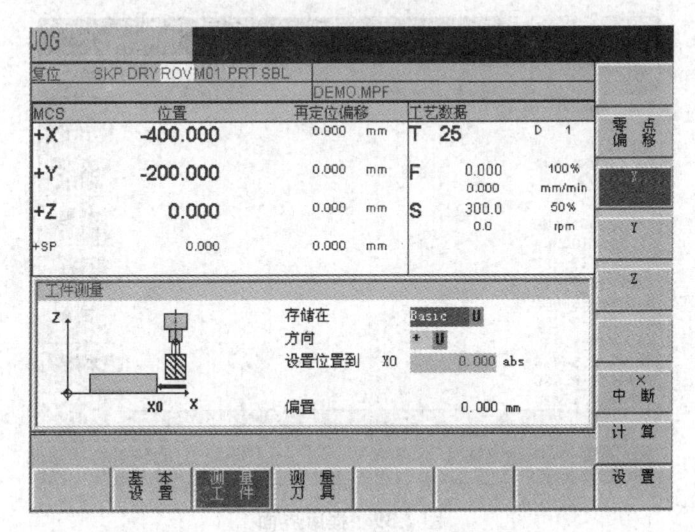

图 2.37　*X* 轴零点偏置

(2) 按 X 、Y 或 Z 软键选择对应坐标轴，移动光标到“存储在” Basic U 处，用 SELECT 选择存储位置，如 G54，操作结果为 存储在 G54 U 。将光标移动到“设置位置到”后面文本框中，输入刀具在预设工件坐标系中的坐标值。

(3) 按软键 计 算 ，工件零点偏置被存；按中断键 中断 退出窗口。

8. 选择和启动零件程序——“加工”操作区

(1) 按 PROGRAM MANAGER 键，打开“程序目录窗口”，如图 2.38 所示（系统此时默认在 程 序 窗口）。

程序管理

名称	类型	长度
XY	MPF	125686
PARAM	MPF	87
PARAM2	MPF	139
SCALE	MPF	244
ROT	MPF	150
SLOT1	MPF	190
SLOT2	MPF	146
POCKET3	MPF	155
POCKET4	MPF	146
LONGHOLE	MPF	127
CYCLE71	MPF	176
L1	SPF	271
L2	SPF	171

剩余NC内存: 102323

执 行
新程序
复 制
打 开
删 除
重命名
读 出
读 入
程 序
循 环

图 2.38 程序目录界面

(2) 用光标键 ▲ 或 ▼ 把光标定位到所选的程序上，例如选择“XY”程序。

(3) 按 打开 键打开程序，进入如图 2.39 所示的程序界面。

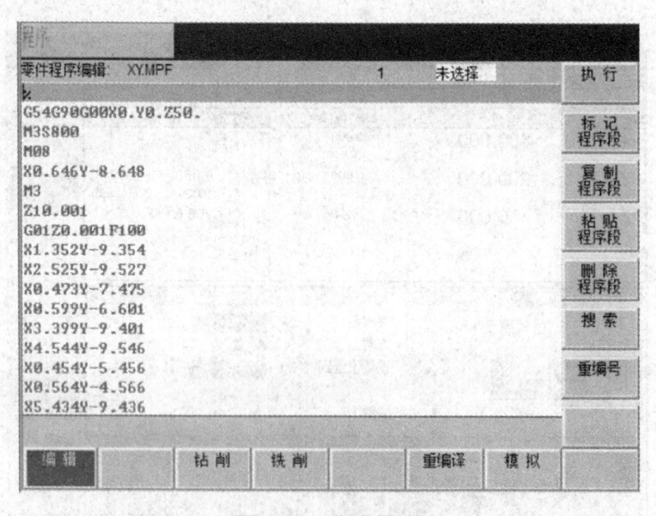

图 2.39 程序界面

9. 自动模式

在自动模式下，可以自动执行选择的程序加工工件。如选择“XY”程序后，按 AUTO 键选择自动模式，则系统切换至图 2.40 所示界面。如按 程序控制 键，可以选择程序的运行状态，如图 2.41 所示。

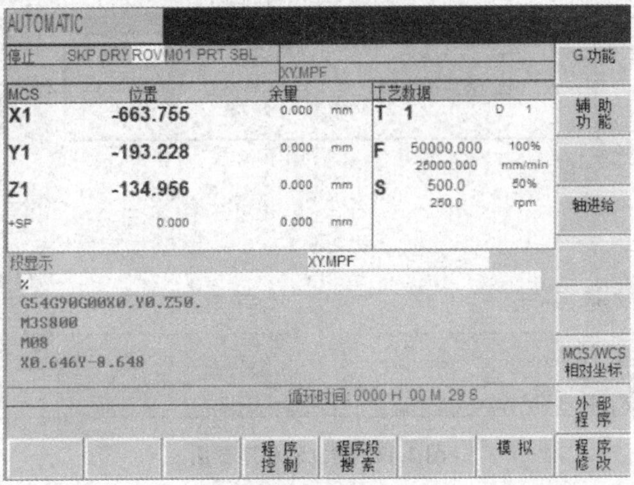

图 2.40　自动加工模式

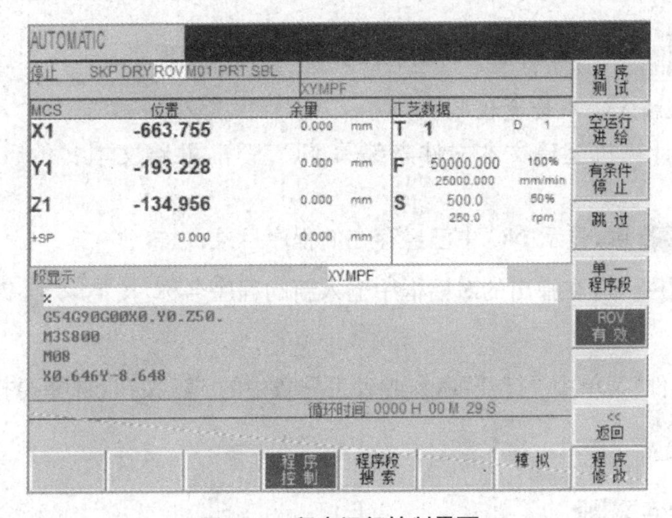

图 2.41　程序运行控制界面

在操作面板区，按循环启动 CYCLE START 键，启动加工程序进行自动加工。若按下了单步循环 SINGLE BLOCK 键，则每按循环启动 CYCLE START 键一次，程序运行执行一段。

10. 输入新程序——“程序管理”操作区

(1) 选择“程序管理” PROGRAM MANAGER 按键，弹出如图 2.38 所示界面(默认在 程序 界面)。

(2) 按 新程序 键，在弹出的对话框中输入新的程序名称，如图 2.42 所示。程序名需符合命名规则，在程序名称后需要输入程序扩展名“.mpf”或“.spf”，默认为“.mpf”文件。

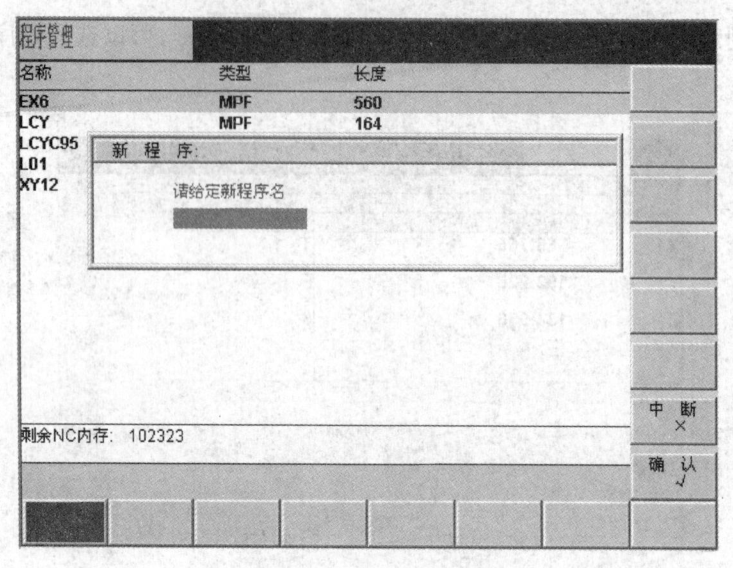

图 2.42 建立新程序界面

(3) 按 确认 键确认输入，生成零件程序编辑界面，可以对新程序进行编辑。

(4) 用 中断 键结束新程序的创建，返回程序目录管理层。

11. 从计算机输入一个数控程序

用户可以在计算机上建文本文件来编写 NC 程序，并将文本文件后缀名“.txt”改为“.mpf”或“.spf”。

(1) 按 程序 键，显示 NC 中已经存在的程序目录。

(2) 按 新程序 键，在弹出的对话框中输入新的程序名称，按 确认 键确认输入，生成新程序界面。

(3) 选择“文件”菜单中“打开”命令或者工具条中的按钮，选择要打开的 NC 程序，程序显示在当前屏幕上。

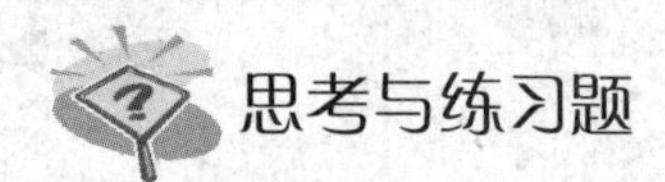

思考与练习题

完成如图 2.43 所示零件的编程与仿真加工，毛坯尺寸 100 mm×100 mm，材料为硬铝。

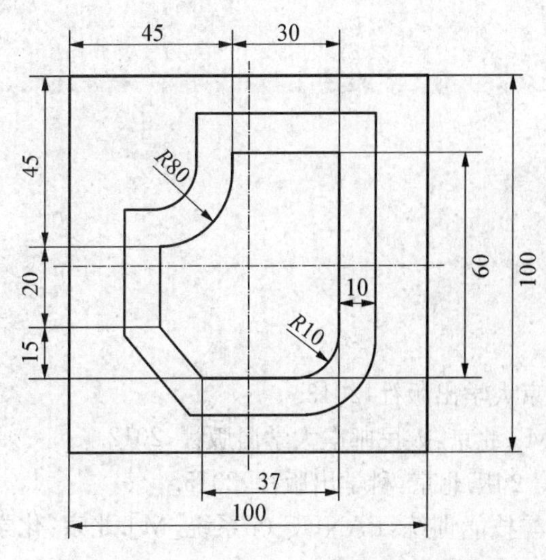

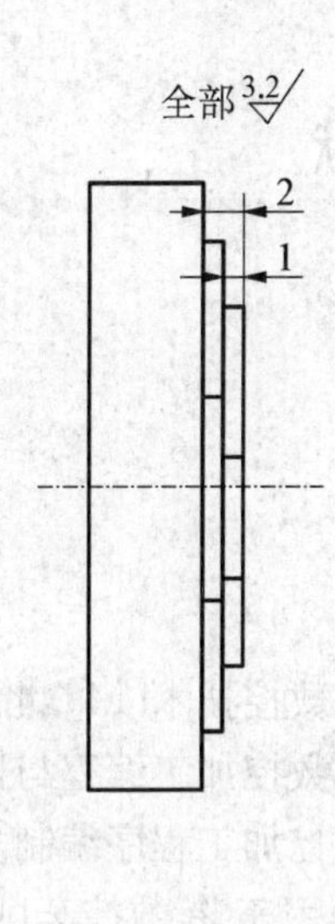

图 2.43　零件图

参考文献

[1] 唐友亮.数控技术[M].北京:北京大学出版社,2013.
[2] 霍苏萍.数控加工编程与操作[M].北京:人民邮电大学出版社,2012.
[3] 刘莉.数控加工程序编制[M].第 2 版.北京:科学出版社,2015.
[4] 郝英岐,尹玉珍.数控车削编程与技能训练:FANUC 0i 系统[M].北京:化学工业出版社,2015.
[5] 黄添彪.数控机床加工工艺分析与设计[M].北京:经济科学出版社,2015.
[6] 陈洪涛.数控加工工艺与编程[M].北京:高等教育出版社,2015.
[7] 刘春利,罗云龙.数控加工工艺编程与操作实训[M].北京:机械工业出版社,2016.
[8] 陈为国,陈昊.数控加工刀具材料、结构与选用速查手册[M].北京:机械工业出版社,2016.
[9] 韩建海,胡东方.数控技术及装备[M].武汉:华中科技大学出版社,2016.
[10] 孙伟城.数控铣工工艺与技能[M].北京:人民邮电出版社,2016.
[11] 卢红,吴飞,徐瑾.数控技术及 CAD/CAM 实践[M].武汉:武汉理工大学出版社,2011.
[12] 李体仁.数控加工工艺及实例详解[M].北京:化学工业出版社,2014.
[13] 吴明友.数控技术实践[M].北京:化学工业出版社,201.
[14] 常虹,贺磊.数控编程与操作[M].武汉:华中科技大学出版社,2017.
[15] 肖潇,郑兴睿.数控机床原理与结构[M].北京:清华大学出版社,2017.
[16] 涂志标,张子园,郑宝增.斯沃 V7.10 数控仿真技术与应用实例详解[M].北京:机械工业出版社,2017.
[17] 王振宇.数控加工工艺与 CAM 技术[M].北京:高等教育出版社,2016.
[18] 张文.数控加工工艺与编程项目式教程[M].武汉:华中科技大学出版社,2016.
[19] 邓爱民,舒嵘.数控编程与操作实训[M].北京:北京航空航天大学出版社,2015.
[20] 吕震,吕明.数控车床编程与操作[M].北京:机械工业出版社,2019.
[21] 马有良.数控机床加工工艺与编程[M].成都:西南交通大学出版社,2018.
[22] 曹清香.数控机床编程及操作技术的探索研究[M].长春:东北师范大学出版社,2018.
[23] 周丹.数控加工技术[M].北京:机械工业出版社,2018.
[24] 余娟,刘凤景,李爱莲.数控机床编程与操作[M].北京:北京理工大学出版社,2017.
[25] 王伟.数控技术[M].北京:机械工业出版社,2017.